建筑工程安全生产实用手册

唐山市建筑工程施工安全监督站　编

中国建筑工业出版社

图书在版编目（CIP）数据

建筑工程安全生产实用手册/唐山市建筑工程施工安全监督站编. —北京：中国建筑工业出版社，2007
ISBN 978-7-112-09109-6

Ⅰ.建… Ⅱ.唐… Ⅲ.建筑工程-工程施工-安全生产-手册 Ⅳ.TU714-62

中国版本图书馆CIP数据核字（2007）第017324号

本书集建筑施工安全管理技术、安全管理资料于一身，通过大量的图示、图表和翔实的文字，使本书图文并茂，具有实用性、科学性和指导性。本书完全按照新标准、新规范的要求编写，以利于施工现场管理人员的学习及查阅。

本书对提高施工现场安全管理水平、人员素质；突出施工现场安全检查要点；完善安全保证体系，具有较强的指导意义。

* * *

责任编辑：周世明
责任设计：董建平
责任校对：安 东 王雪竹

建筑工程安全生产实用手册
唐山市建筑工程施工安全监督站 编

*

中国建筑工业出版社出版、发行（北京西郊百万庄）
各地新华书店、建筑书店经销
北京密云红光制版公司制版
北京市密东印刷有限公司印刷

*

开本：787×1092毫米 1/16 印张：24 字数：596千字
2007年3月第一版 2011年11月第四次印刷
印数：9201—10700册 定价：60.00元
ISBN 978-7-112-09109-6
(15773)

版权所有 翻印必究
如有印装质量问题，可寄本社退换
（邮政编码 100037）

《建筑工程安全生产实用手册》
编委会

主　　任：芮国录　孙冬至
副 主 任：裴文久　董国成　毕学斌　苏春生　史景忠
　　　　　戴冠军
顾　　问：苏幼坡　闫福林　岳清明
主　　编：任　民
副 主 编：吕家骥　王树东
编写人员：高怀生　张东辉　孙万同　刘庆余　张　欢
　　　　　李志兴　程启国　曾庆军　李立新　郭占山
　　　　　肖凤鸣　张聚涛　阚德才　陈建军　刘　新
　　　　　燕金飞　芦　猛　李世忠
参编人员：王俊旭　曹全旺　郑乃夫　戴荣斌　王玉光
　　　　　张树增　张友明　李宝安　于建军　马文广
　　　　　常国栋　王东生　崔茂杰　翟继贤　周　波
　　　　　潘铁柱　刘　岩　冉振山　赵景华　胡寿康
　　　　　徐金强　于小玲

前 言

安全生产事关人民群众的生命财产安全，事关改革发展和社会稳定大局。搞好安全生产工作是构建社会主义和谐社会、统筹经济社会全面发展的重要内容，是实施可持续发展战略的重要组成部分。我们党和政府历来对安全生产工作高度重视，不断采取重大举措加强安全生产工作，促使安全生产工作呈现相对平稳、趋于好转。但是，由于建筑业新技术、新工艺、新材料的应用，使建筑劳务整体素质不能满足安全生产的需要，一些建筑施工企业安全法制意识淡薄，重效益、轻安全、忽视安全生产教育培训工作，安全技术检查、整改不到位，施工现场事故隐患增多，伤亡事故仍有发生，给国家和人民造成了重大损失。

为贯彻国家安全生产工作的方针政策，提高施工现场文明施工水平，进一步落实安全生产责任制，结合施工现场实际情况，以重大危险源的控制为重点，经过编写组的不懈努力，组织专业人员编写了本书。

本书集安全管理技术、安全管理资料于一身，通过大量的图示、图表和翔实的文字，使本书图文并茂，具有实用性、科学性和指导性。书中完全按照新标准、新规范的要求编写，并采编了环境及职业安全健康保证计划、深基坑施工方案、脚手架施工方案三个附录，以利于现场管理人员的学习及查阅。本书对提高建筑业施工现场安全管理，提高施工企业人员素质，加强企业安全管理，突出施工现场安全检查要点，完善各方责任主体安全保证体系，具有较强的指导意义。

本书的出版发行，必将为建筑施工现场的安全管理增添活力，为全面提高建筑施工现场的安全生产、文明施工管理水平，为确保国家财产和人民生命安全作出积极的贡献。由于时间有限，书中错误与不足之处，敬请读者谅解与指正。

目 录

第一篇 安全管理技术

第一章 脚手架工程 ... 2
第一节 施工方案 ... 2
第二节 扣件式脚手架 ... 3
第三节 附着式脚手架 ... 20
第四节 门式钢管脚手架 ... 26
第五节 吊篮脚手架 ... 28
第六节 施工现场应急救援预案 ... 30
第七节 施工现场检查要点 ... 33
第八节 事故案例 ... 37

第二章 模板工程 ... 39
第一节 施工方案 ... 39
第二节 模板支架计算 ... 39
第三节 支撑系统的构造要求 ... 41
第四节 模板安装 ... 41
第五节 模板拆除与存放 ... 42
第六节 施工现场应急救援预案 ... 43
第七节 施工现场检查要点 ... 45
第八节 事故案例 ... 46

第三章 高处作业 ... 48
第一节 施工方案 ... 48
第二节 安全技术 ... 49
第三节 高处作业安全技术交底 ... 53
第四节 施工现场应急救援预案 ... 57
第五节 施工现场检查要点 ... 60
第六节 事故案例 ... 61

第四章 施工用电 ... 63
第一节 施工组织设计 ... 63
第二节 安全技术 ... 67

第三节　施工现场临时用电技术交底 …………………………………… 78
　　　第四节　施工现场应急救援预案 ………………………………………… 79
　　　第五节　施工现场检查要点 ……………………………………………… 83
　　　第六节　事故案例 ………………………………………………………… 87

第五章　土石方工程 …………………………………………………………… 89
　　　第一节　施工方案 ………………………………………………………… 89
　　　第二节　安全技术 ………………………………………………………… 89
　　　第三节　施工现场应急救援预案 ………………………………………… 100
　　　第四节　施工现场检查要点 ……………………………………………… 103
　　　第五节　事故案例 ………………………………………………………… 104

第六章　起重吊装 ……………………………………………………………… 106
　　　第一节　施工方案 ………………………………………………………… 106
　　　第二节　安全技术 ………………………………………………………… 106
　　　第三节　起重吊装作业安全技术交底 …………………………………… 126
　　　第四节　施工现场应急救援预案 ………………………………………… 127
　　　第五节　施工现场检查要点 ……………………………………………… 130
　　　第六节　事故案例 ………………………………………………………… 134

第七章　塔式起重机 …………………………………………………………… 137
　　　第一节　施工方案 ………………………………………………………… 137
　　　第二节　安全技术 ………………………………………………………… 140
　　　第三节　施工现场应急救援预案 ………………………………………… 145
　　　第四节　施工现场检查要点 ……………………………………………… 148
　　　第五节　事故案例 ………………………………………………………… 151

第八章　施工升降机 …………………………………………………………… 153
　　　第一节　施工方案 ………………………………………………………… 153
　　　第二节　安全技术 ………………………………………………………… 154
　　　第三节　施工现场应急救援预案 ………………………………………… 157
　　　第四节　施工现场检查要点 ……………………………………………… 160
　　　第五节　事故案例 ………………………………………………………… 163

第九章　施工机具 ……………………………………………………………… 165
　　　第一节　常用施工机具 …………………………………………………… 165
　　　第二节　一般规定 ………………………………………………………… 165
　　　第三节　安全技术 ………………………………………………………… 166
　　　第四节　施工现场应急救援预案 ………………………………………… 174
　　　第五节　施工现场检查要点 ……………………………………………… 177

第六节　事故案例 ………………………………………………………… 181

第十章　物料提升机 …………………………………………………………… 183
　　第一节　施工方案 ………………………………………………………… 183
　　第二节　安全技术 ………………………………………………………… 184
　　第三节　安全生产事故应急预案 ………………………………………… 191
　　第四节　现场施工检查要点 ……………………………………………… 194
　　第五节　事故案例 ………………………………………………………… 196

第十一章　文明施工 …………………………………………………………… 199
　　第一节　施工方案 ………………………………………………………… 199
　　第二节　安全技术 ………………………………………………………… 199
　　第三节　施工现场保卫工作 ……………………………………………… 201
　　第四节　施工现场消防工作 ……………………………………………… 202
　　第五节　施工现场环境卫生 ……………………………………………… 205
　　第六节　施工现场环境保护 ……………………………………………… 206
　　第七节　施工现场检查要点 ……………………………………………… 207

第十二章　环境、职业安全健康保证计划 …………………………………… 213

第二篇　安全管理资料

第一章　必备资料 ……………………………………………………………… 216
　　第一节　安全生产许可证及安全管理人员配置 ………………………… 216
　　第二节　建筑施工企业安全管理制度 …………………………………… 217
　　第三节　各工种安全技术操作规程 ……………………………………… 221
　　第四节　意外伤害保险办理 ……………………………………………… 221
　　第五节　特种作业人员 …………………………………………………… 222
　　第六节　重大危险源清单 ………………………………………………… 222
　　第七节　事故应急救援预案 ……………………………………………… 222

第二章　安全管理 ……………………………………………………………… 224
　　第一节　安全保证体系 …………………………………………………… 224
　　第二节　项目安全人员岗位责任制 ……………………………………… 224
　　第三节　工程施工组织设计 ……………………………………………… 225
　　第四节　企业与项目部之间的经济合同 ………………………………… 225
　　第五节　安全目标管理 …………………………………………………… 226
　　第六节　安全教育与培训 ………………………………………………… 227
　　第七节　安全检查 ………………………………………………………… 232
　　第八节　工伤事故登记 …………………………………………………… 235

第九节	遵章守纪违章处理	237
第十节	动火审批	238

第三章　脚手架工程 … 240

第一节	脚手架施工方案	240
第二节	常用脚手架的必备资料	241
第三节	脚手架搭设安全技术交底	242
第四节	脚手架的验收和检查	247
第五节	脚手架的拆除方案	261
第六节	脚手架拆除的安全技术交底	261

第四章　模板工程 … 265

第一节	模板工程施工方案	265
第二节	模板安装安全技术交底	266
第三节	模板工程验收	268
第四节	模板拆除申请及批准手续	269
第五节	模板拆除安全技术交底	271

第五章　高处作业 … 272

第一节	施工现场安全防护方案	272
第二节	施工现场安全防护技术交底	273
第三节	施工现场安全防护设施验收	274
第四节	施工现场安全防护用品验收	275

第六章　施工用电 … 278

第一节	施工组织设计	278
第二节	安全技术交底	280
第三节	施工临时用电验收	282
第四节	接地电阻测试记录	284
第五节	漏电保护器检测记录	285
第六节	电工日常检查维修记录	286

第七章　土石方工程 … 287

第一节	基础设施支护方案	287
第二节	基坑工程安全技术交底	289
第三节	基坑支护变形检测	291
第四节	基坑支护验收	292

第八章　起重吊装 … 294

第一节	起重吊装作业方案	294

第二节　起重吊装安全技术交底 ·· 295

第九章　塔式起重机 ··· 298
　　第一节　塔式起重机安装方案 ·· 298
　　第二节　塔式起重机安装安全技术交底 ·· 299
　　第三节　基础混凝土试验报告 ·· 300
　　第四节　塔式起重机安装验收 ·· 300
　　第五节　办理有关使用备案手续 ·· 304
　　第六节　塔式起重机拆除方案 ·· 307
　　第七节　塔式起重机拆除安全技术交底 ·· 308

第十章　施工升降机 ··· 309
　　第一节　施工升降机安装方案 ·· 309
　　第二节　安装安全技术交底 ·· 309
　　第三节　安装验收 ·· 311
　　第四节　施工升降机拆除方案 ·· 313
　　第五节　施工升降机拆除安全技术交底 ·· 313

第十一章　施工机具 ··· 315
　　第一节　施工机具安全技术交底 ·· 315
　　第二节　施工机具安装验收 ·· 324
　　第三节　维修保养记录 ·· 332

第十二章　物料提升机 ··· 333
　　第一节　安装施工方案 ·· 333
　　第二节　安装安全技术交底 ·· 334
　　第三节　物料提升机安装验收 ·· 335
　　第四节　日常检查检测记录 ·· 339
　　第五节　物料提升机拆除方案 ·· 339
　　第六节　物料提升机拆除安全技术交底 ·· 340
　　附录一　环境、职业安全健康保证计划（示例）································ 341
　　附录二　天津某气象电算楼基坑开挖与降水工程方案设计 ····················· 354
　　附录三　×××工程脚手架施工方案 ··· 361

第一篇
安全管理技术

随着社会生产力水平的不断提高,建筑工程逐步向高、大、深、新的方向发展,建筑施工机械化程度越来越高,建筑施工安全管理更加重要。由于建筑施工复杂多变,人员流动分散、工期变换规则性差,加之我国安全生产基础薄弱,保障体系和机制不健全;部分地方和生产经营单位安全意识不强,责任不落实,安全投入不足,安全管理人员技术水平有限等原因,安全生产事故多发的状况尚未根本扭转,安全生产形势依然严峻。建筑施工安全技术作为指导企业一线施工安全的重要理论依据,能从根本上提高建筑业从业人员的技术水平,为实现建筑施工安全管理的规范化、标准化夯实了基础。

本篇共分为十二章,从安全技术角度,阐述了建筑工程各分项工程(脚手架工程、模板工程、高处作业、施工用电、土石方工程、起重吊装工程、塔式起重机、施工升降机、施工机具、物料提升机、文明施工)从方案的编写到过程控制应注意的要点和难点,具有很强的针对性、实用性和操作性,有利于施工现场安全管理过程中查阅及参考。

第一章 脚手架工程

　　脚手架是建筑工程施工中必不可少的临时设施。脚手架随着工程进度搭设，工程完毕后拆除，它对建筑施工速度、工作效率、工程质量以及工人的人身安全有着直接的影响，如果脚手架搭设不及时，势必会拖延工程进度；脚手架搭设不符合施工要求，工人操作就不方便，质量得不到保障，工效也不能提高；脚手架搭设不牢固、不稳定就容易造成施工中的伤亡事故。因此，对脚手架的选型、构造、搭设绝不可疏忽大意。本章系统地阐述了脚手架的分类、构造要求、构配件要求及脚手架选型计算等，有利于施工现场管理人员学习、查阅。

第一节 施 工 方 案

1. 编制依据

1.1 单位工程施工组织设计；

1.2 《建筑施工扣件式钢管脚手架安全技术规范》（JGJ 130—2001）；

1.3 《建筑施工高处作业安全技术规范》（JGJ 80—91）；

1.4 《建筑施工门式钢管脚手架安全技术规范》（JGJ 128—2000）；

1.5 《建筑施工安全检查标准》（JGJ 59—99）；

1.6 《建筑施工附着式升降脚手架管理暂行规定》；

1.7 其他法律、法规、规定。

2. 工程概况

　　主要指对工程高度、结构形式和特点、施工工艺特点、脚手架选型、脚手架地基等有关情况的描述。

3. 脚手架工程施工方案内容

脚手架施工方案主要包括以下内容：

3.1 脚手架具体形式选择：根据工程特点，选择合适的脚手架形式。

3.2 设计计算书：

3.2.1 纵向、横向水平杆等受弯构件的强度和连接扣件的抗滑承载力计算；

3.2.2 立杆的稳定性计算；

3.2.3 连墙件的强度、稳定性和连接强度的计算；

3.2.4 立杆地基承载力计算。

3.3 基础处理方案：高大脚手架或地基较弱脚手架地基处理、基础做法。

3.4 搭设要求：包括杆件间距、连墙杆、连接方法、施工设备。

3.5 脚手架使用和日常维护。

3.6 冬雨期施工措施。

3.7 脚手架的拆除。

第二节 扣件式脚手架

1. 定义及分类

扣件式脚手架是使用扣件紧固连接的脚手架。

1.1 杆件名称

立杆、外立杆、内立杆、角杆、双管立杆、主立杆、副立杆、水平杆、纵向水平杆、横向水平杆、扫地杆、纵向扫地杆、横向扫地杆、连墙件、刚性连墙件、柔性连墙件、横向斜撑、抛撑、剪刀撑。

1.1.1 立杆：脚手架中垂直于水平面的竖向杆件。

1.1.2 外立杆：双排脚手架中离开墙体一侧的立杆，或单排架立杆。

1.1.3 内立杆：双排脚手架中贴近墙体一侧的立杆。

1.1.4 角杆：位于脚手架转角处的立杆。

1.1.5 双管立杆：两根并列紧靠的立杆。

1.1.6 主立杆：双管立杆中直接承受顶部荷载的立杆。

1.1.7 副立杆：双管立杆中分担主立杆荷载的立杆。

1.1.8 水平杆：脚手架中的水平杆件。

1.1.9 纵向水平杆：又称大横杆，沿脚手架纵向设置的水平杆。

1.1.10 横向水平杆：又称小横杆，沿脚手架横向设置的水平杆。

1.1.11 扫地杆：贴近地面，连接立杆根部的水平杆。

1.1.12 横向扫地杆：沿脚手架横向设置的扫地杆。

1.1.13 纵向扫地杆：沿脚手架纵向设置的扫地杆。

1.1.14 连墙件：连接脚手架与建筑物的构件。

1.1.15 刚性连墙件：采用钢管、扣件或预埋件组成的连墙件。

1.1.16 柔性连墙件：采用钢筋作拉筋构成的连墙件。

1.1.17 横向斜撑：与双排脚手架内、外立杆或水平杆斜交，呈之字形的斜杆。

1.1.18 抛撑：与脚手架外侧面斜交的杆件。

1.1.19 剪刀撑：在脚手架外侧面成对设置的交叉斜杆。

1.2 构配件

1.2.1 钢管

1.2.1.1 选用的钢管应有准确的外径与强度，以满足脚手架使用、搭设及稳定性要求。选用的管材要经济、合理，经对有缝钢管进行试验与计算结果表明：用于脚手架的钢管强度，主要取决于钢管的材质及截面特征，而与有缝无缝无关。因此，脚手架的钢管应尽量选用有缝管或焊接管，采用高强度钢材并不能充分发挥其强度性能。

1.2.1.2 根据我国钢管的规格和供应情况，以及各地的实践经验，用于脚手架的钢管主要采用外径48mm，壁厚3.5mm的焊接钢管；少数使用外径51mm、壁厚3～4mm的热轧钢管，此种规格的钢管应逐步淘汰，使规格统一。

1.2.1.3 为便于操作和运输，应对钢管的长度及重量有所限制，规定每根钢管重应不超过25kg，同时规定每根钢管最大长度应不超过6.5m。

1.2.1.4 为加强管理，规定钢管必须涂有防锈漆，并规定，外径壁厚允许最大偏差为-0.5mm，长管弯曲应不大于20mm，短管弯曲不大于10mm。

1.2.2 扣件

1.2.2.1 扣件形式，目前使用的扣件形式基本有以下四种：

直角扣件：用于连接两根相互垂直交叉的钢管；

回转扣件：用于连接两根呈任意角度交叉的钢管；

对接扣件：用于将两根钢管对接接长的扣件；

防滑扣件：根据抗滑要求增设的非连接用途的扣件。

1.2.2.2 扣件材质：目前我国有可锻铸造扣件与钢板压制扣件两种，可锻铸造扣件已有产品标准和专业检测单位，质量易于保证，因此应采用可锻铸造扣件。对钢板冲压扣件目前尚无国家标准，难以检查验收，且钢板受力后易产生变形，重复使用次数少，故不推荐采用钢板冲压扣件。

1.2.2.3 扣件螺栓拧紧程度：扣件螺栓的拧紧程度，对脚手架的承载能力、稳定性和安全度等有着很大的影响。脚手架上的施工荷载是通过扣件向各杆件传递的，因此要求扣件必须有抗旋转能力和抗滑能力。

试验和使用的结果表明，当扣件螺栓拧紧扭力矩为40~50N·m时，扣件本身所具有的抗滑、抗旋转和抗拔能力均能满足使用，并具有一定的安全储备。但应注意，可锻铸铁属脆性材料，破坏时会突然断裂。因此，在使用时螺栓不要拧的太紧，扭矩一般控制在40~50N·m，最大不超过65N·m。

1.2.3 脚手板

1.2.3.1 冲压脚手板：冲压脚手板一般采用厚度不小于2mm的钢板压制而成，常用的规格为长3m、3.6m，宽200~250mm，厚50mm，重量不大于30kg。脚手板的一端是连接卡口，另一端是承接口，铺设时板与板连接。为增加板面防滑性能，常在板面冲有直径为25mm的圆孔，孔边沿凸起。钢脚手板应涂防锈漆，不得有裂纹、开焊与硬弯，板面挠曲不大于12mm。

1.2.3.2 木脚手板：板厚不应小于50mm，宽度不小于200mm；不能采用桦木等脆性木材，应用松木或杉木板，板端用直径4mm的镀锌钢丝绑扎两道。不得使用腐朽或有裂纹的脚手板。

1.2.3.3 竹脚手板：南方地区常用的为竹笆板，北方使用的竹脚手板为竹串片板。竹串片板是采用螺栓穿过并列竹片拧紧而成，螺栓直径为8~10mm，间距500~600mm，螺栓孔径不大于10mm。竹片并列脚手板长度为2~3m，宽250~300mm，板厚不小于50mm。另一种竹片板，为防止脚手板发生松散及侧弯变形，制作时在板的两侧采用50mm×50mm的方木进行加固。

2. 设计计算

2.1 荷载

作用在脚手架上的荷载有两种，一种是静荷载，一种是动荷载。

2.1.1 静荷载

静荷载是指长期作用在脚手架上的不变荷载。如钢管、扣件、脚手板、安全网等构配件的自重，为设计计算方便可分为两部分计算。

2.1.1.1 脚手架结构自重。"结构"指组成脚手架的主要杆件，包括立杆、大横杆、小横杆、剪刀撑、横向斜撑、扣件等材料的自重。

2.1.1.2 构、配件自重。这部分材料在整个脚手架中的数量，随着作业条件的不同设计要求也不同。包括脚手板、防护栏挡脚板、安全网等材料的自重。

2.1.2 活荷载

活荷载是指作用在脚手架上可以变化的荷载。如施工荷载、风荷载等，应根据脚手架的类型分别计算。

2.1.2.1 施工荷载。包括脚手板上的堆放材料、运输小车、作业人员及器具等荷载。

施工荷载以作业层脚手板的面积为基准按均布荷载计算（kN/m^2），脚手架使用的目的不同，施工荷载也不同。用于结构用的脚手架其施工荷载按 $3kN/m^2$ 计算；用于装修的脚手架考虑堆放材料少不允许有车辆运行，其施工荷载按 $2kN/m^2$ 计算。

2.1.2.2 风荷载。风荷载按水平荷载计算，是均布作用在脚手架立面上的荷载（kN/m^2）。风荷载的大小与不同地区的基本风压（ω_0）、风压高度变化系数（μ_z）、封挂何种安全网以及施工建筑的形式有关（μ_s），风荷载的计算公式为

$$\omega_k = 0.7\mu_z \cdot \mu_s \cdot \omega_0$$

2.1.3 荷载效应组合

设计脚手架时，应根据整个使用过程中（包括工作状态及非工作状态）可能产生的各种荷载，按最不利的荷载组合进行计算，将荷载效应叠加后脚手架应满足其稳定性要求。

2.1.3.1 脚手架的立杆稳定计算时的荷载效应组合，应分别按下列两种情况计算：

（1）永久荷载＋施工荷载；

（2）永久荷载＋0.85（施工荷载＋风荷载）。

其中0.85为荷载组合系数，是考虑脚手架在既有施工荷载，又有风荷载的情况下，不会出现最大值，所以在取二者最大值后，乘以0.85系数进行折减。

2.1.3.2 脚手架的纵横向水平杆强度与变形荷载效应组合为：

永久荷载＋施工荷载。

2.1.3.3 当计算脚手架的连墙件时的荷载效应组合，应按下列情况计算：

（1）单排架：风荷载＋3kN；

（2）双排架：风荷载＋5kN。

在计算连墙杆的承载能力时，除去考虑各连墙杆负责面积内能承受的风荷载外，还应再加上由于风荷载的影响，使脚手架侧移变形产生的水平力对连墙杆的作用。按每一连墙点计算，对于单排脚手架取3kN，对于双排脚手架取5kN的水平力，并与风荷载叠加。

2.1.4 荷载的传递

2.1.4.1 对于采用脚手板的脚手架，其荷载的传递方式为：脚手板——小横杆——大横杆——立杆——基础。

2.1.4.2 对于采用竹笆片的脚手架，其荷载的传递方式为：竹笆片——大横杆——小横杆——立杆——基础。

2.2 设计与计算

2.2.1 设计与计算方法

2.2.1.1 强度与稳定：
（1）杆件的强度：
拉、压杆的强度计算公式：
$$\sigma = N/A \leqslant [\sigma]$$
式中　σ——工作应力；
　　　N——轴向力；
　　　A——杆件截面面积；
　　　$[\sigma]$——材料允许应力。
（2）压杆的稳定：
压杆的稳定计算公式：
$$\sigma = N/A \leqslant \phi[\sigma]，或 \sigma = N/\phi A \leqslant [\sigma]$$
式中　ϕ——压杆的稳定系数。
（3）稳定系数ϕ：
稳定系数ϕ也称折减系数，它是一个随λ（长细比）改变而改变的小于1的系数，可以通过查表求得。

"λ"称为压杆的柔度或长细比，它的数值随杆件两端的支承情况（计算长度系数μ）、杆件的长度及截面的尺寸和形状（截面回转半径i）等因素而变化。λ的数值越大，表示压杆长细比越大、承载能力就越小，压杆就越容易变形失稳。临界荷载与压杆长度的平方成反比，λ是压杆稳定计算中的一个十分重要的几何参数。

λ的计算公式：
$$\lambda = \mu l/i$$
式中　λ——长细比；
　　　l——杆件的长度；
　　　i——单杆截面回转半径。

2.2.1.2 近似分析：分析脚手架的受力情况，可以视双排脚手架为一个空间框架结构，立杆就是框架柱，水平杆就是梁，荷载通过节点（扣件）传递到梁、柱，最后到基础，唯一不同的是这个框架结构节点的"梁"和"柱"都不在一个平面上，因为它们是通过扣件连接的，所以节点各杆件的轴线不能正交于一点。

扣件连接不但使立杆形成偏心受压，同时由于扣件连接并不属于刚性连接，受力后杆件的夹角会产生变化，所以不同于框架的刚性节点。但是由于设置了剪刀撑、横向斜撑和连墙杆，从而限制了脚手架各个方向的位移，因此，可以近似地按无位移多层框架进行力学分析。

2.2.1.3 简化计算：从脚手架试验看，脚手架的破坏并不是由于杆件的强度不足，而主要是脚手架失稳造成。脚手架的失稳形式有两种可能，一种是整体失稳，一种是局部失稳。

整体失稳破坏，主要发生在横向即垂直于墙面方向，立杆的变形弯曲状况，与步距及连墙杆间的垂直距离有关（整体失稳是脚手架的主要破坏形式）。

局部失稳破坏，主要发生在杆件间距、步距、连墙杆垂直距离较大处，由于间距的不均匀，造成局部荷载高于整体荷载（一般情况局部稳定大于整体稳定）。

同时可以看出，脚手架立杆受压失稳是脚手架的主要危险。

为简化脚手架的计算，通过试验和计算提出：将脚手架段视为一根轴心受压杆件。通过实架试验得到临界荷载，反求这一理想压杆的稳定系数。因此，虽然在计算表达式上是对单根立杆的稳定计算，但实质上是对脚手架结构的整体稳定计算，因为通过整架求得的计算系数已把脚手架结构的整体对立杆的约束作用考虑在内。

2.2.1.4 概率极限状态设计法：

（1）什么是极限状态。极限状态就是当结构的整体或某一部分，超过了设计规定的要求时的状态。

这种方法的优点是，可以使得所设计的结构中各类构件，具有大致相同的可靠度，因而可能在宏观上做到合理的利用材料（否则，结构的某一处先达到破坏，其他处强度再大也无意义，因为整个结构已不能使用）。

所谓承载能力的极限状态，即结构或杆件发挥了允许的最大承载能力的状态。或虽然没有达到最大承载能力，但由于过大的变形已不具备使用条件，也属于极限状态。

（2）什么是概率计算法。这里讲概率计算，就是以结构的失效概率来确定结构的可靠程度。

过去容许应力法采用了一个安全系数 K 来确定结构的可靠程度，所以简称为单一系数法；现在极限状态法采用了多个分项系数来确定结构的可靠度，所以也称多系数法。它把结构计算划分得更细、更合理，分别不同情况下选择不同的分项系数，这些分项系数是由统计概率方法进行确定的，它来自工程实践，所以具有实际意义。诸多的分项系数从不同方面对结构的计算进行修改后，使其材料性能得以充分发挥和结构更安全可靠。

这些分项系数都是结构在规定的时间内和规定的条件下，完成预定功能的概率（可靠度），所以这个计算方法的全称应该是"以概率理论为基础的极限状态设计法"。

（3）在脚手架的计算中如何采用分项系数。

在脚手架的计算中采用的分项系数如：

结构重要性系数 $\gamma_0=0.9$。工程结构按重要性划分为三个等级，一级 $\gamma_0=1.1$，二级 $\gamma_0=1.0$，三级 $\gamma_0=0.9$。一级是最重要的结构，像公建、礼堂等建筑，一旦破坏损失会特别严重，所以乘以 1.1 系数再加大设计荷载；而脚手架属临时性结构，又不像公建、礼堂那样重要，故 γ_0 选 0.9 较为合理。一方面可确保其安全性能，另一方面又做到尽量发挥材料作用。

荷载的分项系数中，永久荷载分项系数 $\gamma_G=1.2$，可变荷载（包括施工荷载及风荷载）分项系数 $\gamma_Q=1.4$。

但是由于脚手架的设计计算和研究工作立项实践短，缺乏系统的积累和统计资料，尚不具备独立进行概率分析的条件和本身的分项系数，而借用工程结构的分项系数。又考虑到脚手架的使用条件处于露天以及材料的重复使用，并不同于正式工程结构，故在采用了工程结构的分项系数之后，还要对脚手架的结构抗力进行调整。因此，目前脚手架采用的设计方法，实质上是属于半概率、半经验的计算方法。

（4）荷载的标准值与设计值：

1）荷载的标准值，就是指在结构正常状况下可能出现的最大作用值。当按正常使用极限状态验算受弯杆件的变形时，取荷载的标准值。

永久荷载及活荷载标准值 G_k：主要是钢管、扣件、脚手板、安全网等自重，按规范取。

施工荷载标准值 Q_{ku} 装修架取 $2kN/m^2$，结构架取 $3kN/m^2$。

风荷载标准值（ω_k）计算公式

$$\omega_k = 0.7\mu_z \cdot \mu_s \cdot \omega_0$$

式中 ω_k——风荷载标准值（kN/m^2）；

μ_z——风压高度变化系数［按《建筑结构荷载规范》（GB 50009—2001）采用］；

μ_s——脚手架，风荷载体型系数，见表 1-1-1 所列；

脚手架的风荷载体型系数   表 1-1-1

背靠建筑物状况	全 封 闭	框架和洞墙
脚手架挂立网	1.0ϕ	1.3ϕ

注：ϕ 为挡风系数。$\phi = 1.2 A_n / A_\omega$。

其中 A_n——挡风面积；

A_ω——迎风面积；

ω_0——基本风压（kN/m^2）按《建筑结构荷载规范》（GB 50009—2001）采用；

0.7——折减系数。

因为地区的基本风压是荷载规范中为建筑物计算风荷载的使用值，是按每 30 年一遇 10m 高的风压数值。而作为脚手架是属于临时性结构，使用期限一般不超过 3 年（最多 5 年），所以采用规范的数值计算时应进行折减。

2）荷载的设计值，等于标准值乘以荷载的分项系数。如材料自重的设计值为 $1.2G_k$，施工荷载的设计值为 $1.4Q_k$，风荷载的设计值为 $1.4\omega_k$。当按承载能力时，取荷载设计值。

①钢材强度的设计值：由于钢材的品种不同，其强度也不一样。钢管脚手架钢材一般选用 Q235A 钢制作，所以其钢材强度的标准值采用 Q235A 钢的屈服强度 $\sigma_s = 240N/mm^2$。

由于脚手架钢材使用了钢管和规格为外径 $\phi 48$（51），壁厚 3.5mm，这种材料规格比例已经符合冷弯薄壁钢材的规定，所以要按《冷弯薄壁型钢结构技术规范》的规定，选取分项系数为 1/1.165。因此，脚手架钢管材料强度的设计值为：$f = \sigma_s / 1.165 = 240/1.165 \approx 205N/mm^2$。

②结构抗力调整系数：所谓结构抗力，就是结构抵抗外力的能力，也即结构的承载力。考虑到脚手架的使用条件处于露天以及材料的重复使用，不完全同于正式工程结构的使用条件，故在采用了工程结构的分项系数之后，还要对脚手架的结构抗力乘以小于 1 的抗力调整系数 $1/\gamma'_R$。根据规定，在求得 γ'_R 值的过程中，必须同时满足用容许应力法校核的安全度。（强度：$k \geqslant 1.5$，稳定：$k \geqslant 2$）

2.2.2 设计计算

2.2.2.1 基本规定：

（1）设计脚手架时应计算的项目：脚手架的承载能力按概率极限状态设计法的要求，采用分项系数设计表达式进行设计，应计算的项目包括：

1) 大横杆、小横杆等受弯杆件的强度和连接扣件的抗滑承力计算;
2) 立杆的稳定性;
3) 连墙杆的强度、稳定性和连接强度的计算;
4) 立杆地基承载力计算。

(2) 计算杆件的强度、稳定性与连接强度时,应采用荷载设计值。永久荷载分项系数 $\gamma_G=1.2$,可变荷载分项系数 $\gamma_G=1.4$。

(3) 计算立杆稳定性时,大横杆位于立杆一侧形成的偏心距,计算中不考虑此偏心距的影响(当不大于 55mm 时)。

(4) 当脚手架的施工荷载标准值不超过规范规定和构造尺寸属一般常规范围以内时,可不计算大横杆及小横杆等受弯杆件项目。

(5) 有关配件的承载力设计值:按相应规范取值。

2.2.2.2 大横杆、小横杆计算:

(1) 抗弯强度计算公式:

$$\sigma = M/W \leqslant f$$

式中 M——弯矩设计值;
W——截面模量;
f——钢材抗弯强度设计值。

(2) 弯矩设计值计算公式:

$$M = 1.2M_{GK} + 1.4\Sigma M_{QK}$$

式中 M_{GK}——脚手板自重标准值产生的弯矩;
M_{QK}——施工荷载标准值产生的弯矩。

(3) 挠度应符合下式规定:

$$v \leqslant [v]$$

式中 v——挠度;
$[v]$——容许挠度。

大横杆、小横杆 $[v] \leqslant l/150$ 与 10mm
悬挑受弯杆件 $[v] \leqslant l/400$

(4) 大横杆按三跨连续梁计算;小横杆按简支梁计算。双排脚手架:里排立杆距墙 500mm,立杆横距为 1050~1500mm,小横杆伸出里排立杆 300mm,伸出外排立杆 100mm,小横杆插入墙内长度不小于 180mm。小横杆的计算跨度:$b+120$。

(5) 验算大横杆、小横杆与立杆连接时的扣件抗滑承载力,不应超过扣件抗滑承载力设计值。

2.2.2.3 立杆计算:这里的立杆计算,实质上也是对脚手架整体稳定的计算。

(1) 立杆的稳定性计算公式:

不组合风荷载时:$N/\phi A \leqslant f$、组合风荷载时:$N/\phi A + M_\omega/W \leqslant f$

式中 N——计算立杆的轴向力设计值;
ϕ——轴心受压杆件的稳定系数(查表);
A——立杆的截面积;
M_ω——计算立杆段由风荷载设计值产生的弯矩;

W——截面模量;

f——钢材抗压强度设计值。

(2) N 值计算公式:

不组合风荷载时:
$$N = 1.2(N_{G1K} + N_{G2K}) + 1.4\Sigma N_{QK}$$

组合风荷载时:
$$N = 1.2(N_{G1K} + N_{G2K}) + 0.85 \times 1.4\Sigma N_{QK}$$

式中 N_{G1K}——脚手架结构自重标准值产生的轴向力;

N_{G2K}——脚手架配件自重标准值产生的轴向力;

N_{QK}——施工荷载标准值产生的轴向力(各层施工荷载总和)。双排脚手架的内、外立杆按总和的 1/2 取值。

(3) ϕ 值根据 λ 值查表 $\lambda = l_0/i$:

式中 λ——长细比;

i——截面回转半径;

l_0——立杆计算长度,$l_0 = k\mu h$,式中 k 为长度附加系数,取 1.155;μ 是考虑脚手架稳定因素的单杆计算长度系数,按规范取值;h 为立杆步距。

(4) M_w 值计算公式:
$$M_w = 0.85 \times 1.4 M_{wK} = 0.85 \times 1.4\omega_K l h^2/10$$

式中 M_{wK}——风荷载标准值产生的弯矩;

M_w——风荷载设计值产生的弯矩;

ω_K——风荷载标准值;

l——立杆间距。

(5) 关于风荷载:

1) 风荷载作用于脚手架上主要表现为水平均布荷载,如果把脚手架放平,则脚手架的侧立图面就形成了一根多跨连续梁,连续梁的支座就是脚手架的连墙杆,风荷载就是作用在连续梁上的均布荷载。

从立杆的稳定计算公式看,当组合风荷载时为:$N/\phi A + M_w/W \leqslant f$。公式中前半部分是竖向荷载,后半部分是风荷载的影响。当前半部分按立杆轴心受压计算,后半部分是按承受弯矩的梁计算,把两部分的荷载叠加,即脚手架计算稳定组合风荷载时的计算公式。

2) 风荷载产生的弯矩 M_w 的取值为 $ql^2/10$,介于简支梁与三跨连跨梁之间。如果按连墙杆垂直距离取一个脚手架段计算,实际上就相当于计算一根简支梁;当计算这一脚手架的立杆时,因为有大横杆、小横杆的支撑作用,虽然没有完全对立杆形成固定支座,但仍然有限制立杆弯曲变形作用,所以对于一个步距的立杆计算,其变形介于简支梁($ql^2/8$)与三跨连续梁($ql^2/12$)之间。

3) $M_{wK} = ql^2/10$ 公式中"q"在这里是风荷载标准值即 $q_{wK} = \omega_K \cdot l$,公式中"$l^2$"在这里应该是立杆步距平方,即换成 h^2,所以由风荷载标准值产生的弯矩 $M_{wK} = \omega_K l h^2/10$。

2.2.2.4 连墙杆计算:脚手架结构只适于承受竖向荷载,其水平荷载通过连墙杆传给建筑结构承担。所以,连墙杆的竖向间距缩小,不但可减少脚手架段的计算高度;同时,还可以增加承受风荷载的能力,加强脚手架的整体稳定性。

连墙杆的轴向力设计值计算公式：
$$N_1 = N_{1w} + N_0$$

式中　N_1——连墙杆轴向设计值；
　　　N_{1w}——风荷载产生的轴向力设计值；
　　　N_0——连墙杆约束脚手架竖向平面外变形所产生的轴向力，单排架取 3，双排架取 5。

2.2.2.5 立杆地基承载力计算，立杆基础底面的平均压力应满足下式要求：
$$P \leqslant f_g$$

式中　P——立杆基础底面的平均压力，$P=N/A$；
　　　N——上部结构传至基础顶面的轴向力设计值；
　　　A——基础底面面积；
　　　f_g——地基承载力设计值，按规范计算。

2.3　有关的计算软件

由于脚手架计算较繁琐，推荐使用 PKPM 软件。

3. 构造要求

3.1　一般规定

3.1.1　双排脚手架高度不宜超过 50m，当双排架的搭设高度超过 24m 时，应对脚手架所采用的杆件间距进行核算，并从结构上进行加强。单排脚手架的高度不宜超过 24m。

3.1.1.1　根据国内几十年经验，立杆采用单管的落地脚手架一般在 50m 以下。另外，搭设过高的脚手架也会影响材料的周转使用；同时，还考虑脚手架是属于临时结构，其安全度受人为影响很大，高度越高，不安全隐患也越大。为确保脚手架的安全，规定操作高度不宜超过 50m。

3.1.1.2　当施工工程需要搭设高度 50m 以上的脚手架时，必须另行专门设计。可采用双管立杆、分段悬挑或分段卸荷等有效措施；同时，应考虑风涡流的作用，应采取抗上升翻流作用的连墙措施。

3.1.2　影响脚手架承载力的因素通过对脚手架的荷载试验，主要影响脚手架承载能力的因素有以下几项：

3.1.2.1　脚手架的失稳主要表现在整体失稳，一般情况局部失稳多于整体失稳。

3.1.2.2　脚手架的纵向刚度远大于横向刚度，故脚手架失稳主要发生在横向。为增加脚手架的横向刚度，施工中除应按照规定位置设置小横杆，对高度超过 24m 的脚手架还应增设横向斜撑，横向斜撑在小横杆与立杆框架平面沿脚手架高度呈之字形设置。

3.1.2.3　设置连墙杆是脚手架稳定的关键。连墙杆的设置方式，不但应使连墙件强度可靠，同时还应尽量缩小连墙件的竖向间距。当竖向间距由 3.6m 增加到 7.2m 时，脚手架的承载能力将降低 33%。

3.1.2.4　不要随意加大步距；否则，将加大立杆的长细比。当步距由 1.2m 增加到 1.8m 时，脚手架的承载能力下降 26%。

3.1.2.5　施工中必须保证扣件螺栓的拧紧度。螺栓扭力矩应在 40～50N·m 之间，当扣件螺栓扭力矩仅为 30N·m 时，脚手架承载力下降 20%。

3.1.2.6 必须保证脚手架立杆基础的可靠性；否则，将造成脚手架立杆沉陷不均，脚手架整体失稳。

3.2 扣件式脚手架的构造要求

脚手架的承载能力及安全可靠性是靠设计计算和构造质量两方面来保证的。不同高度的脚手架其构造要求也不相同，一般按搭设高度可分为：24m以下、25～50m和50m以上三种情况。

3.2.1 高度在24m以下的脚手架：

3.2.1.1 杆件间距，一般常用构造间距为：

结构架：立杆纵距不大于1.5m，大横杆步距按层高不同为1.2～1.4m，立杆纵距（架宽）不大于1.5m；

装修架：立杆纵距1.8～2.0m，大横杆步距不大于1.8m，立杆横距不大于1.3m。

3.2.1.2 立杆：

（1）立杆的位置应准确，用钢尺丈量并画出标记，使间距均匀，受力分配合理。

（2）立杆接长必须采用对接扣件，且应交错布置，相邻两立杆接头不应设置在同一步距内。各接头位置不宜在步距中间的 $l_a/3$ 处。

（3）每根立杆的底部应设置底座和垫板，以加大承力面积。

（4）距地面200mm处设置纵、横向扫地杆，以对立杆的位置固定和调节相邻跨的不均匀沉降。

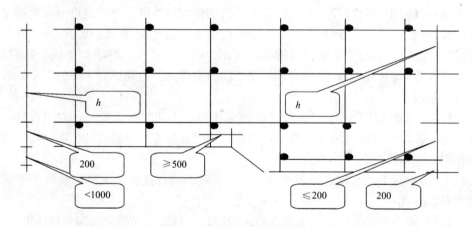

图1-1-1 立杆布置示意图

（5）当立杆基础不在同一高度上时，按图1-1-1处理。

3.2.1.3 大横杆：

（1）双排脚手架内外排的大横杆均设在立杆的里侧。当脚手架受力后，里外排立杆因偏心距产生对称变形，由于每步设置了小横杆，则使里外立杆的变形相互抵消，从而减小立杆变形，提高了脚手架的整体稳定性。

（2）大横杆的间距称为步距，与立杆用直角扣件固定后便限制了立杆的侧向变形，步距越小立杆的稳定性越好，脚手架的承载能力越高。当步距由1.2m增加到1.8m时，脚手架承载能力下降26%，所以，施工中不准随意加大步距和将大横杆拆除。

（3）大横杆的接长可采取对接方法，也可采用搭接。一般宜采用对接接长，使接长的大横杆在一条水平线上,便于小横杆和脚手板的搭设。

(4) 大横杆的接头应交错布置,相邻的接头不宜在同步或同跨内。接头的位置应避开跨中的 $L/3$ 处。见图 1-1-2 所示。

3.2.1.4 小横杆:

(1) 小横杆的作用:一是承受脚手板传来荷载,二是约束立杆里外的对称变形,减少立杆的长细比,三是增强脚手架的横向刚度提高整体稳定性。施工中常常忽视小横杆的作用而被任意拆除,把整体工作的双排脚手架改变成两片脚手架,受力后很快变形,承载能力明显下降。

(2) 小横杆应设置在脚手架每个主节点处。双排脚手架应将小横杆两端用扣件扣牢;单排脚手架小横杆另一端伸入墙内不小于 180mm。

(3) 当遇作业层时,应在每跨内的脚手板下增加一根小横杆,使小横杆间距不大于 1m。当遇非作业层时,

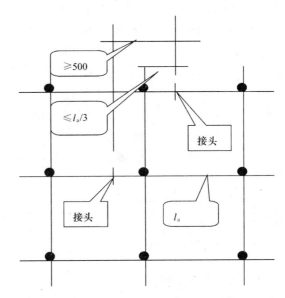

图 1-1-2 大横杆接头处理

跨内增设的小横杆可随脚手板同时拆除,但严禁拆除主节点处小横杆。

3.2.1.5 剪刀撑:

(1) 增设剪刀撑以加强脚手架的纵向稳定性。实际上,即使没有纵向水平力,脚手架在垂直荷载的作用下,也会产生纵向位移倾斜。增加剪刀撑不但增强脚手架的整体稳定性,同时还可以提高承载能力 10% 以上。

(2) 每组剪刀撑跨越 6~9m,与地面夹角在 45°~60°之间。斜杆底部应落在地面垫板上。剪刀撑随脚手架的搭设同时由底至顶连续设置。高度在 24m 以下的脚手架沿纵向可间断设置,间隔不大于 15m。

(3) 剪刀撑斜杆的接长采用搭接接长,搭接长度不小于 1m,设置不少于两个扣件。剪刀撑杆件在脚手架中承受压力或拉力,主要依据扣件与杆件的摩擦力传递,所以,剪刀撑的设置效果关键是增加扣件的数量,要求采用搭接接长不用对接,要求斜杆不但与立杆连接,还要与伸出端的小横杆连接,以增加连接强度。

3.2.1.6 连墙杆:

(1) 脚手架只适于承受竖向荷载不能受水平荷载,所以,必须将脚手架与建筑物之间采用连墙杆牢固连接,以保证脚手架的整体稳定性。

设置连墙杆不但可以防止脚手架因风荷载或风吸力而发生的向内或向外的倾翻事故;同时还可以作为脚手架的中间约束,减少脚手架的计算高度,提高承载能力,保证脚手架的整体稳定性。

(2) 连墙杆的间距,可按三步三跨布置,每根连墙杆控制脚手架的面积不超过 40m²。连墙杆应尽量靠近脚手架节点,距离不大于 300mm。如果将连墙杆设置在步距或跨

距中间，由于杆件局部变形大，连墙杆几乎起不到作用。

连墙杆应该从脚手架下部第一道大横杆处开始设置。连墙杆应呈水平位置设置，或向脚手架一端下斜的方式连接，不得使脚手架一端呈上斜连接。

（3）连墙杆的设置必须保证连接强度，宜采用刚性连墙件与建筑物可靠连接，亦可采用拉筋和顶撑配合使用的附墙连接方式，严禁使用仅有拉筋的柔性连接。刚性连墙杆或拉筋宜水平设置，当不能水平设置时，与脚手架连接的一端应下斜连接，不应采用上斜连接。

（4）连墙杆必须在施工方案中预先设计，防止在脚手架施工时随意设置，造成主体施工时不适用，装修时因影响施工而被拆除的情况。

分析脚手架的倒塌事故，几乎都与连墙杆的设置情况有关，也有一些事故是由于在脚手架使用期间，连墙杆被过早拆除造成的，所以，正确设置连墙杆对脚手架的安全使用至关重要。

3.2.1.7 基础：搭设高度 24m 以下的脚手架，应将原地夯实找平后，铺厚 5cm 的木脚手板。板长 2m 时，可按立杆横距垂直建筑物铺设；板长 3m 以上时，可平行建筑物方向里外按立杆纵距铺设两行作为脚手架立杆的垫板。垫板上应设置钢管底座，然后安装立杆。

3.2.1.8 单排脚手架的小横杆不应设置在下列部位：

（1）宽度小于 1m 的窗间墙；

（2）墙体厚度不小于 180mm；

（3）空斗砖墙、加气块等轻质墙体；

（4）砌筑砂浆强度不小于 M1.0 的砖墙；

（5）过梁上部的 60°三角形范围内；

（6）梁或梁垫下部及两侧 500mm 内；

（7）砌墙门窗洞口两侧及转角处；

（8）砖柱。

3.2.2 高度在 25～50m 之间的脚手架：

3.2.2.1 改变杆件间距：

（1）缩小立杆的纵距，增加脚手架的承载能力。

（2）缩小立杆横距，减少脚手架宽度，同样提高脚手架承载能力。

（3）减小大横杆步距，可提高脚手架的整体稳定性，当步距由 1.8m 减少到 1.2m 时，脚手架承载能力可提高 1/4。

3.2.2.2 采用双管立杆：改单管立杆为双管立杆，提高脚手架的承载能力。立杆全高分为两部分，下部分为双立管，上部为单立管，单立管的高度不超过 24m，双立管高度不低于 6m。

双立杆中的立杆接长采用对接，附加立杆采用搭接接长，搭接长度为一个步距。在搭接的步距内增加 3 个回转扣件，以利于上部单立杆向下部双立杆传力过渡，使交接步距以下的双立杆部分每根立杆承受上部荷载的 1/2。

3.2.2.3 从构造上加强：纵向剪刀撑不但要沿脚手架的高度连续设置，同时要沿脚手架纵向连续设置，中间不间断；增加横向斜撑；连墙杆采用刚性连接；脚手架超过 40m

时，应考虑风涡流作用。

必须保证扣件的紧固力矩，扣件的螺栓扭力矩为 40～50N·m，应对操作人员进行训练和对脚手架扣件紧固程度抽检 5%～10%，抽检扣件的不合格数不得超过抽验总数的 10%。

3.2.3 高度超过 50m 以上的脚手架：采用双立杆、分段搭设、分段卸荷等方法，对脚手架及基础进行设计计算。

3.3 脚手板铺设及安全网设置

3.3.1 脚手板铺设：脚手板应按脚手架宽度铺满、铺稳，小横杆伸向墙一端处也应满铺脚手板，离开墙面 100～150 mm。一般应将脚手板设置在三根小横杆上。脚手板铺设接长时，可采用对接或搭接方法。脚手板一般应上下连续铺设两步，上层为作业层，下层为防护层。作业层除铺设脚手板外，尚应在外排大横杆与脚手架之间增设一道大横杆，作为防护栏杆，并沿脚手板设置一道挡脚板作为临时防护。

3.3.2 安全网设置：在双排脚手架的外排立杆立面封挂密目式安全网，为使脚手架有较好的外观效果，宜将安全网挂在立杆里侧，使脚手架的立杆、大横杆露于密目网外。最底层脚手板的下面没有防护层时，应紧贴脚手板底面设一道平网，将脚手板及板与墙之间空隙封严。

当外墙面与脚手架脚手板之间，有大于 200mm 以上的垂直空隙时，应每隔不大于 10m 封挂一层平网。

当采用里脚手砌墙时，应在建筑物外距墙 100mm 搭设单排防护架封挂密目网，防护架随墙体升高而接高，使临边防护的高度在作业层面 1.5m 以上。

4. 扣件式脚手架搭设技术要求

4.1 使用材料

4.1.1 钢管宜采用力学性能适中的 Q235A 钢，其力学性能应符合国家现行标准《碳素结构钢》（GB 700—88）中 Q235A 钢的规定。每批钢材进场时，应有材质检验合格证。

4.1.2 钢管选用外径 48mm，壁厚 3.5mm 的焊接钢管。立杆、大横杆和斜杆的最大长度为 6.5m，小横杆长度 1.5～1.8m。

4.1.3 扣件式脚手架采用可锻铸铁制作的扣件，其材质应符合现行国家标准《钢管脚手架扣件》（GB 15831—1995）的规定。铸件不得有裂纹、气孔，不宜有缩松、砂眼、浇冒口残余披缝，毛刺、氧化皮等清除干净。采用其他标准制作的扣件，应经试验证明，其质量符合该标准的规定后方可使用。

4.1.4 扣件与钢管的贴合面必须严格整形，应保证与钢管扣紧时接触良好。当扣件夹紧钢管时，开口处的最小距离应不小于 5mm。

4.1.5 扣件活动部位应能灵活转动，旋转扣件的两旋转面间隙应小于 1mm。

4.1.6 扣件表面应进行防锈处理。

4.1.7 脚手板应采用松木、杉木制作，厚度不小于 50mm，宽度大于等于 200mm，长度为 4～6m，其材质应符合国家现行标准《木结构设计规范》（GB 50005—2003）中对 II 级木材的规定，不得有开裂、腐朽。脚手板的两端应采用直径为 4mm 的镀锌钢丝各设两道箍。

4.1.8 钢管及扣件报废标准：钢管弯曲、压扁、有裂纹或严重锈蚀；扣件有脆裂、变形、滑扣，应报废和禁止使用。

4.2 搭设技术措施

4.2.1 外架搭设：

4.2.1.1 立杆垂直度偏差不得大于架高的1/200。

4.2.1.2 立杆接头除在顶层可采用搭接外，其余各接头必须采取对接扣件，对接应符合以下要求：

立杆上的对接扣件应交错布置，两相邻立杆接头不应设在同步同跨内，两相邻立杆接头在高度方向错开的距离不应小于500mm，各接头中心距主节点的距离不应大于步距的1/3，同一步内不允许有两个接头。

4.2.1.3 立杆顶端应高出建筑物屋顶1.5m。

4.2.1.4 脚手架底部必须设置纵、横向扫地杆。纵向扫地杆应用直角扣件固定在距垫铁块表面不大于200mm处的立杆上，横向扫地杆应用直角扣件固定在紧靠纵向扫地杆下方的立杆上。

4.2.1.5 大横杆设于小横杆之下，在立杆内侧，采用直角扣件与立杆扣紧，大横杆长度不宜小于三跨，并不小于6m。

4.2.1.6 大横杆对接扣件连接、对接应符合以下要求：对接接头应交错布置，不应设在同步、同跨内，相邻接头水平距离不应小于500mm，并应避免设在纵向水平跨的跨中。

4.2.1.7 架体四周大横杆的纵向水平高差不超过500mm，同一排大横杆的水平偏差不得大于1/300。

4.2.1.8 小横杆两端应采用直角扣件固定在立杆上。

4.2.1.9 每一主节点（即立杆、大横杆交汇处）处必须设置一小横杆，并采用直角扣件扣紧在大横杆上，该杆轴线偏离主节点的距离不应大于150mm，靠墙一侧的外伸长度不应大于250mm，外架立面外伸长度以100mm为宜。操作层上非主节点处的横向水平杆宜根据支承脚手板的需要等间距设置，最大间距不应大于立杆间距的1/2，施工层小横杆间距为1m。

4.2.1.10 脚手板一般应设置在三根以上小横杆上。当脚手板长度小于2m时，可采用两根小横杆，并应将脚手板两端与其可靠固定，以防倾翻。脚手板平铺应铺满铺稳，靠墙一侧离墙面距离不应大于150mm，拐角要交圈，不得有探头板。

4.2.1.11 搭设中每隔一层外架要及时与结构进行牢固拉结，以保证搭设过程中的安全，要随搭随校正杆件的垂直度和水平偏差，适度拧紧扣件。

4.2.1.12 连墙杆必须从第一层与窗口连接，拉杆与脚手架连接的一端可稍微下斜，不容许向上翘起，按三步三跨设置。

4.2.1.13 脚手架的外立面的两端各设置一道剪刀撑，由底至顶连续设置；中间每道剪刀撑的净距不应大于15m。

4.2.1.14 剪刀撑的接头除顶层可以采用对接外，其余各接头均必须采用扣件搭接。

4.2.1.15 剪刀撑应用旋转扣件固定在与之相交的小横杆的伸出端或立杆上，旋转扣件中心线距主节点的距离不应大于150mm。

4.2.1.16 用于大横杆对接的扣件开口，应朝架子内侧，螺栓向上，避免开口朝上，以防雨水进入，导致扣件锈蚀、锈腐后强度减弱，直角扣件不得朝上。

4.2.1.17 外架施工层应满铺脚手板，脚手架外侧设防护栏杆一道和挡脚板一道，栏杆上皮高1.0～1.2m，挡脚板高不应小于180mm。栏杆上立挂安全网，网的下口与建筑物挂搭封严（即形成兜网）或立网底部压在作业面脚手板下，再在操作层脚手板下另设一道固定安全网。安全网应挂设严密，用网绳绑扎牢固，不得漏眼绑扎，两网连接处应绑在同一杆件上。

4.2.2 过门洞的处理：过门洞，双排脚手架可挑空1～2根立杆，即在第一步大横杆处断开。悬空的立杆处用斜杆撑顶，逐根连接三步以上的大横杆，以使荷载分布在两侧立杆上，斜杆下端与地面的夹角要成60°左右，凡斜杆与立杆、大横杆相交处均应扣接。

4.2.3 过窗洞的处理：单排脚手架遇窗洞时，可增设立杆或吊设一根短大横杆，将荷载传递到两侧的小横杆若窗洞宽超过1.5m时，应于室内加设立杆（底部加铺垫木）和大横杆来承担小横杆传来的荷载。

4.2.4 地基处理：

4.2.4.1 地基应夯实整平，必要时做80mm厚C10混凝土地坪，以保证地基不变形；

4.2.4.2 立杆支承在垫板、底座上；

4.2.4.3 架体基础设排水设施，不得积水。

4.3 搭设工艺流程

地基夯实处理→在牢固的地基弹线、立杆定位→摆放扫地杆→竖立杆并与扫地杆扣紧→装扫地小横杆，并与立杆和扫地杆扣紧→装第一步大横杆并与各立杆扣紧→安第一步小横杆→安第二步大横杆→安第二步小横杆→加设临时斜撑杆，上端与第二步大横杆扣紧（装设与柱连接杆后拆除）→安第三、四步大横杆和小横杆→安装二层与柱拉杆→接立杆→加设剪刀撑→铺设脚手板，绑扎防护及挡脚板、挂安全网。

5. 脚手架的验收、使用及管理

5.1 把好验收关。搭设过程中的脚手架，每搭设一个施工层高度必须由项目技术负责人组织技术员、安全员与搭设班组长、工长进行检查，符合要求后方可上人使用。脚手架未经检查、验收，除架子工外，严禁其他人员攀登。验收合格的脚手架任何人不得擅自拆改，需局部拆改时，要经设计负责人同意，由架子工操作。

5.2 工程的施工负责人，必须按脚手架方案的要求，拟定书面操作要求，向班组进行安全技术交底，班组必须严格按操作要求和安全技术交底施工。

5.3 基础、卸荷措施和脚手架分段完成后，应分层由制定脚手架方案及安全、技术、施工、使用等有关人员，按项目进行验收，并填写验收单，合格后方可继续搭设使用。

5.4 脚手架上不准堆放成堆材料，零星材料可适当堆放。

5.5 外架第一步开始拉兜网和立网，以后每隔不大于10m脚手架拉设一道兜网，施工层脚手板和施工层临边必须设兜网和立网，以保证高处作业人员的安全。

5.6 脚手架搭好后要派专人管理，未经技术人员同意，不得改动，不得任意拆卸脚手架与柱连接的拉杆和扣件。

5.7 脚手架上不准有任何活动材料，如扣件、活动钢管、钢筋等，一旦发现应及时清除。

5.8 雨后要检查架体的下沉情况，发现地基沉降或立杆悬空要马上用木板将立杆楔紧。

5.9 在六级以上大风、大雾和大雨天气下不得进行脚手架作业，雨、雪后上架前要有防滑措施。

5.10 外架实行外挂立网全封闭。外挂安全网要与脚手架拉平，网边系牢，两网接头严密，不准随风飘。

5.11 作业层上的施工荷载应符合设计要求，不得超载，不得将模板、泵送混凝土输送管等支撑固定在脚手架上，严禁任意悬挂起重设备。

5.12 作业所用材料要堆放平稳，高处作业地面环境要整洁，不能杂乱无章、乱摆乱放，所用工具要全部清点回收，防止遗留在作业现场掉落伤人。

6. 作业人员素质要求

6.1 高处作业人员必须年满18岁，两眼视力均不低于1.0，无色盲，无听觉障碍，无高血压、心脏病、癫痫、眩晕和突发性昏厥等疾病，无妨害登高架设作业的其他疾病和生理缺陷。

6.2 责任心强，工作认真负责，熟悉本作业的安全技术操作规程。严禁酒后作业和作业中玩笑嬉闹。

6.3 明确使用个人防护用品和采取安全防护措施。进入施工现场，必须戴好安全帽，在2m以上无可靠防护处作业必须系好安全带，使用的工具要放在工具袋内。

6.4 操作工必须经过培训教育，考试、体检合格，持证上岗，任何人不得安排未经培训的无证人员上岗作业。

6.5 作业人员应定期进行体检（每年体检一次）。

7. 防护用品要求

7.1 安全帽

7.1.1 安全帽必须使用正式厂家生产的产品，符合国家相关标准。

7.1.2 安全帽必须具有抗冲击、抗侧压力、绝缘、耐穿刺等性能，使用中必须正确佩戴，安全帽使用期不超过相关规定。

7.2 安全带

7.2.1 安全带采购必须合格的产品。

7.2.2 安全带使用2年后，根据使用情况，必须通过抽验合格方可使用。

7.2.3 安全带应高挂低用，注意防止摆动碰撞，不准将绳打结使用，也不准将钩直接挂在安全绳上使用，应挂在连接环上用，要选择在牢固构件上悬挂。

7.2.4 安全带上的各种部件不得任意拆掉，更新绳时要注意加绳套。

7.3 安全网

7.3.1 安全网的技术要求必须符合《安全网》（GB 5725—1997）规定，方准进场使用。

7.3.2 安全网在存放使用中，不得受有机化学物质污染或与其他可能引起磨损的物品相混，当发现污染应进行冲洗，洗后自然干燥，使用中要防止电焊火花掉在网上。

第一章　脚手架工程　19

7.3.3　安全网拆除后要洗净捆好，放在通风、遮光、隔热的地方，禁止使用钩子搬运。

8. 扣件式脚手架技术交底

8.1　脚手架搭设安全技术交底

8.1.1　凡是高血压、心脏病、癫痫病、晕高或视力不够等不适合做高处作业的人员，均不得从事架设作业。配合架子工的徒工，在培训以前必须经过医务部门体检合格，操作时必须有技工带领、指导，由低到高，逐步增加，不得任意单独上脚手架操作。要经常进行安全技术教育。凡从事架子工种的人员，必须定期（每年）进行体检。

8.1.2　脚手架支搭以前，必须制定施工方案和进行安全技术交底。对于高大异形的脚手架并应报请上级部门批准，向所有参加作业人员进行书面交底。

8.1.3　操作小组接受任务后，必须根据任务特点和交底要求进行认真讨论，确定支搭方法，明确分工。在开始操作前，组长和安全员应对施工环境及所需防护用具做一次检查，消除隐患后方可开始操作。

8.1.4　架子工在高处（距地高度2m以上）作业时，必须佩戴安全带。所用的脚手杆应拴2m长的绳子。安全带必须与已绑好的立、横杆挂牢，不得挂在钢丝扣或其他不牢固的地方，不得"走过档"（即在一根水平杆上不扶任何支点行走），也不得跳跃脚手架。在脚手架上操作应精力集中，禁止打闹和玩笑，休息时应下脚手架。严禁酒后作业。

8.1.5　遇有恶劣气候（如风力五级以上，高温、雨天气等）影响安全施工时应停止搭设作业。

8.1.6　大横杆应绑在立杆里边，搭第一步大横杆时，必须检查立杆是否立正，搭至四步时必须固定临时小横杆。搭大横杆时，必须2~3人配合操作，由中间一人接杆、放平，按顺序搭设。

8.1.7　递杆、拉杆时，上下左右操作人员应密切配合，协调一致。拉杆人员应注意不碰撞上方人员和已搭好的杆件，下方递杆人员应在上方人员接住杆后方可松手，并躲离其垂直操作距离3m以外。使用人力吊料，大绳必须坚固，严禁在垂直下方3m以内拉大绳吊料。使用机械吊运，应设天地轮，天地轮必须加固，应遵守机械吊装安全操作规程，吊运脚手板、钢管等物应绑扎牢固，接料平台外侧不准站人，接料人员应等起重机械停车后再接料、解绑绳。

8.1.8　未搭完的一切脚手架，非架子工一律不准上架。架体搭完后由施工人员会同架子组长以及使用工种、技术、安全等有关人员共同进行验收，合格并办理交接验收手续后，方可使用。使用中的脚手架必须保持完整，禁止随意拆、改脚手架或挪用脚手板；必须拆改时，应经施工负责人批准，由架子工负责操作。

8.1.9　所有的架体，经过大风、大雨后，要进行检查；如发现倾斜下沉及松扣、崩扣，要及时修理。

8.2　脚手架拆除安全技术交底

8.2.1　外架拆除前，工长要向拆架施工人员进行书面安全交底工作。交底由接受人签字。

8.2.2　拆除前，班组要学习安全技术操作规程，班组必须对拆架人员进行安全交底，交底要有记录，交底内容要有针对性，拆架子的注意事项必须讲清楚。

8.2.3 拆架前在地上用绳子或钢丝先拉好围栏，设有监护人，没有安全员工长在场，外架不准拆除。

8.2.4 脚手架拆除程序应由上而下，按层按步拆除。先清理架上杂物，如脚手板上的混凝土、砂浆块、U形卡、活动杆件及材料。按拆架原则先拆后搭的杆件，剪刀撑、连墙杆不准一次性全部拆除，要求杆拆到哪一层，剪刀撑、连墙杆拆到哪一层。

8.2.5 拆除工艺流程：拆护栏→拆脚手板→拆小横杆→拆大横杆→拆剪刀撑→拆立杆→拆连墙杆→杆件传递至地面→清除扣件→按规格堆码。

8.2.6 拆杆和放杆时必须由2～3人协同操作，拆大横杆时，应由站在中间的人将杆顺下传递，下方人员接到杆拿稳拿牢后，上方人员才准松手，严禁往下乱扔料具。

8.2.7 拆架人员必须系安全带，拆除过程中，应指派一个责任心强、技术水平高的工人担任指挥，负责拆除工作的全部安全作业。

8.2.8 拆架时有管线阻碍不得任意割移；同时，要注意扣件崩扣，避免踩在滑动的杆件上操作。

8.2.9 拆架时扣件必须从钢管上拆除，不准扣在被拆下的钢管上。

8.2.10 拆架人员应配备工具套，手上拿钢管时，不准同时拿扳手，工具用后必须放在工具套内。

8.2.11 拆架休息时不准坐在脚手架上或不安全的地方，严禁在拆架时嬉戏打闹。

8.2.12 拆架人员要穿戴好个人劳保用品，不准穿易滑鞋上架作业，衣服要轻便。

8.2.13 拆除中途不得换人，如更换人员必须重新进行安全技术交底。

8.2.14 拆下来的脚手杆要随拆、随清、随运，分类、分堆、分规格码放整齐，要有防水措施，以防雨后生锈。扣件要分型号装箱保管。

8.2.15 拆下来的钢管要定期外刷一道防锈漆，刷一道调合漆。弯管要调直，扣件要上油润滑。

8.2.16 严禁架子工在夜间进行脚手架搭拆工作。未尽事宜工长在安全技术交底中做详细的交底，施工中存在问题的地方应及时与技术部门联系，以便及时纠正。

第三节　附着式脚手架

1. 定义及术语

1.1　附着升降脚手架

仅需搭设一定高度并附着于工程结构上，依靠自身的升降设备和装置，可随工程结构施工逐层爬升，具有防倾覆、防坠落装置，并能实现升降作业的外脚手架。

1.2　附着支承结构

直接与工程结构连接，承受并传递脚手架荷载的支承结构。

1.3　单片式附着升降脚手架

仅有两个提升装置并独自升降的附着升降脚手架。

1.4　整体式附着升降脚手架

有三个以上提升装置的连跨升降的附着升降脚手架。

1.5　架体结构

附着升降脚手架的组成结构，一般由架体竖向主框架，架体水平梁架和架体构架三部分组成。

1.6 架体竖向主框架

用于构造附着升降脚手架架体，垂直于建筑物外立面，并与附着支承结构连接，主要承受和传递竖向和水平荷载的竖向框架。

1.7 架体水平梁架

用于构造附着升降脚手架架体，主要承受架体竖向荷载，并将竖向荷载传递至竖向主框架和附着支承结构的水平结构。

1.8 架体构架

采用钢管杆件搭设的与竖向主框架和水平梁架连接的附着升降脚手架架体结构部分。

1.9 架体高度

架体最底层杆件轴线至架体最上层横杆（护栏）轴线间的距离。

1.10 架体宽度

架体内、外排立杆轴线之间的水平距离。

1.11 架体支承跨度

两相邻竖向主框架中心轴线之间的距离。

1.12 悬臂高度

架体的附着支承结构中最高一个支承点以上的架体高度。

1.13 悬挑长度

架体竖向主框架中心轴线至边跨架体端部立面之间的水平距离。

1.14 防倾覆装置

防止架体在升降和使用过程中发生倾覆的装置。

1.15 防坠落装置

架体在升降或使用过程中发生意外坠落时的制动装置。

1.16 升降机构

控制架体升降运行的机构。

1.17 荷载控制系统

能够反映、控制升降动力荷载的装置系统。

2. 构配件基本组成

立杆、纵横向水平杆、支撑杆件及连接它们的扣件等。

3. 设计计算

3.1 确定构造模式

目前由于脚手架构造模式不统一，给设计计算造成困难，为此需首先确立构造模式、合理的传力方式。

3.1.1 附着式升降脚手架是把落地式脚手架移到了空中（升降脚手架一般搭设四个标准层加一步护身栏杆的高度为总高度）。所以，要给架体建立一个承力基础——水平梁架，来承受垂直荷载，这个水平梁架以竖向主框架为支座，并通过附着支撑将荷载传递给建筑物。

3.1.2 一般附着式升降脚手架由四部分组成：架体、水平梁架、竖向主框架、附着支撑。脚手架沿竖向框架上设置的导轨升降，附着于建筑物外侧，并通过附着支撑将荷载传递给建筑物，也是"附着式"名称的由来。

3.2 设计计算方法

3.2.1 架体、水平梁架、竖向主框架和附着支撑按照概率极限状态设计法进行计算，提升设备和吊装索具按容许应力法进行计算。

3.2.2 按照规定选用计算系数：静荷载1.2、施工荷载1.4、冲击系数1.5、荷载变化系数2以及6以上的索具安全系数等。

3.2.3 施工荷载标准值：砌筑架 $3kN/m^2$；装修架 $2kN/m^2$；升降状态 $0.5kN/m^2$（升降时，脚手架上所有设备及材料要搬走，任何人不得停留在脚手架上）。

3.2.4 按照钢结构的有关规定，为保证杆件本身的刚度，规定压杆的长细比不得大于150，拉杆的长细比不得大于300。在设计框架时，其次要杆件在满足强度的条件下，要同时满足长细比要求。

3.2.5 脚手架与水平梁架及竖向主框架杆件相交汇的各节点轴线，应汇交于一点，构成节点受力后为零的平衡状态；否则，将出现附加应力。这一规定往往在图纸上绘制，与实际制作后的成品不相一致。

3.2.6 全部的设计计算，包括计算书、有关资料、制作与安装图纸等，一同送交上级技术部门或总工审批，确认符合要求。

4. 附着式升降脚手架构造要求

4.1 架体构造

4.1.1 架体部分。即按一般落地式脚手架的要求进行搭设，双排脚手架的宽度为 $0.9 \sim 1.1m$。限定每段脚手架下部支承跨度不大于8m，并规定架体全高与支承跨度的乘积不大于 $110m^2$。其目的以使架体重心不偏高和利于稳定。脚手架的立杆可按1.5m设置，扣件的紧固力矩 $40 \sim 50N \cdot m$，并按规定加设剪刀撑和连墙杆。

4.1.2 水平梁架与竖向主框架。它们不属于脚手架的架体，而是架体荷载向建筑结构传力的结构架，必须是刚性的框架，不允许产生变形，以确保传力的可靠性。刚性是指两部分，一是组成框架的杆件必须有足够的强度、刚度；二是杆件的节点必须是刚性，受力过程中杆件的角度不变化。因为采用扣件连接组成的杆件节点是半刚性半铰接的，荷载超过一定数值时，杆件可产生转动，所以规定，支撑框架与主框架不允许采用扣件连接，必须采用焊接或螺栓连接的定型框架，以提高架体的稳定性。

4.1.3 在架体与支承框架的组装中，必须牢固地将立杆与水平梁架上弦连接，并使脚手架立杆与框架立杆成一垂直线，节点杆件轴线汇交于一点，使脚手架的横向部分，按节点部位采用水平杆与斜杆，将两榀支承框架的横向部分，按节点部位采用水平杆与斜杆，将两榀水平梁架连成一体，形成一个空间框架。此中间杆件与水平梁架的连接也必须采用焊接或螺栓连接。

4.1.4 在架体升降过程中，由于上部结构尚未达到要求强度或高度，故不能及时设置附着支撑而使架体上部形成悬臂，为保证架体的稳定，规定了悬臂部分不得大于架体高度的2/5和不超过6.0m；否则，应采取稳定措施。

4.1.5 为了确保架体传力的合理性，要求从构造上必须将水平梁架荷载，传给竖向主框架（支座），最后通过附着支撑将荷载传给建筑结构。由于主框架直接与工程结构连接所以刚度很大，这样脚手架的整体稳定性得到了保障，又由于导轨直接设置在主框架上，所以，脚手架沿导轨上升或下降的过程也是稳定可靠的。

4.2 附着支撑

附着支撑是附着式升降脚手架的主要承载传力装置。附着式升降脚手架在升降和到位后的使用过程中，都是靠附着支撑附着于工程结构上来实现其稳定的。它有三个作用：第一，传递荷载，把主框架上的荷载可靠地传给工程结构；第二，保证架体稳定性确保施工安全；第三，满足提升、防倾、防坠装置的要求，包括能承受坠落时的冲击荷载。要求附着支撑与工程结构每个楼层都必须设连接点，架体主框架沿竖向侧，在任何情况下均不得少于两处。

4.2.1 附着支撑或钢梁与工程结构的连接质量必须符合设计要求。

4.2.2 做到严密、平整、牢固；

4.2.3 对预埋件或预留孔应按照节点大样图纸做法及位置逐一进行检查，并绘制分层检测平面图，记录各层点的检查结果和加固措施；

4.2.4 当使用附墙支撑或钢挑梁时，其设置处混凝土强度等级应有强度报告，并符合设计规定，不得小于C10。

4.3 升降装置

4.3.1 目前脚手架的升降装置有四种：手动葫芦、电动葫芦、专用卷扬机、穿芯液压千斤顶。用量较大的是电动葫芦，由于手动葫芦是按单个使用设计的，不能群体使用，所以，当使用3个或3个以上的葫芦群吊时，手动葫芦操作无法实现同步工作，容易导致事故的发生，故规定使用手动葫芦最多只能同时使用两吊点的单跨脚手架的升降，因为两个吊点的同步问题相对比较容易控制。

4.3.2 升降必须有同步装置控制。

4.3.2.1 分析附着升降脚手架的事故，其最多是因架体升降过程中不同步差过大造成的。设置防坠装置是属于保险装置，设置同步装置是主动的安全装置。当脚手架的整体安全度足够时，关键就是控制平稳升降，不发生意外超载。

4.3.2.2 同步升降装置应该是自动显示、自动控制。从升降差和承载力两个方面控制。升降时控制各吊点同步差在3cm以内；吊点的承载力应控制在额定承载力80%，当实际承载力达到和超过额定承载力的80%时，该吊点应自动停止升降，防止发生超载。

4.3.3 关于索具吊具的安全系数。

4.3.3.1 索具和吊具都是指起重机械吊运重物时，系结在重物上承受荷载的部件。刚性的称吊具，柔性的称索具（或称吊索）。

4.3.3.2 按照《起重机械安全规程》规定，用于吊挂的钢丝绳其安全系数为6。所以有索具、吊具的安全系数不小于6的规定，这里不包括起重机具（电动葫芦、液压千斤顶等）在内，提升机具的实际承载能力安全系数应在3～4之间，即当相邻提升机具发生故障时，此机具不因超载同时发生故障。[相当于按极限状态计算时，设计荷载＝荷载分项系数（1.2～1.4）×冲击系数（1.5）×荷载变化系数（2）×标准荷载＝（3～4）×标准荷载]。

4.3.4 脚手架升降时，在同一主框架竖向平面附着支撑必须保持不少于两处；否则，架体会因不平衡发生倾覆。升降作业时，作业人员也不准站在脚手架上操作，当手动葫芦达不到此要求时,应改用电动葫芦。

4.4 防坠落、防倾斜装置

4.4.1 为防止脚手架在升降情况下,发生断绳、折轴等故障造成的坠落事故和保障在升降情况下,脚手架不发生倾斜、晃动,所以规定,必须设置防坠落和防倾斜装置。

4.4.2 防坠落装置必须灵敏可靠,由发生坠落到架体停住的时间不超过3s,其坠落距离不大于150mm。防坠装置必须设置在主框架部位,由于主框架是架体的主要受力结构又与附着支撑相连,这样就可以把制动荷载及时传给工程结构承受。同时还规定了防坠装置最后应通过两处以上的附着支撑向工程结构传力,主要是防止当其中有一处附着支撑有问题时,还有另一处作为传力保障。

4.4.3 防倾斜装置也必须具有可靠的刚度(不允许用扣件连接),可以控制架体升降过程中的倾斜度和晃动的程度,在两个方向(前后、左右)均不超过3cm。防倾斜装置的导向间隙应小于5mm,在架体升降过程中始终保持水平约束,确保升降状态的稳定和安全不倾翻。

4.4.4 防坠装置应能在施工现场提供动作试验,确认可靠、灵敏、符合要求。

5. 附着式升降脚手架搭设技术要求

5.1 架体外立面必须沿全高设置剪刀撑,剪刀撑跨度不得大于6.0m;其水平夹角为45°~60°,并应将竖向主框架、架体水平梁架和构架连成一体;

5.2 悬挑端应以竖向主框架为中心成对设置对称斜拉杆,其水平夹角应不小于45°;

5.3 单片式附着升降脚手架必须采用直线形架体;

5.4 架体结构在以下部位应采取可靠的加强构造措施:

5.4.1 与附着支承结构的连接处;

5.4.2 架体上升降机构的设置处;

5.4.3 架体上防倾、防坠装置的设置处;

5.4.4 架体吊拉点设置处;

5.4.5 架体平面的转角处;

5.4.6 架体因碰到塔吊、施工电梯、物料平台等设施而需要断开或开洞处;

5.4.7 其他有加强要求的部位。

5.5 物料平台必须将其荷载独立传递给工程结构。在使用工况下,应有可靠措施保证物料平台荷载不传递给架体。物料平台所在跨的附着升降脚手架应单独升降,并应采取加强措施。

5.6 附着支承结构必须满足附着升降脚手架在各种工况下的支承、防倾和防坠落的承力要求,其设置和构造应符合以下规定:

5.6.1 附着支承结构采用普通穿墙螺栓与工程结构连接时,应采用双螺母固定,螺杆露出螺母应不少于3扣。垫板尺寸应设计确定,且不得小于80mm×80mm×8mm;

5.6.2 当附着点采用单根穿墙螺栓锚固时,应具有防止扭转的措施;

5.6.3 附着构造应具有对施工误差的调整功能,以避免出现过大的安装应力和变形;

5.6.4 位于建筑物凸出或凹进结构处的附着支承结构应单独进行设计,确保相应工程结构和附着支承结构的安全;

5.6.5 对附着支承结构与工程结构连接处混凝土的强度要求应按计算确定，并不得小于C10；

5.6.6 在升降和使用工况下，确保每一架体竖向主框架能够单独承受该跨全部设计荷载和倾覆作用的附着支承构造均不得少于两套。

5.7 附着升降脚手架的防倾装置必须与竖向主框架、附着支承结构或工程结构可靠连接，并遵守以下规定：

5.7.1 防倾装置应用螺栓同竖向主框架或附着支承结构连接，不得采用钢管扣件或碗扣方式。

5.7.2 在升降和使用两种工况下，位于在同一竖向平面的防倾装置均不得少于两处，并且其最上和最下一个防倾覆支承点之间的最小间距不得小于架体全高的1/3。

5.7.3 防倾装置的导向间隙应小于5mm。

5.8 附着升降脚手架的防坠落装置必须符合以下要求：

5.8.1 防坠落装置应设置在竖向主框架部位，且每一竖向主框架提升设备处必须设置一个。

5.8.2 防坠装置必须灵敏、可靠，其制动距离对于整体式附着升降脚手架不得大于80mm，对于单片式附着升降脚手架不得大于150mm。

5.8.3 防坠装置应有专门详细的检查方法和管理措施，以确保其工作可靠、有效。

5.8.4 防坠装置与提升设备必须分别设置在两套附着支承结构上，若有一套失效，另一套必须能独立承担全部坠落荷载。

5.9 附着升降脚手架的升降动力设备应满足附着升降脚手架使用工作性能的要求，升降吊点超过两点时，不能使用手拉葫芦。升降动力控制台应具备相应的功能，并应符合相应的安全规程。同步及荷载控制系统应通过控制各提升设备间的升降差和控制各提升设备的荷载来控制各提升设备的同步性，且应具备超载报警停机、欠载报警等功能。

6. 附着式升降脚手架拆除技术要求

附着升降脚手架的拆卸工作必须按专项施工组织设计及安全操作规程的有关要求进行。拆除工程前应对施工人员进行安全技术交底，拆除时应有可靠的防止人员与物料坠落的措施，严禁抛扔物料。

6.1 拆下的材料及设备要及时进行全面检修保养，出现以下情况之一的，必须予以报废：

6.1.1 焊接件严重变形且无法修复或严重锈蚀。

6.1.2 导轨、附着支承结构件、水平梁架杆部件、竖向主框架等构件出现严重弯曲。

6.1.3 螺纹连接件变形、磨损、锈蚀严重或螺栓损坏。

6.1.4 弹簧件变形、失效。

6.1.5 钢丝绳扭曲、打结、断股，磨损断丝严重达到报废规定。

6.2 其他不符合设计要求的情况。

遇五级（含五级）以上大风和大雨、大雪、浓雾和雷雨等恶劣天气时，禁止进行拆卸作业。并应预先对架体采取加固措施。

第四节　门式钢管脚手架

1. 定义

门式脚手架是以门架、交叉支撑、连接棒、挂扣式脚手板或水平架、锁臂等组成基本结构，再设置水平加固杆、剪刀撑、扫地杆、封口杆、托座与底座，并采用连墙件与建筑物主体结构相连的一种标准化钢管脚手架。

2. 构配件

2.1 门架：是门式钢管脚手架的主要构件，由立杆、横杆及加强杆焊接组成。

2.2 交叉支撑：是连接每榀门架的交叉拉杆。

2.3 连接棒：是用于门架立杆竖向组装的连接件。

2.4 锁臂：是门架立杆组装接头处的拉接件。

2.5 水平架：是挂扣在门架横杆上的水平构件。

2.6 挂扣式脚手板：是挂扣在门架横杆上的水平构件。

2.7 可调底座：是门架下端插放其中，传力给基础，并可调整高度的构件。

2.8 固定底座：是门架下端插放其中，传力给基础，不能调整高度的构件。

3. 搭设技术要求

3.1 门式钢管脚手架的最大搭设高度，可根据表1-1-2确定。

门式钢管脚手架的最大搭设高度　　　　表1-1-2

施工荷载标准值（kN/m）	搭设高度（m）	施工荷载标准值（kN/m）	搭设高度（m）
3.0～5.0	≤45	≤3.0	≤60

注：施工荷载系指一个架距内各施工层荷载的总和。

3.2 对门架配件、加固件进行检查验收，禁止使用不合格的构配件。

3.3 对脚手架的搭设场地进行清理、平整，并做好排水。

3.4 基础处理：为保证地基具有足够的承载能力，立杆基础施工应满足构造要求和施工组织设计的要求；在脚手架基础上应弹出门架立杆位置线，垫板、底座安放位置要准确。

3.5 门式脚手架搭设程序：

3.5.1 脚手架的搭设，应自一端延伸向另一端，自下而上按步架设，并逐层改变搭设方向，减少误差积累。不可自两端相向搭设或相间进行，以避免结合处错位，难于连接。

3.5.2 脚手架搭设的顺序。铺设垫木（板）→安装底座→自一端起立门架并随即装交叉支撑→安装水平架（或脚手板）→安装钢梯→安装水平加固杆→安装连墙杆，按照上述步骤，逐层向上安装，按规定位置安装剪刀撑，装配顶步栏杆。

3.5.3 脚手架的搭设必须配合施工进度，一次搭设高度不应超过最上层连墙件三步或自由高度小于6m，以保证脚手架稳定。

3.6 架设门架及配件安装注意事项：

3.6.1 交叉支撑、水平架、脚手板、连接棒、锁臂的设置应符合构造规定。

3.6.2 不同产品的门架与配件不得混合使用于同一脚手架。

3.6.3 交叉支撑、水平架及脚手板应紧随门架的安装及时设置。

3.6.4 各部件的锁、搭钩必须处于锁住状态。

3.6.5 水平架或脚手板应在同一步内连续设置，脚手板应满铺。

3.6.6 钢梯的位置应符合组装布置图的要求，底层钢梯底部应加设 $\phi 42$ 钢管并用扣件扣紧在门架立杆上，钢梯跨的两侧均应设置扶手。每段钢梯可跨越两步或三步门架再行转折。

3.6.7 挡脚板（笆）应在脚手架施工层两侧设置，栏板（杆）应在脚手架施工层外侧设置，栏杆、挡脚板应在门架立杆的内侧设置。

3.6.8 水平加固杆、剪刀撑的安装：

3.6.8.1 水平加固杆、剪刀撑安装应符合构造要求，并与脚手架的搭设同步进行。

3.6.8.2 水平加固杆采用扣件与门架在立杆内侧连牢，剪刀撑应采用扣件与门架立杆外侧连牢。

3.6.9 连墙件的安装：

3.6.9.1 连墙件的安装必须随脚手架搭设同步进行，严禁搭设完毕补作。

3.6.9.2 当脚手架操作层高出相邻连墙件以上两步时，应采用临时加强稳定措施，直到连墙件搭设完毕后可拆除。

3.6.9.3 连墙件埋入墙身的部分必须牢固可靠，连墙件必须垂直于墙面，不允许向上倾斜。

3.6.9.4 连墙件应连于上、下两榀门架的接头附近。

3.6.9.5 当采用一支一拉的柔性连墙构造时，拉、支点间距应不大于400mm。

3.6.10 加固件、连墙件等与门架采用扣件连接时应满足下列要求：

3.6.10.1 扣件规格应与所连钢管外径相匹配。

3.6.10.2 扣件螺栓拧紧扭力矩值为 $50\sim 60N \cdot m$，并不得小于 $40N \cdot m$。

3.6.10.3 各杆件端头伸出扣件盖板边缘长度应不小于100mm。

4. 检查验收要求

4.1 脚手架搭设完毕或分段搭设完毕时应对脚手架工程质量进行检查，经检查合格后方可交付使用。

4.2 高度在20m及20m以下的脚手架，由单位工程负责人组织技术安全人员进行检查验收；高度大于20m的脚手架，由公司技术负责人随工程进度分阶段组织单位工程负责人及有关的技术安全人员进行检查验收。

4.2.1 验收时应具备下列文件：必要的施工设计文件及组装图；脚手架部件的出厂合格证或质量分级合格标志；脚手架工程的施工记录及质量检查记录；脚手架搭设的重大问题及处理记录；脚手架工程的施工验收报告。

4.2.2 脚手架工程的验收，除查验有关文件外，还应进行现场抽查。抽查应着重以下各项，并记入施工验收报告：安全措施的杆件是否齐全，扣件是否紧固、合格；安全网的张挂及扶手的设置是否齐全；基础是否平整坚实；连墙杆的设置，是否齐全并符合要求；垂直度及水平度是否合格。

4.2.3 脚手架的水平度：底部脚手架沿墙的纵向水平偏差应不大于 $L/600$（L 为脚

手架的长度)。

4.2.4 脚手架搭设尺寸允许偏差：脚手架的垂直度：脚手架沿墙面纵向的垂直偏差应不大于 $H/400$（H 为脚手架高度）及 50mm；脚手架的横向垂直偏差不大于 $H/600$ 及 50mm；每步架的纵向与横向垂直度偏差应不大于 $h_0/600$（h_0 为门架高度）。

5. 门式钢管脚手架拆除的安全技术要求

5.1 工程施工完毕，应经单位工程负责人检查验证确认不再需要脚手架时，方可拆除。拆除脚手架应制订方案，经工程负责人核准后，方可进行。拆除脚手架应符合下列要求：

5.1.1 拆除脚手架前，应清除脚手架上的材料、工具和杂物。

5.1.2 脚手架的拆除，应按后装先拆的原则，按下列程序进行：

5.1.2.1 从跨边起先拆顶部扶手与栏杆柱，然后拆脚手板（或水平架）与扶梯段，再卸下水平加固杆和剪刀撑。

5.1.2.2 自顶层跨边开始拆卸交叉支撑，同步拆下顶层连墙杆与顶层门架。

5.1.2.3 继续向下同步拆除第二步门架与配件。脚手架的自由悬臂高度不得超过三步；否则，应加设临时拉结。

5.1.2.4 连续同步往下拆卸。对于连墙件、长水平杆、剪刀撑等，必须在脚手架拆卸到相关跨门架后，方可拆除。

5.1.2.5 拆除扫地杆、底层门架及封口杆。

5.1.2.6 拆除基座，运走垫板和垫块。

5.2 脚手架的拆卸必须符合下列安全要求：

5.2.1 工人必须站在临时设置的脚手板上进行拆除作业。

5.2.2 拆除工作中，严禁使用榔头等硬物击打、撬挖。拆下的连接棒应放入袋内，锁臂应先传递至地面并放入室内堆存。

5.2.3 拆卸连接部件时，应先将锁座上的锁板与搭钩上的锁片转至开启位置，然后开始拆卸，不准硬拉，严禁敲击。

5.2.4 拆下的门架、钢管与配件，应成捆机械吊运或井架传送至地面，防止碰撞，严禁抛掷。

5.3 拆除注意事项：

5.3.1 拆除脚手架时，地面应设围栏和警戒标志，并派专人看守，严禁一切非操作人员入内。

5.3.2 脚手架拆除时，拆下的门架及配件，均须加以检验。清除杆件及螺纹上的沾污物，进行必要的整形。变形严重者，应送回工厂修整。应按规定分级检查、维修或报废。拆下的门架及其他配件经检查、修整后应按品种、规格分类整理存放，妥善保管，防止锈蚀。

第五节 吊篮脚手架

1. 定义

吊篮脚手架是指预先制作成一定长度、宽度的作业平台，通过钢丝绳悬挂在由建筑物顶部伸出的挑梁上，采用手扳葫芦或电动葫芦，使作业平台沿钢丝绳上下移动，为施工人员提供移动的高处作业平台。

2. 基本构造

吊篮式脚手架吊篮平台制作应符合下列规定：

2.1 吊篮平台应经设计计算并应采用型钢、钢管制作，其节点应采用焊接或螺栓连接，不得使用扣件（或碗扣）组装。

2.2 吊篮平台宽度宜为0.8～1.0m，长度不宜超过6m。当底板采用木板时，厚度不得小于50mm；采用钢板时应有防滑构造。

2.3 吊篮平台四周应设防护栏杆，除靠建筑物一侧的栏杆高度不应低于0.8m外，其余侧面栏杆高度均不得低于1.2m。栏杆底部应设180mm高挡脚板，上部应用钢板网封严。

2.4 吊篮应设固定吊环，其位置距底部不应小于800mm。吊篮平台应在明显处标明最大使用荷载（人数）及注意事项。

2.5 吊篮式脚手架悬挂结构应符合下列规定：

2.5.1 悬挂结构应经设计计算，可制作成悬挑梁或悬挑架，尾端与建筑结构锚固连接；当采用压重方法平衡挑梁的倾覆力矩时，应确认压重的质量，并应有防止压重移位的锁紧装置。悬挂结构抗倾覆应专门计算。

2.5.2 悬挂结构外伸长度应保证悬挂平台的钢丝绳与地面呈垂直。挑梁与挑梁之间应采用纵向水平杆连成稳定的结构整体。

2.6 吊篮式脚手架提升机构应符合下列规定：

2.6.1 提升机构的设计计算应按容许应力法，提升钢丝绳安全系数不应小于10，提升机的安全系数不应小于2。

2.6.2 提升机可采用手扳葫芦或电动葫芦，应采用钢芯钢丝绳。手扳葫芦可用于单跨（两个吊点）的升降，当吊篮平台多跨同时升降时，必须使用电动葫芦且应有同步控制装置。

2.7 吊篮式脚手架安全装置应符合下列规定：

2.7.1 使用手扳葫芦应装设防止吊篮平台发生自动下滑的闭锁装置。

2.7.2 吊篮平台必须装设安全锁，并应在各吊篮平台悬挂处增设一根与提升钢丝绳相同型号的安全绳，每根安全绳上应安装安全锁。

2.7.3 当使用电动提升机时，应在吊篮平台上、下两个方向装设对其上、下运行位置、距离进行限定的行程限位器。

2.7.4 电动提升机构宜配两套独立的制动器，每套制动器均可使带有额定荷载125%的吊篮平台停住。

2.7.5 吊篮式脚手架吊篮安装完毕，应以两倍的均布额定荷载进行检验平台和悬挂结构的强度及稳定性的试压试验。提升机构应进行运行试验，其内容应包括空载、额定荷载、偏载及超载试验，应同时检验各安全装置，并进行坠落试验。

吊篮式脚手架必须经设计计算、吊篮升降应采用钢丝绳传动、装设安全锁等防护装置并经检验确认。严禁使用悬空吊椅进行高层建筑外装修清洗等高处作业。

第六节 施工现场应急救援预案

1. 根据《中华人民共和国安全生产法》，为了保护企业从业人员在生产经营活动中的身体健康和生命安全，保证企业在出现生产安全事故时，能够及时进行应急救援，最大限度降低生产安全事故给企业和从业人员所造成的损失，制定大型脚手架安全事故应急预案指导书。

2. 本预案中所称大型脚手架是指：搭设高度在 20m 以上的组装式脚手架；搭设高度小于 20m 的悬挑脚手架；高度在 6.5m 以上、均布荷载大于 $3kN/m^2$ 的满堂红脚手架；附着式整体提升架。

3. 大型脚手架生产安全事故预测：

3.1 大型脚手架出现变形等事故前级事件；

3.2 大型脚手架失稳引起坍塌及造成人员伤亡。

4. 各项目部项目工程专项应急救援预案，主要负责人和安全生产监督管理部门负责日常监督和指导。

5. 专项应急救援组织机构：

5.1 建筑安装施工企业应在建立生产安全事故应急救援组织机构的基础上，建立专项应急救援的分支机构。

5.2 建筑安装施工现场应成立专项应急救援小组，其中包括：现场主要负责人、安全专业管理人员、技术管理人员、生产管理人员、人力资源管理人员、行政卫生、工会以及应急救援所需的水、电、脚手架登高作业人员、机械设备操作等专业人员。

5.3 专项应急救援机构应具备现场救护基本技能，定期进行应急救援演练。配备必要的应急救援所需要的器材和设备，并进行经常性的维修、保养，保证应急救援时正常运转。

5.4 专项应急救援机构应建立健全应急救援档案，其中包括：应急救援组织结构名单、救援救护基本技能学习培训活动记录、应急救援器材和设备维修保养记录、生产安全事故应急救援记录等。

6. 专项应急救援机构组织职责：

6.1 应急指挥人员职责：

6.1.1 事故发生后，立即赶赴事发地点，了解现场状况，初步判断事故原因及可能产生的后果，组织人员实施救援。

6.1.2 召集救援小组人员，明确救援目的、救援步骤，统一协调开展救援。

6.1.3 按照救援预案中的人员分工，确认实施对外联络、人员疏散、伤员抢救、划定区域、保护现场等人员及职责。

6.1.4 协调应急救援过程中出现的其他情况。

6.1.5 救援完成、事故现场处理完后，与现场相关人员确认恢复生产的条件及时恢复生产。

6.1.6 根据应急实施情况及效果，完善应急救援预案。

6.2 技术负责人职责：

6.2.1 协助应急指挥根据脚手架基础做法、搭设方法、卸荷点分布等基本情况，拟订采取的救援措施及预期效果，为正确实施救援提出可行的建议。

6.2.2 负责应急救援中的技术指导，按照责任分工，实施应急救援。

6.2.3 参与应急救援预案的完善。

6.3 生产副经理职责：

6.3.1 组织工长、架子工专业队等相关人员，依据补救措施方案，排除意外险情或实施救援；

6.3.2 应急救援、事故处理结束后，组织人员安排恢复生产；

6.3.3 参与应急救援预案的完善。

6.4 行政副经理职责：

6.4.1 发生伤亡事故后，安排人员联络医院、消防机构、应急机械设备、派人接车等事宜；

6.4.2 组织人员落实封闭事故现场、划出特定区域等工作；

6.4.3 参与应急救援预案的完善。

6.5 现场安全员：

6.5.1 立即赶赴事故现场，了解现场状况，参与事故救援；

6.5.2 依据现场状况，判断仍存在的不安全状态，采取处理措施，最大限度地减少人员及财产损失，防止事态进一步扩大；

6.5.3 判断拟采取的救援措施可能带来的其他不安全因素，根据专业知识及经验，选择最佳方案并向应急指挥提出自己的建议。

6.6 应急救援预案的完善。

工长、架子工专业组、附着升降脚手架出租单位技术负责人及专业操作人员及其他应急小组成员应作到：

6.6.1 听从指挥，明确各自职责；

6.6.2 统一步骤，有条不紊地按照分工实施救援；

6.6.3 参与应急救援预案的完善。

7. 生产安全事故应急救援程序：

应急指挥立即召集应急小组成员，分析现场事故情况，明确救援步骤、所需设备、设施及人员，按照策划、分工，实施救援。需要救援车辆时，应急指挥应安排专人接车，引领救援车能迅速到达。

7.1 因地基沉浮引起的脚手架局部变形：在双排架横向截面上架设八字撑，隔一排立杆架设一组，直至变形区外排。八字撑或剪刀撑下脚必须设在坚实、可靠的地基上。

7.2 脚手架赖以生根的悬挑钢梁挠度变形超过规定值：应对悬挑钢梁锚固点进行加固，钢梁上面用钢支撑加 U 形托旋紧后顶住屋顶。预埋钢筋环与钢梁后锚固点进行加固。吊挂钢梁外端的钢丝绳逐根检查，全部紧固，保证均匀受力。

7.3 脚手架卸荷、拉结体系局部产生破坏：要立即按原方案制定的卸荷、拉结方法将其恢复，并对已产生变形的部位及杆件进行纠正。如纠正脚手架向外张的变形，先按每个开间设一个 5t 的捯链，与结构绷紧，松开刚性拉结点，各点同时向内收紧捯链，至变形被纠正，做好刚性拉接，并将各卸荷点钢丝绳收紧，使其均匀受力，最后放开捯链。

7.4 附着升降脚手架出现意外情况，工地应采取如下应急措施：沿升降脚手架范围设隔离区；在结构外墙柱、窗口等处用插口架设方法迅速加固升降式脚手架；立即通知附着升降式脚手架出租单位技术负责人到现场，提出解决方案。

8. 大型脚手架失稳引起倒塌及造成人员伤亡：

8.1 迅速确定事故发生的准确位置、可能波及的范围、脚手架损坏程度、人员伤亡情况等，以根据不同情况进行处理。

8.2 划出事故特定区域，非救援人员、未经许可不得进入特定区域。迅速核实脚手架上作业人数，如有人员被坍塌的脚手架压在下面，要立即采取可靠的措施加固四周；然后，拆除或切割压住伤者的杆件，将伤员移出。如脚手架太重可用吊车将架体缓缓抬起，以便救人。如无人员伤亡，立即实施脚手架加固处理等处置措施。以上行动须由持架子工技师证书或有经验的安全员或工长统一安排。

8.3 抢救伤员时几种情况处理：

如确认人员已死亡，立即保护现场；如发生人员昏迷、伤及内脏、骨折及大出血：立即联系120急救车或现场附近医院的电话，并说明伤情。为取得最佳抢救效果，还可联系专科医院，外伤大出血，现场采取止血措施；骨折要用担架或平板。

8.4 制定救援措施时一定要考虑所采取措施的安全性和风险，经评价确认安全无误后再实施救援，避免因采取措施不当而引发新的伤害或损失。

8.5 现场处理完毕，工地须对出现事故征兆或失稳的脚手架整改、修复、加固，经验收合格后方可使用。

9. 专项应急救援预案要求：

建筑安装施工企业生产安全事故应急救援组织应根据本单位项目工程的实际情况进行脚手架工程检查、评估、监控和危险预测，确定安全防范和应急救援重点，制定专项应急救援预案。

9.1 专项应急救援预案应明确规定如下内容：

9.1.1 应急救援人员的具体分工和职责。

9.1.2 生产作业场所和员工宿舍区救援车辆行走和人员疏散路线。

9.1.3 受伤人员抢救方案。组织现场急救方案，并根据可能发生的情况，确定2~3个最快捷的相应医院，明确相应的路线。

9.1.4 现场易燃易爆物品的转移场所，以及转移途中的安全保证措施。

9.1.5 应急救援设备，包括起重设备、运输设备、照明设备、急救设备、通讯设备等，这些设备要责成专人管理，并进行定期维护和演练，以确保在应急状态下能正常使用。

9.1.6 事故发生后上报上级单位的联系方式、联系电话和联系人员。

9.1.7 发生事故处理完毕后，应急救援指挥应急组织救援小组成员进行专题研讨、评审应急救援预案中的救援程序、联络、步骤、分工、实施效果等，使救援预案更加完善。

第七节 施工现场检查要点

施工现场要及时识别、评价重大危险源,并及时予以更新,在进行施工现场安全检查时,要对重大危险源进行重点监控。

1. 落地式外脚手架

1.1 施工方案的检查要点

脚手架是否有施工方案;脚手架高度是否超过规范规定无设计计算书或未经审批;施工方案是否能指导施工。

1.2 立杆基础的检查要点

每 10 延长米立杆基础是否平、实,符合方案设计要求;每 10 延长米立杆是否缺少底座、垫木;每 10 延长米立杆是否有扫地杆;每 10 延长米是否有排水措施。

1.3 架体与建筑结构拉结的检查要点

脚手架高度在 7m 以上,架体与建筑结构是否拉结,按规定要求是否缺少或拉结不牢固。

1.4 构件间距与剪刀撑的检查要点

每 10 延长米立杆、大横杆、小横杆间距是否超过规定要求;是否按规定设置剪刀撑;剪刀撑是否沿脚手架高度连续设置,角度是否符合要求。

1.5 脚手板与防护栏杆的检查要点

脚手板是否满铺;脚手板材质是否符合要求;是否有探头板;脚手架外侧是否设置密目式安全网,网间是否严密;施工层是否设置 1.2m 高防护栏杆和挡脚板。

1.6 小横杆设置的检查要点

立杆与大横杆交点处是否设置小横杆;小横杆是否只固定一端;单排架子横杆插入墙内是否小于 24cm。

1.7 交底与验收的检查要点

脚手架搭设前是否有交底;脚手架搭设完是否办理验收手续;是否有量化验收内容。

1.8 杆件搭接的检查要点

大横杆搭接是否小于 1.5m;钢管立杆是否采用搭接,剪刀撑搭接长度是否满足要求。

1.9 架体内封闭的检查要点

施工层以下每隔 10m 是否用平网或其他措施封闭;施工层脚手架内立杆与建筑物之间是否进行了封闭。

1.10 脚手架材质的检查要点

钢管弯曲、锈蚀是否严重。

1.11 安全通道的检查要点

架体是否设上下通道;通道设置是否符合要求。

1.12 卸料平台的检查要点

卸料平台是否经设计计算;卸料平台搭设是否符合设计要求;卸料平台支撑系统是否与脚手架连接;卸料平台是否有限定荷载标牌。

2. 悬挑式脚手架

2.1 施工方案的检查要点

脚手架是否有施工方案;设计书是否经上级审批;方案中搭设方法是否具体。

2.2 悬挑梁及架体稳定的检查要点

外挑杆件是否与建筑物拉结牢固;悬挑梁安装是否符合设计要求;立杆底部是否固定牢固;架体是否按规定与建筑物拉结。

2.3 脚手板的检查要点

脚手板铺设是否严密、牢固;脚手板材质是否符合要求;是否有探头。

2.4 荷载的检查要点

脚手板荷载是否超过规定;施工荷载是否堆放均匀。

2.5 交底与验收的检查要点

脚手架搭设是否符合要求;每段脚手架搭设是否验收;是否有交底。

2.6 件杆间距的检查要点

每10延长米立杆是否超过规定;大横杆间距是否超过规定。

2.7 架体防护的检查要点

施工层外侧是否设置1.2m高防护栏杆和挡脚板;脚手架外侧是否设置密目式安全网,网间是否严密。

2.8 层间防护的检查要点

作业层下是否有平网或其他措施防护;防护是否严密。

2.9 脚手架材质的检查要点

杆件、扣件、型钢规格及材质是否符合要求。

3. 门式脚手架

3.1 施工方案的检查要点

脚手架是否有施工方案;施工方案是否符合规范要求;脚手架超过高度是否有设计书或经上级审批。

3.2 架体基础的检查要点

脚手架基础是否平整;脚手架底部有无加扫地杆。

3.3 架体稳定的检查要点

是否按规定与墙体拉接;拉接是否牢固;是否按规定设置剪刀撑;门架立杆偏差是否超过规定。

3.4 杆件、锁件的检查要点

是否按说明书组装;组装是否牢固。

3.5 脚手板的检查要点

脚手板是否满铺、离墙距离是否大于10cm;脚手板材质是否符合要求。

3.6 交底与验收的检查要点

脚手架搭设是否有交底;每段脚手架搭设是否验收。

3.7 架体防护的检查要点

脚手架外侧是否设置1.2m防护栏和18cm挡脚板;架体外面是否挂密目网,网间是否严密。

3.8 杆件材质的检查要点

杆件是否变形；局部是否开焊；杆件是否锈蚀未刷漆。

3.9 荷载的检查要点

施工荷载是否超过规定；脚手架荷载是否堆放均匀。

3.10 通道的检查要点

是否设置上下通道；通道设置是否符合要求。

4. 挂脚手架

4.1 施工方案的检查要点

脚手架是否有施工方案；施工方案是否符合规范要求；施工方案是否有指导性。

4.2 制作组装的检查要点

架体制作与组装是否符合设计要求；悬挂点是否设计、设计是否合理；悬挂点部件制作及埋设是否符合设计要求；悬挂点间距是否超过 2m。

4.3 杆件材质的检查要点

材质是否符合设计要求、杆件变形是否严重、局部是否开焊；杆件、部件锈蚀是否刷防护漆。

4.4 脚手板的检查要点

脚手板是否满铺、牢固；脚手板材质是否符合要求；是否有探头。

4.5 交底验收的检查要点

脚手架进场是否验收；第一次使用前是否荷载试验；每次使用前检查验收资料是否全面。

4.6 荷载的检查要点

施工荷载是否超过 1kN；每跨是否超过 2 人作业。

4.7 架体防护的检查要点

施工层外侧是否设置 1.2m 高防护栏杆和挡脚板；脚手架外侧是否设置密目式安全网，网间是否严密；脚手架底部封闭是否严密。

4.8 安装人员的检查要点

安装脚手架人员是否经专业培训；安装人员是否系安全带。

5. 吊篮脚手架

5.1 施工方案的检查要点

是否有施工方案；是否有设计计算书或未经审批；施工方案是否能指导施工。

5.2 制作组装的检查要点

挑梁锚固或配重等抗倾覆装置是否合格；吊篮组装是否符合要求；电动葫芦是否是合格产品；吊篮使用前是否经荷载试验。

5.3 安全装置的检查要点

升降葫芦是否有保险卡，是否有效；升降吊篮是否有保险绳，是否有效；是否有吊钩保险；作业人员是否系安全带，安全带是否挂在吊篮升降绳上。

5.4 脚手板的检查要点

脚手板是否满铺；脚手板材质是否符合要求；是否有探头板。

5.5 升降操作的检查要点

操作升降的人员是否固定，是否经过培训；升降作业时是否有其他人员在吊篮内停留；两片吊篮的同步装置是否同步。

5.6 交底与验收的检查要点

每次提升是否验收；提升及作业是否有交底。

5.7 防护的检查要点

吊篮外侧是否有防护；外侧立网封闭是否整齐；单片吊篮两端头是否有防护。

5.8 防护顶板的检查要点

多层作业时是否有防护顶板；防护顶板设置是否合理。

5.9 架体稳定的检查要点

作业时吊篮是否与建筑物拉结牢固；吊篮钢丝绳是否斜拉，是否离墙间隙过大。

5.10 荷载的检查要点

施工荷载是否超过规定；荷载堆放是否均匀。

6. 附着式升降脚手架

6.1 使用条件的检查要点

是否有专项施工组织设计；安全施工组织设计是否经上级技术部门审批。

6.2 设计计算的检查要点

是否有设计计算书；设计计算书是否经上级部门审批；设计荷载是否按承重架 $3.0kN/m^2$，装饰架 $2.0kN/m^2$，升降状态 $0.5kN/m^2$ 取值；主框架、支撑框架各节点的各杆件轴线是否交于一点；是否有完整的制作安装图。

6.3 架体构造的检查要点

是否有定型的主框架；相邻两主框架之间的架体是否有定型的支撑框架；主框架间脚手架的立杆是否能将荷载传递到支撑框架上；架体是否按规定构造搭设；架体上部悬臂部分是否大于架体高度的 1/3，且超过 4.5m；支撑框架是否将主框架作为支座。

6.4 附着支撑的检查要点

主框架是否与每个楼层设置连接点；钢挑架与预埋钢筋连接是否严密；钢挑架上的螺栓与墙体连接是否牢固符合规定；钢挑架焊接是否符合要求。

6.5 升降装置的检查要点

是否有同步升降装置，升降装置是否同步；索具、吊具是否达到 6 倍安全系数；升降时架体是否只有一个附着支撑装置；升降时架体上是否站人。

6.6 防坠落、导向防倾斜装置的检查要点

是否有防坠落装置；防坠落装置是否设在与架体升降的同一个附着装置上，且无两处以上；是否有防左右、前后倾斜装置；防坠落装置是否起作用。

6.7 分段验收的检查要点

每次提升前是否有具体的检查记录；每次提升后、使用前是否有验收手续，资料是否齐全。

6.8 脚手板的检查要点

脚手板是否满铺；离墙空隙是否封严；脚手板材质是否符合要求。

6.9 防护的检查要点

脚手架外侧使用的密目网、安全网是否合格；操作层是否有防护栏杆；外侧封闭是否

严密；作业层下方封闭是否严密。

6.10 操作的检查要点

是否按施工组织设计搭设；操作前是否向技术人员和工人进行交底；作业人员是否培训、是否持证上岗；安装、升降、拆除时是否有警戒线；堆放荷载是否均匀；升降时架体上是否有超过2000N重的设备。

第八节 事 故 案 例

某实验厅工程脚手架坍塌事故

1. 事故概况

某市某实验厅工程，由中铁某公司总承包，建筑工程的结构形式为54m×45m跨矩形框架厂房，屋面为球形节点网架结构，因中铁某公司不具备此网架施工能力，故建设单位将屋面网架工程分包给常州某网架厂，由中铁某公司配合搭设满堂脚手架，以提供高空组装网架操作平台，脚手架高度为26m。

为抢工程进度，未等脚手架交接验收确认，网架厂便于2001年4月25日晚，即将运至现场的网架部件（约40t），全部成捆吊上脚手架，使脚手架严重超载。4月26日上班后，在用撬棍解捆时产生的振动导致堆放部件处的脚手架倒塌，脚手架上的网架部件及施工人员同时坠落，造成7人死亡1人重伤的重大事故。

2. 事故原因分析

2.1 直接原因

满堂脚手架方案有误：某网架厂施工组织设计中要求，脚手架承载力为 $2.5kN/m^2$，立杆纵、横间距为1.8m，步距为1.8m。以上要求即为一般施工用脚手架的杆件间距，而网架厂提供网架单件尺寸为宽0.95m、长4m、高0.7m，单件重量1.5t，如按此计算最低为 $4kN/m^2$。因此，如何摆放网架部件便是至关重要的问题，施工组织设计本身就提供了一个带有不安全隐患的方案，给下一步工作提出了必须连带解决的部件摆放问题，然而并没有引起建设单位与监理的注意。

施工人员蛮干、管理人员违章指挥。

脚手架方案有误，又加上中铁安装公司未按规定随搭设脚手架随连接牢连墙件和设置剪刀撑，从而影响了脚手架受力后的整体稳定性。

网架厂未等脚手架验收确认合格后再使用，而且大量集中的将网架部件随意摆放，致使脚手架严重超载，再加上用撬棍解捆时产生的冲击荷载，导致脚手架倒塌。

2.2 间接原因

建设单位组织不力，监理方监管不力。本工程虽由中铁安装公司总承包，但常州网架厂施工项目是由建设单位直接分包，因此，两单位施工组织及配合问题，应由建设单位负责组织协调、监理全面监督检查。

建设单位及监理没有详细认真研究高空散装网架的关键在于给组装人员提供一个安全可靠的操作平台，以及组装人员如何布料使荷载不过于集中，防止脚手架超载。而是一味追求工程进度，从而导致施工双方配合失误，一方集中大量的超载使用，另一方脚手架搭设又不规范,最终发生脚手架倒塌。

3. 事故结论与教训

3.1 事故主要原因

本次事故主要是由于没按脚手架承载能力要求,大量集中的堆放网架部件,致使脚手架严重超载失稳、倒塌,这是事故发生的直接原因。

3.2 事故性质

本次事故属责任事故。

某网架厂虽是网架专业厂家但对网架的安装工作并不规范,由于片面注重安装进度而忽视了安装作业条件,如在脚手架上摆放部件没有严格规定,对施工组织设计要求的脚手架承载力,并没有制定相应达到承载力的操作方法,也未考虑施工中的不利因素,使现场作业人员无所遵循,而管理人员的违章指挥又得不到及时纠正。

3.3 主要责任

某网架厂现场生产负责人违章指挥,将构件大量集中放于脚手架上,超过脚手架承载能力,导致失稳倒塌应负违章指挥责任。

网架厂主要负责人应负全面管理不到位的责任。网架厂为专业施工单位,工作如此不规范是由于长期疏于管理造成,应总结教训改进工作。

4. 事故的预防及控制措施

4.1 应加强对特种结构施工专业队伍的资质认定和培训

网架结构施工企业的管理人员和作业人员应经特种结构施工技术培训考核持证上岗。此次事故中,某网架厂明显的违章蛮干以及对脚手架结构的无知,都是导致事故发生的重要原因。

4.2 应加强对施工监理人员的培训,切实提高素质

目前一些监理人员多由施工企业转来,而企业的施工队伍人员多以不同专业组成,转到监理工作后,对某些专业知识缺乏,只重工程质量,对安全专业的有关规定不了解,对特种结构施工工艺不熟悉,致使工作处于被动状态,抓不住关键问题,不能达到预防为主的目的,失去监理作用。

第二章 模 板 工 程

模板工程在混凝土结构工程中是十分重要的组成部分,在建筑施工中占有相当重要的位置。模板工程的劳动用工约占混凝土工程的三分之一。特别是近年来城市建设高层建筑增多,现浇混凝土数量增加,大模板的使用越来越多,据测算约占全部混凝土工程的70%以上,模板工程的重要性更为突出。本章主要阐述了模板工程的计算、安全技术要求及施工现场的检查要点,有利于施工现场管理人员学习、查阅。

第一节 施 工 方 案

1. 编制依据
1.1 单位工程施工组织设计;
1.2 单位工程施工图纸。
2. 工程概况
主要指对工程结构形式、现场作业条件及混凝土的浇筑工艺、模板选型有关情况的描述。
3. 模板施工方案内容
3.1 绘制模板设计施工图、支撑系统布置图、细部构造大样图;
3.2 按模板荷载组合效应,对模板和支撑系统进行验算;
3.3 制定模板工程安装及拆除的程序和方案;
3.4 混凝土的浇捣方法及作业人员的安全措施;
3.5 冬期施工保温措施及其管理;
3.6 按照现场作业条件编写模板工程施工所需要的各类脚手架、作业平台、临边防护、洞口防护及施工用电的安全要求。

第二节 模 板 支 架 计 算

1. 荷载标准值
1.1 普通混凝土:24kN/m^3;
1.2 钢筋:按图纸确定;
一般按每立方米混凝土:
楼板:1.1kN;
梁:1.5kN;
1.3 模板(表1-2-1);

模板荷载标准值　　　　　　　　　　　　　表 1-2-1

	一　般	定　型
平板	0.3kN/m²	0.5kN/m²
楼板（梁板）	0.5kN/m²	0.7kN/m²
楼板＋支架	0.7kN/m²	1.1kN/m²

1.4 施工荷载：

1.4.1 面板及小楞：按 2.5kN/m² 均布荷载及 2.5kN 集中荷载计算取最大值。

1.4.2 支架立柱：按 1.0kN/m² 计算。

1.5 振捣荷载：

侧立模：4 kN/m²；

平模：2 kN/m²。

1.6 倾倒混凝土产生的水平荷载：

斗容量≤0.2m³：2kN/m²；

0.2m³＜斗容量≤0.8m³：4kN/m²；

斗容量＞0.8m³：6kN/m²。

2. 荷载组合效应

2.1 设计时应考虑的荷载：

2.1.1 模板及支架自重①；

2.1.2 新浇混凝土自重②；

2.1.3 钢筋自重③；

2.1.4 施工人员及设备自重④；

2.1.5 振捣混凝土荷载⑤；

2.1.6 混凝土对模板侧压力⑥；

2.1.7 倾倒荷载⑦。

2.2 组合效应：计算不同项目时采用荷载组合（表 1-2-2）。

不同项目时的荷载组合　　　　　　　　　　表 1-2-2

	承载能力	验算刚度		承载能力	验算刚度
平板	①+②+③+④	①+②+③	梁柱	⑤+⑥	⑥
梁板	①+②+③+④	①+②+③	大面积	⑥+⑦	⑥

3. 支架立杆的计算

3.1 当支模立杆采用钢管扣件材料时，立杆的稳定性计算，按相同材料的脚手架立杆稳定性计算公式：

$$N/\phi A \leq f \text{（不组合风荷载）}$$

$$N/\phi A + M_w/W \leq f \text{（组合风荷载）}$$

式中　　N——立杆轴向力设计值；

　　　　ϕ——轴向受压杆件稳定性系数。ϕ 值根据 λ 查表（按 Q235 钢，轴向受压构件）；

　　　　λ——长细比，$\lambda = l_0/i$；

　　　　l_0——计算长度；

i——立杆截面回转半径（$\phi 48$，$i=1.58\text{cm}$）；
A——立杆截面面积（$\phi 48$，$A=4.89\text{cm}^2$）；
M_W——由风荷载设计值产生的弯矩；
W——立杆截面抗弯模量（$\phi 48$，$W=5.08\text{cm}^3$）；
f——钢材抗压强度设计值（205N/mm^2）。

3.2 支架立杆的轴向设计值 N，应按下列公式计算：

$$N=1.2\Sigma N_{GK}+1.4\Sigma N_{QK}\quad(\text{不组合风荷载})$$

$$N=1.2\Sigma N_{GK}+0.85\times 1.4\Sigma N_{QK}\quad(\text{组合风荷载})$$

式中 ΣN_{GK}——模板及支架自重、新浇混凝土自重、钢筋自重标准值产生的轴向力总和；
ΣN_{QK}——施工人员及施工设备荷载标准值、振捣混凝土时产生的荷载标准值时产生的轴向力总和。

3.3 模板支架立杆的计算长度 L_0，应按下式计算：

$$L_0=h+2a$$

式中 h——支架立杆的步距（大横杆间距）；
a——支架立杆伸出顶层大横杆至模板支撑点的长度。

3.4 立杆的压缩变形与自重和风荷载作用下的抗倾覆计算，应符合国家标准《混凝土结构工程施工质量验收规范》（GB 50204—2002）的有关规定。

第三节　支撑系统的构造要求

1. 立杆底部应垫实木板，并在纵横方向设置扫地杆。

2. 立杆底部支撑结构必须能够承受上层荷载。当楼板强度不足时，下层的立柱不得提前拆除，同时应保持上层立柱与下层立柱在一条直线上。

3. 立杆高度在2m以下时，必须设置一道大横杆，保持立柱的整体稳定性；当立杆高度大于2m时，应设置多道大横杆，大横杆步距为1.8m。

4. 满堂红模板支柱的大横杆应纵横两方面设置，同时每隔4根立杆设置一组剪刀撑，由底部至顶部连续设置。

5. 立杆的间距由计算确定。当使用钢管扣件材料时，间距一般不大于1m，立杆的接头应错开不在同一步距内，竖向接头间距大于0.5m。

6. 为保持支模系统的稳定，应在支架的两端和中间部分与工程结构进行连接。

第四节　模　板　安　装

1. 安装模板时人员必须站在操作平台或脚手架上作业，禁止站在模板、支撑、脚手杆上、钢筋骨架上作业和在梁底模上行走。

2. 安装模板必须按照施工设计要求进行，模板设计时应考虑安装、拆除、安放钢筋及浇筑混凝土的作业方面与安全。

3. 整体式钢筋混凝土梁，当跨度等于大于4m时，安装应起拱，当无设计要求时，可按照跨度的1/1000～3/1000起拱。

4. 单片柱模吊装时，应采用卡环和柱模连接，严禁用钢筋钩代替，防止脱钩。待模板立稳并支撑后，方可摘钩。

5. 安装墙模板时，应从内、外角开始，向相互垂直的两个方向拼装。同一道墙（梁）的两侧模板采用分层支模时，必须待下层模板采取可靠措施固定后，方可进行上一层模板安装。

6. 大模板组装或拆除时，应按施工荷载规定严格控制模板上的堆料及设备，当采用人工小车运输时，不准直接在模板或钢筋上行驶，应用脚手管等材料搭设小车运输道，将荷载传给工程结构。

第五节 模板拆除与存放

1. 模板拆除必须经工程技术负责人批准和签字及对混凝土的强度报告试验单确认。

2. 非承重侧模的拆除，应在混凝土强度达到 $2.5\ kN/mm^2$，并保证棱角不受损坏的情况下进行。

3. 承重模板的拆除时间，应按施工方案的规定。一般跨度在2m以下时，可在混凝土强度不低于混凝土强度50%时进行；跨度在2～8m，应在混凝土强度达到75%以上时进行；跨度大于8m或悬臂结构的支撑模板，应在混凝土强度达到100%时方可拆除。

4. 模板拆除顺序应按方案规定的顺序进行。当无规定时，应按照先支的后拆和先拆非承重模板后拆承重模板的顺序。

5. 拆除较大跨度梁下支柱时，应确认上部施工荷载不需要传递的情况下方可拆除下部支柱。

6. 当立柱大横杆超过两道以上时，应先拆除两道以上大横杆，最下一道大横杆与立柱同时拆除，以保持立柱的稳定。

7. 钢模拆除应逐块进行，不得采用成片撬落方法，防止砸坏脚手架和将操作者砸伤。

8. 拆除模板作业必须认真进行，不得留有零星和悬空模板，防止模板突然坠落伤人。

9. 模板拆除作业严禁在上下同一垂直面进行。

10. 大面积拆除作业或高处拆除作业时，应在作业范围设置围圈，并有专人监护。

11. 拆除模板、支撑、连接件严禁抛掷，应采取措施用槽滑下或用绳系下。

12. 拆除的模板、支撑等应分规格码放整齐，定型钢模板应清整后分类码放，严禁用钢模板垫道或临时做脚手板。

13. 大模板存放：

13.1 大模板存放场地要平整坚实。

13.2 存放场地应设专用的堆放架。

13.3 保持自稳角为75°～85°，应面对面成对存放，防止碰撞或被大风刮倒。

13.4 大模板存放在楼层上，必须将相邻两块背对背拉结，不得沿外墙周边放置，要垂直于外墙放置。

13.5 长期存放模板要将模板联结成整体。

第六节 施工现场应急救援预案

1. 根据《中华人民共和国安全生产法》，为了保护企业从业人员在生产经营活动中的身体健康和生命安全，保证企业在出现生产安全事故时，能够及时进行应急救援，最大限度降低生产安全事故给企业和从业人员所造成的损失，制定模板工程安全事故应急预案指导书。

2. 模板工程生产安全事故预测：

2.1 模板工程出现变形等事故前级事件；

2.2 模板工程失稳引起坍塌及造成人员伤亡。

3. 各项目部项目工程专项应急救援预案，主要负责人和安全生产监督管理部门负责日常监督和指导。

4. 专项应急救援组织机构：

4.1 建筑安装施工企业应在建立生产安全事故应急救援组织机构的基础上，建立专项应急救援的分支机构。

4.2 建筑安装施工现场应成立专项应急救援小组，其中包括：现场主要负责人、安全专业管理人员、技术管理人员、生产管理人员、人力资源管理人员、行政卫生、工会以及应急救援所需的水、电、脚手架登高作业人员、机械设备操作等专业人员。

4.3 专项应急救援机构应具备现场救护基本技能，定期进行应急救援演练。配备必要的应急救援所需要的器材和设备，并进行经常性的维修、保养，保证应急救援时正常运转。

4.4 专项应急救援机构应建立健全应急救援档案，其中包括：应急救援组织结构名单、救援救护基本技能学习培训活动记录、应急救援器材和设备维修保养记录、生产安全事故应急救援记录等。

5. 专项应急救援机构组织职责：

5.1 应急指挥人员职责：

5.1.1 事故发生后，立即赶赴事发地点，了解现场状况，初步判断事故原因及可能产生的后果，组织人员实施救援。

5.1.2 召集救援小组人员，明确救援目的、救援步骤，统一协调开展救援。

5.1.3 按照救援预案中的人员分工，确认实施对外联络、人员疏散、伤员抢救、划定区域、保护现场等人员及职责。

5.1.4 协调应急救援过程中出现的其他情况。

5.1.5 救援完成、事故现场处理完后，与现场相关人员确认恢复生产的条件及时恢复生产。

5.1.6 根据应急实施情况及效果，完善应急救援预案。

5.2 技术负责人职责：

5.2.1 协助应急指挥根据脚手架基础做法、搭设方法、卸荷点分布等基本情况，拟订采取的救援措施及预期效果，为正确实施救援提出可行的建议。

5.2.2 负责应急救援中的技术指导，按照责任分工，实施应急救援。

5.2.3 参与应急救援预案的完善。

5.3 生产副经理：

5.3.1 组织工长、支模专业队等相关人员，依据补救措施方案，排除意外险情或实施救援；

5.3.2 应急救援、事故处理结束后，组织人员安排恢复生产；

5.3.3 参与应急救援预案的完善。

5.4 行政副经理：

5.4.1 发生伤亡事故后，安排人员联络医院、消防机构、应急机械设备、派人接车等事宜；

5.4.2 组织人员落实封闭事故现场、划出特定区域等工作；

5.4.3 参与应急救援预案的完善。

5.5 现场安全员：

5.5.1 立即赶赴事故现场，了解现场状况，参与事故救援；

5.5.2 依据现场状况，判断仍存在的不安全状态，采取处理措施，最大限度地减少人员及财产损失，防止事态进一步扩大；

5.5.3 判断拟采取的救援措施可能带来的其他不安全因素，根据专业知识及经验，选择最佳方案并向应急指挥提出自己的建议。

5.6 应急救援预案的完善。

工长、支模工专业组、模板出租单位技术负责人及专业操作人员及其他应急小组成员：

5.6.1 听从指挥，明确各自职责；

5.6.2 统一步骤，有条不紊地按照分工实施救援；

5.6.3 参与应急救援预案的完善。

5.7 生产安全事故应急救援程序：

5.7.1 应急指挥立即召集应急小组成员，分析现场事故情况，明确救援步骤、所需设备、设施及人员，按照策划、分工，实施救援。

5.7.2 需要救援车辆时，应急指挥应安排专人接车，引领救援车能迅速施救。

5.8 模板失稳引起倒塌及造成人员伤亡：

5.8.1 迅速确定事故发生的准确位置、可能波及的范围、脚手架损坏程度、人员伤亡情况等，以根据不同情况进行处理。

5.8.2 划出事故特定区域，非救援人员未经许可不得进入特定区域。迅速核实脚手架上作业人数，如有人员被坍塌的脚手架压在下面，要立即采取可靠的措施加固四周，然后拆除或切割压住伤者的杆件，将伤员移出。如脚手架太重可用吊车将架体缓缓抬起，以便救人。如无人员伤亡，立即实施脚手架加固处理等处置措施。以上行动须由持架子工技师证书或有经验的安全员或工长统一安排。

5.8.3 抢救伤员时几种情况处理：如确认人员已死亡，立即保护现场；如发生人员昏迷、伤及内脏、骨折及大出血：立即联系120急救车或现场附近医院的电话，并说明伤情。为取得最佳抢救效果，还可联系专科医院，外伤大出血，现场采取止血措施；骨折要用担架或平板。制定救援措施时一定要考虑所采取措施的安全性和风险，经评价确认安全无误后再实施救援,避免因采取措施不当而引发新的伤害或损失。

5.8.4 现场处理完毕,工地须对出现事故征兆或失稳的脚手架整改、修复、加固,经验收合格后方可使用。

5.9 专项应急救援预案要求:建筑安装施工企业生产安全事故应急救援组织应根据本单位项目工程的实际情况进行脚手架工程检查、评估、监控和危险预测,确定安全防范和应急救援重点,制定专项应急救援预案。专项应急救援预案应明确规定如下内容:

5.9.1 应急救援人员的具体分工和职责。

5.9.2 生产作业场所和员工宿舍区救援车辆行走和人员疏散路线。

5.9.3 受伤人员抢救方案。组织现场急救方案,并根据可能发生的情况,确定2~3个最快捷的相应医院,明确相应的路线。

5.9.4 现场易燃易爆物品的转移场所,以及转移途中的安全保证措施。

5.9.5 应急救援设备。包括起重设备、运输设备、照明设备、急救设备、通讯设备等,这些设备要责成专人管理,并进行定期维护和演练,以确保在应急状态下能正常使用。

5.9.6 事故发生后上报上级单位的联系方式、联系电话和联系人员。

5.10 发生事故处理完毕后,应急救援指挥应急组织救援小组成员进行专题研讨、评审应急救援预案中的救援程序、联络、步骤、分工、实施效果等,使救援预案更加完善。

第七节 施工现场检查要点

施工现场要及时识别、评价重大危险源,并及时予以更新,在进行施工现场安全检查时,要对重大危险源进行重点监控。

1. 施工方案的检查要点

模板工程是否有施工方案,施工方案是否经审批;高大模板工程施工方案是否经过专家论证;是否根据混凝土输送方法制定有针对性安全措施。

2. 支撑系统的检查要点

现浇混凝土模板的支撑系统是否设计计算;支撑系统是否符合设计要求。

3. 立柱稳定的检查要点

支撑模板的立柱材料是否符合要求;立柱底部是否垫板;是否按规定设置纵横向支撑;立柱间距是否符合规定。

4. 施工荷载的检查要点

模板上施工荷载是否超过规定;模板上堆料是否均匀。

5. 模板存放的检查要点

大模板存放是否有防倾倒措施;各种模板存放是否整齐,是否过高等。

6. 支拆模板的检查要点

2m以上高处作业是否有可靠立足点;拆除区域是否设置警戒线;是否留有未拆除的悬空模板。

7. 模板验收的检查要点

模板拆除前是否经拆模申请批准；模板工程是否有验收手续；验收单是否量化验收内容；支拆模板是否进行安全技术交底。

8. 混凝土强度的检查要点

模板拆除前是否有混凝土强度报告；混凝土强度是否达规定提前拆模的要求。

9. 运输道路的检查要点

在模板上运输混凝土是否有走道垫板；走道垫板是否牢固。

10. 作业环境的检查要点

作业面孔洞及临边是否有防护措施；垂直作业上下是否有隔离防护措施。

第八节 事 故 案 例

某学校门楼工程模板倒塌事故

1. 事故概况

2002年10月13日，某中心小学主门楼工程，在进行混凝土浇筑时，现浇梁板整体坍塌，造成5人死亡，1人重伤，2人轻伤。

某中心小学主门楼工程为框架结构，建筑高度8.5m，门楼净高为6m，跨度为8.7m，建筑面积79.8m²。

该工程设计人为某镇中心小学校长（无设计资格证书），施工承包人为当地的村主任、党支部书记、副书记（均无企业资质、无营业执照），承包后，又将工程转包给当地的其他村民（无资质证书，无营业执照），施工期间该村民又雇佣村民17人浇筑混凝土。该工程于2002年10月8日开始进行搭设模板，10月13日进行混凝土浇筑，下午4点左右现浇梁板整体坍塌，造成5人死亡，1人重伤，2人轻伤。

2. 事故原因分析

2.1 直接原因

从事故现场检查中发现模板支架问题严重，模板支架搭设不合要求是造成这次事故的直接原因。

立杆截面小，间距大。木杆梢径最大60mm，最小仅为30mm，与木脚手架规定木杆梢径不小于70mm相差过大，且立杆间距普遍大于规定，承载能力严重不足。

地基土未夯实。立杆底部多采用红砖做基垫，垫高300～400mm，造成地基沉降不均，立杆支撑不稳。

立杆接头不符合要求。立杆接头在同一平面，且采用平接接口，用板条铁钉拉接，不能保证力的传递效果。

无水平支撑及剪刀撑。此门楼建筑净高6m，模板支架立柱却不设置水平支撑及剪刀撑，因此整体失稳是必然的。

2.2 间接原因

业主私自发包工程违反工程建设管理程序。

该工程项目业主未按工程项目管理程序办理报建，逃避监管，并非法承包给无从业资格人员承建，且教育局、规划局等有关部门管理失职，是造成此次事故的重要原因。

无从业资格人员非法设计非法承包。

该工程项目设计人无设计资格，从设计图纸审查看到多处违反规范规定，且抽测现场钢筋及混凝土均达不到质量标准。

施工队伍从管理人员到各种作业人员均无证上岗，作业人员不懂操作规程，施工管理人员不懂相关规范标准，施工无资质、现场无管理、操作无要求，是造成此次事故的主要原因。

3. 事故结论与教训

3.1 事故主要原因

从工程发包到工程承包和工程转包，严重违反建设项目管理程序，无从业资格设计，无从业资格承包，施工管理人员不懂施工规范，施工作业人员不懂操作规程，致使模板支架从材料规格到搭设方法都不符合相关规定，既无施工方案也无检查验收，是一起典型的违章指挥，违章管理的事故案例。

3.2 事故性质

此次事故是一起严重的责任事故。

3.3 主要责任

此次事故的直接责任人是承包工程并转包的当地村主任、党支部书记及副书记，以学校建在他们的地盘上为由，强揽工程非法承包，且非法转包，不懂施工，不顾后果，以致造成如此重大事故。

4. 事故的预防及控制措施

必须进一步规范参与工程建设各方主体的行为，加强对《建筑法》等相关法律、法规的宣传，定期组织对管辖范围内在建工程的检查，不仅检查施工现场的安全生产及建筑质量，还要对各工程的报建、审批及施工队伍的资质等进行检查。应对在施工程实行招投标和监理，使各项工程的施工均受规范约束。

第三章 高处作业

为了便于操作工程中做好安全防范工作,有效地防止人与物从高处坠落的事故,在建筑安装工程施工中对建筑物和构筑物结构范围以内的各种形式的洞口与临边性质的作业,悬空与攀登作业,操作平台与立体交叉作业,以及在结构主体以外的场地上和通道旁的各类洞、坑、沟、槽等工程的施工作业,只要在坠落高度基准面2m以上(包含2m),均作为高处作业来对待,并加以防护。(上述所称坠落高度基准面,是指通过最低的坠落着落点的水平面。)本章阐述了高处作业施工方案、技术要求及检查要点,以利于施工现场管理人员学习、查阅。

第一节 施 工 方 案

1. 编制依据

1.1 《建筑施工高处作业安全技术规范》(JGJ 80—91);

1.2 《安全帽》(GB 2811—89);

1.3 《安全带》(GB 6095—85);

1.4 《密目式安全立网》(GB 16909—1997);

1.5 《建筑施工安全检查标准》(JGJ 59—99);

1.6 工程技术图纸、工程施工组织设计。

2. 工程概况

2.1 工程设计概况:必须将工程位置、建筑面积、结构形式、几何特征、工程工期、与防护有关的设计内容(洞口、临边)及工程的特殊部位等介绍清楚;

2.2 施工条件与环境:现场及周围环境情况,道路交通情况;

2.3 施工方法概述:施工组织与程序,现场生产性设施情况;

2.4 作业队伍的组成。

3. 编制施工方案的主要内容

3.1 施工安全防范部署:

3.1.1 工程安全管理网络图。

3.1.2 安全防护设施的验收程序、验收责任人。

3.1.3 季节性施工的安全防护措施。

3.2 施工现场主要安全防范办法:

3.2.1 安全帽、安全带的正确使用方法及要求。

3.2.2 安全网(密目式安全立网、安全平网)的架设方法及设置要求。

3.2.3 "四口"及"五临边"的安全防护措施。

3.2.4 高处作业、交叉作业区段的防护方法。

3.2.5 安全通道及防护设施。
3.2.6 外电及通信线路的安全防护方法。
3.2.7 塔吊作业半径内的安全防护方法。
3.3 施工现场安全防护的主要管理措施：
3.3.1 现场安全防护设施的管理。
3.3.2 现场安全责任制的落实和管理办法。
3.4 工程防护用品需用量计划。
3.5 细部构造做法及详图。

第二节 安 全 技 术

1. 定义
1.1 安全防护装置
配置在施工现场及生产设备上，起保障人员和设备安全作用的所有附属装置。
1.2 特种作业
对操作者本人、他人和周围设施的安全有重大危害因素的作业。
1.3 高处作业
凡在坠落高度基准面 2m 以上（含 2m）有可能坠落的高处进行的作业。
1.4 临边作业
施工现场中，工作面周边无围护或围护设施高度低于 800mm 的高处作业。
1.5 洞口作业
施工现场中，作业区域内有孔与洞，人员在孔、洞旁作业或人员通道旁有孔与洞的高处作业。
1.6 攀登作业
借助登高用具或登高设施，在攀登条件下进行的高处作业。
1.7 悬空作业
在周边临空状态下，无立足点或无牢靠立足点的条件下进行的高处作业。
1.8 交叉作业
在施工现场的上下不同层次，于空间贯通状态下同时进行的高处作业。
1.9 脚手架
任何固定的、悬挂的、活动的临时结构，用于承载工人和材料或通入此种结构的支撑构建。
1.10 三宝
建筑施工现场作业区工作人员佩戴的安全帽、安全带以及用于安全防护目的的安全网。
1.11 四口
建筑施工现场的楼梯口、电梯井口、通道口、预留洞口。
1.12 五临边
基坑周边，尚未安装栏杆或栏板的阳台、料台，无外脚手架的屋面与楼层周边。

2. 高处作业安全技术要求（总要求）

2.1 高处作业的安全技术措施及其所需料具，必须列入工程施工组织设计；施工前，应逐级进行安全技术交底，落实所有安全技术措施和人身防护用品，未经落实时不得进行施工。

2.2 高处作业中的安全标志、工具、仪表、电气设施和各种设备，必须在施工前加以检查，确认其完好，方能投入使用。

2.3 攀登和悬空高处作业人员以及搭设高处作业安全设施的人员，必须经过专业技术培训及专业考试合格，持证上岗。并必须定期进行体格检查。

2.4 遇有六级以上强风、浓雾、雨雪等恶劣气候，不得进行露天攀登与悬空高处作业。

2.5 因作业必需临时拆除或变动安全防护设施时，必须经工程技术负责人同意，并采取相应的可靠措施，作业后应立即恢复。

2.6 高处作业安全设施的主要受力杆件，力学计算按一般结构力学公式，强度及挠度计算按现行有关规范进行，但钢受弯构件的强度计算不考虑塑性影响，构造上应符合现行的相应规范的要求。

3. 临边作业安全技术要求

3.1 对于临边高处作业，必须设置防护措施，并符合下列规定：

3.1.1 基坑周边，尚未安装栏杆和栏板、料台与挑平台周边，雨篷与挑檐边，无外脚手架的屋面与楼层周边，必须设置防护栏杆。

3.1.2 首层墙高度超过3.2m的二层楼面周边，以及无外脚手架但高度超过3.2m的楼层周边，必须采用安全平网防护。

3.1.3 分层施工的楼梯口和梯段边，必须安装临时护栏。顶层楼梯口应随工程结构进度安装正式防护栏杆。

3.1.4 井架与施工升降机和脚手架等建筑物通道的两侧边，必须设防护栏杆。地面通道上部应装设安全防护棚。双笼井架架道中间，应予分隔封闭。

3.1.5 各种垂直运输接料平台，除两侧设置防护栏杆外，平台口处必须设置安全门或活动防护栏杆。

3.2 临时安全防护栏杆的作法：

3.2.1 由上下两道水平杆组成，其高度距地分别为1.0～1.2m、0.5～0.6m；

3.2.2 当水平杆大于2m时，必须加设栏杆立柱，以保证整体构造强度的稳定性；

3.2.3 当临边的外侧面临街道时，除设置防护栏杆外，敞开口立面必须采取密目网全封闭，其栏杆的底部还应设置高度不低于180mm的挡脚板。

4. 洞口作业安全技术要求

4.1 通道口

4.1.1 在建工程的出入口、井字架、龙门架、和施工升降机地面的进料口，必须搭设安全防护棚。

4.1.2 出入口处必须根据建筑物高度搭设长3～6m，宽于通道两侧各1m的防护棚。

4.1.3 防护棚棚顶必须满铺不小于5cm厚的木脚手板；高度超过24m的层次上的交叉作业应设双层防护。

4.2 预留孔洞口

4.2.1 楼板、屋面和平台等面上短边尺寸小于23cm但大于2.5cm的孔口，必须用坚实的盖板盖严。

4.2.2 混凝土楼板面等处边长为150cm×150cm的洞口，必须预埋通长钢筋防护网，并加固定盖板，如图1-3-1所示。

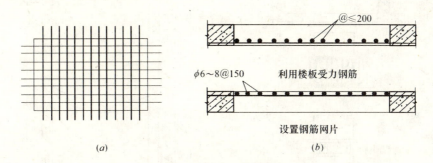

图1-3-1 洞口钢筋防护网
(a) 平面图；(b) 剖面图

4.2.3 150cm×150cm以上的洞口，四周必须设置牢固的临边防护栏杆并挂密目式安全网，中间支挂水平安全网。

4.2.4 墙面处竖向洞口，凡落地的洞口必须加装开关式、工具式或固定式安全防护门。

4.2.5 下边沿至楼板或底面的高度低于80cm的窗台等竖向洞口，在外侧落差大于2m时，必须搭设临时安全防护栏杆。

4.3 电梯井口

在建工程各楼层电梯口处，必须搭设高度不低于1.2m的金属防护栏杆；电梯井内首层和首层以上每隔四层（不大于10m）必须用水平安全网封闭严密。如图1-3-2所示。

4.4 楼梯口

4.4.1 在建工程必须在楼梯踏步和休息平台处连续搭设牢固的临时安全防护栏杆。

4.4.2 回转式楼梯间还必须支设首层水平安全网，且按每隔四层（不大于10m）加设。

5. 攀登作业安全技术要求

5.1 梯子结构

5.1.1 梯子的上下踏板其使用荷载应大于1100N。

5.1.2 任何人员利用梯子上下时，不得携物上下且必须面向梯子。

5.2 移动式梯子

5.2.1 梯子不准垫高使用，且其上端必须加设固定措施；立梯的工作角度以75°±5°为宜。

5.2.2 梯子加长时，只允许加长一次，搭接长度要大于梯子框架横截面直径的15～20倍。

5.2.3 人字梯（折梯）、固定式直爬梯以及其他攀登工具作业时，必须满足规范要求。

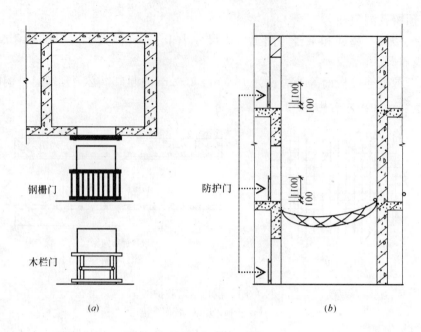

图 1-3-2 电梯井口防护门
(a) 立面图；(b) 剖面图

6. 悬空作业安全技术要求

6.1 绑扎钢筋和安装钢筋骨架时，必须搭设作业平台和张挂安全网。悬空大梁钢筋的绑扎，必须在满铺脚手板的支架或操作平台上操作。

6.2 绑扎立柱和墙体钢筋时，不得站在钢筋骨架上或攀登骨架上下。

6.3 浇筑离地面高度2m以上的框架、过梁、雨篷和小平台等，必须搭设作业平台。

6.4 支设高度在2m以上的柱模板时，四周应设斜撑，并搭设作业平台。支设悬挑式模板时，必须有稳固的立足点。

6.5 进行高处窗户、玻璃安装和油漆作业时，操作人员的重心应位于室内，并系好安全带。

7. 交叉作业安全技术要求

7.1 支模、砌砖、装饰装修作业时，上下不得在同一垂直方向同时作业；下层作业的位置必须在上层可能坠落的半径之外。

7.2 拆除脚手架与模板作业时，地面必须确定安全区域，并有专人进行监护。

7.3 脚手架、模板等部件必须码放整齐，堆放高度不得超过1m，临时堆放处距楼层边沿不得小于1m。

7.4 结构施工自二层起，凡人员进出的通道口均应搭设防护棚；高度超过24m的层次上的交叉作业，必须设双层防护。

8. 安全帽、安全带、安全网安全技术要求

8.1 安全帽

8.1.1 进入施工现场必须正确佩戴安全帽。

8.1.2 不同头形或冬季佩戴防寒帽时，应随头形大小调节紧牢帽箍，保留帽衬与帽壳之间缓冲作用的空间。

8.2 安全带

8.2.1 高处作业人员及架子工必须正确佩戴安全带，应高挂低用，严禁低挂高用；

8.2.2 安全带一般使用五年应报废。使用两年后按批量抽验，以 80kg 重量，自由坠落实验，不破断为合格。

8.3 安全网

8.3.1 建筑物必须采用符合国家标准要求的密目式安全网实施封闭。

8.3.2 外脚手架必须用密目式安全立网封闭严密，架内必须按相关要求设置安全平网。施工过程中，任何人不得擅自拆除密目式安全立网、安全平网等安全防护设施。

9. 操作平台安全技术要求

9.1 移动式操作平台

9.1.1 移动式操作平台使用前应由专业技术人员按现行的规范进行稳定验算与设计，且编制可行的设计方案。

9.1.2 操作平台的台面必须满铺厚度不低于 50mm 的脚手板，板间应固定牢固；操作平台的周边必须按临边作业的相关要求搭设临时防护栏杆。

9.2 悬挑式钢平台

9.2.1 钢平台的搁支点与上部拉结点，必须位于建筑物上，不得设置在脚手架等施工设备上。

9.2.2 悬挑式钢平台必须设置 4 个经过验算的吊环。吊运平台时应使用卡环，不得用吊钩直接钩挂吊环。

9.2.3 钢平台安装时，钢丝绳应采用专用的挂钩挂牢，采取其他方式时卡头的卡子不得少于 3 个。建筑物锐角部位系钢丝绳处应加补软垫物，钢平台外口应略高于内口。

9.2.4 钢平台使用时，应有专人进行检查，发现钢丝绳有锈蚀损坏应及时调换，焊缝脱焊应及时修复。钢平台左右两侧必须装置固定的防护栏杆。

9.2.5 操作平台上应显著标明容许荷载值。操作平台上人员和物料的总重量，严禁超过设计的容许荷载，应配备专人加以监督。

第三节 高处作业安全技术交底

1. 高处坠落预防安全技术交底

1.1 施工现场一切孔洞必须加设牢固盖板、围栏或安全网。

1.2 脚手架必须按规程搭设，使用前应经过检查验收。

1.3 在没有望板的屋面上安装石棉瓦，应在屋架下弦设安全网或采取其他安全措施，并使用带滑条的脚手架，钩挂牢固后方可操作。禁止在石棉瓦上行走。

1.4 凡施工建筑高度超过 4m 时，必须随施工层在工作面外侧搭设 3m 宽的安全网，首层必须支搭一道固定的安全网，直到确无高处作业时方可拆除。

1.5 在无法采取架设安全网等防护措施时，施工人员在 2m 以上高处均须系好安全带，在悬崖、陡坡施工要挂好安全绳。

2. 悬空作业安全技术交底

2.1 悬空作业处应有牢靠的立足点,并必须视具体情况,配置防护栏网、栏杆或其他设施。

2.2 悬空作业所用的索具、脚手板、吊篮、吊笼、平台等设备,均需经过技术鉴定或检测方可使用。

2.3 构件吊装与管道安装时的悬空作业安全技术交底:

2.3.1 钢结构的吊装,构件应尽可能在地面组装,并应搭设进行临时固定、电焊、高强螺栓连接等工序的高空作业安全设施,随构件同时上吊就位。

2.3.2 拆卸时的安全措施,亦应一并考虑或落实。高空吊装预应力混凝土屋架、桁架等大型构件前,也应搭设悬空作业中所需的安全设施。

2.3.3 悬空安装大模板、吊装第一块预制构件、吊装单独的大中型预制构件时,必须站在操作平台上操作。吊装中的大模板和预制构件以及石棉水泥板等屋面板上,严禁站人行走。

2.3.4 安装管道时必须有已完结构或操作平台为立足点,严禁在安装中的管道上站立和行走。

2.4 模板支撑和拆卸时的悬空作业安全技术交底:

2.4.1 支模应按规定的作业程序进行,模板未固定前不得进行下一道工序。严禁在连接件和支撑件上攀登上下,并严禁在上下同一垂直面上装、拆模板。

2.4.2 支设高度在3m以上的柱模板,四周应设斜撑,并应设立操作平台。低于3m的可使用马凳操作。

2.4.3 支设悬挑形式的模板时,应有固定的立足点。支设临空构筑物模板时,应搭设支架或脚手架。模板上有预留洞时,应在安装后将洞封盖。

2.4.4 拆模高处作业,应配置登高用具或搭设支架。

2.5 钢筋绑扎时的悬空作业安全技术交底:

2.5.1 钢筋绑扎和安装钢筋骨架时,必须搭设脚手架或马道。

2.5.2 绑扎圈梁、挑梁、挑檐、外墙和边柱等钢筋时,应搭设操作台架和张挂安全网。

2.5.3 悬空大梁钢筋的绑扎,必须在铺满脚手板的支架或操作平台上操作。

2.5.4 绑扎立柱或墙体钢筋时,不得站在钢筋骨架上或攀登骨架上下。3m以内的柱钢筋,可在地面或楼面上绑扎,整体竖立。绑扎3m以上的柱钢筋,必须搭设操作平台。

2.6 混凝土浇筑时的悬空作业安全技术交底:

2.6.1 浇筑2m以上的框架、过梁、雨篷和小平台时,应设操作平台,不得直接站在模板或支撑件上操作。

2.6.2 浇筑拱形结构,应自两边拱角对称的相向进行。浇筑储仓,下口应先行封闭,并搭设脚手架以防人员坠落。

2.6.3 特殊情况下如无可靠的安全设施,必须系好安全带,或架设安全网。

2.7 悬空进行门窗作业时的安全技术交底:

2.7.1 安装门、窗、油漆及安装玻璃时,严禁操作人员站在樘子、阳台栏板上操作。

门、窗临时固定，封填材料未达到强度，以及电焊时，严禁手拉门、窗进行攀登。

2.7.2 在高处外墙安装门、窗，无外脚手架时，应张挂安全网。无安全网时，操作人员应系好安全带，其保险钩应挂在操作人员上方的可靠物件上。

2.7.3 进行窗口作业时，操作人员的重心应位于室内，必须系好安全带进行操作。

3. 攀登作业安全技术交底

3.1 在施工组织设计中应确定用于现场施工的登高和攀登等设施。现场攀登应借助建筑结构或脚手架上的登高设施，也可采用载人的垂直运输设备。进行攀登作业时可使用梯子或采用其他攀登设施。

3.2 柱梁和行车梁等构件吊装所需的直爬梯及其他登高用拉攀件，应在构件施工图或说明内作出规定。

3.3 攀登的用具，供人上下的踏板其结构构造上必须牢固可靠。当梯面上有特殊作业，重量超过规定荷载时，应按实际情况加以验算。

3.4 梯脚板部位应坚实，不得垫高使用，梯子的上端应有固定设施。

3.5 梯子如需接长使用，必须有可靠的连接措施，且接头不超过一处。连接后梯梁的强度，不能低于单梯梯梁的强度。

3.6 折梯使用时上部夹角以 35°～45°为宜，铰链必须牢固，并应有可靠的拉撑措施。

3.7 固定式直爬梯应用金属材料制成。梯宽不应大于 50cm，支撑应采用不小于∟70×6 的角钢，埋设与焊接均必须牢固。梯子顶端的踏棍应与攀登的顶面齐平，并加设 1～1.5m 高的扶手。

3.8 使用直爬梯进行攀登作业时，攀登高度以 5 m 为宜；超过 5 m 时，应加设护笼；超过 8m 时，必须设置梯间平台。

3.9 作业人员应从规定的通道上下，不得在阳台之间非规定通道进行攀登，也不得任意利用吊车臂架等施工设备进行攀登。

3.10 钢柱安装登高时，应使用钢挂梯或设置在钢柱上的爬梯。钢柱在接柱时应使用梯子或操作台。操作台横杆高度，当无电焊防风要求时，其高度不宜小于 1m；有电焊防风要求时，其高度不宜小于 1.8m。

3.11 登高安装钢梁时，应视钢梁高度，在两端设置挂梯或搭设钢管脚手架。梁上需行走时，其一侧的临时护栏横杆可采用钢索，当改用扶手绳时，绳的自然下垂度不应大于 1/20，并应控制在 10cm 以内。

3.12 钢屋架的安装应遵守下列规定：

3.12.1 在屋架上弦登高操作时，对于三角形屋架应在屋脊处、梯形屋架应在两端，设置攀登时上下的梯架。

3.12.2 屋架吊装以前，应在上弦设置防护栏杆。

3.12.3 屋架吊装以前，应预先在下弦挂设安全网；吊装完毕后，即将安全网铺设固定。

4. 洞口作业安全技术交底

4.1 板与墙的洞口，必须设置牢固的盖板、防护栏杆、安全网或其他防坠落的防护措施。

4.2 电梯井口必须设防护栏杆或固定栅门；电梯井内应每隔两层并最多隔 10m 设一

道安全平网。

4.3 施工现场通道附近的各类洞口与坑槽等处,除设置防护设施与安全标志外,夜间还应设红灯示警。

4.4 洞口根据具体情况采取设置防护栏杆、加盖、张挂安全网与装栅门等措施时,必须符合下列要求:

4.4.1 楼板、屋面和平台面上必须用坚实的盖板盖设。盖板应能防止挪动移位。

4.4.2 楼板面等处的洞口、安装预制构件时的洞口以及缺件临时形成的洞口,用盖板盖住洞口。

4.4.3 边长为15~150cm的洞口,必须设置以扣件扣接钢管而成网格,并在其上满铺竹笆或脚手板。也可采用贯穿于混凝土板内的钢筋构成防护网,钢筋网格间距不得大于20cm。

4.4.4 边长在150cm以上的洞口,四周设防护栏杆,洞口下张设安全平网。

4.4.5 垃圾井道和烟道,应随楼层的砌筑或安装而消除洞口,或参照预留洞口作防护,管道井施工时,除按以上方法外,还应加设明显的标志。

4.4.6 墙面等处的竖向洞口,凡落地的洞口应加装开关式、工具式或固定式的防护门,门栅网格的间距不应大于15cm,也可采用防护栏杆,下设挡脚板。

4.4.7 下边沿至楼板或底面于80cm的窗口等竖向洞口,如侧边落差大于2m时,应加设1.2m高的临时护栏。

4.4.8 对邻近的人与物有坠落危险性的其他竖向的孔、洞口,均应予以加盖或加以防护,并有固定其位置的措施。

5. 操作平台安全技术交底

5.1 移动式操作平台,必须符合下列规定:

5.1.1 操作平台应由专业技术人员按现行的相应规范进行设计,应编入施工组织设计。

5.1.2 操作平台的面积不应超过10m^2,高度不应超过5m。还应进行稳定验算,并采取措施减少立柱的长细比。

5.1.3 装设轮子的移动式操作平台,轮子与平台的结合处应牢固可靠,立柱底端离地面不得超过80mm。

5.1.4 操作平台四周必须按临边作业要求设置防护栏杆,并应设置登高扶梯。

5.2 悬挑式钢平台,必须符合下列规定:

5.2.1 悬挑式钢平台应按现行的相应规范进行设计,其结构构造应能防止左右晃动。

5.2.2 钢平台的搁支点与上部位结点,必须位于建筑物上,不得设置在脚手架等施工设备上。

5.2.3 斜拉杆或钢丝绳,构造上宜两边各设前后两道,两道中的每一道均应作单道受力计算。

5.2.4 应设置4个经过验算的吊环。吊运平台时应使用卡环,不得使吊钩直接钩挂吊环。

5.2.5 钢平台安装时,钢丝绳应采用专用的挂钩挂牢,采取其他方式时卡头的卡子不得少于3个。建筑物锐角部位系钢丝绳处应加补软垫物,钢平台外口应略高于内口。

5.2.6 钢平台左右两侧必须装置固定的防护栏杆。

5.2.7 钢平台吊装，需待横梁支撑点电焊固定，接好钢丝绳，调整完毕，经过检查验收，方可松卸起重吊钩，上下操作。

5.2.8 钢平台使用时，应有专人进行检查，发现钢丝绳有锈蚀损坏应及时调换，焊缝脱焊应及时修复。

5.3 操作平台上应显著地标明容许荷载值。操作平台上人员和物料的总重量，严禁超过设计的容许荷载，应配备专人加以监督。

第四节 施工现场应急救援预案

1. 总则

1.1 根据《中华人民共和国安全生产法》，为了保护企业员工在生产经营活动中的身体健康和生命安全，保证企业在出现安全生产事故时，能够及时进行应急救援，最大限度地降低事故给企业和员工造成的损失，制定安全生产事故应急预案。

1.2 各企业应根据自身实际情况制定本企业安全生产事故应急预案。

1.3 本预案中所指高处作业是指：凡在坠落高度基准面2m以上（含2m）有可能坠落的高处进行的作业。

2. 应急救援组织机构

2.1 各企业应在建立安全生产事故应急救援组织机构的基础上，建立应急救援的分支机构。

2.2 建筑施工现场或者其他生产经营场所应成立专项应急救援小组，其中包括：现场主要负责人、安全专业管理人员、技术管理人员、生产管理人员、人力资源管理人员、行政卫生、工会以及应急救援所必需的水、电、脚手架登高作业、机械设备操作等专业人员。

2.3 应急救援预案机构应具备现场救援救护基本技能，定期进行应急救援演练。配备必要的应急救援器材和设备，并进行经常性的维修、保养，保证应急救援时正常运转。

2.4 应急救援机构应建立健全应急救援档案，其中包括：应急救援组织机构名单、救援救护基本技能学习培训活动记录、应急救援器材和设备目录、应急救援器材和设备维修保养记录、安全生产事故应急救援记录等。

3. 应急救援机构组织职责

3.1 应急小组组长职责：

3.1.1 事故发生后，立即赶赴事发地点，了解现场状况，初步判断事故原因及可能产生的后果，组织人员实施救援。

3.1.2 召集应急小组其他成员人员，明确救援目的、救援步骤，统一协调开展救援。

3.1.3 按照救援预案中的人员分工，确认实施对外联络、人员疏散、伤亡抢救、划定区域、保护现场等的人员及职责。

3.1.4 协调应急救援过程中出现的其他情况。

3.1.5 救援完成、事故现场处理完后，与现场相关人员确认恢复生产的条件及时恢复生产。

3.1.6 根据应急实施情况及效果,完善应急救援预案。

3.2 技术负责人职责:

3.2.1 协助应急小组组长根据现场实际情况,拟定采取的救援措施及预期效果,为正确实施救援提出可行的建议。

3.2.2 负责应急救援中的技术指导,按照责任分工,实施应急救援。

3.2.3 参与应急救援预案的完善。

3.3 生产副经理职责:

3.3.1 组织相关人员,依据补救措施方案,排除意外险情或实施救援。

3.3.2 应急救援、事故处理结束后,组织人员安排恢复生产。

3.3.3 参与应急救援预案的完善。

3.4 行政副经理职责:

3.4.1 发生伤亡事故后,安排人员联络医院、消防机构、应急机械设备、派人接车等事宜。

3.4.2 组织人员落实封闭事故现场、划出特定区域等工作。

3.4.3 参与应急救援预案的完善。

3.5 现场安全员职责:

3.5.1 立即赶赴事故现场,了解现场状况,参与事故救援。

3.5.2 依据现场状况,判断仍存在的不安全状态,采取处理措施,最大限度地减少人员及财产损失,防止事态进一步扩大。

3.5.3 判断拟采取的救援措施可能带来的其他不安全因素,根据专业知识及经验,选择最佳方案并向应急小组提出自己的建议。

3.5.4 参与应急救援预案的完善工作。

3.6 专业操作人员及其他应急小组成员职责:

3.6.1 听从指挥,明确各自职责。

3.6.2 统一步骤,有条不紊地按照分工实施救援。

3.6.3 参与应急救援预案的完善。

4. 安全生产事故应急救援程序

4.1 事故发生后应急小组组长立即召集应急小组成员,分析现场事故情况,明确救援步骤、所需设备、设施及人员,按照策划、分工,实施救援。

4.2 需要救援车辆时,应急指挥应安排专人接车,引领救援车辆迅速施救。

4.3 高处作业出现事故征兆时的应急措施:

4.3.1 不正确佩戴个人防护用具,立即停止其作业,进行安全教育,并要求其按相关规定正确佩戴个人防护用品。

4.3.2 楼梯口、电梯井口、预留洞口、安全通道口等作业过程中无防护或防护不彻底等险情。

4.3.2.1 立即停止作业。

4.3.2.2 根据情况按相关规定采取有效安全防护措施,防护彻底、可靠。

4.3.3 基坑周边,尚未安装栏杆或栏板的阳台、料台,无外脚手架的屋面与楼层周边等作业过程中无防护或防护不彻底等险情。

4.3.3.1 立即停止作业。

4.3.3.2 根据情况按相关规定采取有效安全防护措施，防护彻底、可靠。

4.3.4 攀登与悬空作业过程中无防护或防护不彻底等险情。

4.3.4.1 立即停止作业。

4.3.4.2 根据情况按相关规定采取有效安全防护措施，防护彻底、可靠。

4.3.5 操作平台与交叉作业过程中无防护或防护不彻底等险情。

4.3.5.1 立即停止作业。

4.3.5.2 根据情况按相关规定采取有效安全防护措施，防护彻底、可靠。

4.4 高处作业过程中引起人员伤亡：

4.4.1 迅速确定事故发生的准确位置、可能波及的范围、设备损坏的程度、人员伤亡情况等，以根据不同情况进行处置。

4.4.2 划出事故特定区域，非救援人员、未经允许不得进入特定区域。迅速核实作业人员人数，并组织相关人员进行急救；以上行动须由有经验的安全员或工长统一安排完成。

4.4.3 抢救受伤人员时几种情况的处理：

4.4.3.1 如确认人员已死亡，立即保护现场。

4.4.3.2 如发生人员昏迷、伤及内脏、骨折及大量失血。

（1）立即联系120急救车或给现场最近的医院打电话，并说明伤情。为取得最佳抢救效果，还可根据伤情联系专科医院。（应急小组成员的联系方式、当地安全监督部门电话等，要明示于工地显要位置。）

（2）外伤大出血，急救车未到前，现场采取止血措施。

（3）骨折，注意搬动时的保护，对昏迷、可能伤及脊椎、内脏或伤情不详者一律用担架或平板，不得一人抬肩、一人抬腿或由一个人肩背救助。

4.4.3.3 一般性外伤：

（1）视伤情送往医院，防止破伤风。

（2）轻微内伤，送医院检查。

4.4.4 制定救援措施时一定要考虑所采取措施的安全性和风险，经评价确认安全无误后再实施救援，避免因措施不当而引发新的伤害或损失。

5. 应急救援预案要求

5.1 企业安全生产事故应急救援组织应根据本单位项目工程的实际情况，进行高处作业检查、评估、监控和危险预测，确定安全防范和应急救援重点，制定专项应急救援预案。

5.2 建设工程总承包单位应协助专业施工企业做好应急救援预案的演练和实施。在实施过程中服从指挥人员的统一指挥。

5.3 应急救援预案应明确规定如下内容：

5.3.1 应急救援人员的具体分工和职责。

5.3.2 生产作业场所和员工宿舍区救援车辆行走和人员疏散路线。现场应用相应的安全色标明显标示，并在日常工作中保证路线畅通。

5.3.3 受伤人员抢救方案。组织现场急救方案，并根据可能发生的伤情，确定2~3个最快捷的相应医院，明确相应的路线。

5.3.4 现场易燃易爆物品的转移场所，以及转移途中的安全保证措施。
5.3.5 应急救援设备。
5.3.6 事故发生后上报上级单位的联系方式、联系人员和联系电话。

6. 附则

事故处理完毕后，应急小组组长应组织应急小组成员进行专题研讨，评审应急救援预案中的救援程序、联络、步骤、分工、实施效果等，使救援预案更加完善。

第五节　施工现场检查要点

1. 安全帽的检查要点
1.1 安全帽是否符合相关标准。
1.2 作业工人是否按规定正确佩戴安全帽。
2. 安全带的检查要点
2.1 安全带是否符合相关标准。
2.2 高处作业时，作业工人是否正确佩戴和使用安全带。（高挂低用）
3. 安全网的检查要点
3.1 安全网的材质、规格是否符合要求。
3.2 是否按相关规定正确张挂密目式安全立网及安全平网。
4. 楼梯口、电梯井口防护的检查要点
4.1 楼梯口、电梯井口是否有防护措施；防护设施是否符合相关技术要求，封闭是否严密。
4.2 防护设施是否工具化、定型化；是否设有醒目标识。
4.3 电梯井内是否按规范每隔不大于10m设一道安全网。
5. 预留洞口、坑井防护
5.1 预留洞口、坑井防护是否有防护措施；防护设施是否符合相关技术要求，封闭是否严密。
5.2 防护设施是否工具化、定型化；是否设有醒目标识。
6. 通道口防护
6.1 通道口入口处是否搭设符合要求的防护棚，根据在建建筑物高度其防护半径是否满足要求。
6.2 搭设防护棚材质是否满足要求，功能上是否牢固、防砸、防雨；是否设有醒目标识。
7. 阳台、楼板、屋面等临边防护
7.1 阳台、楼板、屋面等是否设有临边防护设施。
7.2 防护设施是否符合相关技术要求，封闭是否严密。
8. 攀登与悬空作业的安全防护
8.1 施工组织设计中是否明确用于施工的登高和攀登设施；攀登设施结构构造上是否牢固可靠，使用中是否符合相关技术要求。
8.2 悬空作业时是否有可靠立足点，是否按具体情况配置防护栏网、栏杆或其他安全设施。

8.3 悬空作业所用的索具、脚手板、吊篮、吊笼、平台等设备，是否经技术鉴定或验证。

9. 操作平台与交叉作业的安全防护

9.1 操作平台是否经技术人员按现行相应规范进行设计，计算书和图纸是否编入施工组织设计。

9.2 操作平台上是否标有显著的容许载荷值；其四周是否按临边作业要求设置防护栏杆。

9.3 进行交叉作业时，作业人员是否在同一垂直方向上操作；下层作业人员的位置是否在可坠半径之外，当不在可坠半径之外时，是否设置安全防护层。

9.4 处于起重臂回转范围之内的通道，顶部是否搭设能防止物体穿透的双层防护廊。

10. 高处作业安全防护设施的验收

10.1 建筑施工进行高处作业前，是否进行安全防护设施的逐项检查和验收。各安全防护设施使用中，有无未经验收合格的。

10.2 安全防护设施的验收资料是否齐全、记录是否真实，验收内容有无缺项；与现场实际是否相符。施工工期内有无定期抽查记录。

第六节 事 故 案 例

高处坠落事故案例

1. 事故概况

2002年1月14日，在某总公司总包、某装潢有限公司分包的高层工地上，（因2002年1月11日4号房做混凝土地坪，将复式室内楼梯口临边防护栏杆拆除，但由于混凝土地坪尚未干透，强度不足，故而无法恢复临边防护设施。项目部准备在地坪干透后，再重新设置临边防护栏杆，然后安排瓦工封闭4号房13层施工墙面过人洞）分包单位现场负责人王某，未经项目部同意，擅自安排本公司二位职工到4号房13层封闭施工墙面过人洞，职工李某负责用小推车运送砌筑砖块。上午7时左右，李某在运砖时，由于通道狭窄。小推车不能直接穿过墙面过人洞，李某在转向后退时，不慎从4号房13层室内楼梯口坠落至12层楼面（坠落高度2.8m）。事故发生后，现场人员立即将其急送医院，经抢救无效于次日凌晨2时死亡。

2. 事故原因分析

2.1 直接原因

因做地坪楼梯口防护栏杆被拆除，混凝土尚未干透临边防护栏杆未能复原，是造成本次事故的直接原因。

2.2 间接原因

项目部放松对分包队伍的安全管理，导致分包违反施工顺序、违章指挥，擅自安排工人进行砌筑作业，是造成本次事故的间接原因。

3. 事故结论与教训

3.1 事故主要原因

本次事故主要是由于施工单位没按要求做防护栏杆，临边防护不到位，造成工人李某失足坠落。

3.2 事故性质

本次事故属责任事故。

某建筑公司现场安全生产负责人，忽视安全生产，安全生产责任制落实不到位，对现场缺乏检查，安全员责任心不强，是造成此次事故的重要原因。

4. 事故预防及控制措施

4.1 由公司负责安全生产的副经理召开各项目经理、现场负责人会议，重申安全工作一定不能放松，生产不忘安全，在公司范围内，组织全面安全生产大检查，做好整改工作。

4.2 加强对分包队伍的管理，管理措施一定要落到实处。安排工作前首先要对工作环境认真检查，确认无安全隐患后，再安排工作。对危险作业必须进行有针对性的、全面的安全技术交底。

4.3 重点加强临边、洞口安全防护设施的管理，并在施工中派专人进行监护。

4.4 落实总、分包各级安全生产责任制，提高全员安全生产意识。

4.5 分包单位要加强自身的安全管理力度，提高安全生产意识，对职工进行安全生产教育，增强自我保护意识。安排施工任务，必须事先征得总包项目部的同意，严禁违章指挥、违章作业。

第四章 施 工 用 电

施工用电是指建筑施工单位在工程施工过程中，由于使用电气设备和照明等，进行的线路敷设和电气安装以及对电气设备及线路的使用、维护等工作。由于施工现场临时用电临时性强、现场情况复杂多变且使用期限短暂，所以施工过程中不像工程用电那样稳定，因此给管理上带来诸多不便，形成有的工地对施工用电的随意性，施工前不编制或非专业技术人员编制施工现场临时用电施工组织设计，编制的临时用电施工组织设计无针对性、不能切实指导施工，施工中不严格按相关规范以及临时用电施工组织设计施工，施工中无专人管理、电工不按规定操作等，长此下去必将管理混乱导致触电事故。

为规范施工现场临时用电的管理工作，本章对《施工现场临时用电安全技术规范》（JGJ 46—2005）进行了系统的、细致的分析，并结合施工现场临时用电管理中的实际情况与在日常管理中积累的经验从几个方面进行了阐述，为实现施工现场临时用电的标准化以及标准化管理提供了必要依据。本章阐述了施工用电施工组织设计、技术要求及检查要点，以利于施工现场管理人员学习、查阅。

第一节 施 工 组 织 设 计

1. 编制依据

施工现场临时用电施工组织设计的编制，一般依据《施工现场临时用电安全技术规范》（JGJ 46—2005）、《建筑施工安全检查标准》（JGJ 59—99）。

2. 工程概况

施工现场临时用电施工组织设计中的工程概况，必须将工程位置、建筑面积、结构形式、几何特征、工程工期等介绍清楚。

3. 编制临时用电施工组织设计的主要内容

3.1 现场勘探

3.1.1 现场地形、地貌和在建工程位置，便于针对情况进行总体安排；

3.1.2 外电线路是否满足安全距离，是否需要采取防护措施；

3.1.3 确定电源形式：专用变压器供电，共用变压器供电还是自备发电机组供电及进线；

3.1.4 上、下水等各种管线分布情况，避免与埋地电缆相互干扰；

3.1.5 按施工现场总平面布置，确定电箱的位置、数量及线路的走向等。

3.2 施工现场临时用电布置

3.2.1 现场或周边有无外电线路，如何防护。

3.2.2 标明在施工现场专用的中性点直接接地的电力线路中，必须实行"TN-S"三相五线制供电系统。

3.2.3 标明供电电源及进线方式,配电室位置,总箱、分箱、开关箱位置,数量及编号。

3.2.4 根据施工现场具体情况,选择合适的供电方式和线路敷设方法。(供电方式分为:"树杆式""放射式";线路敷设分为:架空和地埋)

3.2.5 确定临电系统的工作接地、重复接地、保护接地、防雷接地的位置、材料,埋设方法及接地电阻值。

3.3 计算负荷的确定

3.3.1 按用电设备工作制确定设备容量(表1-4-1)

施工现场常用电设备功率一览表　　　　　表1-4-1

序号	设备名称	规格型号	安装功率(kW)	数量	合计功率	备注
1	塔式起重机	QTZ20	18			$J_c=25\%$
2	塔式起重机	QTZ315	22			$J_c=25\%$
3	塔式起重机	QTZ40	25.1			$J_c=25\%$
4	塔式起重机	QTZ60	42			$J_c=25\%$
5	塔式起重机	QTZ80	60			$J_c=25\%$
6	施工升降机	SCD200	25			
7	施工升降机	SCD200/200AJ	42			
8	卷扬机	JZR-41-8	11			
9	搅拌机	JC-250	7.5			
10	钢筋切断机	QJ40-1	5.5			
11	钢筋弯曲机		3			
12	圆盘电锯	MJ104	5.5			
13	蛙式夯机	HW-60	2.8			
14	振动棒	HZ-30	1.1			
15	电焊机	BX-330	11			$J_c=100\%$
16	室内外照明		10			
	总　计					

3.3.1.1 长期连续工作制:指在规定环境温度下连续运行,设备任何部分的温度和温升均不超过允许值。此时 P_e 值为铭牌标有的额定容量。

3.3.1.2 短时工作制:指运行时间短而停歇时间长,设备在工作时间内的温升不足以达到稳定温升而间歇时间内足以使温升冷却到环境温度。此时 P_e 值为铭牌标有的额定值。

3.3.1.3 反复短时工作制:指设备以断续方式反复进行工作,工作时间与间歇时间相互交替重复。此时 P_e 值为设备在某一暂载率下的铭牌统一换算到一个标准暂停率下的功率。

3.3.2 对于建筑供电系统通常采用需要系数法进行计算。需要系数就是用电设备组在最大负荷时需要的有功功率与其设备容量的比值。另外需要系数与用电设备的工作性质、设备效率和线路损耗等因素有关,它是一个综合系数,难准确计算,实用中其值参照表1-4-2所列。

用电设备组的 K_x、$\cos\psi$ 及 $\tan\psi$ 表 1-4-2

用电设备组名称		K_x	$\cos\psi$	$\tan\psi$
混凝土搅拌机及砂浆搅拌机	10 台以下	0.7	0.68	1.08
	10 台以上	0.6	0.65	1.17
破碎机、筛洗石机、泥浆泵 空气压缩机、输送机	10 台以下	0.7	0.7	1.02
	10 台以上	0.65	0.65	1.17
提升机、起重机、掘土机	10 台以下	0.3	0.7	1.02
	10 台以上	0.2	0.65	1.17
电焊机	10 台以下	0.45	0.45	1.98
	10 台以上	0.35	0.4	2.29
照明	室内	0.8	1.0	—
	室外	1.0	1.0	—

3.4 负荷计算及公式

3.4.1 各用电设备组的计算负荷：

设备组的有功功率（kW）：$P_{js}=K_x\times\Sigma P_e$

设备组的无功功率（kW）：$Q_{js}=P_{js}\times\tan\psi$

设备组的视在功率（kW）：$S_{js}=\sqrt{P_{js}^2+Q_{js}^2}$

式中　K_x——用电设备组的需用系数。

3.4.2 负荷计算公式：

有功功率的总和（kW）：$P_{jz}=K_x\times K_{zm}\Sigma P_{js}$

无功功率的总和（kvar）：$Q_{jz}=P_{jz}\times\tan\psi$

视在功率的总和（kVA）：$S_{jz}=\sqrt{P_{jz}^2+Q_{jz}^2}$

式中　K_x——各用电设备组的最大负荷不同期系数，取 0.9；

　　　K_{zm}——施工单项负荷估算系数，取 1.25。

3.4.3 计算总电流：$I_{jz}=\dfrac{S_{jz}}{\sqrt{3}\times U_e}$

式中　I_{jz}——总计算电流（A）；

　　　U_e——电源额定电压；取 0.38kV。

3.4.4 目前施工现场临时用电负荷的计算可参照 PKPM 软件进行计算。

3.5 变压器容量及导线截面的选择

3.5.1 当施工现场只装有一台变压器时，其变压器容量 S_e 应满足全部用电设备总计算负荷 S_{js} 的需要，即 $S_e\geqslant S_{js}$。

3.5.2 当施工现场只装有两台变压器时，其安装容量应满足以下几个条件：

3.5.2.1 任一台变压器单独运行时，宜满足总计算负荷 70% 的需要，即 $S_e\approx 0.7S_{js}$。

3.5.2.2 任一台变压器单独运行时，应满足全部一、二级负荷 S_{js}（Ⅰ+Ⅱ）的需要，即 $S_e\geqslant S_{js}$（Ⅰ+Ⅱ）。

3.5.2.3 单台变压器的容量以 750kVA 及以下为宜，不宜大于 1000kVA，以使变压器更能接近负荷中心，减少电能损耗。

3.5.2.4 选择变压器的容量时，应适当考虑留有 15%～25% 的余量；但同时可考虑变压器的正常过负荷能力。

3.5.3 为了保证供电线路安全、可靠、经济的运行，选择导线截面时必须满足下列条件：

3.5.3.1 导线应能承受最低的机械强度的要求。

3.5.3.2 按导线安全载流量选择导线截面；导线必须能够承受负载电流长期通过所引起的温升，不能因过热而损坏导线的绝缘。导线所容许长时间通过的最大电流称为该截面的安全载流量。其根据负载实际电流由安全载流量表查得。

3.6 漏电保护器及其他低压电气元件、类型、规格的选择

3.6.1 施工现场中常用的低压电气设备有漏电保护器、隔离开关、熔断器、自动空气开关、磁力启动器、接触器及各种继电保护装置等。

3.6.2 对于漏电保护器及其他低压电气元件、类型、规格的选择（这里主要介绍一下漏电保护器选择时应注意的要点）。

3.6.2.1 根据电气设备的供电方式选用漏电保护器：

（1）单相 220V 电源供电的电气设备应选用二级二线或单级二线式漏电保护器；

（2）三相三线式 380V 电源供电的电气设备，应选用三级漏电保护器；

（3）三相四线式 380V 电源供电的电气设备，或单相设备与三相设备共用的电路，应选用三级、四级四线式漏电保护器。

3.6.2.2 根据电气线路的正常泄漏电流，选择漏电保护器的额定漏电动作电流：

（1）选择漏电保护器的额定漏电动作电流值时，应充分考虑到被保护线路和设备可能发生的正常泄漏电流值，必要时可通过实际测量取得被保护线路和设备的泄漏电流值；

（2）选用的漏电保护器的额定漏电不动作电流，应不小于电气线路和设备的正常泄露电流最大值的 2 倍。

3.6.2.3 根据电气设备的环境要求选用漏电保护器：

（1）漏电保护器的防护等级应与使用环境条件相适应；

（2）在高温或特低温环境中使用或对电源电压偏差较大的电气设备应优先选用电磁式漏电保护器；

（3）雷电活动频繁地区的电气设备应选用冲击电压不动作型漏电保护器；

（4）安装在易燃、易爆、潮湿或有腐蚀性气体等恶劣环境中的漏电保护器，应根据相关标准选用特殊防护条件的漏电保护器。

3.6.2.4 根据特殊负荷和场所的特点选用漏电保护器：

（1）连接室外架空线路的电气设备应选用冲击电压不动作型漏电保护器；

（2）带有架空线路的总保护应选择中、低灵敏度及延时动作的漏电保护器；

（3）在金属物体上工作，操作手持式电动工具或行灯时应选用额定漏电动作电流为 10mA 快速动作的漏电保护器；

（4）安装在潮湿场所的电气设备应选用额定漏电动作电流为不大于 15mA 快速动作的漏电保护器；

（5）安装在游泳池、喷水池、水上游乐场、浴室的照明线路，应选用额定漏电动作电流为 10mA 快速动作的漏电保护器。

3.6.2.5 漏电保护器动作参数的选择：

（1）手持式电动工具、移动电器、应优先选用额定漏电动作电流不大于 15mA 快速动作的漏电保护器；

（2）单台电机设备可选用额定漏电动作电流为 30mA 快速动作的漏电保护器。

3.7 绘制施工现场临时供电施工图

3.7.1 临时供电平面图的内容应包括：

3.7.1.1 在建工程临建、在施、原有建筑物的位置。

3.7.1.2 电源进线位置、方向及各种供电线路的导线敷设方式、截面、根数及线路走向。

3.7.1.3 变压器、配电室、总配电箱、分配电箱及开关箱的位置，箱与箱之间的电气关系。

3.7.1.4 施工现场照明及临建内的照明，室内灯具开关控制位置。

3.7.1.5 工作接地、重复接地、保护接地、防雷接地的位置及接地装置的材料做法等。

3.7.2 临时供电系统图的内容应包括：

3.7.2.1 标明变压器高压侧的电压级别、导线截面、进线方式、高低压侧的继电保护及电能计量仪表型号、容量等。

3.7.2.2 低压侧供电系统的形式应选用"TN-S"。

3.7.2.3 各种箱体的电气联系。

3.7.2.4 配电线路的导线截面、型号、导线敷设方式及线路走向。

3.7.2.5 各种电气开关型号、容量、熔体自动开关熔断器的整定、熔断值。

3.7.2.6 标明各用电设备的名称、容量。

3.8 制定安全用电技术措施和防火措施

第二节 安　全　技　术

1. 定义

1.1 施工现场临时用电

是相对于施工现场正式工业与民用"永久"性用电提出来的一种发展施工现场内部的用电。具备明显的临时性、移动性和露天性。

1.2 "TN-S"接零保护系统

将电气设备的金属外壳作接零保护的系统称为 TN 系统；电器设备的保护零线与工作零线分开的系统称为"TN-S"接零保护系统。

1.3 外电线路

外电线路主要指不为施工现场专用的原来已经存在的高压或低压配电线路。不包括通信线路。

1.4 三级配电、两极保护

施工现场临时用电的配电系统应设置配电柜或总配电箱、分配电箱、开关箱，实行三级配电。并在配电系统的末级开关箱，分配电箱或总配电箱内分别加装漏电保护器，总体上形成两极保护。

1.5 一机一闸一漏一箱

每台用电设备要有各自专用的开关箱,实行"一机一闸"制且必须加装漏电保护器。

1.6 安全电压

为防止触电事故而采用的由特定电源供电的电压系列。此电压系列的上限值,在正常和故障情况下,任何两导体间或任一导体与地之间均不得超过交流（50～500Hz）有效值50V。

1.7 接地、接地体

将电气设备的金属外壳经过导体埋入地下的金属导体相连接,称为接地。埋入地中的金属导体称为接地体。

1.8 接地电阻

接地体对地电压与通过接地体流入地中电流的比值,称为接地电阻。

2. 施工现场临时用电技术要求

2.1 电工及用电人员

2.1.1 电工必须经过按国家现行标准考核合格后,持证上岗工作；其他用电人员必须通过相关安全教育培训和技术交底,考核合格后方可上岗工作。

2.1.2 安装、巡检、维修或拆除临时用电设备和线路,必须由电工完成,并有人监护。电工等级应同工程的难易程度和技术复杂性相适应。

2.1.3 电工人员必须正确使用电工器具,严禁徒手或使用可导电物进行挂接、虚接等违章作业。

2.1.4 电工作业人员不得带电作业,当确需带电作业时,必须设监护人,严禁独立作业。

2.1.5 施工现场临时用电施工,必须严格执行临时用电施工组织设计和安全操作规程。

2.2 施工现场对外电线路的安全距离与防护

2.2.1 在建工程不得在高、低压线路下方施工；高低压线路下方,不得搭设作业棚,建设生活设施,或堆放构件、架具、材料及其他杂物等。

2.2.2 当在外电架空线路的一侧施工时,在建工程（含脚手架）的外侧边缘与外电架空线路之间必须保持安全操作距离。其最小安全操作距离应符合表1-4-3所列数值。

在建工程（含脚手架具）的外侧边缘与外电架空
线路的边缘之间的最小安全距离 表1-4-3

外电线路电压（kV）	1以下	1～10	35～110	154～220	330～500
最小安全距离（m）	4	6	8	10	15

2.2.3 当施工现场使用起重机、塔吊等大型吊装设备作业时,应满足：

2.2.3.1 起重机严禁越过无防护设施的外电架空线路作业。

2.2.3.2 在外电架空线路附近吊装时,起重机的任何部位或被吊物边缘在最大偏斜时与架空线路边线的最小安全距离应符合表1-4-4规定。

起重机与架空线路边线的最小安全距离　　　　　　　　　　　　表 1-4-4

外电线路电压（kV）		<1	10	35	110	220	330	500
安全距离	沿垂直方向（m）	1.5	3.0	4.0	5.0	6.0	7.0	8.5
	沿水平方向（m）	1.5	2.0	3.5	4.0	6.0	7.0	8.5

2.2.4　当外电架空线路边缘与在建工程（脚手架具）、交叉道路、吊装作业的距离不能满足其规定之最小安全距离时，必须采取绝缘隔离防护措施，并应悬挂醒目的警告标志。

施工现场的机动车道与外电架空线路交叉时，架空线路的最低点与路面的垂直距离应符合表 1-4-5 所列数值。

施工现场的机动车道与外电架空线路交叉时的最小垂直距离　　　　表 1-4-5

外电线路电压（kV）	1 以下	1~10	35
最小安全距离（m）	6	7	7

2.2.4.1　架设防护设施时，必须经有关部门批准，采用线路暂时停电或其他可靠的安全技术措施，并应有电气工程技术人员和专职安全人员监护。

2.2.4.2　防护设施与外电线路之间的安全距离不应小于表 1-4-6 所列数值。

防护设施与外电线路之间的最小安全距离　　　　　　　　　　　表 1-4-6

外电线路电压等级（kV）	≤10	35	110	220	330	500
最小安全距离（m）	1.7	2.0	2.5	4.0	5.0	6.0

2.2.4.3　防护设施应坚固、稳定，且对外电线路的隔离防护应达到 IP30 级。（注：IP30 级指防护设施的最大缝隙，能防止 $\phi2.5mm$ 固体异物穿出）

2.3　施工现场临时用电的接地与接零保护系统

2.3.1　建筑施工现场临时用电工程专用的电源中性点直接接地的 220/380V 三项四线制低压电力系统，必须采用"TN-S"接零保护系统，如图 1-4-1 所示。

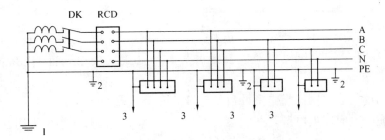

图 1-4-1　专用变压器供电时"TN-S"接零保护系统示意
1—工作接地；2—PE 线重复接地；3—至电气设备金属外壳；A、B、C—相线；N—零线；PE—保护零线；DK—总电源隔离开关；RCD—总漏电保护器（兼有短路、过载、漏电保护功能的漏电断路器）

2.3.2　采用 TN 系统做保护接零时，工作零线（N 线）必须通过总漏电保护器，保护零线（PE 线）必须由电源进线零线直接重复接地处或总漏电保护器电源侧零线处，引出形成局部"TN-S"接零保护系统。

2.3.3 在施工现场专用变压器的供电的"TN-S"接零保护系统中，电气设备的金属外壳必须与保护零线连接。保护零线应由工作接地线、配电室（总配电箱）电源侧零线或总漏电保护器电源侧零线处引出。

2.3.4 当施工现场与外电线路公用同一供电系统时，电气设备的接地、接零保护应与原系统保持一致。不得一部分设备做保护接零，另一部分设备做保护接地，如图1-4-2所示。

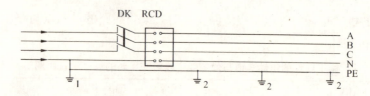

图1-4-2 三相四线供电时局部"TN-S"接零保护系统保护零线引出示意
1—NPE线重复接地；2—PE线重复接地；A、B、C—相线；N—工作零线；PE—保护零线；DK—总电源隔离开关；RCD—总漏电保护器（兼有短路、过载、漏电保护功能的漏电断路器）

2.3.5 保护零线的敷设必须自施工现场临电系统的首端至终端连续设置，不得有断开点。即总箱→分箱→开关箱→设备金属外壳。PE线上严禁装设开关或熔断器，严禁通过工作电流。

2.3.6 PE线截面与相线截面的关系（表1-4-7），另电动机械的PE线截面要求应为不小于2.5mm^{2}的绝缘多股铜线，手持式电动工具的PE线截面要求应为不小于1.5mm^{2}的绝缘多股铜线。

PE线截面与相线截面的关系　　　　表1-4-7

相线芯线截面S（mm^2）	PE线最小截面（mm^2）	相线芯线截面S（mm^2）	PE线最小截面（mm^2）
S≤16	5	S>35	S/2
16<S≤35	16		

2.3.7 TN系统中的保护零线除必须在配电室或总配电箱处做重复接地外，还必须在配电系统的中间处和末端处做重复接地。其每一处重复接地装置的接地电阻不应大于10Ω。

2.4 施工现场临时用电配电室及自备电源的安全要求

2.4.1 配电室应靠近电源，并应设在灰尘少、潮气少、振动小、无腐蚀介质、无易燃易爆物及道路畅通的地方。室内应能自然通风，并应采取防止雨雪侵入和动物进入的措施。

2.4.2 配电柜内应装设电源隔离开关及短路、过载、漏电保护电器。隔离开关分断时应有明显可见分断点。停电维修时，应挂接地线，并应悬挂"禁止合闸、有人工作"停电标志牌。

2.4.3 配电室的照明分别设置正常照明和事故照明。当室内设有值班室或检修室时，其边缘距配电柜的水平距离不小于1m，并采取屏障隔离。

2.4.4 配电柜正面的操作通道宽度，单列布置或双列背对背布置不小于1.5m，双列面对面布置不小于2m。

2.4.5 配电柜后面的维护通道宽度，单列布置或双列面对面布置不小于0.8m，双列背对背布置不小于1.5m，个别地点有建筑物结构凸出的地方，则此点通道宽度可减少0.2m。

2.4.6 配电室内的母线应涂刷有色油漆，以标志相序；以柜正面方向为基准，其涂色应符合表1-4-8规定。

母线涂色规定表　　　　　　　　　　　　　　　表1-4-8

相　别	颜　色	垂直排列	水平排列	引下排列
L1（A）	黄	上	后	左
L2（B）	绿	中	中	中
L3（C）	红	下	前	右
N	淡蓝	—	—	—

2.4.7 配电柜侧面的维护通道宽度不小于1m。

2.4.8 配电柜应装设电度表，并应装设电流、电压表。电流表与计费电度表不得共用一组电流互感器。

2.4.9 配电柜应配锁、编号、并标识明确，其周围不得堆放任何妨碍操作、维修的杂物。

2.4.10 发电机组电源必须与外电线路电源连锁，严禁并列运行。

2.4.11 发电机组并列运行时（多台），必须装设同期装置，并在机组同步运行后再向负载供电。

2.5 施工现场配电箱及电气元件设置的安全要求

2.5.1 施工现场临时用电的配电系统应设置配电柜或总配电箱、分配电箱，开关箱，实行三级配电。并在配电系统的末级开关箱，分配电箱或总配电箱内分别加装漏电保护器，总体上形成两极保护，如图1-4-3所示。

2.5.2 动力配电箱与照明配电箱应分别设置。如合置在同一配电箱内，动力和照明线路应分路设置，如图1-4-4所示。

2.5.3 总配电箱应设在靠近电源的区域，分配电箱应设在用电设备或负荷相对集中的区域，分配电箱与开关箱的距离不得超过30m，开关箱与其控制的固定式用电设备的水平距离不宜超过3m。

2.5.4 总配电箱、分配电箱及开关箱内电器元件的选择与配置必须符合《施工现场临时用电安全技术规范》（JGJ 46—2005）的相关要求，如图1-4-5所示。

2.5.5 每台用电设备必须有各自专用的开关箱，严格执行"一机一闸一漏一箱"的规定，严禁用同一个开关箱直接控制2台及2台以上用电设备（含插座），即一闸或一箱多用现象。

2.5.6 配电箱、开关箱应采用冷轧钢板或阻燃绝缘材料制作，其中开关箱箱体钢板厚度不得小于1.2mm，配电箱箱体的钢板厚度不得小于1.5mm，严禁使用木制电箱和金

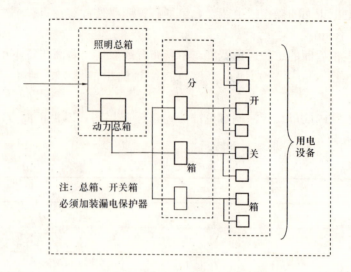

图 1-4-3 "三级配电二级保护"结构图

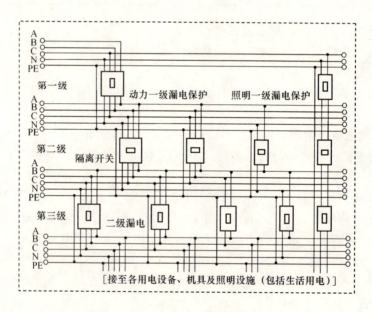

图 1-4-4 "三级配电二级保护"接线图

属外壳木制底板。

2.5.7 配电箱、开关箱应装设端正、牢固。固定式配电箱、开关箱的中心点与地面的垂直距离应为 1.4~1.6m。

2.5.8 移动式配电箱、开关箱应装设在坚固、稳定的支架上。其中心点与地面的垂直距离宜为 0.8~1.6m。

2.5.9 配电箱、开关箱外形结构应能防雨、防尘。

2.5.10 配电箱、开关箱的箱体尺寸应与箱内电器的数量和尺寸相适应,严禁将闸具固定在箱体的下、侧面。箱内电器安装板板面电器安装尺寸可按照表 1-4-9 确定。

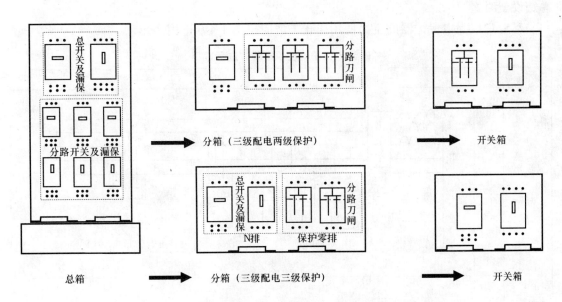

图 1-4-5 总配电箱、分配电箱、开关箱的选择与配置

箱内电器安装板板面电器安装尺寸　　　　　　表 1-4-9

间距名称	最小净距（mm）
并列电器（含单极熔断器）间	30
电器进、出线瓷管（塑胶管）孔与电器边沿间	15A　30 20～30A　50 60A 及以上　80
上、下排电器进出线瓷管（塑胶管）孔间	25
电器进、出线瓷管（塑胶管）孔至板边	40
电器至板边	40

2.5.11 电器装置的选择：

2.5.11.1 总配电箱的电器应具备电源隔离，正常接通与分断电路，以及短路、过载、漏电保护功能。电器设置应符合下列原则：

（1）当总路设置漏电保护器时，还应装设总隔离开关、分路隔离开关以及总断路器、分断路器或总熔断器、分熔断器。当所设漏电保护器是同时具备短路、过载、漏电保护功能的漏电断路器时，可不设总断路器或总熔断器。

（2）当各分路设置分路漏电保护器时，还应装设总隔离开关、分路隔离开关以及总断路器、分路断路器或总熔断器、分路熔断器。当分路所设漏电保护器是同时具备短路、过载、漏电保护功能的漏电断路器时，可不设分路断路器或分路熔断器。

（3）隔离开关应设置于电源进线端，应采用分断时具有可见分断点。如采用分断时具有可见断开点的断路器，可不另设隔离开关。

（4）总开关电器的额定值、动作整定值应与分路开关电器的额定值、动作整定值相适应。

2.5.11.2 分箱应装设总隔离开关、分路可见分断点的断路器。其设置和选择应符合总箱设置时之要求。

2.5.12 漏电保护器的正确使用接线方法应按图1-4-6选用。

漏电保护器使用接线方法示意

系统	接线
"TN-S"接零保护系统 · 专用变压器供电	
"TN-S"接零保护系统 · 公用变压器供电	

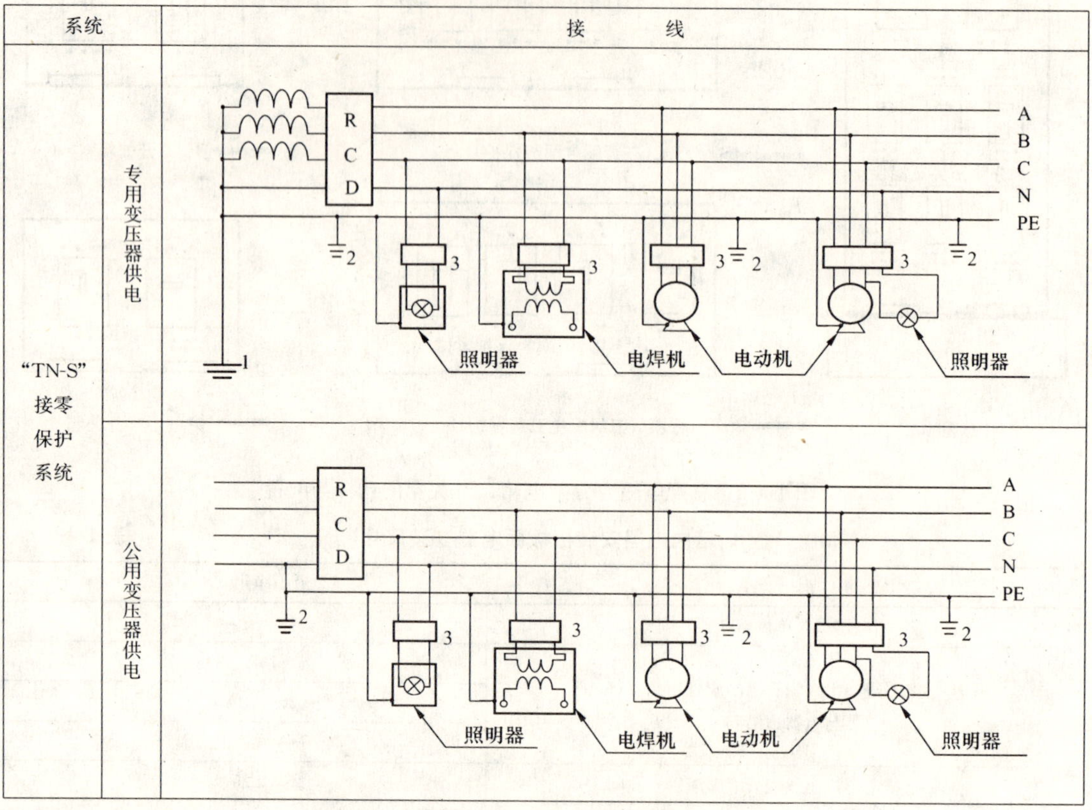

图1-4-6 漏电保护器使用接线方法示意图

A、B、C—相线；N—工作零线；PE—保护零线；1—工作接地；2—重复接地；3—RCD漏电保护器

2.6 施工现场临时用电配电线路的安全要求

2.6.1 架空线路：

2.6.1.1 架空线路必须采用绝缘导线。严禁使用裸线，对于绝缘已老化、破损，接头包扎不符合规定的电缆不得使用。

2.6.1.2 架空线路必须架设在专用电杆上，严禁架设在树木、脚手架及其他设施上。

2.6.2 电缆线路：

2.6.2.1 电缆中必须包含全部工作芯线和用作保护零线或保护线的芯线。需要三相四线制配电的电缆线路必须采用五芯电缆。

2.6.2.2 五芯电缆必须包含淡蓝、绿/黄二种颜色绝缘芯线。淡蓝色芯线必须用作N线；绿/黄二种颜色芯线必须用作PE线，严禁混用。

2.6.2.3 电缆线路应采用埋地或架空敷设，严禁沿地面明设，并应避免机械损伤和介质腐蚀。埋地电缆路径应设方位标志。

2.6.2.4 电缆埋地敷设宜选用铠装电缆；当选用无铠电缆时，应能防水、防腐。其埋地深度不应小于0.7m，并应在电缆周围均匀铺设不小于50mm厚的细砂，然后覆盖砖或混凝土板等硬质保护层。

2.6.2.5 架空电缆应沿电杆、支架或墙壁敷设，并采用绝缘子固定，绑扎线必须采用绝缘线，固定点间距应保证电缆能承受自重所带来的荷载。

2.6.3 室内配线：

2.6.3.1 室内配线应根据配线类型采用瓷瓶、瓷（塑料）夹、嵌绝缘槽、穿管或钢索敷设。

2.6.3.2 潮湿场所或埋地非电缆配线必须穿管敷设，管口和管接头应密封；当采用金属管敷设时，金属管必须做等电位连接，且必须与PE线连接。

2.6.3.3 架空进户线的室外端应采用绝缘子固定，过墙处穿管保护，距地面高度不得小于2.5m，并应采取防雨措施。

2.6.3.4 室内配线所用导线或电缆的截面应根据用电设备或线路的计算负荷确定，但铜线截面不应小于$1.5mm^2$，铝线截面不应小于$2.5mm^2$。

2.7 施工现场临时用电照明设备的安全要求

2.7.1 对于一般场所宜选用额定电压为220V的照明器。对于以下特殊场所应使用安全特低电压照明器：

2.7.1.1 隧道、人防工程、高温、有导电灰尘、比较潮湿或灯具离地面高度低于2.5m等场所的照明，电源电压不应大于36V；

2.7.1.2 潮湿和易触及带电体场所的照明，电源电压不得大于24V；

2.7.1.3 特别潮湿场所、导电良好的地面、锅炉或金属容器内的照明，电源电压不得大于12V。

2.7.2 照明灯具的金属外壳必须与PE线相连接，照明开关箱内必须装设隔离开关、短路与过载保护电器和漏电保护器。

2.7.3 照明系统中，工作零线截面应按下列规定选择：

2.7.3.1 单相二线及二相二线线路中，零线截面与相线截面相同；

2.7.3.2 三相四线制线路中，当照明器为白炽灯时，零线截面不小于相线截面的50%；当照明器为气体放电灯时，零线截面按最大负荷相的电流选择；

2.7.3.3 在逐相切断的三相照明电路中，零线截面与最大负荷相相线截面相同。

2.7.4 对夜间影响飞机或车辆通行的在建工程及机械设备，必须设置醒目的红色信号灯，其电源应设在施工现场总电源开关的前侧，并应设置外电线路停止供电时的应急自备电源。

2.7.5 使用行灯时应满足下列要求：

2.7.5.1 电源电压不大于36V；

2.7.5.2 灯体与手柄应坚固、绝缘良好并耐热耐潮湿；

2.7.5.3 灯头与灯体结合牢固，灯头无开关；

2.7.5.4 灯泡外有金属保护网；

2.7.5.5 金属网、反光罩、悬吊挂钩固定在灯具的绝缘部位上。

2.8 电动建筑机械和手持电动工具的安全要求

2.8.1 电动建筑机械和手持电动工具的负荷线应按其计算负荷选用无接头的橡皮护套铜芯软电缆；电缆芯数应根据负荷及其控制电路的相数和线数确定。

2.8.2 三相四线时，应选用五芯电缆；三相三线时，应选用四芯电缆；当三相用电设备中设置有单相用电器具时，应选用五芯电缆；单相二线时，应选用三芯电缆。其中PE线必须采用黄/绿双色绝缘导线。

2.8.3 每一台电动机械或手持电动工具的开关箱内，除应装设过载、短路、漏电保护器外，还应装设隔离开关或具有分断点的断路器。

2.8.4 对于需要作正、反向运转的电动机械，其控制装置中的控制电器应采用接触器、继电器等自动控制电器，不得采用手动双向转换开关。

2.8.5 塔式起重机、施工升降机、滑升模板的金属操作平台及需要设置避雷装置的物料提升机，除应作保护接零外，还应做重复接地。

2.8.6 塔式起重机与外电线路必须保证可靠的安全距离。

2.8.7 轨道式塔式起重机的电缆不得拖地行走；轨道两侧必须分别设置一组接地装置，轨道较长的应每隔不大于30m加装一组接地装置。

2.8.8 塔身高于30m的塔式起重机，应在塔顶和臂架端部设置红色信号灯。

2.8.9 施工升降机和物料提升机的上、下极限位置必须设置限位开关。

2.8.10 夯土机械的负荷线应采用耐气候型橡皮护套铜芯电缆。电缆长度不应大于50m；电缆严禁缠绕、扭结和被夯土机械跨越。

2.8.11 夯土机械的操作扶手必须绝缘，操作者必须穿戴绝缘用品，且必须两人共同操作。

2.8.12 交流弧焊机变压器的一次侧电源线长度不应大于5m，电源进线侧必须设置防护罩；其二次线电缆长度不应大于30m，不得采用金属构件或结构钢筋代替二次线的地线。

2.8.13 焊接现场应通风、干燥、防雨，不得有易燃、易爆物品。严禁露天冒雨从事焊接作业。

2.8.14 水泵的负荷线必须采用防水橡皮护套铜芯软电缆，不得有接头和破损，并不得承受任何外力。

2.8.15 对混凝土搅拌机、钢筋机械、木工机械、盾构机械清理、检查、维修时，必须拉闸断电（可视），并关门上锁。

2.8.16 手持式电动工具的外壳、手柄、插头、开关、负荷线等必须完好无损；使用时，作业者必须按规定穿、戴绝缘防护用品。

2.8.17 手持式电动工具依据安全防护的要求可分为Ⅰ、Ⅱ、Ⅲ类。

2.8.17.1 Ⅰ类——手持电动工具的额定电压超过50V，属于非安全电压，所以必须做接地或接零保护，同时还必须接漏电保护器以保安全。

2.8.17.2 Ⅱ类——手持电动工具的额定电压超过50V，但它采用了双重绝缘或加强绝缘的附加安全措施。双重绝缘是指除了工作绝缘以外，还有一层独立的保护绝缘，当工作绝缘损坏时，操作人员与带电作隔离，所以不会触电。Ⅱ类手持电动工具可以不必做接地或接零保护。Ⅱ类手持电动工具的铭牌上有一个"回"字。

2.8.17.3 Ⅲ类手持电动工具是采用安全电压的工具，它需要有一个隔离良好的双绕组变压器供电，变压器副边额定电压不超过50V。所以Ⅲ类手持电动工具也是不需要保护接地或接零的，但一定要安装漏电保护器。

2.8.18 手持式电动工具绝缘电阻限值（表 1-4-10）。

手持式电动工具绝缘电阻限值　　　　　表 1-4-10

测量部位	绝缘电阻（MΩ）		
	Ⅰ类	Ⅱ类	Ⅲ类
带电零件与外壳之间	2	7	1

注：绝缘电阻用 500V 兆欧表测量。

2.8.19 空气湿度小于 75% 的一般场所可选用Ⅰ类或Ⅱ类手持式电动工具，其金属外壳与 PE 线的连接点不得少于两处。

2.8.20 手持式电动工具的塑料外壳Ⅱ类工具和一般场所手持电动工具中的Ⅲ类工具可不连接 PE 线。

2.8.21 除塑料外壳Ⅱ类工具外，相关开关箱中漏电保护器的额定漏电动作电流不应大于 15mA，额定漏电动作时间不应大于 0.1s，其负荷线插头应具备专用的保护触头。

2.8.22 在潮湿场所或金属构件上严禁使用Ⅰ类手持式电动工具，必须选用Ⅱ类或由安全隔离变压器供电的Ⅲ类手持式电动工具。

2.8.23 狭窄场所必须选用由安全隔离变压器供电的Ⅲ类手持式电动工具，其开关箱和变压器应设置在场所外面，且必须可靠保护接零。

2.9 防雷

2.9.1 施工现场内的起重机、井子架、龙门架等机械设备，以及钢脚手架和正在施工的在建工程等的金属结构，当在相邻建筑物、构筑物等设施的防雷装置接闪器的保护范围外时，应按表 1-4-11 规定安装防雷装置。

2.9.2 当最高机械设备上避雷针（接闪器）的保护范围能覆盖其他设备，且又最后退出现场，则其他设备可不设防雷装置。

2.9.3 在土体电阻率低于 200Ω·m 区域的电杆可不另设防雷接地装置，但在配电室的架空进线或出线处应将绝缘子铁脚与配电室的接地装置相连接。

安装防雷装置的规定　　　　　表 1-4-11

地区年平均雷暴日（d）	机械设备高度（m）	地区年平均雷暴日（d）	机械设备高度（m）
≤15	≥50	≥40，<90	≥20
>15，<40	≥32	≥90 及雷害特别严重地区	≥12

注：地区年平均雷暴日（d）应按《规范》（JGJ 46—2005）附录 A 执行。

2.9.4 机械设备或设施的防雷引下线可利用该设备或设施的金属结构体，但应保证电气连接。

2.9.5 机械设备上的避雷针（接闪器）长度为 1～2m。塔式起重机可不另设避雷针（接闪器）。

2.9.6 安装避雷针（接闪器）的机械设备，所有固定的动力、控制、照明、信号和通信线路，宜采用钢管敷设。钢管与该机械设备的金属结构体应做电气连接。

2.9.7 施工现场内所有防雷装置的冲击接地电阻值不得大于 30Ω。

2.9.8 做防雷机械上的电气设备，所连接的 PE 线必须同时做重复接地，同一台机械电气设备的重复接地和机械的防雷接地可共用同一接地体，但接地电阻应满足重复接地电阻值的要求。

2.10 施工现场临时用电安全技术档案

2.10.1 施工现场临时用电必须建立安全技术档案，其内容应包括：

2.10.1.1 临时用电施工组织设计全部资料；

2.10.1.2 修改临时用电施工组织设计资料；

2.10.1.3 技术交底资料；

2.10.1.4 临时用电工程检查验收表；

2.10.1.5 电气设备的试、检验凭单和调试记录；

2.10.1.6 接地电阻测定记录表；

2.10.1.7 定期检（复）查表；

2.10.1.8 电工维修工作记录。

2.10.2 施工现场临时用电相关检查、记录附表。

第三节 施工现场临时用电技术交底

1. 安全用电自我防护技术交底

1.1 用电人员开机前认真检查开关箱内的控制开关设备是否齐全有效，漏电保护器是否可靠，发现问题及时向施工负责人汇报，最终由电工解决处理。

1.2 用电人员开机前仔细检查电气设备的接零保护线端子有无松动，严禁赤手触摸一切带电绝缘导线。

1.3 用电人员严格执行安全用电规范，凡一切属于电气维修、安装的工作，必须由电工来操作，严禁非电工进行电工作业。

2. 电工安全技术交底

2.1 电气操作人员严格执行电工安全操作规程，对电气设备工具要进行定期检查和试验，凡不合格的电气设备、工具要停止使用。

2.2 电工作业人员严禁带电作业，线路上禁止带负荷接线，正确使用电工工具。

2.3 电气设备的金属外壳必须作接地或接零保护，在总箱、开关箱内必须安装漏电保护器实行两级漏电保护。

2.4 电气设备所用保险丝，禁止用其他金属代替，并与设备容量相匹配。

2.5 施工现场内严禁使用塑料线，所用绝缘导线型号及截面必须符合临电设计。

2.6 电工必须持证上岗，操作时必须穿戴好各种绝缘防护用品，不得违章操作。

2.7 当发生电气火灾时即切断电源，用干砂灭火，或用干粉灭火器灭火，严禁用水或其他可导电的灭火剂灭火。

2.8 凡移动式照明，必须使用安全电压。

2.9 施工现场临时用电施工，必须执行施工组织设计和操作规程。

3. 夯土机械安全技术交底

3.1 夯土机械的操作手柄必须采取绝缘措施。

3.2 操作人员必须穿戴绝缘胶鞋和绝缘手套，两人操作，一人扶夯，一人负责整理电缆。

3.3 夯土机械必须装设防溅型漏电保护器。其额定漏电动作电流小于15mA，额定漏电动作时间小于 0.1s。

3.4 夯土机械的负荷线应采用橡皮护套铜芯电缆。其电缆长度应小于 50m。

4. 焊接机械安全技术交底

4.1 电焊机应放置在防雨和通风良好的地方，严禁在易燃、易爆物品周围施焊。

4.2 电焊机一次线长度应小于 5m，一、二次侧防护罩齐全。

4.3 焊接机械二次线应选用 YHS 型橡皮护套铜芯多股软电缆。

4.4 手柄及电缆线的绝缘应良好。

4.5 电焊变压器的空载电压应控制在 80V 以内。

4.6 操作人员必须持证上岗，施焊人要有用火证和看护人，必须穿戴绝缘鞋和手套，使用护目镜。

5. 手持电动工具安全技术交底

5.1 手持电动工具的开关箱内必须安装隔离开关、短路保护、过负荷保护和漏电保护器。

5.2 手持电动工具的负荷线，必须选择无接头的多股铜芯橡皮护套软电缆。其中绿/黄双色线在任何情况下只能用作保护线。

5.3 施工现场优先选用Ⅱ类手持电动工具，并应装设额定动作电流不大于 15mA，额定漏电动作时间小于 0.1s 的漏电保护器。

6. 特殊潮湿环境场所作业安全技术交底

6.1 开关箱内必须装设隔离开关。

6.2 在露天或潮湿环境的场所必须用Ⅱ类手持电动工具。

6.3 特殊潮湿环境场所电气设备开关箱内的漏电保护器应选用防溅型的，其额定漏电动作电流应小于 15mA，额定漏电动作时间不大于 0.1s。

6.4 在狭窄场所施工，优先使用带隔离变压器的Ⅲ类手持电动工具，如果选用Ⅱ类手持电动工具必须装设防溅型漏电保护器，把隔离变压器或漏电保护器装在狭窄场所外边并应设专人看护。

6.5 手持电动工具的负荷线应采用耐气候型的橡皮护套铜芯软电缆并不得有接头。

6.6 手持电动工具的外壳、手柄、负荷线、插头、开关必须完好无损，使用前要做空载检查，运转正常方可使用。

第四节　施工现场应急救援预案

1. 总则

1.1 根据《中华人民共和国安全生产法》，为了保护企业员工在生产经营活动中的身体健康和生命安全，保证企业在出现安全生产事故时，能够及时进行应急救援，最大限度地降低事故给企业和员工造成的损失，制定安全生产事故应急预案。

1.2 各企业应根据自身实际情况制定本企业安全生产事故应急预案。

1.3 本预案中所称临时用电是指相对于施工现场正式工业与民用"永久"性用电提出来的一种发展施工现场内部的用电。具备明显的临时性、移动性和露天性。

2. 应急救援组织机构

2.1 各企业应在建立安全生产事故应急救援组织机构的基础上，建立应急救援的分支机构。

2.2 建筑施工现场或者其他生产经营场所应成立专项应急救援小组，其中包括：现场主要负责人、安全专业管理人员、技术管理人员、生产管理人员、人力资源管理人员、行政卫生、工会以及应急救援所必需的水、电、脚手架登高作业、机械设备操作等专业人员。

2.3 应急救援预案机构应具备现场救援救护基本技能，定期进行应急救援演练。配备必要的应急救援器材和设备，并进行经常性的维修、保养，保证应急救援时正常运转。

2.4 应急救援机构应建立健全应急救援档案，其中包括：应急救援组织机构名单、救援救护基本技能学习培训活动记录、应急救援器材和设备目录、应急救援器材和设备维修保养记录、安全生产事故应急救援记录等。

3. 应急救援机构组织职责

3.1 应急小组组长职责：

3.1.1 事故发生后，立即赶赴事发地点，了解现场状况，初步判断事故原因及可能产生的后果，组织人员实施救援。

3.1.2 召集应急小组其他成员人员，明确救援目的、救援步骤，统一协调开展救援。

3.1.3 按照救援预案中的人员分工，确认实施对外联络、人员疏散、伤亡抢救、划定区域、保护现场等的人员及职责。

3.1.4 协调应急救援过程中出现的其他情况。

3.1.5 救援完成、事故现场处理完后，与现场相关人员确认恢复生产的条件及时恢复生产。

3.1.6 根据应急实施情况及效果，完善应急救援预案。

3.2 技术负责人职责：

3.2.1 协助应急小组组长根据现场实际情况，拟定采取的救援措施及预期效果，为正确实施救援提出可行的建议。

3.2.2 负责应急救援中的技术指导，按照责任分工，实施应急救援。

3.2.3 参与应急救援预案的完善。

3.3 生产副经理职责：

3.3.1 组织相关人员，依据补救措施方案，排除意外险情或实施救援。

3.3.2 应急救援、事故处理结束后，组织人员安排恢复生产。

3.3.3 参与应急救援预案的完善。

3.4 行政副经理职责：

3.4.1 发生伤亡事故后，安排人员联络医院、消防机构、应急机械设备、派人接车等事宜。

3.4.2 组织人员落实封闭事故现场、划出特定区域等工作。

3.4.3 参与应急救援预案的完善。

3.5 现场安全员职责：

3.5.1 立即赶赴事故现场，了解现场状况，参与事故救援。

3.5.2 依据现场状况，判断仍存在的不安全状态，采取处理措施，最大限度地减少人员及财产损失，防止事态进一步扩大。

3.5.3 判断拟采取的救援措施可能带来的其他不安全因素，根据专业知识及经验，选择最佳方案并向应急小组提出自己的建议。

3.5.4 参与应急救援预案的完善工作。

3.6 专业操作人员及其他应急小组成员职责：

3.6.1 听从指挥，明确各自职责。

3.6.2 统一步骤，有条不紊地按照分工实施救援。

3.6.3 参与应急救援预案的完善。

4. 触电事故的种类、方式与规律

4.1 触电事故的种类

按照触电事故的构成方式，触电事故可分为电击和电伤。

4.1.1 电击

电击是电流对人体内部组织的伤害，是最危险的一种伤害，绝大多数（大约85%以上）的触电死亡事故都是由电击造成的。

4.1.2 电伤

电伤是由电流的热效应、化学效应、机械效应等效应对人造成的伤害。触电伤亡事故中，纯电伤性质的及带有电伤性质的约占75%（电烧伤约占40%）。

4.2 触电方式

触电方式分为：直接接触触电、间接接触触电、跨步电压触电。

4.2.1 直接接触触电

是指人体直接接触或接近带电体造成的触电。其又分为单相触电、两相触电和其他触电。其中单相触电最为常见，两相触电危险程度更高一些。

4.2.2 间接接触触电

是指由于故障使正常情况下不带电的电气设备金属外壳带电，造成的触电。如接触电压触电。接触电压触电是比较常见的触电方式。当设备发生碰壳漏电时，设备金属外壳产生对地电压，这时人站在设备附近，手或人体其他部位接触到设备外壳，就会造成触电。

4.2.3 跨步电压触电

当电气设备发生接地短路故障或电力线路断落接地时，电流经大地流走，这时接地中心附近的地面存在不同的点位，人体接触到不同电位的两点时会发生触电事故。这类事故常发生在接地点周围特别潮湿的地方或在水中。

4.3 触电事故的规律

4.3.1 触电事故的人员情况分析

据统计，在触电死亡的人员中，30岁以下的青年人占85%，30岁到45岁的中年人占10%，45岁以上的占5%。按专业分，电工占21%，非电工占79%。在非电工中没有受过电气安全教育的占70%以上。

4.3.2 触电事故的季节性分析

触电事故具有明显的季节性，在7、8、9三个月中的触电事故占整个触电事故的65%左右。

4.3.3 触电事故的设备情况分析

触电事故有71%左右发生在低压电气设备上。其中手持式电动工具或类似工具占21.2%；各种移动式电气设备，如潜水泵、电焊机、水磨石机等占31%；照明线路占18.3%；乱拉临时线占14.1%；其他设备占8.5%；检修中占7%。

4.4 人体触电的征兆

小电流通过人体，会引起麻感、针刺感、压迫感、打击感、痉挛、疼痛、呼吸困难、血压异常、昏迷、心律不齐、窒息、心室颤动等症状。数安培以上的电流通过人体，还可导致严重的烧伤。

5. 安全生产事故应急救援程序

5.1 事故发生后应急小组组长立即召集应急小组成员，分析现场事故情况，明确救援步骤、所需设备、设施及人员，按照策划、分工，实施救援。

5.2 需要救援车辆时，应急指挥应安排专人接车，引领救援车辆迅速施救。

5.3 施工现场临时用电工程发生事故的应急措施：

5.3.1 使触电者尽快脱离电源：触电急救，首先要使触电者迅速脱离电源，越快越好。因为电流作用的时间越长，伤害越重。

5.3.1.1 触电者未脱离电源前，救护人员不准直接用手触及伤员，避免触电的危险。

5.3.1.2 如触电者处于高处，解脱电源后会自高处坠落，施救前，必须采取预防措施。

5.3.1.3 触电者触及低压带电设备，救护人员应设法迅速切断电源。如拉开电源开关或刀闸，拔掉电源插头等；或是用绝缘工具、干燥的木棍、木板、绳索等不导电的物体解脱触电者；也可抓住触电者干燥而不贴身的衣服，将其拖开，切记要避免碰到金属物体和触电者的裸露身躯；施救过程中，救援者最好站在绝缘的木板上，且用一只手进行施救。

5.3.1.4 如果电流通过触电者入地，并且触电者紧握电线，可设法用木杆塞到身下，与地隔离后再剪断电源。

5.3.1.5 高压及跨步电压触电后，应参照相关规范要求规定设置防护措施后，再进行救护。当救护触电伤员切断电源时，有时会同时使照明失电，因此应考虑事故照明、应急灯等临时照明。

5.3.2 脱离电源后的处理：

5.3.2.1 呼吸、心跳情况的判定：触电伤员如意识丧失，应在10s内，用看、听、试的方法，判定伤员呼吸心跳情况。

看——看伤员的胸部、腹部有无起伏动作；

听——用耳贴近伤员的口鼻处，听有无呼吸声音；

试——试测口鼻有无呼气的气流。再用两手指轻试一侧（左或右）喉结旁凹陷处的颈动脉有无搏动。若看、听、试结果既无呼吸又无动脉搏动，可判定呼吸心跳停止。

5.3.2.2 心肺复苏：触电伤员呼吸心跳均停止时，应立即按心肺复苏法支持生命的三项基本措施，即通畅气道；口对口（鼻）人工呼吸；胸外按压（人工循环），正确进行抢救。

5.3.2.3 伤员的应急处置：触电伤员如神志清醒者，应使其就地躺平，严密观察，暂时不要站立或走动。

触电伤员如神志不清醒者，应就地仰面躺平，且确保气道通畅，并用5s时间，呼叫伤员或轻拍其肩部，以判定伤员是否意识丧失。禁止摇动伤员头部呼叫伤员。

需要抢救的伤员，应立即就地坚持正确抢救，划出事故特定区域，非救援人员、未经允许不得进入特定区域。并立即联系120急救车或给现场最近的医院打电话，并说明伤情。为取得最佳抢救效果，还可根据伤情联系专科医院。（应急小组成员的联系方式、当地安全监督部门电话等，要明示于工地显要位置。）

5.3.3 制定救援措施时一定要考虑所采取措施的安全性和风险，经评价确认安全无误后再实施救援，避免因措施不当而引发新的伤害或损失。

6. 应急救援预案要求

6.1 企业安全生产事故应急救援组织应根据本单位项目工程的实际情况，进行施工现场临时用电的检查、评估、监控和危险预测，确定安全防范和应急救援重点，制定专项应急救援预案。

6.2 建设工程总承包单位应协助专业施工企业做好应急救援预案的演练和实施。在实施过程中服从指挥人员的统一指挥。

6.3 应急救援预案应明确规定如下内容：

6.3.1 应急救援人员的具体分工和职责。

6.3.2 生产作业场所和员工宿舍区救援车辆行走和人员疏散路线。现场应用相应的安全色标明显标示，并在日常工作中保证路线畅通。

6.3.3 受伤人员抢救方案。组织现场急救方案，并根据可能发生的伤情，确定2～3个最快捷的相应医院，明确相应的路线。

6.3.4 现场易燃易爆物品的转移场所，以及转移途中的安全保证措施。

6.3.5 应急救援设备。

6.3.6 事故发生后上报上级单位的联系方式、联系人员和联系电话。

7. 附则

事故处理完毕后，应急小组组长应组织应急小组成员进行专题研讨，评审应急救援预案中的救援程序、联络、步骤、分工、实施效果等，使救援预案更加完善。

第五节 施工现场检查要点

1. 电工及用电人员检查要点

1.1 电工人员是否持证上岗。

1.2 施工现场临时用电施工，是否符合临时用电施工组织设计和安全操作规程。

1.3 电工作业人员作业时是否有违章现象，包括：

1.3.1 非电工人员严禁进行电工及电工维修作业。

1.3.2 电工人员必须正确使用电工器具，严禁徒手或使用可导电物进行挂接、虚接等违章作业。

1.3.3 电工作业人员不得带电作业，当确需带电作业时，必须设监护人，严禁独立作业。

1.3.4 使用电气设备前必须按规定穿戴和配备好相应的劳动防护用品，并对电气装置和保护设施进行运转前检查，严禁设备带"病"作业。

1.3.5 暂时停用设备的开关箱必须分断电源隔离开关,并应关门上锁。

1.3.6 移动电气设备时,必须经电工切断电源并做妥善处理后进行。

2. 施工现场对外电线路的安全距离及防护的检查要点

2.1 存在外电线路的工地,是否进行了外电防护;防护距离是否满足要求。

2.1.1 必要的安全距离。由于高压线路周围存在着强电场,使附近的导体产生电感应而成为带电体;同时,其附近的电介质(空气)也在电场中被极化成为导体,产生带电现象,电压的等级越高电极化就越强,所以必须保持一定安全距离,随电压等级增加,安全距离也相应加大。

2.1.2 安全操作距离。考虑到施工现场属动态管理,在施工现场作业过程中,很多工种、工序作业中其操作"安全距离"较之静态不作业时的"安全距离"均有所增大。如搭设外脚手架,一般杆件长度为2~6m,如操作距离太小,很难保障作业者的人身安全,相对安全距离又加大了。所以除了必要的安全距离外,还要考虑作业条件的因素。

2.2 防护设施是否采用木、竹或其他绝缘材料搭设,不得采用钢管等金属材料搭设。

2.3 防护设施的警告标志是否昼夜均醒目可见。

2.4 防护设施是否坚固稳定,能承受施工过程中人体、工具、器材落物的意外撞击,而保护其防护功能。

3. 施工现场临时用电的接地与接零保护系统的检查要点

3.1 保护零线是否采用绝缘导线,其颜色是否使用黄/绿双色线。整个系统是否有相线(黄、绿、红),零线(淡蓝)混用或相互代用现象。

3.2 在"TN-S"系统中,通过总漏电保护器的工作零线与保护零线之间是否有混接现象。

3.3 保护零线的敷设是否自施工现场临电系统的首端至终端连续设置,有无断开点。即总箱→分箱→开关箱→设备金属外壳。

3.4 TN系统中的保护零线除必须在配电室或总配电箱处做重复接地外,是否在配电系统的中间处和末端处做了重复接地。其每一处重复接地装置的接地电阻是否不大于10Ω。

3.5 PE线截面与相线截面的关系(表1-4-7),是否满足要求(另外电动机械的PE线截面要求应为不小于2.5mm^{2}的绝缘多股铜线,手持式电动工具的PE线截面要求应不小于1.5mm^{2}的绝缘多股铜线)。

3.6 是否采用角钢、钢管或光面圆钢作为垂直接地体(不得采用螺纹钢作为垂直接地体)利用自然接地体时,是否保证其电气连接或热稳定。

3.7 接地装置的设置应考虑土干燥或冻结等季节变化的影响,应符合表1-4-12的规定。

接地装置的设置应符合的规定表 表1-4-12

埋 深(m)	水平接地体(m)	长2~3m的垂直接地体(m)
0.5	1.4~1.8	1.2~1.4
0.8~1.0	1.25~1.45	1.15~1.3
2.5~3.0	1.0~1.1	1.0~1.1

4. 施工现场临时用电配电室及自备电源的检查要点

4.1 配电室的耐火等级不低于3级,室内设置砂箱和专用灭火器;其顶棚与地面的距离不低于3m。

4.2 配电柜是否装设电度表,以及电流、电压表(电流表与计费电度表不得共用一组电流互感器)。

4.3 配电柜是否配锁、编号、并标识明确,其周围有无堆放妨碍操作、维修的杂物。

4.4 发电机组是否采用中性点直接接地的三项四线制供电系统并独立设置"TN-S"接零保护系统;其电源出口侧是否装设短路、过载等低压保护装置。

4.5 发电机组的排烟管道是否伸出室外。室内是否配置专用灭火器具,有无存放贮油桶。

4.6 移动式柴油发电机拖车上部是否设置了牢固、可靠的防雨棚。其周围4m内不得使用明火,不得存放易燃易爆物品。

5. 施工现场配电箱及电气元件设置的检查要点

5.1 总配电箱、分配电箱、开关箱的设置是否满足《规范》(JGJ 46—2005)要求。

5.2 是否符合"三级配电两极保护"要求。

5.3 开关箱是否采用执行"一机一闸一漏一箱"设置,有无一箱多用现象。

5.4 开关箱有无无漏电保护或保护器失灵现象。

5.5 配电箱内是否按级别分别装设了总隔离开关(可见明显断开点的)。

5.6 配电箱、开关箱设置安装高度是否符合规范要求;安装位置是否合理。

5.7 配电箱、开关箱外形结构是否能防雨、防尘。配电箱、开关箱内闸具有无损坏。

5.8 漏电保护器是否装设在总配电箱、开关箱靠近负荷的一侧(先闸后保设置),有无用于启动电气设备的操作现象。

6. 施工现场临时用电配电线路的检查要点

6.1 是否采用五芯电缆,严禁四芯电缆外敷一根导线或采用四芯铠装电缆的铠作为保护零线使用。

6.2 埋地电缆在穿越建筑物、构筑物、道路、易受机械损伤、介质腐蚀场所以及引出地面从2.0m高到地下0.2m处,是否加设防护套管(防护套管内径不小于电缆外径的1.5倍)。

6.3 是否存在电缆老化、破皮未包扎现象,过道电缆有无过道防护。

6.4 是否有架空线缆,其设置是否符合《规范》(JGJ 46—2005)要求。

7. 施工现场临时用电照明设备的检查要点

7.1 无自然采光的地下大空间施工场所,是否编制了单项照明用电方案。

7.2 有无将行灯变压器带进金属容器或金属管道内的现象。

7.3 施工现场临时用电照明系统是否与动力系统分开设置。

7.4 照明系统每一单相回路上,灯具和插座的数量是否有超过了25个,负荷电流是否超过了15A。

7.5 室内、外灯具高度的设置是否满足要求,碘钨灯等高热灯具与易燃物的距离是否大于500mm。当所设置的距离不能满足要求时,是否采取隔热措施。

7.6 碘钨灯等金属卤化灯电源线是否使用橡皮护套软三芯电缆，露天使用时有无采用塑皮线替代现象。

7.7 在脚手架、物料提升机井架、塔身上安装临时照明时，照明线路是否穿管敷设，有无任意接引。

8. 电动建筑机械和手持电动工具的检查要点

8.1 对于大于 3kW 的电动机械是否采用接触器、继电器等自动控制电器，有无采用手动双向转换开关的现象。

8.2 塔式起重机、施工升降机、滑升模板的金属操作平台及需要设置避雷装置的物料提升机，是否按要求设置了重复接地。

8.3 塔式起重机与外电线路间的安全距离是否符合要求。

8.4 塔身高于 30m 的塔式起重机，是否在塔顶和臂架端部设置了红色信号灯。

8.5 夯土机械的负荷线是否采用耐气候型橡皮护套铜芯电缆（电缆长度不应大于 50m；电缆严禁缠绕、扭结和被夯土机械跨越）。

8.6 夯土机械的操作扶手是否绝缘，操作者是否穿戴绝缘用品，是否两人共同操作。

8.7 交流弧焊机的一次侧、二次线的设置长度是否满足要求。

8.8 手持式电动工具的外壳、手柄、插头、开关、负荷线等是否完好无损；使用时，作业者是否按规定穿、戴绝缘防护用品。

9. 防雷

9.1 施工现场内的起重机、井字架、龙门架等机械设备，以及钢脚手架和正在施工的在建工程等的金属结构，当在相邻建筑物、构筑物等设施的防雷装置接闪器的保护范围外时，是否按规定设置了避雷装置。

9.2 配电室的架空进线或出线处是否将绝缘子铁脚与配电室的接地装置进行了连接。

9.3 利用该设备或设施的金属结构体作为机械设备或设施的防雷引下线时，是否有可靠电气连接。

9.4 施工现场内所有防雷装置的冲击接地电阻值是否满足要求（一般不得大于 30Ω）。

9.5 需要安装避雷装置的机械设备是否正确设置了避雷针（接闪器），其长度是否满足要求［避雷针（接闪器）长度一般为 1～2m］。

9.6 同一台机械电气设备的重复接地和机械的防雷接地共用同一接地体时，其实测阻值是否满足要求（此时一般接地电阻应满足重复接地电阻值的要求）。

10. 施工现场临时用电安全技术档案的检查要点

10.1 施工现场临时用电是否建立安全技术档案，内容是否真实、齐全：

10.1.1 是否具备临时用电施工组织设计全部资料；

10.1.2 是否具备修改临时用电施工组织设计资料；

10.1.3 是否具备技术交底资料；

10.1.4 是否具备临时用电工程检查验收表；

10.1.5 是否具备电气设备的试、检验凭单和调试记录；

10.1.6 是否具备接地电阻、绝缘测试记录表；

10.1.7 是否具备定期检（复）查表；

10.1.8 是否具备电工维修工作记录。

10.2 是否具备施工现场临时用电相关检查、记录附表,填写是否规范、真实、有效。

第六节 事 故 案 例

×××工地触电事故

1. 事故概况

2002年10月1日,在某建筑公司承建的某别墅小区工地上,项目部钢筋组组长罗某和班组其他成员一起在F型38号房绑扎基础底板钢筋,并进行固定柱子钢筋的施工作业。因用斜撑固定钢筋柱子较麻烦,钢筋工张某(死者)就擅自把电焊机装在架子车上拉到基坑内,停放在基础底板钢筋网架上,然后将电焊机一次侧电缆线插头插进开关箱插座,准备用电焊固定柱子钢筋。当张某把电焊机焊把线拉开后,发现焊把到钢筋桩子距离不够,于是就把焊把线放在底板钢筋网架上,将电焊机二次侧接地电缆缠绕在小车扶手上,并把接地连接钢板搭在车架上,当脚穿破损鞋子的张某双手握住车扶手去拉架车时,遭电击受伤倒地。事故发生后,现场负责人立即将张某急送医院,经抢救无效死亡。

2. 事故原因分析

2.1 直接原因

钢筋班组工人张某在移动电焊机时,未切断电焊机一次侧电源,把焊把线放在钢筋网架上,将电焊机二次侧接地连接钢板搭在车架上,在空载电压作用下,经二次侧接地钢板、车架、人体、钢筋、焊把线形成通电回路,而张某鞋底破损不绝缘,是造成本次事故的直接原因。

2.2 间接原因

职工未按规定穿着劳防用品,自我保护意识差,项目部对施工机具的管理无专人负责,对作业人员缺乏针对性安全技术交底,是造成本次事故的间接原因。

3. 事故结论与教训

3.1 事故主要原因

本次事故是由于没有按照电焊机操作规程操作,违章指挥、违章操作,电工现场安全检查不到位,致使发生事故。

3.2 事故性质

本次事故属于责任事故。

施工现场安全管理混乱,工人安全意识不强,自我保护差,劳动防护用品配备不齐,现场安全负责人应付主要责任。

4. 事故预防及控制措施

4.1 严格执行施工机具的管理制度,对投入使用的机械设备必须进行验收,杜绝存在安全隐患的机具投入使用。

4.2 施工现场必须编制详尽的临时用电施工组织设计,明确重点,落实专人负责检查、检验、维修。

4.3 加强对职工的教育和培训，增强自我保护意识，按规定配备个人劳动保护用品并在工作中正确使用。

4.4 加大对施工现场危险作业和过程的安全检查、监控力度，发现"违章指挥"、"违章作业"及时制止。

第五章 土石方工程

由于建筑结构形式的变化，特别是高层建筑的比例增大，土石方坍塌事故越来越多，主要是在深基坑施工中土方坍塌事故多，土石方坍塌造成的事故已成为建筑施工伤亡事故的第五大伤害，危害甚大。本章主要阐述了土方开挖、深基坑加固处理技术要求、施工现场检查要点，有利于施工现场管理人员学习、查阅。

第一节 施 工 方 案

1. 编制依据

1.1 《建筑地基基础工程施工质量验收规范》（GB 50202—2002）；

1.2 《建筑机械使用安全技术规程》（JGJ 33—2001）；

1.3 《建筑基坑支护技术规程》（JGJ 120—99）。

2. 工程概况

工程概况主要应包括工程设计的基本情况，单位工程施工组织设计对专项工程的要求及现场专项工程的施工工艺、设备、条件和材料情况等。

3. 施工方案主要包含的内容

3.1 施工前的准备工作。

3.2 土方开挖的顺序和方法。

3.3 基坑支护的设计及施工详图。

3.4 基坑变形监测。

3.5 基坑的排水、临边防护。

第二节 安 全 技 术

1. 定义

1.1 土石方定义：土石方开挖指场地和基坑开挖、路基平整及一些特殊土工构筑物的开挖。

1.2 基坑定义：埋置深度小于 2～5m 且呈水平方向扩散的地坑。

1.3 深基坑定义：埋置深度达到或超过 5m 且是向竖向方向而不是水平方向扩散的地坑。

2. 土石方工程安全技术要求

2.1 土石方开挖

2.1.1 土方开挖前，应清除施工场地内地上和地下障碍物，对原有建筑物和地上设施采取有效的保护措施，完成场地平整及临时性排水设施，编制土方开挖方案。

2.1.2 土方开挖前应检查定位放线、排水和降水系统，合理安排土方运输车的行走路线及弃土场。

2.1.3 土方开挖施工过程中应检查平面位置、水平标高、边坡坡度、排水、降低地下水位系统，并随时观测周围的环境变化。

2.1.4 土方开挖采用机械施工时，应保留大于300mm土层由人工开挖至基底，严禁扰动地基土持力层。

2.1.5 人工开挖土质较均匀且地下水位低于基坑（槽）底面标高时，可不加支撑、不放坡开挖，基坑挖土深度应根据土质确定，且不宜超过下列深度：

2.1.5.1 密实、中密的砂土和碎石土（填充物为砂土）为1.0m；

2.1.5.2 硬塑、可塑的粉质黏土为1.25m；

2.1.5.3 硬塑、可塑的粉质黏土碎石土（填充物为黏性土）为1.5m；

2.1.5.4 坚硬黏土为2.0m。

2.1.6 基坑（槽）开挖时，弃土或堆放材料的位置应符合设计要求，一般情况下应离开基坑（槽）边缘2.0m以外，高度不宜超过1.5m。

2.1.7 人工开挖基坑（槽）时，应合理确定开挖顺序和分层开挖深度。对于大面积基坑应从三面开挖，留一面挖成斜坡作为出土通道。在软土地区开挖基坑挖土台阶高差不宜大于1.0m。

2.1.8 机械开挖基坑（槽）所用推土机、铲运机、挖掘机和自卸汽车等机械应保持良好的状态并按其作业规程进行作业。

2.1.9 推土机以切土和推运作业为主，宜采取最大切土深度并在最短运距（6～10m）作业。推土按其作业内容分为下列方式：

2.1.9.1 下坡推土法，在6°～10°的斜坡上，向下坡方向切土和推运，下坡推土最大坡度不应超过15°。

2.1.9.2 并推法，适用于大面积平整场地，用2～3台推土机并列推土，两刀片间距宜保持300～500mm，运距不宜大于30m，积土高度不宜高于2.0m。

2.1.9.3 多刀推土法，连续多次在一条作业线上切、推，利用形成的浅槽推土。

2.1.10 铲运机进行土方开挖施工应注意下述问题：

2.1.10.1 铲运机施工的行走路线应根据挖填土区的分布，合理安排铲土与卸土的相对位置，宜采用环形或"8"字形路线，铲土厚度一般为80～300mm；

2.1.10.2 自然条件允许时，可利用铲运机自重下坡铲土，其坡度为3°～9°，对于平坦地形可人为造成斜坡，但坡度不宜大于15°；

2.1.10.3 铲运较硬土层时，可采用间隔作业预留土埂的跨铲法，其土埂高度不应大于300m，宽度不宜大于两履带之净距；

2.1.10.4 用自动铲运机挖运长距离硬土时，可采取助铲法，其场地宽度不宜小于20m，长度不宜小于40m。

2.1.11 挖掘机开挖土方应采取下列方式：

2.1.11.1 正铲挖掘施工：

（1）侧向开挖，挖掘机沿前进方向开挖，运土车停放于侧面，此法回转角度小，生产效率高；

（2）正向开挖，挖掘机沿正向挖土，运土车在其后，其优点是机械的工作面和回转角度大但效率较低。

2.1.11.2 反铲挖掘施工。常采用沟（槽）端或沟（槽）侧两种开挖方式。运土时置于一侧，可减少回转角并提高效率。当大面积开挖时，可作"之"形移动。

2.1.11.3 拉铲挖掘施工。常用采槽（沟）端和槽（沟）侧开挖作业，当开挖面的宽度较小又要求侧壁整齐时，可采用三角形开挖施工。

2.1.11.4 抓铲挖掘施工。作业时动臂倾角应在45°以上，挖土先从四角开始然后进行中间开挖，挖掘机离坑（槽）边缘距离不得小于2m。

2.1.12 自卸汽车应根据挖掘机的大小配备。一般情况下，汽车载重量约为挖掘机斗容量的3～5倍。汽车数量应以保持挖掘机的连续作业为佳。

2.1.13 土方开挖施工应注意的安全事项：

2.1.13.1 在土方开挖过程中，应随时注意地质变化状况。如发现土质条件与原勘察资料不符，或遇有枯井、古墓等应与设计单位共同研究处理方法。如遇有文物，应立即停止施工，保护好现场并迅速报请主管部门处理。

2.1.13.2 在土方开挖过程中应随时检查基坑（槽）边坡稳定性。如发现边坡有滑动迹象（如裂缝、位移等）时，应立即采取下列措施：

（1）暂停施工，必要时，全体人员和机械转移至安全地点；

（2）通知有关单位提出处理措施；

（3）对边坡进行水平和竖向位移的观测并做好记录。

2.1.13.3 土方开挖至基底标高后，必须对基底土进行有效保护，并做到：

（1）合理安排土方开挖、清运顺序，土方开挖至基底标高后，严禁土方开挖和运输机械、施工人员在基底面上直接行走，防止基底土体被扰；

（2）雨期土方施工时，做好防雨及基底的排水措施，防止基底土体遭水浸泡；

（3）冬期土方施工时，应对基底土作有效的防冻措施，确保基底土不受冻害；

（4）土方外运时，应做到文明施工，运输车辆出场地前应对车身、轮胎等进行清扫（洗），并进行有效覆盖，防止运输过程中出现遗撒。

2.2 土方回填

2.2.1 土方回填指场地平整、基槽、路基及一些特殊土工构筑物的回填、压实等。

2.2.2 土方回填施工应检查标高、边坡坡度、压实程度等，施工质量验收应符合设计要求和《建筑地基基础工程施工质量验收规范》（GB 50202—2002）的有关规定。

2.2.2.1 土方回填前应清除基底的垃圾、树根等杂物，抽除积水、淤泥，验收基底标高，如在耕植土或松土上填方，应在基底压实后再进行回填。

2.2.2.2 对填方土料应按设计要求验收合格方可填入。

2.2.2.3 填方施工过程中应检查排水措施、每层填土厚度、含水量控制及压实程度。填筑厚度及压实遍数应根据土质、压实系数要求及所用机具确定。

2.2.2.4 回填土的含水量应严格控制，防止形成"橡皮土"，如土质过干应进行洒水湿润。回填土的最佳含水量和最大干密度应符合设计要求。

2.2.2.5 大面积回填土应符合下列要求：

（1）填土应接近水平分层回填和压实。分层实用的土料应均匀，铺土厚度小于压实机械压实作用的深度。一般情况下，平碾压实时的虚铺厚度为200～300mm；羊足碾压实虚铺厚度为200～300mm；蛙式打夯机压实的虚铺厚度为200～250mm；振动碾压实的虚铺厚度为600～1500mm（8～15t振动碾）。

(2) 分层压实的填土，经检验合格后方可铺填上层土。填土交接处上下层错缝距离不得小于1.0m，每层碾压重叠碾迹达到0.5～1.0m，对于石渣或块石填料，其粒径应小于每层铺设厚度的2/3。

(3) 机械压实应由填土区两侧逐步向中心推进，每次碾压应有150～200mm的重叠。

2.2.2.6 在基础两侧回填土时，宜在两侧同时填夯，且其高度不应相差太大。管沟铺设管道后，回填应从两侧同时进行防止管中心偏移。

2.2.3 土方回填的检验

2.2.3.1 土方回填的施工质量应满足设计要求和《建筑地基基础工程施工质量验收规范》（GB 50202—2002）中有关规定要求。施工质量检验必须分层进行，每层回填土的压实系数都应满足设计要求。

2.2.3.2 施工过程中土方回填质量检验，宜采用环刀取样，测定其干密度，取样点应位于每层填筑厚度的2/3深度处，检验点数量，对于基坑每50～100m^2不应少于1个检验点；对基槽每10～20m^2不应少于1个检验点；每个独立柱基不应少于1个检验点。

2.2.3.3 对于有承载力要求的回填土方，土方回填完成后应采用静载荷试验进行检验，检验数量为每个单体工程不宜少于3点；对于大型工程则应按单体工程的数量或工程的面积确定检验点数。

2.2.3.4 对于质量检验不符合设计要求的回填土方，应进行补夯或重新夯实，再进行质量检验。

2.2.4 土方回填施工应注意的安全事项

2.2.4.1 土方回填的土料宜选用施工现场挖出的土质单一、性能良好的土体，严禁使用杂土、有机质含量大于5%的土，严禁使用淤泥类土、膨胀土、盐渍土等活性较强的土。

2.2.4.2 土方回填在地下水位以下施工时，应采取有效的降、排水措施，使地下水位降至土方回填基底标高以下。

2.2.4.3 雨期施工应采取如下措施：

(1) 雨期施工前应检查、疏通排水设施，保证雨水排放畅通，防止雨水流向填土方区域；

(2) 雨期施工面不宜过大，应分片、分段分期完成；

(3) 雨期填土施工从挖运到铺填压实等各工序应连续进行，防止填料受浸泡导致含水量过大，必要时应对填料覆盖防雨。刚回填压实的土方若遭水浸泡，应将水及时排走，应晾干后再回填使用；

(4) 在湿陷性黄土地区进行施工，雨后应检查有无洞穴出现，如发现异常应采取有效措施后方可继续施工。

2.2.4.4 土方回填不宜在冬期严寒季节施工。如工期要求非得在冬期施工时，应采取措施后实施。

3. 深基坑的开挖与支护技术要求

基坑开挖分两大类：一般民用与工业建筑多为浅基坑，工程规模小，宜在20m以上。工程规模较大，施工期较长，常遇地下水及软土，问题较多，造价较高，这类基坑称为大面积深基坑。

3.1 浅基坑开挖

浅基坑开挖有条基开挖及柱基开挖两种情况，条基埋深一般仅1～3m，通常采用直立坑壁，人工开挖。柱基基础面积虽大，埋深可达7m，但容易支护。多数柱基埋深2～3m，高大厂房柱基宽不过3～4m，长不过5～6m皆属空间问题，深度大时，采用放坡法。土质边坡的坡比一般为1∶0.75，含水量接近塑限的土，其坡比约在1∶0.5。放坡可采用阶梯放坡或斜坡。

设备基础情况较复杂，有的面积大，埋深可达10m；有的与柱基相近，其中较困难的问题在于室内施工，当设备基础距离较近时，必须考虑柱基的安全及下沉，拉开距离不小于$2\Delta H$，ΔH为两基础埋深的高差。同时坡顶离原有基础外缘距离不小于1～2m，按深度大小确定，也不得将弃土压在原有基础上。由于施工场地紧张，放坡条件难以保证，就必须采用板桩支护，或连续墙及柱列桩。地基土较好时，采用在原基础外做搅拌桩，可缩短两者间的距离；新老基础下的桩按竖向荷载设计，不具有抗滑能力，边坡一旦失稳，桩群将同时滑动折断，软黏土区均出现类似事故。

基坑开挖不仅要考虑边坡的稳定，还要确保基坑（槽）底土层不被扰动。浮土必须清除，验基坑（槽）的目的在于补充勘测的不足。当发现异常情况，例如填土、洞穴或土的性状不符合勘测提供的情况等必须在解决后才能进行基础施工。

影响基坑施工因素很多，对浅基础来说，重要问题是防止基坑暴晒或泡水，春季施工时，土融化后强度衰减会导致坑壁滑坍。雨期施工坑内外都要及时排水，泡水的软泥要清除彻底。基础出地面后立即回填夯实，以保证基础在水平方向的稳定性。

3.2 大面积深基坑支护

高层建筑基础比较复杂，按其功能要求分为箱基、筏基两大类。箱基主要解决承载力不足问题。住宅建筑多采用箱基，埋深约为5m。商业建筑地下部分因供停车或营业需要，一般采用框架－柱－厚筏结构。地下两层，埋深10m左右，由于用地紧张，常常将规划用地各栋建筑的地下部分连成一片，形成大底盘，出现了大面积深基坑支护技术问题，其特点如下：

3.2.1 由于场地狭窄，放坡法使用条件受到限制，目前主要的支护方法为钢板桩、柱列式钢筋混凝土桩、连续墙等。对方形或圆形基坑采用拱圈。为提高支护能力，增设单层和多层土层锚杆，或设水平支撑。基坑开挖要实行位移监测，确保场外道路及管道设施的安全。

3.2.2 利用深层搅拌法（或注浆法）加固基坑四周土体，使其成为具有低强度的防水帷幕，或直接用作护坡；或与钢筋混凝土柱列桩连用，组成防水支挡结构代替造价较高的连续墙；在软土地区可用来加固被动区土体，增加支护结构的稳定性，杜绝流砂管涌，为施工现场干作业创造条件。

3.2.3 逆作法施工技术日益被重视。市内施工，场地狭窄，不仅没有可能放坡，甚至施工场地亦受限制，加之施工支挡可用地下室永久结构代替，各层楼板可作施工之用，并可缩短工期、节约造价。由于这些优点，自70年代已开始实行逆作法施工。逆作法的施工与正常基坑施工相反，先施工上层地下室，再施工下层地下室，最后浇筑底板。原有连续墙或柱列式钢筋混凝土桩可作为地下室的临时外墙。施工时按柱网排列，先做钢骨临时支柱，在地面上做最上层楼面结构。浇筑过程中预留车道、出土口，便于挖出第一层楼面下的土方。挖完土方后，继续做第二层楼面，并浇筑钢筋混凝土柱。原有钢骨（型钢或钢管）留在柱内，便于柱、梁、板的连接。按此顺序施工，至浇完底板为止。

3.3 基坑支护设计原则

3.3.1 基坑支护结构应采用以分项系数表示的极限状态设计表达式进行设计。

3.3.2 基坑支护结构极限状态可分为下列两类：

3.3.2.1 承载能力极限状态：对应于支护结构达到最大承载能力或土体失稳、过大变形导致支护结构或基坑周边环境破坏；

3.3.2.2 正常使用极限状态：对应于支护结构的变形已妨碍地下结构施工或影响基坑周边环境的正常使用功能。

3.3.3 基坑支护结构设计应根据表1-5-1选用相应的侧壁安全等级及重要性系数。

基坑侧壁安全等级及重要性系数　　　　表1-5-1

安全等级	破 坏 后 果	γ_0
一级	支护结构破坏、土体失稳或过大变形对基坑周边环境及地下结构施工影响很严重	1.10
二级	支护结构破坏、土体失稳或过大变形对基坑周边环境及地下结构施工影响一般	1.00
三级	支护结构破坏、土体失稳或过大变形对基坑周边环境及地下结构施工影响不严重	0.90

注：有特殊要求的建筑基坑侧壁安全等级可根据具体情况另行确定。

3.3.4 支护结构设计应考虑其结构水平变形、地下水的变化对周边环境的水平变形与竖向变形的影响，对于安全等级为一级和对周边环境变形有限定要求的二级建筑基坑侧壁，应根据周边环境的重要性、对变形的适应能力及土的性质等因素确定支护结构的水平变形限值。

3.3.5 当场地内有地下水时，应根据场地及周边区域的工程地质条件、水文地质条件、周边环境情况和支护结构与基础形式等因素，确定地下水控制方法。当场地周围有地表水汇流、排泄或地下水管渗漏时，应对基坑采取保护措施。

3.3.6 根据承载能力极限状态和正常使用极限状态的设计要求，基坑支护应按下列规定进行计算和验算：

3.3.6.1 基坑支护结构均应进行承载能力极限状态的计算，计算内容应包括：

（1）根据基坑支护形式及其受力特点进行土体稳定性计算；

（2）基坑支护结构的受压、受弯、受剪承载力计算；

（3）当有锚杆或支撑时，应对其进行承载力计算和稳定性验算。

3.3.6.2 对于安全等级为一级及对支护结构变形有限定的二级建筑基坑侧壁，尚应对基坑周边环境及支护结构变形进行验算。

3.3.6.3 地下水控制计算和验算：

（1）抗渗透稳定性验算；

（2）基坑底突涌稳定性验算；

(3) 根据支护结构设计要求进行地下水位控制计算。

3.3.7 基坑支护设计内容应包括对支护结构计算和验算、质量检测及施工监控的要求。

3.3.8 当有条件时，基坑应采用局部或全部放坡开挖，放坡坡度应满足其稳定性要求。

3.4 勘察要求

3.4.1 在主体建筑地基的初步勘察阶段，应根据岩土工程条件，搜集工程地质和水文地质资料，并进行工程地质调查，必要时可进行少量的补充勘察和室内试验，提出基坑支护的建议方案。

3.4.2 在建筑地基详细勘察阶段，对需要支护的工程宜按下列要求进行勘察工作：

3.4.2.1 勘察范围应根据开挖深度及场地的岩土工程条件确定，并宜在开挖边界外按开挖深度的1～2倍范围内布置勘探点，当开挖边界外无法布置勘探点时，应通过调查取得相应资料。对于软土，勘察范围尚宜扩大；

3.4.2.2 基坑周边勘探点的深度应根据基坑支护结构设计要求确定，不宜小于一倍开挖深度，软土地区应穿越软土层；

3.4.2.3 勘探点间距应视地层条件而定，可在15～30m内选择，地层变化较大时，应增加勘探点，查明分布规律。

3.4.3 场地水文地质勘察应达到以下要求：

3.4.3.1 查明开挖范围及邻近场地地下水含水层和隔水层的层位、埋深和分布情况，查明各含水层（包括上层滞水、潜水、承压水）的补给条件和水力联系；

3.4.3.2 测量场地各含水层的渗透系数和渗透影响半径；

3.4.3.3 分析施工过程中水位变化对支护结构和基坑周边环境的影响，提出应采取的措施。

3.4.4 基坑周边环境勘查应包括以下内容：

3.4.4.1 查明影响范围内建（构）筑物的结构类型、层数、基础类型、埋深、基础荷载大小及上部结构现状；

3.4.4.2 查明基坑周边的各类地下设施，包括上、下水、电缆、煤气、污水、雨水、热力等管线或管道的分布和性状；

3.4.4.3 查明场地周围和邻近地区地表水汇流、排泄情况，地下水管渗漏情况以及对基坑开挖的影响程度；

3.4.4.4 查明基坑四周道路的距离及车辆载重情况。

3.4.5 在取得勘察资料的基础上，针对基坑特点，应提出解决下列问题的建议：

3.4.5.1 分析场地的地层结构和岩土的物理力学性质；

3.4.5.2 地下水的控制方法及计算参数；

3.4.5.3 施工中应进行的现场监测项目；

3.4.5.4 基坑开挖过程中应注意的问题及其防治措施。

3.5 支护结构选型

3.5.1 支护结构可根据基坑周边环境、开挖深度、工程地质与水文地质、施工作业设备和施工季节等条件，按表1-5-2选用排桩、地下连续墙、水泥土墙、逆作拱墙、土钉墙、原状土放坡或采用上述型式的组合。

支护结构选型表　　　　　　　　　　表 1-5-2

结构型式	适 用 条 件
排桩或地下连续墙	1. 适于基坑侧壁安全等级一、二、三级 2. 悬臂式结构在软土场地中不宜大于 5m 3. 当地下水位高于基坑底面时，宜采用降水、排桩加截水帷幕或地下连续墙
水泥土墙	1. 基坑侧壁安全等级宜为二、三级 2. 水泥土桩施工范围内地基土承载力不宜大于 150kPa 3. 基坑深度不宜大于 6m
土钉墙	1. 基坑侧壁安全等级宜为二、三级的非软土场地 2. 基坑深度不宜大于 12m 3. 当地下水位高于基坑底面时，应采取降水或截水措施
逆作拱墙	1. 基坑侧壁安全等级宜为二、三级 2. 淤泥和淤泥质土场地不宜采用 3. 拱墙轴线的矢跨比不宜小于 1/8 4. 基坑深度不宜大于 12m 5. 地下水位高于基坑底面时，应采取降水或截水措施
放坡	1. 基坑侧壁安全等级宜为三级 2. 施工场地应满足放坡条件 3. 可独立或与上述其他结构结合使用 4. 当地下水位高于坡脚时，应采取降水措施

3.5.2 支护结构选型应考虑结构的空间效应和受力特点，采用有利支护结构材料受力性状的形式。

3.5.3 软土场地可采用深层搅拌、注浆、间隔或全部加固等方法对局部或整个基坑底土进行加固，或采用降水措施提高基坑内侧被动抗力。

3.6　质量检测

3.6.1 支护结构施工及使用的原材料及半成品应遵照有关施工验收标准进行检验。

3.6.2 对基坑侧壁安全等级为一级或对构件质量有怀疑的安全等级为二级和三级的支护结构应进行质量检测。

3.6.3 检测工作结束后应提交包括下列内容的质量检测报告：

3.6.3.1 检测点分布图；

3.6.3.2 检测方法与仪器设备型号；

3.6.3.3 资料整理及分析方法；

3.6.3.4 结论及处理意见。

4. 排桩、地下连续墙

4.1　定义

4.1.1 排桩：以某种桩型列式布置组成的基坑支护结构。

4.1.2 地下连续墙：用机械施工方法成槽浇灌钢筋混凝土形成的地下墙体。

4.2　构造

4.2.1 悬臂式排桩结构桩径不宜小于 600mm，桩间距应根据排桩腕力及桩间土稳定条件确定。

4.2.2 排桩顶部应设钢筋混凝土冠梁连接，冠梁宽度（水平方向）不宜小于桩径，冠梁高度（竖直方向）不宜小于400mm。排桩与桩顶冠梁的混凝土强度等级宜大于C20；当冠梁作为连系梁时可按构造配筋。

4.2.3 基坑开挖后，排桩的桩间土防护可采用钢丝网混凝土护面、砖砌等处理方法，当桩间渗水时，应在护面设泄水孔。当基坑面在实际地下水位以上且土质较好，暴露时间较短时，可不对桩间土进行防护处理。

4.2.4 悬臂式现浇钢筋混凝土地下连续墙厚度不宜小于600mm，地下连续墙顶部应设置钢筋混凝土冠梁，冠梁宽度不宜小于地下连续墙厚度，高度不宜小于400mm。

4.2.5 水下灌注混凝土地下连续墙混凝土强度等级宜大于C20，地下连续墙作为地下室外墙时还应满足抗渗要求。

4.2.6 地下连续墙的受力钢筋应采用HRB335级或HRB400级钢筋，直径不宜小于20mm。构造钢筋宜采用HPB235级钢筋，直径不宜小于16mm。净保护层厚度不宜小于70mm，构造筋间距宜为200～300mm。

4.2.7 地下连续墙墙段之间的连接接头形式，在墙段间对整体刚度或防渗有特殊要求时，应采用刚性、半刚性连接接头。

4.2.8 地下连续墙与地下室结构的钢筋连接可采用在地下连续墙内预埋钢筋、接驳器、钢板等，预埋钢筋宜采用HPB235级钢筋，连接钢筋直径大于20mm时，宜采用接驳器连接。

5. 土层锚杆工程

5.1 定义：由设置于钻孔内、不断深入稳定土层中的钢筋或钢绞线与孔内注浆体组成的受拉杆体。

5.2 锚杆长度设计应符合下列规定：

5.2.1 锚杆自由段长度不宜小于5m并应超过潜在滑裂面1.5m；

5.2.2 土层锚杆锚固段长度不宜小于4m；

5.2.3 锚杆杆体下料长度应为锚杆自由段、锚固段及外露长度之和，外露长度须满足台座、腰梁尺寸及张拉作业要求。

5.3 锚杆布置应符合以下规定：

5.3.1 锚杆上下排垂直间距不宜小于2.0m，水平间距不宜小于1.5m；

5.5.2 锚杆锚固体上覆土层厚度不宜小于4.0m；

5.3.3 锚杆倾角宜为15°～25°，且不应大于45°。

5.4 沿锚杆轴线方向每隔1.5～2.0m宜设置一个定位支架。

5.5 锚杆锚固体宜采用水泥浆或水泥砂浆，其强度等级不宜低于M10。

6. 支撑体系

由钢或钢筋混凝土构件组成的用以支撑基坑侧壁的结构体系。

6.1 钢筋混凝土支撑：

6.1.1 定义：由钢筋混凝土构件组成的用以支撑基坑侧壁的结构体系。

6.1.2 钢筋混凝土支撑应符合下列要求：

6.1.2.1 钢筋混凝土支撑构件的混凝土强度等级不应低于C20；

6.1.2.2 钢筋混凝土支撑体系在同一平面内应整体浇筑，基坑平面转角处的腰梁连接点应按刚节点设计。

6.2 钢结构支撑：

6.2.1 定义：由钢结构组成的用以支撑基坑侧壁的结构体系。

6.2.2 钢结构支撑应符合下列要求：

6.2.2.1 钢结构支撑构件的连接可采用焊接或高强螺栓连接；

6.2.2.2 腰梁连接节点宜设置在支撑点的附近，且不应超过支撑间距的1/3；

6.2.2.3 钢腰梁与排桩、地下连续墙之间宜采用不低于C20细石混凝土填充；钢腰梁与钢支撑的连接节点应设加劲板。

7. 水泥土墙

7.1 定义

由水泥土桩相互搭接形成的格栅状、壁状的重力式结构。

7.2 构造

7.2.1 水泥土墙采用格栅布置时，水泥土的置换率对于淤泥不宜小于0.8，淤泥质土不宜小于0.7，一般黏性土及砂土不宜小于0.6；格栅长宽比不宜大于2。

7.2.2 水泥土桩与桩之间的搭接宽度应根据挡土及截水要求确定，考虑截水作用时，桩的有效搭接宽度不宜小于150mm；当不考虑截水作用时，搭接宽度不宜小于100mm。

7.2.3 当变形不能满足要求时，宜采用基坑内侧土体加固或水泥土墙插筋加混凝土面板及加大嵌固深度等措施。

8. 土钉墙

8.1 定义

采用土钉加固的基坑侧壁土体与护面等组成的支护结构。

8.2 构造

8.2.1 土钉墙设计及构造应符合下列规定：

8.2.1.1 土钉墙墙面坡度不宜大于1∶0.1；

8.2.1.2 土钉必须和面层有效连接，应设置承压板或加强钢筋等构造措施，承压板或加强钢筋应与土钉螺栓连接或钢筋焊接连接；

8.2.1.3 土钉的长度宜为开挖深度的0.5~1.2倍，间距宜为1~2m，与水平面夹角宜为5°~20°；

8.2.1.4 土钉钢筋宜采用HRB335、HRB400级钢筋，钢筋直径宜为16~32mm，钻孔直径宜为70~120mm；

8.2.1.5 注浆材料宜采用水泥浆或水泥砂浆，其强度等级不宜低于M10；

8.2.1.6 喷射混凝土面层宜配置钢筋网，钢筋直径宜为6~10mm，间距宜为150~300mm；喷射混凝土强度等级不宜低于C20，面层厚度不宜小于80mm；

8.2.1.7 坡面上下段钢筋网搭接长度应大于300mm。

8.2.2 当地下水位高于基坑底面时，应采取降水或截水措施；土钉墙墙顶应采用砂浆或混凝土护面，坡顶和坡脚应设排水措施，坡面上可根据具体情况设置泄水孔。

9. 地下水控制

9.1 定义

为保证支护结构施工、基坑挖土、地下室施工及基坑周边环境安全而采取的排水、降水、截水或回灌措施。

9.2 技术要求

9.2.1 地下水控制的设计和施工应满足支护结构设计要求,应根据场地及周边工程地质条件、水文地质条件和环境条件并结合基坑支护和基础施工方案综合分析、确定。

9.2.2 当因降水而危及基坑及周边环境安全时,宜采用截水或回灌方法。截水后,基坑中的水量或水压较大时,宜采用基坑内降水。

9.2.3 当基坑底为隔水层且层底作用有承压水时,应进行坑底突涌验算,必要时可采取水平封底隔渗或钻孔减压措施保证坑底土层稳定。

9.2.4 地下水控制方法可分为集水明排、降水、截水和回灌等型式单独或组合使用,可按表1-5-3选用。

地下水控制方法适用条件　　　　　　表1-5-3

方法名称		土 类	渗透系数(m/d)	降水深度(m)	水文地质特征
集水明排			7~20.0	<5	
降水	真空井点	填土、粉土、黏性土、砂土	0.1~20.0	单级<6 多级<20	上层滞水或水量不大的潜水
	喷射井点		0.1~20.0	<20	
	管井	粉土、砂土、碎石土、可溶岩、破碎带	1.0~200.0	>5	含水丰富的潜水承压水、裂隙水
截水		黏性土、粉土、砂土、碎石土、岩溶岩	不限	不限	
回灌		填土、粉土、砂土、碎石土	0.1~200	不限	

10. 土石方与基础工程安全技术交底

10.1 人工开挖时,作业人员必须按施工员的要求进行放坡或支撑防护。作业人员的横向间距不得小于2m,纵向间距不得小于3m,严禁掏洞和从下向上拓宽沟槽,以免发生塌方事故。

10.2 施工中要防止地面水流入坑、沟内,以免边坡塌方。

10.3 在深坑、深井内开挖时,要保持坑、井内通风良好,并且注意对有毒气体的检查工作,遇有可疑情况,应该立即停止作业,并且报告上级处理。

10.4 开挖的沟槽边1m内禁止堆土、堆料、停置机具。1~3m间堆土高度不得超过1.5m,3~5m间堆土高度不得超过2.5m。

10.5 开挖深度超过2m时,必须在边沿处设立两道护身栏杆。危险处,夜间应设红色标志灯。

10.6 开挖过程中,作业人员要随时注意土壁变化的情况,如发现有裂纹或部分塌落现象,要立即停止作业,撤离到坑上或槽上,并报告施工员待经过处理稳妥后,方可继续进行开挖。

10.7 人员上下坑沟应先挖好阶梯或设木梯,不得从上跳下或踩踏土壁及其支撑上下。

10.8 在软土和膨胀土地区开挖时,要有特殊的开挖方法,作业人员必须听从施工员的指挥和部署,切勿私自作主、冒险蛮干,以免发生事故。

10.9 深基坑安全技术交底:

10.9.1 施工方案内容：基槽（坑）放坡要求开挖顺序和方法；基坑支护施工详图。
10.9.2 安全技术操作规程。
10.9.3 安全技术措施。

安全技术交底要有针对性，要根据工程特点、施工方法、施工场地及周围环境等情况进行并认真履行签字手续。

第三节 施工现场应急救援预案

1. 总则

1.1 根据《中华人民共和国安全生产法》，为了保护企业从业人员在生产经营活动中的身体健康和生命安全，保证企业在出现生产安全事故时，能够及时进行应急救援，最大限度地降低生产安全事故给企业和从业人员所造成的损失，制定专项应急救援预案。

1.2 本预案中所称深基础土方工程是指挖掘深度超过5m（含5m）的土方工程，以及人工挖扩孔桩工程。

1.3 深基础土方工程生产安全事故预测：深基础土方施工，由于支护措施不当或因雨水、不明水源和地表面超负荷承压等客观原因，会造成支护结构变形过大，以至坍塌事故，如不及时进行抢险补救，极有可能危及相邻建筑物和周围地下煤气、上水、下水、电讯、电缆等管线，使事故继续扩大，因此在接到事故报告后应立即启动应急救援抢救预案，控制事故的发展，排除险情。

2. 应急救援组织机构

2.1 集团所属生产经营企业应在建立生产安全事故应急救援组织机构的基础上，建立专项应急救援的分支机构。

2.2 建筑施工现场或者其他生产经营场所应成立专项应急救援小组，其中包括：现场主要负责人、安全专业管理人员、技术管理人员、生产管理人员、人力资源管理人员、行政卫生、工会以及应急救援所必需的水、电、脚手架登高作业、机械设备操作等专业人员。

2.3 专项应急救援机构应具备现场救援救护基本技能，定期进行应急救援演练。配备必要的应急救援器材和设备，并进行经常性的维修、保养，保证应急救援时正常运转。

2.4 专项应急救援机构应建立健全应急救援档案，其中包括：应急救援组织机构名单、救援救护基本技能学习培训活动记录、应急救援器材和设备目录、应急救援器材和设备维修保养记录、生产安全事故应急救援记录等。

3. 应急救援机构组织职责

3.1 应急小组组长职责

3.1.1 事故发生后，立即赶赴事发地点，了解现场状况，初步判断事故原因及可能产生的后果，组织人员实施救援。

3.1.2 召集救援小组人员，明确救援目的、救援步骤，统一协调开展救援。

3.1.3 按照救援预案中的人员分工，确认实施对外联络、人员疏散、伤员抢救、划定区域、保护现场等的人员及职责。

3.1.4 协调应急救援过程中出现的其他情况。

3.1.5 救援完成、事故现场处理完后，与现场相关人员确认恢复生产的条件及时恢复生产。

3.1.6 根据应急实施情况及效果，完善应急救援预案。

3.2 技术负责人职责

3.2.1 协助应急指挥根据深基础土方工程基本情况，拟定采取的救援措施及预期效果，为正确实施救援提出可行的建议。

3.2.2 负责应急救援中的技术指导，按照责任分工，实施应急救援。

3.2.3 参与应急救援预案的完善。

3.3 生产副经理职责

3.3.1 组织深基础土方工程专业队等相关人员，依据补救措施方案，排除意外险情或实施救援；

3.3.2 应急救援、事故处理结束后，组织人员安排恢复生产；

3.3.3 参与应急救援预案的完善。

3.4 行政副经理职责

3.4.1 发生伤亡事故后，安排人员联络医院、消防机构、应急机械设备、派人接车等事宜；

3.4.2 组织人员落实封闭事故现场、划出特定区域等工作；

3.4.3 参与应急救援预案的完善。

3.5 现场安全员职责

3.5.1 立即赶赴事故现场，了解现场状况，参与事故救援；

3.5.2 依据现场状况，判断仍存在的不安全状态，采取处理措施，最大限度地减少人员及财产损失，防止事态进一步扩大；

3.5.3 判断拟采取的救援措施可能带来的其他不安全因素，根据专业知识及经验，选择最佳方案并向应急指挥提出自己的建议；

3.5.4 参与应急救援预案的完善工作。

3.6 其它应急人员职责

3.6.1 听从指挥，明确各自职责。

3.6.2 统一步骤，有条不紊地按照分工实施救援。

3.6.3 参与应急救援预案的完善。

4. 安全生产事故应急救援程序

4.1 事故发生后应急指挥立即召集应急小组成员，分析现场事故情况，明确救援步骤、所需设备、设施及人员，按照策划、分工，实施救援。在救援过程中必须对险情进行妥善处理，防止二次坍塌造成事故扩大。

4.2 需要救援车辆时，应急指挥应安排专人接车，引领救援车辆迅速施救。

4.3 深基础土方工程出现事故征兆时的应急措施：

4.3.1 悬臂式支护结构过大内倾变位。

可采用坡顶卸载，桩后适当挖土或人工降水、坑内桩前堆筑砂石袋或增设撑、锚结构等方法处理。为了减少桩后的地面荷载，基坑周边应严禁搭设施工临时用房，不得堆放建筑材料和弃土，不得停放大型施工机具和车辆，施工机具不得反向挖土，不得向基坑周边倾倒生活及生产用水。坑周边地面须进行防水处理。

4.3.2 有内撑或锚杆支护的桩墙发生较大的内凸变位。

要在坡顶或桩墙后卸载，坑内停止挖土作业，适当增加内撑或锚杆，桩前堆筑砂石袋，严防锚杆失效或拔出。

4.3.3 基坑发生整体或局部土体滑塌失稳。

应在有可能条件下降低土中水位和进行坡顶卸载，加强未滑塌区段的监测和保护，严防事故继续扩大。

4.3.4 未设止水幕墙或止水墙漏水、流土，坑内降水开挖，造成坑周边地面或路面下陷和周边建筑物倾斜、地下管线断裂等。

应立刻停止坑内降水和施工开挖，迅速用堵漏材料处理止水墙的渗漏，坑外新设置若干口回灌井，高水位回灌，抢救断裂或渗漏管线，或重新设置止水墙，对已倾斜建筑物进行纠倾扶正和加固，防止其继续恶化，同时要加强对坑周地面和建筑物的观测，以便继续采取有针对性的处理，方可开挖，坑外也可设回灌井、观察井，保护相邻建筑物。

4.3.5 桩间距过大，发生流砂、流土，坑周地面开裂塌陷。

立即停止挖土，采取补桩、桩间加挡土板，利用桩后土体已形成的拱状断面，用水泥砂浆抹面（或挂钢丝网），有条件时可配合桩顶卸载、降水等措施。

4.3.6 设计安全储备不足，桩入土深度不够，发生桩墙内倾或踢脚失稳。应停止基坑开挖，在已开挖而尚未发生踢脚失稳段，在坑底桩前堆筑砂石袋或土料反压，同时对桩顶适当卸载，再根据失稳原因进行被动区土体加固（采用注浆、旋喷桩等），也可在原挡土桩内侧补打短桩。

4.3.7 基坑内外水位差较大，桩墙未进入不透水层或嵌固深度不足，坑内降水引起土体失稳。停止基坑开挖、降水，必要时进行灌水反压或堆料反压。管涌、流砂停止后，应通过桩后压浆、补桩、堵漏，被动区土体加固等措施加固处理。

4.3.8 基坑开挖后超固结土层反弹、或地下水浮力作用使基础底板上凸、开裂，甚至使整个箱基础上浮，工程桩随底板上拔而断裂以及柱子标高发生错位。

在基坑内或周边进行深层降水，由于土体失水固结，桩周产生负摩擦下拉力，迫使桩下沉，同时降低底板下的水浮力，并将抽出的地下水回灌箱基内，对箱基底反压使其回落，首层地面以上主体结构要继续施工加载，待建筑物全部稳定后再从箱基内抽水，处理开裂的底板后方可停止基坑降水。

4.3.9 在有较高地下水的场地，采用喷锚、土钉墙等护坡加固措施不力，基坑开挖后加固边坡大量滑塌破坏。

停止基坑开挖，有条件时，应进行坑外降水。无条件坑外降水时，应重新设计、施工支护结构（包括止水墙），然后方可进行基坑开挖施工。

4.3.10 因基坑土方超挖引起支护结构破坏。

应暂时停止施工，回填土或在桩前堆载，保持支护结构稳定，再根据实际情况，采取有效措施处理。

4.3.11 人工挖孔桩，护壁养护时间不够（未按规定时间拆模），或未按规定做支护，造成拥塌事故。

由于坍塌时护壁可相互支撑，孔下人员有生还的一线希望，应紧急向孔下送氧。将钢套筒下到孔内，人员下去掏挖，大块的混凝土护壁用吊车吊上来，如塌孔较浅，可用挖掘机将塌孔四周挖开，为人工挖掘提供作业面。

5. 应急救援预案要求

5.1 生产经营企业生产安全事故应急救援组织应根据本单位项目工程的实际情况，进行深基础土方工程检查、评估、监控和危险预测，确定安全防范和应急救援重点，制定专项应急救援预案。

5.2 专项应急救援预案应明确规定如下内容：

5.2.1 应急救援人员的具体分工和职责。

5.2.2 生产作业场所和员工宿舍区救援车辆行走和人员疏散路线。现场应用相应的安全色标明显标示，并在日常工作中保证路线畅通。

5.2.3 受伤人员抢救方案。组织现场急救方案，并根据可能发生的伤情，确定2～3个最快捷的医院，明确相应的路线。

5.2.4 现场易燃易爆物品的转移场所，以及转移途中的安全保证措施。

5.2.5 应急救援设备。

5.2.6 事故发生后上报上级单位的联系方式、联系人员和联系电话。

第四节 施工现场检查要点

1. 施工方案的检查要点

1.1 基础施工必须制定支护方案

基础施工前必须进行勘察，根据土质条件、地下水位、开挖深度、相邻建筑物和构筑物层高及基础施工方案，制定基坑（槽）设置安全边坡或固壁施工支护方案。

1.2 施工方案是否能指导施工

基坑（槽）支护施工方案应根据工程地质勘察提供的地质资料和施工件，编制施工方案，有针对性，能有效的指导施工，效果好，确保基坑（槽）的稳定。

1.3 深基坑要有专项支护设计

基坑深度超过5m必须进行专项支护设计。设计原则详见《建筑基坑支护技术规程》（JGJ 120—99）"3.1 设计原则"等项规定。

1.4 支护设计及方案需经上级审批

基坑（槽）施工支护方案及基坑深度超过5m的专项支护设计必须经上级审批，签署审批意见。

2. 临边防护的检查要点

2.1 深度超过2m的基坑施工必须有临边防护

深度超过2m的基坑施工，其临边应设置防止人及物体滚落基坑的安全防护措施。必要时应设置警告标志，配备监护人员。夜间施工，在作业区应设置信号灯。

2.2 临边及其他防护要符合要求

基坑周边必须设置防护栏杆，防护栏杆杆件的规格、防护栏杆的连接、搭设必须符合《建筑施工高处作业安全技术规范》第3.1.2条和第3.1.3条的规定。

3. 坑壁支护的检查要点

3.1 坑槽开挖设置安全坡度要符合安全要求

地质条件良好、土质均匀且地下水位低于基坑槽或管沟底面标高时，挖方深度在5m以内不加支撑的边坡最陡坡度应符合相关规定。

3.2 特殊支护的作法是否符合设计方案

基坑固壁的特殊支护作法，无论采取排水、地下连续墙或水泥土墙或土钉墙或逆作拱墙均应符合设计方案。

3.3 支护设施产生局部变形是否采取措施

支护设施已产生局部变形，应分析变形原因，及时采取调整措施，保证支护固壁的效果。

4. 排水措施的检查要点

4.1 基坑施工是否设置有效的排水措施

基坑施工应设置有效的排水措施。基坑边界周围地面应设排水沟，且应避免漏水、渗水进入坑内；放坡开挖时，应对坡、坡面、坡脚采取降排水措施。

地下水控制的设计和施工应满足支护结构设计要求，应根据场地及周边工程地质条件、水文地质条件和环境条件结合基坑支护和基础施工方案综合分析、确定。地下水控制方法可分集中明排、降水、截水和回灌等形式或单独或组合使用。

4.2 深基坑施工采用坑外降水，必须有防止临近建筑危险沉降措施

深基础施工采用坑外降水，支护结构设计应考虑基坑支护结构水平变形、地下水的变化对周边环境的水平与竖向变形的影响，对于安全等级为一级和对周边环境变形有限定要求的二级建筑基坑侧壁，应根据周边环境的重要性、对变形适应能力及土的性质等因素确定支护结构的水平变形值。并应经勘察提供的水文资料，确定地下水的控制方法，坑外降水，应根据水文资料的数据，随时记录、观察降水量，既要阻止基坑进水，又要制定防止临近建筑的危险沉降。降水井的位置、深度、间距、降水量等应按设计要求布置和降水。

5. 坑边荷载的检查要点

5.1 积土、料具堆放距槽边距离不得小于设计规定

积土、料具堆放距槽边距离应符合设计要求，如设计无规定，在挖方边坡上侧堆土或材料以及移动施工机械时，应与挖方边缘保持一定距离，以保证边坡和直立壁的稳定。当土质良好时，堆土或材料应距挖方边缘0.8m以外，高度不宜超过1.5m。在柱基周围、墙基或围墙一侧，不得堆土过高。

5.2 机械设备施工与槽边距离要符合要求

在基槽、地沟的边缘不得堆放机械、铺设轨道及通行车辆，以防受力过大而塌方。必须安放机械或通过车辆时，要采取妥善的加固措施。堆土离沟边不得小于1m，也不得将土卸于施工区的通道上或其他作业区，可用薄板或低矮的建筑路障把挖掘的土围起来。

第五节 事故案例

某工程土方坍塌事故案例

1. 事故概况

2002年3月13日，在某市政公司承接的某河支流污水截流工程金钟路某号路段工地上，施工单位正在做工程前期准备工作。为了了解地下管线情况、土质情况及实测原有排水管涵位置标高，下午 15 时 30 分开始地下管线探摸、样槽开挖作业。下午 16 时 30 分左右，当挖掘机将样槽挖至约 2m 深时，突然土体发生塌方，当时正在坑底进行挡土板支撑作业的工人周某避让不及，身体头部以下被埋入土中，事故发生后，现场项目经理、施工员立即组织人员进行抢救，并通知 120 救护中心、119 消防部门赶赴现场进行抢救，虽经多方全力抢救但未能成功，下午 17 时 20 分左右，周某在某中心医院死亡。

2. 事故原因分析

2.1 直接原因

2.1.1 施工过程中土方堆置不合理。土方堆置未按规范单侧堆土高度不得超过 1.5m、离沟槽边距离不得小于 1.2m 要求进行，实际堆土高度达 2m，距沟槽边距离仅 1m。

2.1.2 现场土质较差。现场为原洪沟回填土约 4m 深，且紧靠开挖的沟槽，其中夹杂许多垃圾，土体非常松散。

2.2 间接原因

2.2.1 施工现场安全措施针对性较差。未能考虑员工逃生办法，对事故的预见性较差，麻痹大意。

2.2.2 施工人员安全意识淡薄。对三级安全教育、安全技术交底、进场安全教育未能引起足够重视，凭经验作业。

2.2.3 坑底作业人员站位不当，自身防范意识不强，逃生时晕头转向，从而发生了事故。

2.2.4 施工现场管理不力。由于刚进场作业，对于安全生产各方面准备不充分，思想上未能引起足够重视，管理不到位。

3. 事故结论与教训

3.1 事故主要原因

施工前未按要求编制施工方案，违章作业，现场安全防护不全，工人安全防护意识差是造成事故的主要原因。

3.3 事故性质

本次事故属于责任事故。

事故现场安全管理人员，对违章操作检查不到位，缺乏责任心，缺乏安全技术交底，此次事故的安全技术管理人员应负主要责任。

4. 事故预防及控制措施

4.1 暂停施工，进行全面安全检查整改。

4.2 召开事故现场会进一步对职工进行安全教育。

4.3 制定有针对性的施工安全技术措施，对每一施工路段制定相应的施工大纲、严格按施工技术规范和安全操作规程作业、对上岗职工进行安全技术交底，配备足够的施工保护设施用品如横列板、钢板桩、逃生扶梯等，并督促落实。

4.4 进一步落实岗位责任制。

第六章 起 重 吊 装

随着社会及技术的不断进步，起重吊装工程越来越多，尤其是工业厂房及钢结构工程涉及到起重吊装工程不断增加。目前，起重吊装工程施工事故频发，起重事故一旦发生及易造成群死群伤。究其原因，主要是施工方案及施工过程中防护措施不到位造成的。本章主要阐述了起重吊装工程安全技术要求及施工现场检查要点，有利于施工现场管理人员学习、查阅。

第一节 施 工 方 案

1. 编制依据

1.1 《起重机械安全规程》(GB 6067—85)；

1.2 《建筑机械使用安全技术规程》(JGJ 33—2001)；

1.3 《建设工程施工安全规程》(DBB (J) 45—2003)；

1.4 《建筑施工手册》。

2. 工程概况

工程概况主要说明工程的设计、场地与环境、主要吊装构件的基本参数（如被吊装构件的重量、安装高度、连接方法、构件尺寸、几何形状等）。

3. 施工组织设计主要包含内容

3.1 编制依据；

3.2 工程概况；

3.3 选择吊装作业方法；

3.4 起重机的选择与稳定性计算；

3.5 主要构件的吊装方法；

3.6 主要构件的运输、堆放方法和要求；

3.7 起重吊装作业队伍的劳动组织和岗位责任制；

3.8 起重吊装作业的质量标准；

3.9 起重吊装作业的安全防护措施。

第二节 安 全 技 术

1. 定义

起重吊装主要是指在一定范围内把重物作垂直升降和水平搬运，这种作业伴随所有的生产过程。

2. 起重吊装技术要求

2.1 主要吊装索具

2.1.1 白棕绳

2.1.1.1 白棕绳一般用于起吊轻型构件（如钢支撑）和作为受力不大的缆风、溜绳等。

2.1.1.2 白棕绳使用安全事项：

(1) 白棕绳穿绕滑车时，滑轮的直径应大于绳直径的 10 倍。

(2) 成卷的白棕绳在拉开使用时，应先把绳卷平放在地上，将有绳头的一面放在底下，从卷内拉出绳头（如从卷外拉出绳头，绳子就容易扭结），然后根据需要的长度切断。切断前应用细钢丝或麻绳将切口两侧的白棕绳扎紧，防止切断后绳头松散。

(3) 白棕绳在使用中，如发生扭结，应设法抖直，否则绳子受拉时容易拉断。有绳结的白棕绳不应通过滑车等狭窄的地方，以免绳子受到额外的压力而降低强度。

(4) 白棕绳应放在干燥和通风良好的地方，以免腐烂，不要和油漆、酸、碱等化学物品接触，以防腐蚀。

(5) 使用白棕绳时应尽量避免在粗糙的构件上或者地面上拖拉。绑扎边缘锐利的构件时应衬垫麻袋、木板等物。

2.1.1.3 白棕绳有三股、四股和九股三种。又有浸油和不浸油之分。浸油白棕绳不易腐烂，但质料变硬，不易弯曲，强度比不浸油的绳要降低 10%～20%，因此在吊装作业中少用。不浸油白棕绳在干燥状态下，弹性和强度均较好，但受潮后易腐烂，因而使用年限较短。

2.1.1.4 白棕绳的技术性能（表 1-6-1）。

白棕绳技术性能　　　　　　　　表 1-6-1

直径（mm）	圆周（mm）	每卷重量（长 220m）（kg）	破断拉力（kN）
6	19	6.5	2.00
8	25	10.5	3.25
11	35	17	5.75
13	41	23.5	8.00
14	44	32	9.50
16	50	41	11.50
19	60	52.5	13.00
20	63	60	16.00
22	69	70	18.50
25	79	90	24.00
29	91	120	26.00
33	103	165	29.00
38	119	200	35.00
41	129	250	37.50
44	138	290	45.00
51	160	330	60.00

2.1.1.5 白棕绳的允许拉力计算：

白棕绳的允许拉力，按下列公式计算：

$$[F_z] = F_z/K \qquad (1\text{-}6\text{-}1)$$

式中　$[F_z]$——白棕绳的允许拉力（kN）；
　　　F_z——白棕绳的破断拉力（kN），旧白棕绳的破断拉力取新绳的40%～50%；
　　　K——白棕绳的安全系数，当用作缆风、穿滑车组和吊索（无弯曲）时 $K=5$；当用作捆绑吊索时 $K=8\sim10$。

2.1.1.6 白棕绳使用注意事项：

(1) 白棕绳穿绕滑车时，滑轮的直径应大于绳直径的10倍。

(2) 成卷白棕绳在拉开使用时，应先把绳卷平放在地上，将有绳头的一面放在底下，从卷内拉出绳头（如从卷外拉出绳头，绳子就容易扭结），然后根据需要的长度切断。切断前应用细钢丝或麻绳将切断口两侧的白棕绳扎紧，以防止切断后绳头松散。

(3) 白棕绳在使用中，如发生扭结，应设法抖直，否则绳子受拉时容易拉断。有绳结的白棕绳不应通过滑车等狭窄的地方，以免绳子受到额外压力而降低强度。

(4) 白棕绳应放在干燥和通风良好的地方，以免腐烂，不要和油漆、酸、碱等化学物品接触，以防腐蚀。

图 1-6-1　普通钢丝绳截面

(5) 用白棕绳时应尽量避免在粗糙的构件上或地上拖拉。绑扎边缘锐利的构件时，应衬垫麻袋、木板等物。

2.1.2　钢丝绳

钢丝绳是吊装中的主要绳索，它具有强度高、弹性大、韧性好、耐磨、能承受冲击载荷等优点，且磨损后外部产生许多毛刺，容易检查，便于预防事故。

2.1.2.1 钢丝绳的构造和种类：结构吊装中常用的钢丝绳是由六束绳股和一根绳芯（一般为麻芯）捻成。绳股是由许多高强钢丝捻成（图1-6-1）。

钢丝绳按其捻制方法分有右交互捻、左交互捻、右同向捻、左同向捻四种（图1-6-2）。

同向捻钢丝绳中钢丝捻的方向和绳股捻的方向一致；交互捻钢丝绳中钢丝捻的方向和绳股捻的方向相反。

同向捻钢丝绳比较柔软、表面较平整，它与滑轮或卷筒凹槽的接触面较大，磨损较轻，但容易松散和产生扭结卷曲，吊重时容易旋转，故吊装中一般不用；交互捻钢丝绳较硬，强度较高，吊重时不易扭结和旋转，吊装中应用广泛。

图 1-6-2　钢丝绳捻制方法
(a) 右交互捻（股向右捻，丝向左捻）；(b) 左交互捻（股向左捻，丝向右捻）；(c) 右同向捻（股和丝均向右捻）；(d) 左同向捻（股和丝均向左捻）

钢丝绳按绳股数及每股中的钢丝数区分，有6股7丝，7股7丝，6股19丝，6股37丝及6股61丝等。吊装中常用的有6×19、6×37两种。6×19钢丝绳可作缆风和吊索；6×37钢丝绳用于穿滑车组和作吊索。

2.1.2.2 钢丝绳的技术性能：常用钢丝绳的技术性能见表1-6-2和表1-6-3。

6×19 钢丝绳的主要数据

表 1-6-2

直径		钢丝总断面积	参考重量	钢丝绳公称抗拉强度（N/mm²）				
钢丝绳	钢丝			1400	1550	1700	1850	2000
				钢丝破断拉力总和				
(mm)	(mm)	(mm²)	(kg/100m)	(kN) 不小于				
6.2	0.4	14.32	13.53	20.0	22.1	24.3	26.4	28.6
7.7	0.5	22.37	21.14	31.3	34.6	38.0	41.3	44.7
9.3	0.6	32.22	30.45	45.1	49.9	54.7	59.6	64.4
11.0	0.7	43.85	41.44	61.3	67.9	74.5	81.1	87.7
12.5	0.8	57.27	54.12	80.1	88.7	97.3	105.5	114.5
14.0	0.9	72.49	68.50	101.0	112.0	123.0	134.0	144.5
15.5	1.0	89.49	84.57	125.0	138.5	152.0	165.5	178.5
17.0	1.1	103.28	102.3	151.5	167.5	184.0	200.0	216.5
18.5	1.2	128.87	121.8	180.0	199.5	219.0	238.0	257.5
20.0	1.3	151.24	142.9	211.5	234.0	257.0	279.5	302.0
21.5	1.4	175.40	165.8	245.5	271.5	298.0	324.0	350.5
23.0	1.5	201.35	190.3	281.5	312.0	342.0	372.0	402.5
24.5	1.6	229.09	216.5	320.5	355.0	389.0	423.5	458.0
26.0	1.7	258.63	244.4	362.0	400.5	439.5	478.0	517.0
28.0	1.8	289.95	274.0	405.5	449.0	492.5	536.0	579.5
31.0	2.0	357.96	338.0	501.0	554.5	608.5	662.0	715.5
34.0	2.2	433.13	409.3	306.0	671.0	736.0	801.0	
37.0	2.4	515.46	487.1	721.5	798.5	876.0	953.5	
40.0	2.6	604.95	571.7	846.5	937.5	1025.0	1115.0	
43.0	2.8	701.60	663.0	982.0	1085.0	1190.0	1295.0	
46.0	3.0	805.41	761.1	1125.0	1245.0	1365.0	1490.0	

注：表中，粗线左侧，可供应光面或镀锌钢丝绳，右侧只供应光面钢丝绳。

6×37 钢丝绳的主要数据

表 1-6-3

直径		钢丝总断面积	参考重量	钢丝绳公称抗拉强度（N/mm²）				
钢丝绳	钢丝			1400	1550	1700	1850	2000
				钢丝破断拉力总和				
(mm)	(mm)	(mm²)	(kg/100m)	(kN) 不小于				
8.7	0.4	27.88	26.21	39.0	43.2	47.3	51.5	55.7
11.0	0.5	43.57	40.96	60.9	67.5	74.0	80.6	87.1
13.0	0.6	62.74	58.98	87.8	97.2	106.5	116.0	125.0
15.0	0.7	85.39	80.57	119.5	132.0	145.0	157.5	170.5
17.5	0.8	111.53	104.8	156.0	172.5	189.0	206.0	223.0
19.5	0.9	141.16	132.7	197.5	213.5	239.5	261.0	282.0
21.5	1.0	174.27	163.9	243.5	270.0	296.0	322.0	348.5
24.0	1.1	210.87	198.2	295.0	326.5	358.0	390.0	421.5
26.0	1.2	250.95	235.9	351.0	388.5	426.5	464.0	501.5
28.0	1.3	294.52	276.6	412.0	456.5	500.5	544.5	589.0
30.0	1.4	341.57	321.1	478.0	529.0	580.5	631.5	683.0
32.5	1.5	392.11	368.6	548.5	607.5	666.0	725.0	784.0
34.5	1.6	446.13	419.4	624.5	691.5	758.0	825.0	892.0
36.5	1.7	503.64	473.4	705.0	780.5	856.0	931.5	1005.0
39.0	1.8	564.63	530.8	790.0	875.0	959.5	1040.0	1125.0
43.0	2.0	697.08	655.3	975.5	1080.0	1185.0	1285.0	1390.0
47.5	2.2	843.47	792.9	1180.0	1305.0	1430.0	1560.0	
52.0	2.4	1003.80	943.6	1405.0	1555.0	1705.0	1855.0	
56.0	2.6	1178.07	1107.4	1645.0	1825.0	2000.0	2175.0	
60.5	2.8	1366.28	1234.3	1910.0	2115.0	2320.0	2525.0	
65.0	3.0	1568.43	1474.3	2195.0	2430.0	2665.0	2900.0	

注：表中，粗线左侧，可供应光面或镀锌钢丝绳，右侧只供应光面钢丝绳。

2.1.2.3 钢丝绳的允许拉力计算:

钢丝绳允许拉力按下列公式计算:

$$[F_g] = \alpha F_g / K \tag{1-6-2}$$

式中 $[F_g]$——钢丝绳的允许拉力 (kN);

F_g——钢丝绳的钢丝破断拉力总和 (kN);

α——换算系数,按表 1-6-4 取用;

K——钢丝绳的安全系数,按表 1-6-5 取用。

钢丝绳破断拉力换算系数　　　　　表 1-6-4

钢丝绳结构	换算系数
6×19	0.85
6×37	0.82
6×61	0.80

钢丝绳的安全系数　　　　　表 1-6-5

用途	安全系数	用途	安全系数
作缆风	3.5	作吊索、无弯曲时	6~7
用于手动起重设备	4.5	作捆绑吊索	8~10
用于机动起重设备	5~6	用于载人的升降机	14

【例】 用一根直径 24mm,公称抗拉强度为 1550N/mm² 的 6×37 钢丝绳作捆绑吊索,求它的允许拉力。

【解】 从表 1-6-3 查得　$F_g = 326.5$kN

从表 1-6-5 查得　$K = 8$

从表 1-6-4 查得　$\alpha = 0.82$

允许拉力 $[F_g] = \alpha F_g / K = 0.82 \times 326.5 / 8 = 33.47$kN

如果用的是旧钢丝绳,则求得的允许拉力应根据钢丝绳的新旧程度乘以 0.4~0.75 的系数。

2.1.2.4 钢丝绳的安全检查: 钢丝绳使用一定时间后,就会产生断丝、腐蚀和磨损现象,其承载能力减低。一般规定钢丝绳在一个节距内断丝的数量超过表 1-6-6 的数字时就应当报废,以免造成事故。

钢丝绳报废标准 (一个节距内的断丝数)　　　　　表 1-6-6

采用的安全系数	钢丝绳种类					
	6×19		6×37		6×61	
	交互捻	同向捻	交互捻	同向捻	交互捻	同向捻
6 以下	12	6	22	11	36	18
6~7	14	7	26	13	38	19
7 以上	16	8	30	15	40	20

当钢丝绳表面锈蚀或磨损使钢丝绳直径显著减少时应将表 1-6-6 报废标准按表 1-6-7 折减并按折减后的断丝数报废。

钢丝绳锈蚀或磨损时报废标准的折减系数　　　　　表 1-6-7

钢丝绳表面锈蚀或磨损量 (%)	10	15	20	25	30~40	大于 40
折减系数	85	75	70	60	50	报废

注:断丝数没有超过报废标准,但表面有磨损、腐蚀的旧钢丝绳,可按表 1-6-8 的规定使用。

2.1.2.5 钢丝绳使用注意事项:

(1) 钢丝绳解开使用时,应按正确方法进行,以免钢丝绳产生扭结。钢丝绳切断前应在切口两侧用细钢丝捆扎,以防切断后绳头松散。

(2) 钢丝绳穿过滑轮时,滑轮槽的直径应比绳的直径大1~2.5mm。滑轮槽过大钢丝绳容易压扁;过小则容易磨损。滑轮的直径不得小于钢丝绳直径的10~12倍,以减小绳的弯曲应力。禁止使用轮缘破损的滑轮。

(3) 应定期对钢丝绳加润滑油(一般以工作时间四个月左右加一次)。

(4) 存放在仓库里的钢丝绳应成卷排列,避免重叠堆置,库中应保持干燥,以防钢丝绳锈蚀。

(5) 在使用中,如绳股间有大量的油挤出,表明钢丝绳的荷载已相当大,这时必须勤加检查,以防发生事故。见表1-6-8。

钢丝绳可用程度判断　　　　　　　表1-6-8

类别	钢丝绳表面现象	可用程度	使用场所
I	各股钢丝位置未动,磨损轻微,无绳股凸起现象	100%	重要场所
II	1. 各股钢丝已有变位、压扁及凸出现象,但未露出绳芯 2. 个别部分有轻微锈痕 3. 有断头钢丝,每米钢丝绳长度内断头数目不多于钢丝总数的3%	75%	重要场所
III	1. 每米钢丝长度内断头数目超过钢丝总数的3%,但少于10% 2. 有明显锈痕	50%	次要场所
IV	1. 绳股有明显的扭曲、凸出现象 2. 钢丝绳全部均有锈痕,将锈痕刮去后钢丝上留有凹痕 3. 每米钢丝绳长度内断头数超过10%,但少于25%	40%	不重要场所或辅助工作

2.1.3 钢丝绳夹(GB 5976—86)

2.1.3.1 钢丝绳夹作绳端固定或连接用,其外形及规格如表1-6-9。

钢丝绳夹规格　　　　　　　表1-6-9

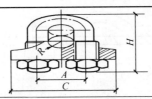

绳夹公称尺寸 (钢丝绳公称直径 d)(mm)	尺寸 (mm)					螺母 d	单组重量 (kg)
	A	B	C	R	H		
6	13	14	27	3.5	31	M6	0.034
8	17	19	36	4.5	41	M8	0.073
10	21	23	44	5.5	51	M10	0.140
12	25	28	53	6.5	62	M12	0.243
14	29	32	61	7.5	72	M14	0.372
16	31	32	63	8.5	77	M14	0.402
18	35	37	72	9.5	87	M16	0.601
20	37	37	74	10.5	92	M16	0.624
22	43	46	89	12.0	108	M20	1.122
24	45.5	46	91	13.0	113	M20	1.205
26	47.5	46	93	14.0	117	M20	1.244
28	51.5	51	102	15.0	127	M22	1.605
32	55.5	51	106	17.0	136	M22	1.727

2.1.3.2 钢丝绳夹使用注意事项：

（1）钢丝绳夹应按图 1-6-3 所示方法把夹座扣在钢丝绳的工作段上，U 形螺栓扣在钢丝绳的尾段上，钢丝绳夹不得在钢丝绳上交替布置。

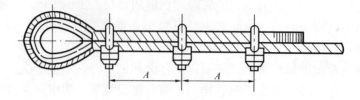

图 1-6-3　钢丝绳夹的正确布置方法

（2）每一连接处所需钢丝绳夹的最少数量如表 1-6-10 所示。

钢丝绳夹使用数量和间距　　　　　　　　　　表 1-6-10

绳夹公称尺寸（mm） （钢丝绳公称直径 d）	数量（组）	间　　距
≤18	3	
19～27	4	
28～37	5	6～8 倍钢丝绳直径
38～44	6	
45～60	7	

（3）绳夹正确布置时，固定处的强度至少为钢丝绳自身强度的 80%，绳夹在实际使用中受载 1、2 次后螺母要进一步拧紧。

（4）离套环最近处的绳夹应尽可能地紧靠套环，紧固绳夹时要考虑每个绳夹的合理受力，离套环最远处的绳夹不得首先单独紧固。

（5）为了便于检查接头，可在最后一个夹头后面约 500mm 处再安一个夹头，并将绳头放出一个"安全弯"（图 1-6-4）。当接头的钢丝绳发生滑动时，"安全弯"即被拉直，这时就应立即采取措施。

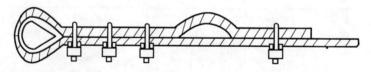

图 1-6-4　安装钢丝绳夹放"安全弯"方法

2.2　吊装工具

2.2.1　吊钩

2.2.1.1　起重吊钩常用优质碳素钢锻成。锻成后要进行退火处理，要求硬度达到 95～135HB。吊钩表面应光滑，不得有剥裂、刻痕、锐角、裂缝等缺陷存在，并不准对磨损或有裂缝的吊钩进行补焊修理。

2.2.1.2　吊钩在钩挂吊索时要将吊索挂至钩底；直接钩在构件吊环中时，不能使吊钩硬别或歪扭，以免吊钩产生变形或使吊索脱钩。

2.2.1.3　带环吊钩规格（表 1-6-11）。

带环吊钩规格（mm） 表 1-6-11

简　图	起重量(t)	A	B	C	D	E	F	适用钢丝绳直径(mm)	每只自重(kg)
	0.5	7	114	73	19	19	19	6	0.34
	0.75	9	133	86	22	25	25	6	0.45
	1	10	146	98	25	29	27	8	0.79
	1.5	12	171	109	32	32	35	10	1.25
	2	13	191	121	35	35	37	11	1.54
	2.5	15	216	140	38	38	41	13	2.04
	3	16	232	152	41	41	48	14	2.90
	3.75	18	257	171	44	48	51	16	3.86
	4.5	19	282	193	51	51	54	18	5.00
	6	22	330	206	57	54	64	19	7.40
	7.5	24	356	227	64	57	70	22	9.76
	10	27	394	255	70	64	79	25	12.30
	12	33	419	279	76	72	89	29	15.20
	14	34	456	308	83	83	95	32	19.10

2.2.2　卡环（卸甲、卸扣）

卡环用于吊索和吊索或吊索和构件吊环之间的连接，由弯环与销子两部分组成。

卡环按弯环形式分，有D形卡环和弓形卡环；按销子和弯环的连接形式分，有螺栓式卡环和活络卡环。螺栓式卡环的销子和弯钩采用螺纹连接；活络卡环的销子端头和弯环孔眼无螺纹，可直接抽出，销子断面有圆形和椭圆形两种（图1-6-5）。

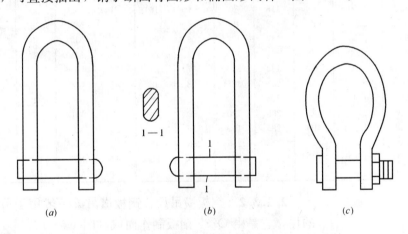

图 1-6-5　卡环
(a) 螺栓式卡环（D形）；(b) 椭圆销活络卡环（D形）；(c) 弓形卡环

D形卡环规格见表1-6-12所列。

2.2.3　横吊梁（铁扁担）

横吊梁常用于柱和屋架等构件的吊装。用横吊梁吊柱容易使柱身保持垂直，便于安装；用横吊梁吊屋架可以降低起吊高度，减少吊索的水平分力对屋架的压力。

常用的横吊梁有滑轮横吊梁、钢板横吊梁、钢管横吊梁等。

2.2.3.1　滑轮横吊梁：滑轮横吊梁一般用于吊装8t以内的柱，它由吊环、滑轮和轮轴等部分组成（图1-6-6），其中吊环用Q235圆钢锻制而成，环圈的大小要保证能够直接挂上起重机吊钩；滑轮直径应大于起吊柱的厚度，轮轴直径和吊环断面应按起重量的大小计算而定。

D形常用卡环规格（GB 559） 表 1-6-12

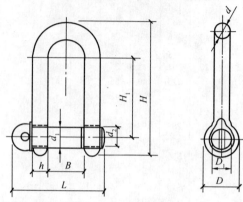

型号	使用负荷 (N)	使用负荷 (kg)	D	H	H_1	L	d	d_1	d_2	B	重量 (kg)
			(mm)								
0.2	2450	250	16	49	35	34	6	8.5	M8	12	0.04
0.4	3920	400	20	63	45	44	8	10.5	M10	18	0.09
0.6	5880	600	24	72	50	53	10	12.5	M12	20	0.16
0.9	8820	900	30	87	60	64	12	16.5	M16	24	0.30
1.2	12250	1250	35	102	70	73	14	18.5	M18	28	0.46
1.7	17150	1750	40	116	80	83	16	21	M20	32	0.69
2.1	20580	2100	45	132	90	98	20	25	M22	36	1
2.7	26950	2750	50	147	100	109	22	29	M27	40	1.54
3.5	34300	3500	60	164	110	122	24	33	M30	45	2.20
4.5	44100	4500	68	182	120	137	28	37	M36	54	3.21
6.0	58800	6000	75	200	135	158	32	41	M39	60	4.57
7.5	73500	7500	80	226	150	175	36	46	M42	68	6.20
9.5	93100	9500	90	255	170	193	40	51	M48	75	8.63
11.0	107800	1100	100	285	190	216	45	56	M52	80	12.03
14.0	137200	1400	110	318	215	236	48	59	M56	80	15.58
17.5	171500	1750	120	345	235	254	50	66	M64	100	19.35
21.0	205800	2100	130	375	250	288	60	71	M68	110	27.83

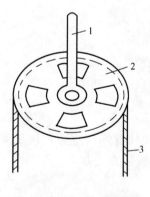

图 1-6-6 滑轮横吊梁
1—吊环；2—滑轮；3—吊索

2.2.3.2 钢板横吊梁：钢板横吊梁一般用于吊装 10t 以下的柱，它是由 Q235 钢板制作而成（图 1-6-7）。

钢板横吊梁中的两个挂卡环孔的距离应比柱的厚度大 20cm，以便柱"进档"。

设计钢板横吊梁时，应先根据经验初步确定截面尺寸，再进行强度验算。

钢板横吊梁应对中部截面（图 1-6-7 中的 $A-C$）进行强度验算和对吊钩孔壁、卡环孔壁进行局部承压验算。计算荷载按构件重力乘以动力系数 1.5 计算。

（1）中部截面强度验算：中部截面一般只验算受拉区 AB 部分的强度，BC 部分可通过取较大尺寸（如取 $BC=0.4\sim 0.5l$）并用钢板或角钢加固来保证安全。

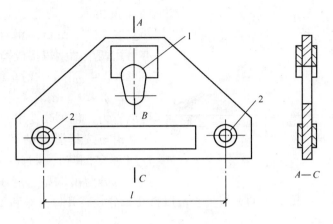

图 1-6-7 钢板横吊梁
1—挂吊钩孔；2—挂卡环孔

中部截面 AB 部分的强度按下列公式验算：

$$\sqrt{\sigma^2 + 3\tau^2} \leqslant [\sigma] \quad (1\text{-}6\text{-}3)$$

式中　σ——AB 截面最上边缘的正应力，

$\sigma = \dfrac{M}{W} = \dfrac{K_{Q}l}{4W}$ 其中，Q 为构件重力，K 为动力系数（取 1.5），l 为两卡环孔之间的距离，W 为 AB 截面的抵抗矩；

τ——AB 截面的剪应力，$\tau = KQ/A$，其中，A 为 AB 截面面积，K、Q 符号意义同前；

$[\sigma]$——钢材的容许应力，对 Q235 钢，取 140N/mm²。

(2) 吊钩孔壁局部承压验算：

吊钩孔壁局部承压强度按下式验算：

$$\sigma_{cd} = \dfrac{KQ}{b \cdot \Sigma \delta_1} \leqslant [\sigma_{cd}] \quad (1\text{-}6\text{-}4)$$

式中　σ_{cd}——孔壁计算承压应力；

b——吊钩厚度；

$\Sigma \delta_1$——挂吊钩孔壁钢板厚度总和；

$[\sigma_{cd}]$——钢材端面承压容许应力，对 Q235 钢取 $0.9f$（f 为钢材的强度设计值）；

K、Q——符号意义同前。

(3) 卡环孔壁局部承压验算：

卡环孔壁局部承压强度按下式验算：

$$\sigma_{cd} = \dfrac{KQ}{2d\Sigma \delta_2} \leqslant [\sigma_{cd}] \quad (1\text{-}6\text{-}5)$$

式中　d——卡环直径；

$\Sigma \delta_2$——挂卡环孔壁钢板厚度总和；

$[\sigma_{cd}]$、K、Q 符号意义同前。

2.2.3.3 钢管横吊梁：钢管横吊梁一般用于吊屋架，钢管长 6～12m（图 1-6-8）。

钢管横吊梁在起吊构件时承受轴向力 N 和弯矩 M（由钢管自重产生的）。设计时，可先根据容许长细比 $[\lambda] = 120$ 初选钢管截面，然后，按压弯构件进行稳定验算。荷载按构件重力乘以动力系数 1.5，容许应力 $[\sigma]$ 取 $140\text{N}/\text{mm}^2$。钢管横吊梁中的钢管亦可用两个槽钢焊接成箱形截面来代替。

2.2.4 滑车、滑车组

2.2.4.1 滑车：滑车（又名葫芦），可以省力，也可改变用力的方向。

滑车按其滑轮的多少，可分为单门、双门和多门等；按连接件的结构形式不同，可分为吊钩型、链环型、吊环型和吊梁型四种（图 1-6-9）；按滑车的夹板是否可以打开来分，有开口滑车和闭口滑车两种。

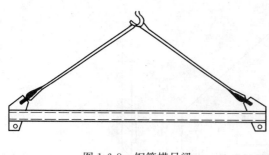

图 1-6-8 钢管横吊梁

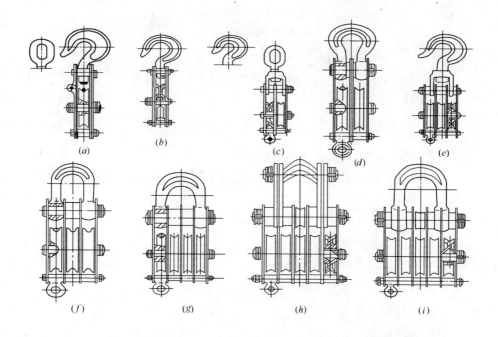

图 1-6-9 滑车形式

(a) 单门开口吊钩型；(b) 单门闭口吊钩型；(c) 双门闭口链环型；
(d) 双门吊环型；(e) 三门闭口吊环型；(f) 三门吊环型；
(g) 四门吊环型；(h) 五门吊环型；(i) 五门吊梁型

滑车按使用方式不同，可分为定滑车和动滑车两种（图 1-6-10）。定滑车可改变力的方向，但不能省力；动滑车可以省力，但不能改变力的方向。

滑车的允许荷载，根据滑轮和轴的直径确定，使用时应按其标定的数量选用，不能超过。

常用钢滑车的允许荷载见表 1-6-13。

2.2.4.2 滑车组：滑车组是由一定数量的定滑车和动滑车及绕过它们的绳索组成的。

(1) 滑车组的种类：滑车组根据跑头（滑车组的引出绳头）引出的方向不同，可分为以下三种（图 1-6-11）。

常用钢滑车允许荷载　　　　表 1-6-13

滑轮直径 (mm)	允许荷载 (kN)								使用钢丝绳直径 (mm)	
	单门	双门	三门	四门	五门	六门	七门	八门	适用	最大
70	5	10	—	—	—	—	—	—	5.7	7.7
85	10	20	30	—	—	—	—	—	7.7	11
115	20	30	50	80	—	—	—	—	11	14
135	30	50	80	100	—	—	—	—	12.5	15.5
165	50	80	100	160	200	—	—	—	15.5	18.5
185	—	100	160	200	—	320	—	—	17	20
210	80	—	200	—	320	—	—	—	20	23.5
245	100	160	—	320	—	500	—	—	23.5	25
280	—	200	—	—	500	—	800	—	26.5	28
320	160	—	—	500	—	800	—	1000	30.5	32.5
360	200	—	—	—	800	1000	—	1400	32.5	35

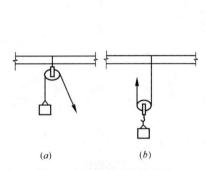

图 1-6-10　定滑车和动滑车
(a) 定滑车；(b) 动滑车

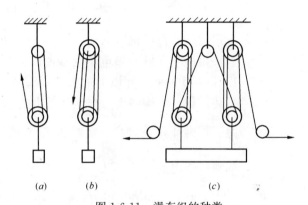

图 1-6-11　滑车组的种类
(a) 跑头自动滑车引出；(b) 跑头自定滑车引出；(c) 双联滑车组

1) 跑头自动滑车引出：用力的方向与重物移动的方向一致；
2) 跑头自定滑车引出：用力的方向与重物移动的方向相反；
3) 双联滑车组：有两个跑头，可用两台卷扬机同时牵引。具有速度快一倍、受力较均衡、工作中滑车不会产生倾斜等优点。

(2) 滑车组的穿法：滑车组中绳索有普通穿法和花穿法两种，如图 1-6-12 所示。

普通穿法是将绳索自一侧滑轮开始，顺序地穿过中间的滑轮，最后从另一侧滑轮引出。这种穿法，滑车组在工作时，由于两侧钢丝绳的拉力相差较大，因此滑车在工作中不平稳，甚至会发生自锁现象（即重物不能靠自重下落）。

花穿法的跑头从中间滑轮引出，两侧钢丝绳的拉力相差较小，故在用"三三"❶ 以上的滑车组时，宜用花穿法。

(3) 滑车组的计算：

滑车组的跑头拉力（引出索拉力）按下式计算：

$$S = f_0 K Q \qquad (1\text{-}6\text{-}6)$$

式中　S——跑头拉力；
　　　K——动力系数；

---

❶　由三个定滑车和三个动滑车组成的滑车组称为"三三"滑车组。

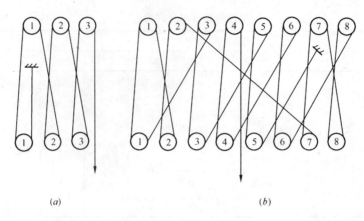

图 1-6-12 滑车组的穿法
(a) 普通穿法；(b) 花穿法

当采用手动卷扬机时 $K=1.1$；

当采用机动卷扬机起重量在 30t 以下时 $K=1.2$，起重量在 30~50t 时 $K=1.3$，起重量在 50t 以上时 $K=1.5$；

Q——吊装荷载，为构件重力与索具重力之和；

f_0——跑头拉力计算系数，当绳索从定滑轮绕出时，$f_0=\dfrac{f-1}{f^n-1} \cdot f^n f_0$，当绳索从动滑轮绕出时，$f_0=\dfrac{f-1}{f^n-1} \cdot f^{n-1} f$（一般可按表 1-6-14 取用），其中，$n$ 为工作绳数；f 为滑轮阻力系数，滚动轴承取 1.02；青铜衬套取 1.04；无青铜衬套取 1.06。

需注意：从滑车组引出绳到卷扬机之间，一般还要绕过几个导向滑轮，所以，计算卷扬机的牵引力时，还需将滑车组的跑头拉力 S 乘以 f^k（k——导向滑轮数目）。

滑车组跑头拉力计算系数 f_0 值　　　　　表 1-6-14

滑轮的轴承或衬套材料	滑轮阻力系数 f	动滑轮上引出绳根数								
		2	3	4	5	6	7	8	9	10
滚动轴承	1.02	0.52	0.35	0.27	0.22	0.18	0.15	0.14	0.12	0.11
青铜套轴承	1.04	0.54	0.36	0.28	0.23	0.19	0.17	0.15	0.13	0.12
无衬套轴承	1.06	0.56	0.38	0.29	0.24	0.20	0.18	0.16	0.15	0.14

(4) 滑车组的使用：

1) 使用前应查明它的允许荷载，检查滑车的各部分，看有无裂缝和损伤情况，滑轮转动是否灵活等。

2) 滑车组穿好后，要慢慢地加力；绳索收紧后应检查各部分是否良好，有无卡绳之处，若有不妥，应立即修正，不能勉强工作。

3) 滑车的吊钩（或吊环）中心，应与起吊构件的重心在一条垂直线上，以免构件起吊后不平稳；滑车组上下滑车之间的最小距离一般为 700~1200mm。

4) 滑车使用前后都要刷洗干净，轮轴应加油润滑，以减少磨损和防止锈蚀。

2.2.5 捯链

2.2.5.1 捯链又称神仙葫芦、手拉葫芦，可用来起吊轻型构件、拉紧拔杆缆风及在构件运输中拉紧捆绑构件的绳索等。

2.2.5.2 捯链主要有 WA、SH 和 SBL 三种类型见表 1-6-15～表 1-6-17 所列。WA 和 SH 型的结构形式均为对称排列二级正齿轮传动；SBL 型的结构形式为行星摆线针轮传动。

WA 型捯链　　　　　表 1-6-15

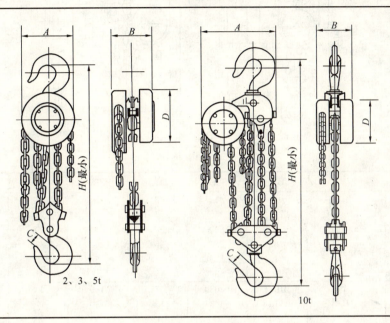

SH 型捯链的技术规格　　　　　表 1-6-16

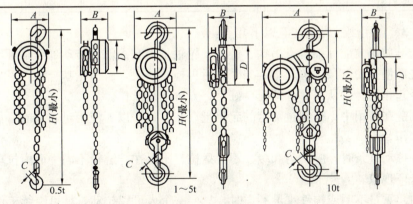

型　号		SH½	SH1	SH2	SH3	SH5	SH10
起重量（t）		0.5	1	2	3	5	10
起升高度（m）		2.5	2.5	3	3	3	5
两钩间最小距离 H（mm）		250	430	550	610	840	1000
手拉力（N）		195～220	210	325～360	345～360	375	385
起重链圆钢直径（mm）		7	7	9	11	14	14
起重链行数		2	2	2	2	2	4
主要尺寸（mm）	A	180	180	198～234	267	326	675
	B	126	126	152	167	167	497
	C	18～22	25	33	40	50	64
	D	155	155	200	235	295	295
重量（kg）		11.5～16	16	31～32	45～46	73	170

SBL 型捯链的技术规格　　　　　表 1-6-17

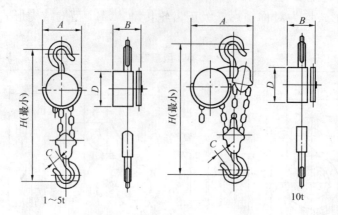

型　　号		SBL½	SBL1	SBL2	CR3	SBL5	SBL10
起重量（t）		0.5	1	2	3	5	10
起升高度（m）		2.5	2.5	3	3	3	3
两钩间最小距离 H（mm）		195	500	500	500	590	700
手拉力（N）		180	220	260	260	330	430
起重链条行数		1	2	2	2	2	3
起重链条直径（mm）		5	8	8	8.5	10	12
主要尺寸（mm）	A	105	208	172	186	208	381
	B	110	168	150	150	172	173
	C	24	27	32	36	48	63
	D	105	137	170	170	195	214
重量（kg）		7.5	23.5	27	27.5	40	73

2.2.5.3 使用捯链时应注意以下几点：

（1）捯链使用前应仔细检查吊钩、链条及轮轴是否有损伤，传动部分是否灵活；挂上重物后，先慢慢拉动链条，等起重链条受力后再检查一次，看齿轮啮合是否妥当，链条自锁装置是否起作用。确认各部分情况良好后，方可继续工作。

（2）捯链在使用中不得超过额定的起重量。在 -10℃ 以下使用时，只能以额定起重量之半进行工作。

（3）手拉动链条时，应均匀和缓，不得猛拉。不得在与链轮不同平面内拉动，以免造成跳链、卡环现象。

（4）如起重量不明或构件重量不详时，只要一个人可以拉动，就可继续工作。如一个人拉不动，应检查原因，不宜几人一齐猛拉，以免发生事故。

（5）齿轮部分应经常加油润滑，棘爪、棘轮和棘爪弹簧应经常检查，发现异常情况应予以更换，防止制动失灵使重物自坠。

2.2.6 手扳葫芦

手扳葫芦又称钢丝绳手扳滑车，在结构吊装中常作收紧缆风和升降吊篮之用，如图 1-6-13 所示。

手扳葫芦的技术规格见表 1-6-18 所列。

手扳葫芦技术规格　　　　　　　　　　　　　　　表 1-6-18

型　号		SB1~1.5	69-3	YQ-3
起重量（t）		1.5	3	3
手柄往复一次钢丝绳行程（mm）	空　载	55~65	35~40	25~30
	重　载	45~50	25~40	
手扳力（kN）		0.43	0.41	0.45
钢丝绳	规　格	φ9（7×7）	φ13.5	φ15.5（6×19）
	长度（m）	20	15	10
外形尺寸（mm）	长	407	516	495
	宽	202	258	260
	高	132	163	165
机体重量（kg）		9	14	16

2.2.7　卷扬机

2.2.7.1　卷扬机有手动卷扬机和电动卷扬机之分。手动卷扬机在结构吊装中已很少使用。电动卷扬机按其速度可分为快速、中速、慢速等。快速卷扬机又分单筒和双筒，其钢丝绳牵引速度为 25~50m/min，单头牵引力为 4.0~80kN，如配以井架、龙门架、滑车等可作垂直和水平运输等用。慢速卷扬机多为单筒式，钢丝绳牵引速度为 6.5~22m/min，单头牵引力为 5~100kN，如配以拔杆、人字架、滑车组等可作大型构件安装等用。

2.2.7.2　卷扬机的固定、布置和使用注意事项：

（1）卷扬机的固定：卷扬机必须用地锚予以固定，以防工作时产生滑动或倾覆。根据受力大小，固定卷扬机有螺栓锚固法、水平锚固法、立桩锚固法和压重锚固法四种（图 1-6-14）。

（2）卷扬机的布置：卷扬机的布置（即安装位置）应注意下列几点：

1）卷扬机安装位置周围必须排水畅通并应搭设工作棚；

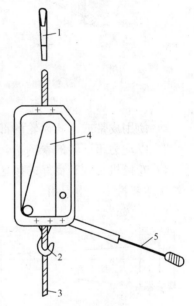

图 1-6-13　手扳葫芦
1—挂钩；2—吊钩；3—钢丝绳；
4—夹钳装置；5—手柄

2）卷扬机的安装位置应能使操作人员看清指挥人员和起吊或拖动的物件。卷扬机至构件安装位置的水平距离应大于构件的安装高度，即当构件被吊到安装位置时，操作者视线仰角应小于 45°；

3）在卷扬机正前方应设置导向滑车，导向滑车至卷筒轴线的距离，带槽卷筒应不小于卷筒宽度的 15 倍，即倾斜角 α 不大于 2°（图 1-6-15），无槽卷筒应大于卷筒宽度的 20 倍，以免钢丝绳与导向滑车槽缘产生过分的磨损；

4）钢丝绳绕入卷筒的方向应与卷筒轴线垂直，其垂直度允许偏差为 6°。这样能使钢丝绳圈排列整齐，不致斜绕和互相错叠挤压。

（3）卷扬机使用注意事项：

1）作用前，应检查卷扬机与地面的固定，弹性联轴器不得松旷。并应检查安全装置、防护设施、电气线路、接零或接地线、制动装置和钢丝绳等，全部合格后方可使用。

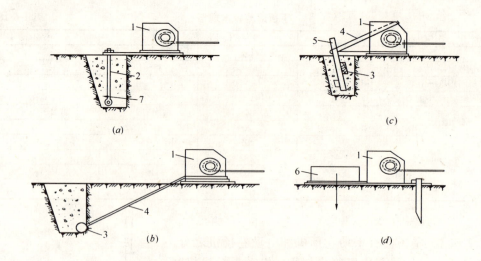

图 1-6-14 卷扬机的固定方法
(a) 螺栓锚固法；(b) 水平锚固法；(c) 立桩锚固法；(d) 压重锚固法
1—卷扬机；2—地脚螺栓；3—横木；4—拉索；5—木桩；6—压重；7—压板

2) 使用皮带或开式齿轮的部分，均应设防护罩，导向滑轮不得用开口拉板式滑轮。

3) 以动力正反转的卷扬机，卷筒旋转方向应与操纵开关上指示的方向一致。

4) 卷扬机必须有良好的接地或接零装置，接地电阻不得大于10Ω。在一个供电网路上，接地或接零不得混用。

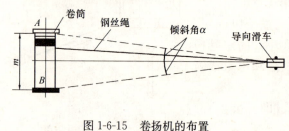

图 1-6-15 卷扬机的布置

5) 卷扬机使用前要先空运转作空载正、反转试验5次，检查运转是否平稳，有无不正常响声；传动制动机构是否灵活可靠；各紧固件及连接部位有无松动现象；润滑是否良好，有无漏油现象。

6) 钢丝绳的选用应符合原厂说明书规定。卷筒上的钢丝绳全部放出时应留有不少于3圈；钢丝绳的末端应固定牢靠；卷筒边缘外周至最外层钢丝绳的距离应不小于钢丝绳直径的1.5倍。

7) 钢丝绳应与卷筒及吊笼连接牢固，不得与机架或地面摩擦，通过道路时，应设过路保护装置。

8) 在卷扬机制动操作杆的行程范围内，不得有障碍物或阻卡现象。

9) 卷筒上的钢丝绳应排列整齐，当重叠或斜绕时，应停机重新排列，严禁在转动中用手拉脚踩钢丝绳。

10) 作业中，任何人不得跨越正在作业的卷扬钢丝绳。物件提升后，操作人员不得离开卷扬机，物件或吊笼下面严禁人员停留或通过。休息时应将物件或吊笼降至地面。

11) 作业中如发现异响、制作不灵、制动带或轴承等温度剧烈上升等异常情况时，应立即停机检查，排除故障后方可使用。

12) 作业中停电或休息时，应切断电源，将提升物件或吊笼降至地面。操作人员离开现场应锁好开关箱。

2.2.7.3 电动卷扬机牵引力计算：

作用于卷筒上钢丝绳的牵引力，按下列公式计算：

$$F = 1.02 \frac{N_H \eta}{V}$$

或

$$F = 0.75 \frac{N_P \eta}{V}$$

式中　F——牵引力（kN）；

　　　N_H——电动机功率（kW）；

　　　N_P——电动机功率（马力）；

　　　V——钢丝绳速度（m/s）；

　　　η——总效率；

$$\eta = \eta_0 \times \eta_1 \times \eta_2 \times \cdots \times \eta_n$$

式中　η_0——卷筒效率，当卷筒装在滑动轴承上时，$\eta_0=0.94$；当卷筒装在滚动轴承上时，$\eta_0=0.96$；

　　　η_1、$\eta_2 \cdots \eta_n$——表示传动机件效率，由表1-6-19查出。

卷扬机零件传动效率表　　　　　表1-6-19

零　件　名　称			效　　率
卷　筒	滑　动　轴　承		0.94～0.96
	滚　动　轴　承		0.96～0.98
一对圆柱齿轮传动	开式传动	滑动轴承	0.93～0.95
		滚动轴承	0.95～0.96
	闭式传动（稀油润滑）	滑动轴承	0.95～0.97
		滚动轴承	0.96～0.98

钢丝绳速度计算：

$$V = \pi D \times n_n \quad (1\text{-}6\text{-}7)$$

式中　V——钢丝绳速度（m/s）；

　　　D——卷筒直径（m）；

　　　n_n——卷筒转速（r/s）。

$$n_n = n_H i / 60 \quad (1\text{-}6\text{-}8)$$

式中　n_H——电动机转速（r/s）；

　　　i——传动比。

$$i = T_Z / T_B \quad (1\text{-}6\text{-}9)$$

式中　T_Z——所有主动轮齿数的乘积；

　　　T_B——所有被动轮齿数的乘积。

2.3　起重运输机械

2.3.1　履带起重机

2.3.1.1　履带起重机的型号分类：履带起重机是在行走中的履带底盘上装有起重装置的起重机械，是自行式、全回转的一种起重机，它具有操作灵活、使用方便、在一般平整坚实的场地上可以载荷行使和作业的特点。是结构吊装工程中常用的起重机械。

2.3.1.2　履带起重机按传动方式不同可分为机械式、液压式和电动式三种。电动式不适用于需要经常转移作业场地的建筑施工。

2.3.2 汽车起重机

汽车起重机按起重量大小分为轻型、中型和重型三种。起重量在20t以内为轻型，50t以上为重型；按起重臂形式分为桁架臂或镶臂两种；按传动装置形式分为机械传动、电力传动、液压传动三种。

2.3.3 轮胎起重机

轮胎起重机是一种装在专用轮胎式行走底盘上的起重机，其横向尺寸较大，故横向稳定性好，能全回转作业，并能在允许载荷下负荷行驶。它与汽车起重机有很多相同之处，主要差别是行驶速度慢，故不宜作长距离行驶，适宜于作业地点相对固定而作业量较大的场合。

2.3.4 塔式起重机

塔式起重机按有无行走机构可分为固定式和移动式两种。前者固定在地面或建筑物上，后者按其行走装置又可分为履带式、汽车式、轮胎式和轨道式四种；按其回转形式可分为上回转和下回转两种；按其变幅方式可分为水平臂架小车变幅和动臂变幅两种；按其安装形式可分为自升式、整体快速拆装和拼装式三种。目前，应用最广的是下回转、快速拆装、轨道式塔式起重机和能够一机四用（轨道式、固定式、附着式和内爬式）的自升塔式起重机。拼装式起重机因拆装工作量大将逐渐淘汰。

2.3.5 桅杆式起重机

桅杆式起重机是在独脚拔杆下端装上一根可以回转和起伏的吊杆而成。起重量在5t以下的桅杆式起重机，大多用原木做成，用于吊装小构件；起重量在10t左右的桅杆式起重机，大多用无缝钢管做成，桅杆高度可达25m，大型桅杆式起重机，起重量可达60t，桅杆高度可达80m，桅杆和吊杆都是用角钢组成的格构式截面。

3. 起重吊装安全操作技术

3.1 防止起重机事故措施

3.1.1 起重机的行驶道路必须平坦坚实，地下基坑和松软土层要进行处理。必要时，需铺设道木或路基箱。起重机不得停置在斜坡上工作。当起重机通过墙基或地梁时，应在墙基两侧铺垫道木或石子，以免起重机直接辗压在墙基或地梁上。

3.1.2 应尽量避免超载吊装。在某些特殊情况下难以避免时，应采取措施，如：在起重机吊杆上拉缆风或在其尾部增加平衡重等。起重机增加平衡重后，卸载或空载时，吊杆必须落到与水平线夹角60°以内。在操作时应缓慢进行。

3.1.3 禁止斜吊。这里讲的斜吊，是指所要起吊的重物不在起重机起重臂顶的正下方，因而当将捆绑重物的吊索挂上吊钩后，吊钩滑车组不与地面垂直，而与水平线成一个夹角。斜吊会造成超负荷及钢丝绳出槽，甚至造成拉断绳索。斜吊还会使重物在离开地面后发生快速摆动，可能碰伤人或其他物体。

3.1.4 起重机应避免带载行走，如需作短距离带载行走时，载荷不得超过允许起重量的70%，构件离地面不得大于50cm，并将构件转至正前方，拉好溜绳，控制构件摆动。

3.1.5 双机抬吊时，要根据起重机的起重能力进行合理的负荷分配，各单机载荷不得超过其允许载荷的80%，并在操作时要统一指挥，互相密切配合。在整个抬吊过程中，两台起重机的吊钩滑车组均应基本保持垂直状态。

3.1.6 绑扎构件的吊索需经过计算,绑扎方法应正确牢靠。所有起重工具应定期检查。

3.1.7 不吊重量不明的重大构件或设备。

3.1.8 禁止在六级风的情况下进行吊装作业,风力等级及其现象标准见本手册第1章"气象"节:风级表。

3.1.9 起重吊装的指挥人员必须持证上岗,作业时应与起重机驾驶员密切配合,执行规定的指挥信号。驾驶员应听从指挥,当信号不清或错误时,驾驶员可拒绝执行。

3.1.10 严禁起吊重物长时间悬挂在空中,作业中遇突发故障,应采取措施将重物降落到安全地方,并关闭发动机或切断电源后进行检修。在突然停电时,应立即把所有控制器拨到零位,断开电源总开关,并采取措施使重物降到地面。

3.1.11 起重机的吊钩和吊环严禁补焊。当吊钩吊环表面有裂纹、严重磨损或危险断面有永久变形时应予更换。

3.2 防止高处坠落措施

3.2.1 操作人员在进行高处作业时,必须正确使用安全带。安全带一般应高挂低用,即将安全带绳端的钩环挂于高处,而人在低处操作。

3.2.2 在高处使用撬杠时,人要立稳,如附近有脚手架或已安装好的构件,应一手扶住,一手操作。撬杠插进深度要适宜,如果撬动距离较大,则应逐步撬动,不宜急于求成。

3.2.3 雨天和雪天进行高处作业时,必须采取可靠的防滑、防寒和防冻措施。作业处和构件上有水、冰、霜、雪均应及时清除。

对进行高处作业的高耸建筑物,应事先设置避雷设施。遇有六级以上强风、浓雾等恶劣气候,不得从事露天高处吊装作业。暴风雪及台风暴雨后,应对高处作业安全设施逐一加以检查,发现有松动、变形、损坏或脱落等现象,应立即修理完善。

3.2.4 登高用梯子必须牢固。梯脚底部应坚实,不得垫高使用。梯子的上端应有固定措施。立梯工作角度以 $75°±5°$ 为宜,踏板上下间距以30cm为宜,不得有缺档。

3.2.5 梯子如需接长使用;必须有可靠的连接措施,且接头不得超过1处,连接后梯梁的强度,不应低于单梯梯梁的强度。

3.2.6 固定式直爬梯应用金属材料制成。梯宽不应大于50cm,支撑应采用不小于 $L70×6$ 的角钢,埋设与焊接均必须牢固。梯子顶端的踏棍应与攀登的顶面齐平,并加设 $1\sim1.5m$ 高的扶手。

3.2.7 操作人员在脚手板上通行时,应思想集中,防止踏上挑头板。

3.2.8 安装有预留孔洞的楼板或屋面板时,应及时用木板盖严,或及时设置防护栏杆、安全网等防坠落措施。

3.2.9 电梯井口必须设防护栏杆或固定栅门;电梯井内应每隔10m设一道安全网。

3.2.10 从事屋架和梁类构件安装时,必须搭设牢固可靠的操作台。需在梁上行走时,应设置护栏横杆或绳索。

3.3 防止高处落物伤人措施

3.3.1 地面操作人员必须戴安全帽。

3.3.2 高处操作人员使用的工具、零配件等,应放在随身佩带的工具袋内,不可随意向下丢掷。

3.3.3 在高处用气割或电焊切割时，应采取措施，防止火花落下伤人。

3.3.4 地面操作人员，应尽量避免在高空作业面的正下方停留或通过，也不得在起重机的起重臂或正在吊装的构件下停留或通过。

3.3.5 构件安装后，必须检查连接质量，只有连接确实安全可靠，才能松钩或拆除临时固定工具。

3.3.6 设置吊装禁区，禁止与吊装作业无关的人员入内。

3.4 防止触电措施

3.4.1 吊装工程施工组织设计中，必须有现场电气线路及设备位置平面图。现场电气线路和设备应由专人负责安装、维护和管理，严禁非电工人员随意拆改。

3.4.2 施工现场架设的低压线路不得用裸导线。所架设的高压线应距建筑物 10m 以外，距离地面 7m 以上。跨越交通要道时，需加安全保护装置。施工现场夜间照明，电线及灯具高度不应低于 2.5m。

3.4.3 起重机不得靠近架空输电线路作业。起重机的任何部位与架空输电线路的安全距离不得小于表 1-6-20 的规定。

起重机与架空输电导线的安全距离　　　　　　　　　表 1-6-20

安全距离 \ 电压（kV）	<1	1~15	20~40	60~110	220
沿垂直方向（m）	1.5	3.0	4.0	5.0	6.0
沿水平方向（m）	1.0	1.5	2.0	4.0	6.0

3.4.4 构件运输时，构件或车辆与高压线净距不得小于 2m，与低压线净距不得小于 1m，否则，应采取停电或其他保证安全的措施。

3.4.5 现场各种电线接头、开关应装入开关箱内，用后加锁，停电必须拉下电闸。

3.4.6 电焊机的电源线长度不宜超过 5m，并必须架高。电焊机手把线的正常电压，在用交流电工作时为 60~80V，要求手把线质量良好，如有破皮情况，必须及时用胶布严密包扎。电焊机的外壳应该接地。电焊线如与钢丝绳交叉时应有绝缘隔离措施。

3.4.7 使用塔式起重机或长起重臂的其他类型起重机时，应有避雷防触电设施。

3.4.8 各种用电机械必须有良好的接地或接零。接地线应用截面不小于 25mm 的多股软裸铜线和专用线夹。不得用缠绕的方法接地和接零。同一供电网不得有的接地，有的接零。手持电动工具必须装设漏电保护装置。使用行灯电压不得超过 36V。

3.4.9 在雨天或潮湿地点作业的人员，应穿戴绝缘手套和绝缘鞋。大风雪后，应对供电线路进行检查，防止断线造成触电事故。

第三节　起重吊装作业安全技术交底

起重吊装作业前，应进行安全技术交底。项目技术负责人应根据经审批的起重吊装作业施工方案，向吊装作业队伍（班组）进行安全技术交底。起重吊装安全技术交底应包括以下重要内容：

1 经审批的起重吊装作业方案。
2 起重吊装安全防护要求。
3 对起重作业人员进行遵守规程、自我防护意识教育。
4 作业前，对起重设备、吊装索具进行专项检查。
5 对作业人员明确统一的旗语信号。
6 对所要吊装的物件进行检验、计算，确保被吊物件与设备起重量值控制在安全范围之内。
7 严格按照起重作业规程实施作业。
8 作业前、作业中、作业后应实施严格的检查、专人监控、验收，保存完整的文字、图片等作业资料。
9 所有从事起重作业的人员，必须持证上岗。
10 安全技术交底必须以书面形式进行，交底完毕，办理签字验收手续。

第四节 施工现场应急救援预案

1. 总则

1.1 根据《中华人民共和国安全生产法》，为了保护企业从业人员在生产经营活动中的身体健康和生命安全，保证企业在出现生产安全事故时，能够及时进行应急救援，最大限度地降低生产安全事故给企业和从业人员所造成的损失，制定本专业生产安全事故应急救援。

1.2 所有从事起重吊装施工活动的施工企业，均应编制本专业应急救援预案。

1.3 起重吊装施工安全事故预测

1.3.1 吊装索具磨损严重、索具捆绑不牢、超负荷等事故前级事件（即事故征兆）；

1.3.2 起重机械失稳引起倾覆及造成人员伤亡。

1.4 施工单位负责实施本单位项目工程专项应急救援预案，主要负责人和安全生产监督管理部门负责日常监督和指导。

2. 专项应急救援组织机构

2.1 施工企业应在建立生产安全事故应急救援组织机构的基础上，建立专项应急救援的分支机构。

2.2 起重吊装施工现场或者其他生产经营场所应成立专项应急救援小组，其中包括：现场主要负责人、安全专业管理人员、技术管理人员、生产管理人员、人力资源管理人员、行政卫生、工会以及应急救援所必需的水、电、起重设备操作等专业人员。

2.3 专项应急救援机构应具备现场救援救护基本技能，定期进行应急救援演练。配备必要的应急救援器材和设备，并进行经常性的维修、保养，保证应急救援时正常运转。

2.4 专项应急救援机构应建立健全应急救援档案，其中包括：应急救援组织机构名单、救援救护基本技能学习培训活动记录、应急救援器材和设备目录、应急救援器材和设备维修保养记录、生产安全事故应急救援记录等。

3. 专项应急救援机构组织职责

3.1 应急指挥人员职责：

3.1.1 事故发生后，立即赶赴事发地点，了解现场状况，初步判断事故原因及可能产生的后果，组织人员实施救援。

3.1.2 召集救援小组人员，明确救援目的、救援步骤，统一协调开展救援。

3.1.3 按照救援预案中的人员分工，确认实施对外联络、人员疏散、伤员抢救、划定区域、保护现场等的人员及职责。

3.1.4 协调应急救援过程中出现的其他情况。

3.1.5 救援完成、事故现场处理完后，与现场相关人员确认恢复生产的条件及时恢复生产。

3.1.6 根据应急实施情况及效果，完善应急救援预案。

3.2 技术负责人职责：

3.2.1 协助应急指挥根据起重吊装的施工作业方法等基本情况，拟定采取的救援措施及预期效果，为正确实施救援提出可行的建议。

3.2.2 负责应急救援中的技术指导，按照责任分工，实施应急救援。

3.2.3 参与应急救援预案的完善。

3.3 生产副经理：

3.3.1 组织工长、起重工等相关人员，依据补救措施方案，排除意外险情或实施救援。

3.3.2 应急救援、事故处理结束后，组织人员安排恢复生产。

3.3.3 参与应急救援预案的演练。

3.4 行政副经理：

3.4.1 发生伤亡事故后，安排人员联络医院、消防机构、应急机械设备、派人接车等事宜。

3.4.2 组织人员落实封闭事故现场、划出特定区域等工作。

3.4.3 参与应急救援预案的演练。

3.5 现场安全员：

3.5.1 立即赶赴事故现场，了解现场状况，参与事故救援。

3.5.2 依据现场状况，判断仍存在的不安全状态，采取处理措施，最大限度地减少人员及财产损失，防止事态进一步扩大。

3.5.3 判断拟采取的救援措施可能带来的其他不安全因素，根据专业知识及经验，选择最佳方案并向应急指挥提出自己的建议。

3.5.4 参与应急救援预案的演练。

3.6 工长、起重工、起重设备出租单位技术负责人及专业操作人员及其他应急小组成员：

3.6.1 听从指挥，明确各自职责。

3.6.2 统一步骤，有条不紊地按照分工实施救援。

3.6.3 参与应急救援预案的演练。

4. 生产安全事故应急救援程序

4.1 应急指挥立即召集应急小组成员，分析现场事故情况，明确救援步骤、所需设备、设施及人员，按照策划、分工，实施救援。

4.2 需要救援车辆时,应急指挥应安排专人接车,引领救援车辆迅速施救。

4.3 起重吊装出现事故征兆时的应急措施:

4.3.1 因地基沉降引起的起重设备倾斜,应采取人工监测,重新夯实,增大垫板受压面积,使之必须设在坚实、可靠的地基上。

4.3.2 起重机械倾覆造成人员伤亡:

4.3.2.1 迅速确定事故发生的准确位置、可能波及的范围、设备损坏的程度、人员伤亡情况等,以根据不同情况进行处置。

4.3.2.2 划出事故特定区域,非救援人员、未经允许不得进入特定区域。迅速核实起重作业人数,立即采取可靠措施实施救援。

4.4 抢救受伤人员时几种情况的处理:

4.4.1 如确认人员已死亡,立即保护现场;

4.4.2 如发生人员昏迷、伤及内脏、骨折及大量失血:

4.4.2.1 立即联系120急救车或(现场最近的医院电话),并说明伤情。为取得最佳抢救效果,还可根据伤情联系专科医院。

4.4.2.2 外伤大出血,急救车未到前,现场采取止血措施。

4.4.2.3 骨折,注意搬动时的保护,对昏迷、可能伤及脊椎、内脏或伤情不详者一律用担架或平板,不得一人抬肩、一人抬腿。

4.4.3 一般性外伤:

4.4.3.1 视伤情送往医院,防止破伤风。

4.4.3.2 轻微内伤,送医院检查。

4.5 制定救援措施时一定要考虑所采取措施的安全性和风险,经评价确认安全无误后再实施救援,避免因采取措施不当而引发新的伤害或损失。

5. 专项应急救援预案要求

5.1 施工单位安全事故应急救援组织应根据本单位项目工程的实际情况,进行起重吊装检查、评估、监控和危险预测,确定安全防范和应急救援重点,制定专项应急救援预案。

5.2 专项应急救援预案应明确规定如下内容:

5.2.1 应急救援人员的具体分工和职责。

5.2.2 生产作业场所和员工宿舍区救援车辆行走和人员疏散路线。现场应用相应的安全色标明显标示,并在日常工作中保证路线畅通。

5.2.3 受伤人员抢救方案。组织现场急救方案,并根据可能发生的伤情,确定2~3个最快捷的相应医院,明确相应的路线。

5.2.4 应急救援设备。

5.2.5 事故发生后上报上级单位的联系方式、联系人员和联系电话。

6. 附则

6.1 各施工单位应根据本项目工程的实际情况,编制有针对性的专项预案。

6.2 发生事故处理完毕后,应急救援指挥应组织救援小组成员进行专题研讨,评审应急救援预案中的救援程序、联络、步骤、分工、实施效果等,使救援预案更加完善。

6.3 凡未制定生产安全事故应急救援预案而发生生产安全事故的,一律依照《中华人民共和国安全生产法》有关规定追究施工单位主要负责人的管理责任。

第五节　施工现场检查要点

1. 施工方案的检查要点

1.1 起重吊装作业是否有安装方案。

起重吊装作业主要是建筑施工中结构安装和设备安装工程，专业性强，危险性大，必须根据工程情况和作业条件编制作业方案。

1.2 作业方案是否经上级审批，方案是否具有针对性。

作业方案应经上级审批。作业方案应根据作业条件，吊装结构和设备的类型，有针对性的采取有效的安全措施，能确保安全、顺利吊装。

2. 起重机械的检查要点

2.1　起重机

2.1.1 起重机是否有超高和力矩限制器

起重机应装设超高和力矩限制器。力矩限制器的综合误差不大于10%。起重机装设力矩限制器后，应根据其性能和精度情况进行调整或定标，当荷载力矩达到额定起重力矩时，能自动切断起升或变幅动力源，并发出禁止性警报信号。上升极限位置限制器，必须保证当吊具起升到极限位置时，自动切断起升的动力源。对于液压起升机构，宜给出禁止性报警信号。

2.1.2 吊钩是否有保险装置

吊钩应有制造单位的合格证等技术证明文件，方可投入使用。否则，应经检验，查明性能合格后方可使用。起重机械不得使用铸造的吊钩。吊钩应设有防止重吊意外脱钩的保险装置。吊钩表面应光洁、无剥裂、锐角、毛刺、裂纹。

2.1.3 起重机安装后是否验收

起重机安装后应验收，由施工单位技术负责人组织项目经理部有关人员进行验收，在验收单上签署意见，然后报当地安全监督管理机构核验。

2.2　起重扒杆

2.2.1 起重扒杆是否有设计计算书是否经过审批

起重扒杆应有设计计算书和设计图纸，并经上级技术部门审批。

2.2.2 扒杆组装是否符合设计要求

扒杆应按照设计图纸组装。

2.2.3 扒杆使用前是否经试吊

扒杆使用前应进行检查和试吊，查看其功能是否达到设计要求，并做好试吊记录。

3. 钢丝绳与地锚的检查要点

3.1 其中钢丝绳磨损、断丝超标

其中钢丝绳磨损、断丝超标，按《起重机械安全规程》和《折减系数表》中的要求检查报废。

钢丝绳有锈蚀或磨损时，应将钢丝绳报废断丝数按《折减系数表》折减，并按折减后的断丝数报废；吊运炙热金属或危险品的钢丝绳的报废断丝数，取一半其中钢丝绳报废报

废断丝数的一半,其中包括钢丝表面锈蚀进行的折减。

3.2 滑轮是否符合规定

滑轮槽应光洁平滑,不得有损伤钢丝绳的缺陷。滑轮应由防止钢丝绳跳出轮槽的装置。金属铸造的滑轮,出现下述情况之一时,应报废:

3.2.1 裂纹;

3.2.2 轮槽不均匀磨损达3mm;

3.2.3 轮槽壁厚磨损达原壁厚的20%;

3.2.4 因磨损度轮槽底部直径减少量达钢丝绳直径的50%;

3.2.5 其他损害钢丝绳的缺陷。

滑轮直径与钢丝绳直径的比值h_2,不应小于《起重机械安全规程》中的数值。

平衡滑轮直径与钢丝绳直径的比值$h_平$不得小于$0.6h_2$。对于桥式类型起重机,$h_平$应等于h_2。对于临时性、短时间使用的简单、轻巧型起重设备,h_2值可取10,但最低不得小于8。

3.3 缆风绳安全系数是否小于3.5倍

《起重机械安全规程》中规定钢丝绳用作缆风绳时的安全系数为3.5倍。

3.4 地锚埋设是否符合设计要求

地锚埋设应符合设计要求。设计时应考虑地锚的埋设应与现场的土质和地锚受力情况相适应;地锚坑在引出线露出地面的位置,其前面及两侧在2m的范围内不应有沟洞、地下管道、地下电缆等;地锚引出线露出地面的位置和地下部分,应作防腐处理;地锚的埋设应平整、不积水。

4. 吊点的检查要点

4.1 是否符合设计规定位置

起重机械与构件或设备及其安装时的吊点应符合设计规定。

4.2 索具使用是否合理、绳径倍数是否不够

钢丝绳在卷筒上应按顺序整齐排列。荷载有多根钢丝绳支承时,应设有各根钢丝绳受力的均衡位置。起升机构和变幅机构,不得使用编结接长的钢丝绳,使用其他方法接长钢丝绳时,必须保证接头连接强度不小于钢丝绳破断拉力的90%。升起高度较大的起重机,宜采用不旋转、无松散倾向的钢丝绳,采用其他钢丝绳代替时,应用防止钢丝绳和吊具旋转的装置和措施。当吊钩处于工作位置最低点时,钢丝绳在卷筒的缠绕,除固定绳尾的圈数外,必须不少于两圈。吊运熔化或炙热金属的钢丝绳,应采用石棉芯等耐高温的钢丝绳。

钢丝绳端部固定连接的安全要求:

4.2.1 用绳卡连接时,应满足《起重机械安全规程》中的要求,同时应保证连接强度不得小于钢丝绳破断拉力的85%;

4.2.2 用编结连接时,编接长度不应小于钢丝绳直径的15倍,并且不得小于300mm,连接强度不得小于钢丝绳破断拉力的75%;

4.2.3 用楔块、楔套连接时,楔套应用钢材制造,连接强度不得小于钢丝绳破断拉力的75%;

4.2.4 用锥形套浇铸法连接时,连接强度应达到钢丝绳的破断拉力;

4.2.5 用铝合金套压缩连接时，应用可靠的工艺方法使铝合金套与钢丝绳紧密牢固地贴合，连接强度应达到钢丝绳破断拉力。

5. 司机、指挥的检查要点

5.1 司机是否持证上岗

司机应经专业培训，考试合格由地、市级劳动行政部门签发《特种作业人员操作证》，执证上岗，严禁无证操作。

5.2 是否本机型司机操作

起重机械包括桥式起重机、缆索起重机、汽车起重机、塔式起重机、桅杆起重机、升降机等多种机械，各种起重机械的司机均经专业培训，熟悉本机型的性能及操作方法。因此，各种起重机械应由本机型司机操作。

5.3 指挥是否持证上岗

起重作业指挥也应经专业培训，取得地、市级劳动行政部门签发的《特种作业人员操作证》，持证上岗，严禁无证指挥。

5.4 高处作业是否有信号传递

起吊高处作业时，指挥人员应按《起重吊运指挥信号》的手势信号、旗语信号、音响信号与司机进行信号传递。起重机应有指示总电源分合的信号，必要时还要设置故障信号和报警信号。信号指示应设置在司机或有关人员视力、听力可及的地方。

6. 地耐力的检查要点

6.1 起重机作业路面地耐力是否符合说明书要求

起重机作业路面应加固处理，地耐力经测试要满足说明书要求。

6.2 地面铺垫措施是否达到要求

各种起重机械在要求作业路面地耐力符合说明书要求的基础上，虽然对地面铺垫方式要求不同，但均要求铺垫的材质坚硬，铺垫平稳、均匀、不产生下沉，能保证起重机正常作业。

7. 起重作业的检查要点

7.1 有下述情况之一时，司机不应进行操作：

7.1.1 被吊物体重量不明就吊装；

7.1.2 有超载作业情况；

7.1.3 超载或物体重量不清。如吊拔起重量或拉力不清的埋设物件，及斜拉斜吊的；

7.1.4 结构或零部件有影响安全工作的缺陷或损伤。如制动器、安全装置不灵，吊钩螺母防松装置损坏，钢丝绳损伤达到报废标准等；

7.1.5 捆绑吊挂不牢或不平衡可能滑动，重物棱角处与钢丝绳之间未加衬垫等；

7.1.6 被吊物体上有人或浮置物；

7.1.7 工作场地昏暗，无法看清场地、被吊物情况和指挥信号等。

7.2 每次作业前是否经试吊检验：每次作业前应进行试吊，检查起重机或扒杆的功能能否满足要求，作好试吊记录。

8. 高处作业的检查要点

8.1 结构吊装是否设置防坠落措施

结构吊装应设置专用铺具，有自紧倾向，无自紧倾向的应有防止滑落的装置和措施。专用铺具及吊挂、捆绑用的钢丝绳或链条，应每六个月检查一次；用其允许承载力的2

倍，悬吊 10m 以后应按规定报废的要求对照检查，确认安全可靠后，方能继续使用。

8.2 作业人员是否系安全带或安全带是否牢靠悬挂点

高处作业人员应系好安全带，其保险钩应挂在操作人员上方的可靠物件上。安全带应高挂低用，注意防止摆动碰撞。使用 8m 以上长绳应加缓冲器，自锁钩吊绳例外。不准将绳打结使用，也不准将钩直接挂在网上使用，应挂在连环环上使用。

8.3 人员上下是否专设爬梯、斜道

人员上下应设爬梯、斜道。爬梯有直立梯和斜梯。直梯梯级间距宜为 300mm，所有梯级间距应相等；踏板距前方立面不应小于 150mm；梯宽不应小于 300mm。当高度大于 10m 时，应每隔 6~8m 设休息平台；当高度大于 5m 时，应从 2m 起装设直径为 650~800mm 的安全圈，相邻两圈间距为 500mm。安全圈之间，应用 5 根均匀分布的纵向连杆连接。安全圈的任何部位都应能承受 1kN 的力而不破断。直立梯通向边缘敞开的上层平台，梯两侧扶手顶端比最高一级踏步，应高出 1050mm，扶手顶端应向平台弯曲。

整架斜梯，所有梯级间距应相等。斜梯高度大于 10m 时，应在 7.5m 处设休息平台。在以后的高度上，每隔 6~10m 设休息平台，梯侧应设栏杆。

起重机上的走台宽度，（有栏杆到移动部分的最大界限之间的距离）对电动起重机不应小于 500mm；对人力驱动的起重机不应小于 480mm。上空有相对移动物体或物体的走台，其净空高度不应小于 1800mm。走台应能承受 300N 的荷载而无塑性变形。

9. 作业平台的检查要点

9.1 起重吊装人员是否有可靠立足点

悬空安装大模板、吊装第一块预制构件、吊装单独的大中型预制构件时，必须站在操作平台上操作。吊装中的大模板和预制构件以及石棉水泥等屋面板上，严禁站人和行走。应根据施工场地情况，为起重吊装人员设置可靠的立足点。

9.2 作业平台临边防护是否符合规定

操作平台四周必须按《建筑施工高处作业安全技术规范》规定的临边作业要求设置防护栏杆，并应布置登高扶梯。

9.3 作业平台脚手板是否满铺

作业平台可采用 ϕ（48~51）×3.5mm 钢管以扣件连接，亦可采用门架式或承插式钢管脚手架部件，按产品使用要求进行组装。平台的次梁，间距不应大于 140cm；台面应满铺 5cm 的木板或竹笆。

10. 物件堆放的检查要点

10.1 楼板堆放超过 1.6m 高度

10.2 其他物件堆放高度不符合规定

楼板堆放高度不得超过 1.6m。其他物件临时堆放处离楼层边缘不应小于 1m，堆放高度不得超过 1m。楼梯边口、通道口、脚手架边缘等处不得堆放任何物件。

10.3 大型物件堆放是否有稳定措施

大型物件堆放的场地应坚实，能承受物体的重量而不下沉、垮塌，大型物件堆放应平稳，并采取支撑、捆绑等稳定措施。

11. 警戒的检查要点

11.1 起重吊装作业是否有警戒标志

11.2 是否设专人警戒

起重吊装作业应设警戒区，划定警戒线，悬挂或张贴明显的警戒标志，并指派专人警戒，警戒人应有标志。

12. 操作工的检查要点

起重工、电焊工是否持安全操作证上岗：起重工、电焊工属特种作业人员，应经专业培训，取得"特种作业人员操作证"，持证上岗，严禁无证上岗。

第六节 事 故 案 例

特大吊装事故

1. 事故概况

某年某月某日08：00左右，在某市造船厂船坞工地，由某工程公司、某中心等单位共同承担安装600t起重量、跨度为170m的巨型龙门起重机的工程，在吊装主梁过程中发生倒塌，造成36人死亡的特大事故。

1.1 起重机吊装过程

事故前3个月，该工程公司施工人员进入造船厂开始进行龙门起重机结构吊装工程，2个月后，完成了刚性腿整体吊装竖立工作。

事故前12日，该中心进行主梁预提升，通过60%～100%负荷分步加载测试后，确认主梁质量良好，塔架应力小于允许应力。

事故前4日，该中心将主梁提升离开地面，然后分阶段逐步提升，至事故前1日19：00，主梁被提升至47.6m高度。因此时主梁上小车与刚性腿内侧缆风绳相碰，阻碍了提升。该公司施工现场指挥考虑天色已晚，决定停止作业，并给起重班长留下工作安排，明确次日早晨放松刚性腿内侧缆风绳，为该中心08：00正式提升主梁做好准备。

1.2 事故发生经过

事故当日07：00，公司施工人员按现场指挥的布置，通过陆侧（远离江河一侧）和江侧（靠近江河一侧）卷扬机先后调整刚性腿的两对内、外两侧缆风绳，现场测量员通过经纬仪监测刚性腿顶部的基准靶标志（调整时，控制靶位标志内外允许摆动20mm），并通过对讲机指挥两侧卷扬机操作工进行放缆作业。放缆时，先放松陆侧内缆风绳，当刚性腿出现外偏时，通过调松陆侧外缆风绳减小外侧拉力进行修偏，直至恢复至原状态。通过10余次放松及调整后，陆侧内缆风绳处于完全松弛状态并已被推出上小车机房顶棚。此后，又使用相同方法和相近的次数，将江侧内缆风绳放松调整为完全松弛状态，约07：55，当地面人员正要通知上面工作人员推移江侧内缆风绳时，测量员发现基准标志逐渐外移，并逸出经纬仪观察范围，同时还有现场人员也发现刚性腿不断地在向外侧倾斜，直到刚性腿倾覆，主梁被拉动横向平移并坠落，另一端的塔架也随之倾倒。

1.3 人员伤亡和经济损失情况

事故造成36人死亡，2人重伤，1人轻伤。死亡人员中，公司4人，中心9人（其中有副教授1人，博士后2人，在职博士1人），造船厂23人。

事故造成经济损失约1亿元，其中直接经济损失8000多万元。

2. 事故原因分析

事故发生后,党和国家十分重视。国家安全生产监督管理局立即组成调查组赶赴现场进行调查处理。

2.1 刚性腿在缆风绳调整过程中受力失衡是事故的直接原因

事故调查组在听取工程情况介绍、现场勘查、查阅有关各方提供的技术文件和图纸、收集有关物证和陈述笔录的基础上,对事故原因作了认真的排查和分析。在逐一排除了自制塔架首先失稳、支承刚性腿的轨道基础沉陷移位、刚性腿结构本体失稳破坏、刚性腿缆风绳超载断裂或地锚拔起、荷载状态下的提升承重装置突然破坏断裂及不可抗力(地震、台风等)的影响等可能引起事故的多种其他原因后,重点对刚性腿在缆风绳调整过程中受力失衡问题进行了深入分析。经过有关专家对于吊装主梁过程中刚性腿处的力学机理分析及受力计算,提出了《某市特大事故技术原因调查报告》,认定造成这起事故的直接原因是:在吊装主梁过程中,由于违规指挥、操作,在未采取任何安全保障措施情况下,放松了内侧缆风绳,致使刚性腿向外侧倾倒,并依次拉动主梁、塔架向同一侧倾坠、垮塌。

2.2 施工作业中违规指挥是事故的主要原因

该公司施工现场指挥在发生主梁上小车碰到缆风绳需要更改施工方案时,违反吊装工程方案中关于"在施工过程中,任何人不得随意改变施工方案的作业要求。如有特殊情况进行调整必须通过一定的程序以保证整个施工过程安全"的规定。未按程序编制修改局面作业指令,未逐级报批,在未采取任何安全保障措施的情况下,下令放松刚性腿内侧的2根缆风绳,导致事故发生。

2.3 吊装工程方案不完善、审批把关不严是事故的重要原因

该公司编制、其上级公司批复的吊装工程方案中提供的施工阶段结构倾覆稳定验算资料不规范、不齐全对造船厂600t龙门起重机刚性腿的设计特点,特别是刚性腿顶部外倾710mm后的结构稳定性没有予以充分的重视;对主梁提升到47.6m时,主梁上小车碰刚性腿内侧缆风绳这一可以预见的问题未予考虑,对此情况下如何保持刚性腿稳定的这一关键施工过程更无定量的控制要求和操作要领。

吊装工程方案及作业指导书编制后,虽经规定程序进行了审核和批准,但有关人员及单位均未发现存在的上述问题,使得吊装工程方案和作业指导书在重要环节上失去了指导作用。

2.4 施工现场缺乏统一严格的管理,安全措施不落实是事故伤亡扩大的原因

(1)施工现场组织协调不力。在吊装工程中,施工现场甲、乙、丙三方立体交叉作业,但没有及时形成统一、有效的组织协调机构对现场进行严格管理。在主梁提升前10日成立的600t龙门起重机提升组织体系,由于机构职责不明、分工不清,并没有起到施工现场总体的调度及协调作用,致使施工各方不能相互有效沟通。乙方在决定更改施工方案,决定放松缆风绳后,未正式告知现场施工各方采取相应的安全措施;甲方也未明确将事故当日的作业具体情况告知乙方,导致造船厂23名在刚性腿内作业的职工死亡。

(2)安全措施不具体、不落实。事故发生前一个多月,由工程各方参加的"确保主梁、柔性腿吊装安全"专题安全工作会议上,在制定有关安全措施时没有针对吊装施工的具体情况由各方进行充分研究并提出全面、系统的安全措施,有关安全要求中既没有对各单位在现场必要人员作出明确规定,也没有关于现场人员如何进行统一协调管理的条款。施工各方均未制定相应程序及指定具体人员对会上提出的有关规定进行具体落实。例如,为吊装工程制定的工作牌制度就基本没有落实。

综上所述，此起特大事故是一起由于吊装施工方案不完善，吊装过程中违规指挥、操作，并缺乏统一严格的现场管理而导致的重大责任事故。

3. 事故预防及控制措施

（1）工程施工必须坚持科学的态度，严格按照规章制度办事，坚决杜绝有章不循、违章指挥、凭经验办事和侥幸心理。

此次事故的主要原因是现场施工违规指挥所致，而施工单位在制定、审批吊装方案和实施过程中都未对600t龙门起重机刚性腿的设计特点给予充分的重视，只凭以往在大起重量门吊施工中曾采用过的放松缆风绳的经验处理这次缆风绳的干涉问题。对未采取任何安全保障措施就完全放松刚性腿内侧缆风绳的做法，现场有关人员均未提出异议，致使该公司现场指挥人员的违规指挥得不到及时纠正。此次事故的教训证明，安全规章制度是长期实践经验的总结，是用鲜血和生命换来的，在实际工作中，必须进一步完善安全生产的规章制度，并按程序办事，有法不依、有章不循想当然、凭经验、靠侥幸是安全生产的大敌。

今后在进行起重吊装等危险性较大的工程施工时，应当明确禁止其他与吊装工程无关的交叉作业，无关人员不得进入现场，以确保施工安全。

（2）必须落实建设项目各方的安全责任，强化建设工程中外来施工队伍和劳动力的管理。

这起事故的最大教训是以包代管。为此，在工程的承发包中，要坚决杜绝以包代管、包而不管的现象。首先是严格市场的准入制度，对承包单位必须进行严格的资质审查。在多单位承包的工程中，发包单位应当对安全生产工作进行统一协调管理。在工程合同的有关内容中必须对业主及施工各方的安全责任做出明确的规定，并建立相应的管理和制约机制，以保证其在实际工作中得到落实。

同时，在社会主义市场经济条件下，由于多种经济成分共同发展，出现利益主体多元化、劳动用工多样化趋势。特别是在建设工程中大量使用外来劳动力，增加了安全管理的难度。为此，一定要重视对外来施工队伍及临时用工的安全管理和培训教育，必须坚持严格的审批程序；必须坚持先培训后上岗的制度，对特种作业人员要严格培训考核、发证，做到持证上岗。

此外，中央管理企业在进行重大施工之前，应主动向所在地安全生产监督管理部门备案，各级安全生产监督管理部门应当加强监督检查。

（3）要重视和规范高等院校参加工程施工时的安全管理，使产、学、研相结合，走上健康发展的轨道。

在高等院校科技成果向产业化转移过程中，高等院校以多种形式参加工程项目技术咨询、服务或直接承接工程的现象越来越多。但从这次调查发现的问题来看，高等院校教职员工介入工程时一般都存在工程管理及现场施工管理经验不足，不能全面掌握有关安全规定，施工风险意识、自我保护意识差等问题。而一旦发生事故，善后处理难度最大，极易成为引发社会不稳定的因素。有关部门应加强对高等院校所属单位承接工程的资质审核，在安全管理方面加强培训；高等院校要对参加工程的单位加强领导，加强安全方面的培训和管理，要求其按照有关工程管理及安全生产的法规和规章制订完善的安全规章制度，并实行严格管理，以确保施工安全。

第七章 塔式起重机

塔式起重机由于机身较高,其稳定性较差,并且拆装转移较频繁,以及技术要求较高,给施工安全带来一定的困难。操作不当或违章装、拆极有可能发生塔式起重机倾覆的机毁人亡事故,造成严重的经济损失和人身伤亡恶性事故。因此,机械操作、安装、拆除人员和机械管理人员必须全面掌握塔式起重机的技术性能,从思想上引起高度重视,从业务上掌握正确的安装、拆卸、操作技能,保证塔式起重机的正常运行,确保安全生产。本章阐述了塔式起重机的施工方案、技术要求及现场检查要点等,以利于施工现场管理人员学习、查阅。

第一节 施 工 方 案

1. 编制依据
1.1 工程项目施工组织设计;
1.2 《塔式起重机安全规程》(GB 5144—94);
1.3 《建筑施工安全检查标准》(JGJ 59—99);
1.4 《塔式起重机设计规范》(GB/T 13752—1992);
1.5 《塔式起重机操作使用规程》(JG/T 100—1999);
1.6 施工现场的平面布置图;
1.7 塔式起重机的安装位置及周围环境;
1.8 塔式起重机的使用说明书。

2. 工程概况
主要指对地理位置、工程名称、工程高度、性质和用途、结构形式和特点、檐口高度、施工工艺特点、塔式起重机型号、塔式起重机布局等有关情况的描述。

3. 施工方案主要包含内容

3.1 塔式起重机安装施工方案主要内容

当安装方案确定后,一些固定的、带共性的内容作为安装方案的主要组成部分;将那些因施工现场条件变化而有变动性的内容作为补充内容;最后附以图表等构成一个完整的方案。对于以后同机型安装方案的编制,只需提出补充方案再附上一些图表即可。

安装方案的组成:
(1) 塔式起重机的概况:根据塔式起重机使用说明书,阐述塔机各项性能、结构。
(2) 塔机安装程序及要求:依据塔机使用说明书编写安装作业步骤要领。
(3) 塔机顶升加高程序及要求:依据塔机使用说明书编写顶升作业步骤及要领。
(4) 塔机主要部件吊点说明:按塔机使用说明书并结合实践工作中的吊点位置、塔机主要部件尺寸及重量表,确定吊索。

(5) 装塔工作中的注意事项：

1) 塔机起吊安装，应清除覆盖在构件上的浮物，检查起吊构件是否平衡，吊具吊索安全系数应大于6倍以上允许拉力（允许拉力＝破断拉力总和/安全系数）。升高就位时，缓慢前进，禁止撞击，当拉索栓接好后，配合安装汽车吊，吊钩下降应缓慢进行，禁止快速下降，以使臂架重量临时全部给拉杆承受。

2) 安装上回转式塔式起重机，应将平衡臂装好，随即将吊臂装好，不得使塔身单向受力时间过长。

3) 液压顶升前，对钢结构及液压系统进行检查，发现钢结构件有脱焊、裂缝等损伤或液压系统有泄漏，必须停机整修后方可再进行安装。

4) 塔机顶升应严守操作规程。顶升前，将臂杆转到规定位置。顶升时，必须在已加上的标准节的连接预紧力达到要求后，方可再进行加节，顶升中禁止回转和变幅，齿轮泵在最大压力下持续工作时间不得超过3min。

5) 对高强螺栓进行连接时要注意安全，如因拧紧力矩较大需两人配合时，配合者应手掌平托工具以免受伤害。

6) 作业人员必须听从指挥。如有更好的方法和建议，必须得到现场施工及技术负责人同意后方可实施，不得擅自作主和更改作业方案。

7) 顶升完毕，应检查电源是否切断，左右操纵杆要退回中间零位，各分段螺栓紧固。有抗扭支撑的，必须按规定顶升后经过验收方可使用。

8) 安装时务必将各部位的栏杆、平台、扶杆、护圈等安全防护零件装齐。

9) 分别列出塔机独立高度和附墙以上自由高度以及允许最大起升高度。

10) 高空作业装配，必须拴好拉绳后方可起吊。

11) 禁止使用普通螺栓代替高强度螺栓，而且高强度螺栓的等级必须符合说明书要求。

(6) 安全技术措施：

1) 现场施工技术负责人应对塔式起重机作全面检查，对安装区域安全防护作全面检查，组织所有安装人员学习安装方案；塔式起重机司机对塔式起重机各部机械构件作全面检查；电工对电路、操作、控制、制动系统作全面检查；吊装指挥对已准备的机具、设备、绳索、卸扣、绳卡等作全面检查。

2) 参与作业的人员必须持证上岗；进入施工现场必须遵守施工现场各项安全规章制度。

3) 统一指挥，统一联络信号，合理分工，责任到人。

4) 及时收听气象预报，如突遇四级以上大风及大雨时应停止作业，并作好应急防范措施。

5) 进入现场戴好安全帽，在2m以上高空作业必须正确使用经试检合格的安全带；一律穿胶底防滑鞋和工作服上岗。

6) 严禁无防护上下立体交叉作业；严禁酒后上岗；高温天气做好防暑降温工作；夜间作业必须有足够的照明。

7) 高空作业工具必须放入工具包内，不得随意乱放或任意抛掷。

8) 起重臂下禁止站人。

9）所有工作人员不得擅自按动按钮或拨动开关。

10）紧固螺栓时应用力均匀，按规定的扭矩值扭紧；穿销子，严禁猛打猛敲；构件间的孔对位，使用撬棒校正，不能用力过猛，以防滑脱；物体就位缓慢靠近，严禁撞击损坏零件。

11）安装作业区域和四周布置二道警戒线，安全防护左右各20m，挂起警示牌，严禁与作业无关人员进入作业区域或在四周围观。现场安全监督员全权负责安装区域的安全监护工作。

12）顶升作业要专人指挥，电源、液压系统应有专人操纵。

13）塔式起重机试运转及使用前应进行使用技术交底，并组织塔机驾驶员学习《起重机械安全规程》，经考核合格后，方可上岗。

（7）塔机安装后的质量要求：塔式起重机安装完毕后必须经质量验收和试运转试验，达到标准要求的方可使用。其标准应按《建筑机械技术试验规程》（JGJ 34—86）和《起重机械安全规程》（GB 6067—85）中的有关规定执行。

1）绝缘试验。

2）空载试验。

检测设备零部件是否符合设计要求，然后通电操作，检查各装置的灵敏度、可靠性。

3）载荷试验：

①额定起升载荷试验。检测力矩限制器、起重量限制器的精确度和灵敏度。

②超载静态试验。检查起重机及其部件的结构承载能力。

③超载动态试验。检查起重机各机构运转的灵活性和制动器的可靠性。

4）各试验结束后，认真整理试验记录，填写验收书，供有关人员验收时参考及以后复查使用。

3.2 塔式起重机拆除施工方案主要内容

3.2.1 拆卸人员的组成和职责

3.2.1.1 拆卸人员主要由起重指挥（信号工）、起重工、拆卸工、电工等组成。原机操作人员和辅助拆卸的起重工，运输汽车的驾驶员为配合人员，还要配备机械或电气技术人员，由专业队长统一领导，由于拆卸作业很多是在高空进行，作业面狭窄，不允许人员过多，要求队伍精干，分工明确，各就其位，都能胜任岗位职责。

3.2.1.2 拆卸队长的主要职责

（1）认真贯彻执行国家有关安全方针、政策、法令以及上级颁发的安全规章制度，并检查执行情况。

（2）负责拆卸作业前的准备工作，编制拆卸作业技术方案和工艺要求，组织技术交底。

（3）编制和落实安全技术措施，监督安全作业。

（4）及时处理拆卸作业中技术问题。

（5）主持塔式起重机拆卸作业中发生的机械及人身伤亡事故的调查分析，提出处理意见和改进措施，并督促实施。

3.2.1.3 拆卸班长的职责

（1）认真执行质量管理制度，不断提高质量意识。

(2) 遵守安全规程、制度和有关安全生产指令，根据班组长人员情况，合理安排工作，做好技术交底，对本组人员的安全生产负责。

(3) 组织安全日活动，开好班前班后安全会，学习贯彻安全规章制度，并检查执行情况。

(4) 认真执行各项任务的安全技术交底，教育班组职工不违章蛮干，经常检查拆装作业现场的安全生产情况，发现问题及时解决。

(5) 熟悉塔式起重机的拆卸工艺规程，严格按塔式起重机的拆卸方案进行拆卸作业。

(6) 发生机械及人身事故时，要保护好现场，填写事故报告，及时上报，并组织全组人员认真分析，提出防范措施。

(7) 有权拒绝违章指令。

3.2.1.4 拆卸班组成员职责

(1) 认真执行安全技术操作规程和有关制度。

(2) 认真学习贯彻执行质量管理制度、安全技术交底，不违章作业。

(3) 严格执行本岗位的拆卸工艺规程，努力学习操作技能，熟悉塔式起重机的拆卸要求，对本岗位的拆卸工作负责。

(4) 发扬团结友爱精神，在遵守安全规章制度等方面要互相帮助，互相监督。

(5) 对不安全作业要及时提出意见，并有权拒绝违章指令，发生未遂事故时立即向组长报告。

3.2.2 拆卸顺序

塔机拆除要自上而下的进行，坚持先安后拆的原则。塔机拆除顺序：先将塔式起重机的起重绳及电源线拆除，只保留转塔电源以配合转塔→配备一台汽车吊，先吊下两块配重块→拆起重臂→用汽车吊吊下最后一块配重块→拆平衡臂→拆转台及司机室→拆标准节。

3.2.3 塔式起重机拆卸安全技术措施：

3.2.3.1 塔式起重机拆除必须由取得塔式起重机安装资格的专业队伍来完成。

3.2.3.2 塔式起重机拆除要划出其工作区，并设专人进行监护，禁止与安拆塔式起重机无关的人员进入施工场区。

3.2.3.3 参加塔式起重机拆卸人员，必须经有关部门专业培训，经考试合格后持证上岗。参加作业人员上岗前要进行身体检查，如有身体不适或高血压者不得上岗。

3.2.3.4 参加塔式起重机拆卸人员，必须戴好安全帽，系好安全带，穿好防滑鞋和工作服。作业时要统一指挥，动作协调，防止意外事故的发生。

3.2.3.5 塔式起重机拆卸过程中，如发现故障，必须立即停止作业，进行检查，排除故障后再进行作业。

第二节 安 全 技 术

1. 定义

塔式起重机是一种塔身直立，起重臂铰接在塔帽下部，能够作 360°回转的起重机，通常用于房屋建筑和设备安装的场所，具有适用范围广、起升高度高、回转半径大、工作效率高、操作方便、运转可靠等特点。

2. 塔式起重机的类型及特点

塔式起重机按工作方式分类分为：固定式和行走式。

塔式起重机按旋转方式分类：分为上旋式和下旋式。

塔式起重机按变幅方式分类：分为动臂变幅和小车运行变幅。

塔式起重机按重量分类分为：起重量0.5~3t，起重量为3~15t和起重量在15t以上。

2.1 固定式塔式起重机

没有行走机构，附着自升式塔式起重机能随着建筑物的高度升高而升高，适用于建筑结构形状复杂的高层建筑施工。其主要优点：建筑结构仅承受塔式起重机传来的水平方向荷载，对建筑结构不带来破坏，同时对塔式起重机计算自由长度大大减少，有利于塔身的承载能力的提高。占用施工场地少的特点。

2.2 行走式塔式起重机

塔身固定于行走的底盘上，在专设的轨道上运行，稳定性好，能带载行走，最大限度靠近建筑物，工作效率高，是建设工程中广泛被采用的机型。

2.3 下旋式塔式起重机

即塔身与起重臂同时旋转，旋转支撑机构在塔身底部。塔式起重机重心低，稳定性较好，但起重力矩较小，起重高度受到限制。此种类型塔机已淘汰。

2.4 上悬式塔式起重机

即塔身不旋转，而是通过支撑装置安装在塔顶上的转塔（起重臂、平衡臂、塔帽等组成）旋转。

2.5 动臂变幅式塔式起重机

能充分发挥起重臂有效高度、有效长度来提高机械效率；其变幅机构简单，减少高空作业，操作较安全。

2.6 小车运行式变幅塔式起重机

载重小车在起重臂的轨道上运动，变幅范围大，能满足建筑安装施工的要求；变幅机构简单，变幅速度快，且能带荷变幅，操作方便。这种塔式起重机通过更换或增加一些辅助装置，可分别用作轨道式、附着式和固定式三种塔式起重机。

3. 主要结构（以小车运行式变幅塔式起重机为例）

3.1 塔身

塔身是由增强节和标准节构成。

3.2 起重臂

起重臂其断面多为三角形，是受弯构件。载重小车沿起重臂滑动实现变幅。

3.3 平衡臂

承载平衡重块的相对于起重臂的受变构件，对起重吊装起平衡作用。

3.4 顶升套架

顶升套架是用无缝钢管或三角形角铁焊成的结构型桁架，其作用是在顶升一个标准节后，供引进塔身标准节的辅助套架。

3.5 过渡节

承载回转机构、驾驶室、塔帽、起重臂、平衡臂，配合顶升套架完成顶升过程的一段

非标准节。(相对于标准节)

4. 塔式起重机安装技术要求

塔式起重机安装时应按使用说明书中有关规定及注意事项进行。结合实际工作要求，编制专项塔式起重机安装方案，经公司技术负责人和现场总监理工程师审批后，方能实施。

4.1 塔式起重机在安装前应对架设机构进行检查，保证机构处于正常状态。

4.2 安装时风速不应大于4级，如果使用说明书中有特殊规定的除外。

4.3 在有建筑物的场所，应注意起重机尾部与建筑物及建筑物外围施工设施之间的距离不小于0.5m。

4.4 有架空输电线的场所，起重机的任何部位与输电线的安全距离，应符合表1-7-1的规定，以避免起重机结构进入输电线的危险区。

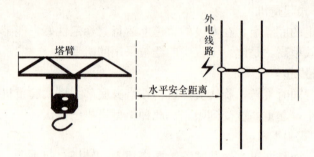

起重机的任何部位与输电线的安全距离　　　　　表1-7-1

安全距离(m) \ 电压(kV)	<1	1~15	20~40	60~110	220
沿垂直方向	1.5	3.0	4.0	5.0	6.0
沿水平方向	1.0	1.5	2.0	4.0	6.0

4.5 两台起重机之间的最小架设距离应保证处于低位的起重机的臂端部与另一台起重机的塔身之间至少有2m的距离；处于高位起重机的最低位置的部件（吊钩升至最高点或最低位置的平衡点）与低位起重机中处于最高位置部件之间的垂直距离不得小于2m。

4.6 塔式起重机基础：

4.6.1 混凝土基础

固定式起重机根据设计要求设置混凝土基础时，该基础必须承受工作状态和非工作状态的最大载荷，并应满足起重机抗倾翻稳定性的要求。

对混凝土基础的抗倾覆稳定性计算及地面压应力的计算应符合《塔式起重机设计规范》（GB/T13752—1992）中4.6.3条的规定。安装前，应有《塔式起重机设计规范》（GB/T 13752—1992）或使用说明书中规定的混凝土试验报告。

4.6.2 碎石基础

4.6.2.1 起重机轨道当敷设在地下建筑物（如暗沟、防空洞等）的上面时，必须采取加固措施。

4.6.2.2 敷设碎石前的路面必须按设计要求压实，碎石基础必须整平捣实，轨枕之间必须填满碎石。

4.6.2.3 路基两侧或中间应设排水沟，保证路面没有积水。

4.6.3 轨道

4.6.3.1 起重机轨道应通过垫块与轨枕可靠地连接，每间隔 6m 设轨距拉杆一个。在使用过程中轨道不得移动。

4.6.3.2 钢轨接头处，必须有轨枕支撑，不得悬空。

4.6.3.3 起重机轨道安装后应符合下列要求：

（1）轨道顶面纵、横方向上的倾斜度不大于 1/1000；

（2）轨距误差不大于 4mm，与另一侧钢轨错开，距离不小于 1.5m，接点处两轨顶高度差不大于 2mm。

4.7 试验：

4.7.1 新设计的起重机各传动机构，液压顶升和各种安全装置，必须按有关的专项试验标准进行部件的各项试验，取得试验证后方可装机。

4.7.2 起重机安装后，投入使用前必须起吊最大起重量和最大幅度处的额定起重量，使各机构分别进行一个循环作业的运动，并应调试及检验全部安全装置能否正常工作。

5. 塔式起重机拆除技术要求

5.1 起重机拆除时应按使用说明书中的有关规定及注意事项进行。结合实际工作情况，编制专项塔式起重机拆除方案。经公司技术负责人和现场总监理工程师审批后，方能实施。

5.2 塔机拆除时，必须遵守 4.2 条、4.3 条、4.4 条的规定。

5.3 拆除作业时，严禁从高处向下抛掷物件。

5.4 拆除作业宜在白天进行。夜间作业应有良好的照明。

5.5 严禁一个标准节未拆完即停止作业。一个标准节的拆除必须完成以下 7 个动作：顶升→锁紧→拆除标准节→过渡节下降→锁紧→顶升套架下降→锁紧。

6. 塔式起重机技术交底

6.1 塔式起重机安装：

6.1.1 塔式起重机安装作业，必须由经过有关部门培训的并取得作业证的人员完成。

6.1.2 安装作业人员必须遵照下列原则：

6.1.2.1 了解塔式起重机的性能。

6.1.2.2 必须详细了解并严格按照说明书中的规定的安装程序进行作业，严禁对产品说明书中规定的安装程序做任何改动。

6.1.2.3 熟知塔式起重机拼装各部件相连处所用的连接形式和所使用的连接件的尺寸、规定及要求有润滑要求的螺栓必须按说明书规定的时间，用规定的润滑剂润滑。

6.1.3 安装塔式起重机的电气部分，必须按照有关部门的规定由持有国家规定的部门发给的电工操作证的正式电工或同他带领的电气学徒进行，严禁其他人拆装。

6.1.4 安装塔式起重机时，必须将各部位的栏杆、平台、护栏、扶杆、护圈等安全防护零件装齐。

6.1.5 塔基上混凝土的表面水平误差不大于 0.5cm，高出自然地面 150mm，并有排水措施。

6.1.6 塔式起重机安装必须在白天进行，并避开雨、雪、大风、大雾天气。如果作业时，突然发生天气变化，要停止作业。

6.1.7 塔式起重机在安装过程中，必须保持现场清洁有序，以免妨碍作业，影响安装安全。设置作业警戒线，并设专人负责警戒，防止安装无关人员进入吊装现场。

6.1.8 四级风以上的天气不允许进行顶升作业，顶升作业要专人指挥，电源、液压系统等均要专人操纵。顶升完毕，要检查电源是否切断，左右操纵杆要恢复到中间位置，套架导轮与塔身脱离接触，各段螺栓要紧固牢靠。

6.1.9 参加塔式起重机安装人员必须戴好安全帽，高空作业要系好安全带，穿好防护服装、防滑鞋，作业时要统一指挥，动作协调，防止意外事故发生。

6.1.10 塔式起重机安装完毕后，塔身与地面的垂直度偏差值不得超过 4/1000。

6.1.11 塔式起重机使用前要经过验收，并到相关部门备案。

6.2 塔式起重机拆除：

6.2.1 塔式起重机拆除作业，必须由经过培训的并取得作业证的人员完成。

6.2.2 拆除作业人员必须遵照以下原则：

6.2.2.1 了解塔式起重机的性能。

6.2.2.2 必须详细了解并严格按照说明书中所规定的安拆程序进行作业，严禁对产品说明书中规定的安拆程序做任何改动。

6.2.2.3 熟知塔式起重机接装各拆装部件相连处的采用的连接形式和所有用连接件的尺寸，按规定拆除，使用相应的工具。

6.2.3 拆除塔式起重机的电气部分必须按有关部门的规定，由持有国家规定的部门发给的电工操作证的正式电工或同他带领的电工学徒进行，严禁其他人拆装。

塔式起重机的拆除要坚持按自上而下、先安后拆的顺序进行。

将塔式起重机的起重绳及电源线拆除，只保留转塔电源的配合转塔→配备一台汽车吊先吊下两块配重块→拆起重臂→用汽车吊下最后一块配重块→拆平衡臂→拆转台及司机室→拆标准节。

6.2.4 塔式起重机拆除必须在白天进行，并避开雨天、雪天、大风、大雾天气，如在作业时突然发生天气变化停止作业。

6.2.5 塔式起重机拆除要划出警戒区、并设专人进行监护，禁止与拆除无关人员进入施工现场。

6.2.6 参加塔式起重机拆除人员，必须戴好安全帽，高空作业要系好安全带，穿好防护服装、防滑鞋、作业时要统一指挥，动作协调，防止意外发生。

6.2.7 塔式起重机拆除后各部件应分类堆放，并将大型部件放平垫好。

6.3 起重吊装作业：

6.3.1 吊物重量超出机械性能允许范围不准吊。

6.3.2 信号不清不准吊。

6.3.3 吊物下有人不准吊。

6.3.4 吊物上有人不准吊。

6.3.5 斜拉斜挂不准吊。

6.3.6 散物捆扎不牢不准吊。

6.3.7 埋在地下物不准吊。

6.3.8 吊物重量不明,吊索具不符合要求不准吊。

6.3.9 零乱杂物无容器不准吊。

6.3.10 遇大雨、大风、大雾等恶劣天气不准吊。

第三节 施工现场应急救援预案

1. 总则

1.1 根据《中华人民共和国安全生产法》,为了保护企业从业人员在生产经营活动中的身体健康和生命安全,保证企业在出现安全事故时,能够及时进行应急救援,最大限度地降低生产安全事故给企业和从业人员所造成的损失,特制定本应急救援指导预案。

1.2 各企业可根据自身特点,编制具体的塔式起重机安全应急救援预案。

1.3 本预案中所称塔式起重机是指:在施工现场使用的,符合国家标准的自购或者租用的塔式起重机。

塔式起重机是建筑施工的大型机械,是集钢结构、电气、机械等多种门类技术为一体的机械设备,由于其高耸直立,结构复杂,安装困难,施工任务特殊等特点,稍有疏忽就会导致倾覆、折臂等重大事故发生,直接危及现场作业人员、周围建筑物、人员、高压线等安全,容易产生严重的经济损失甚至导致人身伤亡事故。

1.4 各专业企业负责实施本单位项目工程专项应急救援预案,主要负责人和安全生产监督管理部门负责日常监督和指导。

2. 专项应急救援组织机构

2.1 各企业应在建立安全生产事故应急救援组织机构的基础上,建立专项应急救援的分支机构。

2.2 建筑施工现场或者其他生产经营场所应成立专项应急救援小组,其中包括:现场主要负责人、安全专业管理人员、技术管理人员、生产管理人员、人力资源管理人员、行政卫生、工会以及应急救援所需的水、电、脚手架登高作业、机械设备操作等专业人员。

2.3 专项应急救援机构应具备现场救援救护基本技能,定期进行应急救援演练。配备必要的应急救援器材和设备,并进行经常性的维修、保养,保证应急救援时正常运转。

2.4 专项应急救援机构应建立健全应急救援档案,其中包括:应急救援组织机构名单、救援救护基本技能学习培训活动记录、应急救援器材和设备目录、应急救援器材和设备维修保养记录、生产安全事故应急救援记录等。

3. 专项应急救援机构组织职责

3.1 应急指挥人员职责:

3.1.1 事故发生后,立即赶赴事发地点,了解现场状况,初步判断事故原因及可能产生的后果,组织人员实施救援。

3.1.2 召集救援小组人员,明确救援目的、救援步骤,统一协调开展救援。

3.1.3 按照救援预案中的人员分工,确认实施对外联络、人员疏散、伤亡抢救、划定区域、保护现场等的人员及职责。

3.1.4 协调应急救援过程中出现的其他情况。

3.1.5 救援完成、事故现场处理完后，与现场相关人员确认恢复生产的条件及时恢复生产。

3.1.6 根据应急实施情况及效果，完善应急救援预案。

3.2 技术负责人职责：

3.2.1 协助应急指挥根据脚手架基础做法、搭设方法、卸荷点分布等基本情况，拟定采取的救援措施及预期效果；为正确实施救援提出可行的建议。

3.2.2 负责应急救援中的技术指导，按照责任分工，实施应急救援。

3.2.3 参与应急救援预案的完善。

3.3 生产副经理：

3.3.1 组织工长、架子工专业队等相关人员，依据补救措施方案，排除意外险情或实施救援。

3.3.2 应急救援、事故处理结束后，组织人员安排恢复生产。

3.3.3 参与应急救援预案的完善。

3.4 行政副经理：

3.4.1 发生伤亡事故后，安排人员联络医院、消防机构、应急机械设备、派人接车等事宜。

3.4.2 组织人员落实封闭事故现场、划出特定区域等工作。

3.4.3 参与应急救援预案的完善。

3.5 现场安全员：

3.5.1 立即赶赴事故现场，了解现场状况，参与事故救援。

3.5.2 依据现场状况，判断仍存在的不安全状态，采取处理措施，最大限度地减少人员及财产损失，防止事态进一步扩大。

3.5.3 判断拟采取的救援措施可能带来的其他不安全因素，根据专业知识及经验，选择最佳方案并向应急指挥提出自己的建议。

3.5.4 参与应急救援预案的完善工作。

3.6 专业操作人员及其他应急小组成员：

3.6.1 听从指挥，明确各自职责。

3.6.2 统一步骤，有条不紊地按照分工实施救援。

3.6.3 参与应急救援预案的完善。

4. 安全生产事故应急救援程序

4.1 应急指挥立即召集应急小组成员，分析现场事故情况，明确救援步骤、所需设备、设施及人员，按照策划、分工，实施救援。

4.2 需要救援车辆时，应急指挥应安排专人接车，引领救援车辆迅速施救。

4.3 塔式起重机出现事故征兆时的应急措施：

4.3.1 塔式起重机出轨与基础下沉、倾斜险情：

4.3.1.1 出现险情后应立即停止作业，不能做任何动作，并将回转机构锁住，限制其转动；

4.3.1.2 根据情况设置地锚，控制塔式起重机的倾斜；

4.3.1.3 用两个100t千斤顶在行走部分将塔式起重机顶起（两个千斤顶要同步），

如果出轨，则接一根临时钢轨将千斤顶落下，使出轨部分行走机构落在临时道上开至安全地带。如果一侧基础下沉，将下沉部位基础填实，调整至符合规定的轨道高度落下千斤顶。

4.3.2 塔式起重机平衡臂、起重臂折臂险情：

4.3.2.1 出现险情，塔式起重机不能做任何动作；

4.3.2.2 按照抢险方案，根据情况采用焊接，将塔式起重机结构加固，或用连接方法将塔式起重机结构与其他物体连接，防止塔式起重机倾翻和在拆除过程中发生意外；

4.3.2.3 用2~3台适量吨位起重机，一台锁起重臂，一台锁平衡臂，其中一台是在折臂时起平衡力矩作用，防止因力的突然变化而造成倾翻；

4.2.3.4 按抢险方案中规定的顺序，将起重臂或平衡臂连接件取下变形的连接件，用气焊割开，用起重机将臂杆拿下；

4.2.3.5 按正常的拆塔程序将塔式起重机拆除，遇变形结构用气焊割开。

4.3.3 塔式起重机倾翻险情：

4.3.3.1 采取焊接连接方法，在不破坏失稳受力的情况下增加平衡力矩，控制事态发展；

4.3.3.2 选用适量吨位起重机按照抢险方案将塔式起重机拆除，变形部件用气焊割开或调整。

4.3.4 锚固系统险情：

4.3.4.1 先将塔式平衡臂对应到建筑物，转臂过程要平稳并锁住。

4.3.4.2 将塔式起重机锚固系统加固。

4.3.4.3 如果更换锚固系统部件，先将塔机降至规定高度后，再行更换部件。

4.3.5 塔身结构变形：

4.3.5.1 将塔机平衡臂对应到变形部位，转臂过程要平稳并锁住。

4.3.5.2 根据情况采用焊接，将塔式起重机结构变形或断裂、开焊部位加固。

4.3.5.3 落塔更换损坏结构。

4.4 塔式起重机事故引起人员伤亡：

4.4.1 迅速确定事故发生的准确位置、可能波及的范围、设备损坏的程度、人员伤亡情况等，以根据不同情况进行处置。

4.4.2 划出事故特定区域，非救援人员、未经允许不得进入特定区域。迅速核实塔式起重机上作业人数，如果人员被压在倒塌的设备下面，要立即采取可靠措施加固四周，然后拆除或切割压住伤者的杆件，将伤员移出。以上行动须持架子工技师证书或有经验的安全员或工长统一安排。

4.4.3 抢救受伤人员时几种情况的处理：

4.4.3.1 如确认人员已死亡，立即保护现场；

4.4.3.2 如发生人员昏迷、伤及内脏、骨折及大量失血：

（1）立即联系120或附近医院，并说明伤情。为取得最佳抢救效果，还可根据伤情联系专科医院。

（2）外伤大出血，急救车未到前，现场采取止血措施。

（3）骨折，注意搬动时的保护，对昏迷、可能伤及脊椎、内脏或伤情不详者一律用担架或平板，不得一人抬肩、一人抬腿。

4.4.3.3 一般性外伤：

(1) 视伤情送往医院，防止破伤风。

(2) 轻微内伤，送医院检查。

4.4.4 制定救援措施时，一定要考虑所采取措施的安全性和风险，经评价确认安全无误后再实施救援，避免因采取措施不当而引发新的伤害或损失。

5. 专项应急救援预案要求

5.1 专业企业安全生产事故应急救援组织应根据本单位项目工程的实际情况，进行塔式起重机工程检查、评估、监控和危险预测，确定安全防范和应急救援重点，制定专项应急救援预案。

5.2 建设工程总承包单位应协助专业施工企业做好专项应急救援预案的演练和实施。在实施过程中服从指挥人员的统一指挥。

5.3 专项应急救援预案应明确规定如下内容：

5.3.1 应急救援人员的具体分工和职责。

5.3.2 生产作业场所和员工宿舍区救援车辆行走和人员疏散路线。

5.3.3 受伤人员抢救方案。组织现场急救方案，并根据可能发生的伤情，确定2～3个最近的相应医院，明确相应的线路。

5.3.4 现场易燃易爆物品的转移场所，以及转移途中的安全保证措施。

5.3.5 应急救援设备。

5.3.6 事故发生后上报上级单位的联系方式、联系人员和联系电话。

第四节 施工现场检查要点

为科学有效的对塔式起重机进行安全生产检查（图1-7-1），根据《建筑施工安全检查

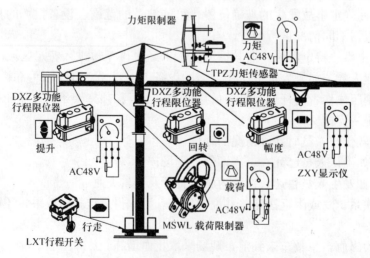

图1-7-1 塔式起重机安全装置示意图

标准》，现将检查要点说明如下：

1. 力矩限制器的检查要点

塔式起重机是否安装灵敏可靠的力矩限制器。当达到额定起重力矩时，限制器是否发出报警信号；当起重力矩超过额定值的8%时，限制器是否切断上升和增幅电源，但塔式起重机可做下降和减幅运动。

2. 限位器的检查要点

塔式起重机是否安装超高、变幅、行走限位装置，限位器是否灵敏可靠。

3. 保险装置的检查要点

3.1 塔式起重机吊钩是否设置防止吊物滑脱的保险装置，如图1-7-2所示。

3.2 卷扬机卷筒是否设置防止钢丝绳滑出的防护保险装置；上人爬梯是否有符合要求的护圈。当爬梯高度超过5m时，从2.5m处开始是否设置直径0.65～0.8m、间距为0.5～0.7m的护圈；当爬梯设于结构内部并且与结构的距离小于1.2m时，可不设护圈。

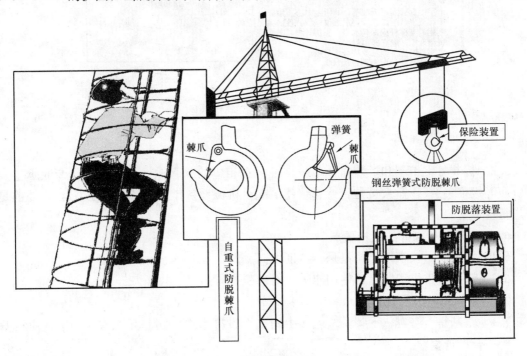

图1-7-2 塔式起重机保险装置示意图

4. 附墙装置与夹轨钳的检查要点

4.1 塔式起重机高度超过说明书规定的自由高度时是否安装附墙装置，附墙装置是否符合说明书要求，如图1-7-3所示。

4.2 行走式塔式起重机是否安装防风夹轨器，以保证塔式起重机在非工作力作用下保持静止。

5. 安装与拆卸的检查要点

5.1 塔式起重机安装拆卸是否有专项施工方案，以指导现场施工；塔式起重机基础是否有设计计算书和施工详图。施工方案是否经拆装单位企业技术负责人审核签字、有关

- 塔吊超过规定高度要安附墙装置，附墙装置的安装要符合说明书要求。夹轨钳是轨道塔吊的安全装置，停车时必须将四个轨钳同时卡紧。

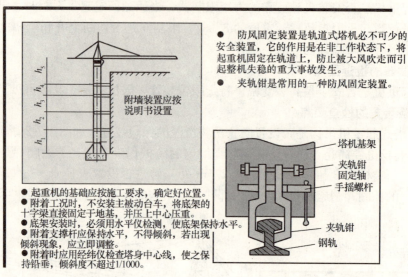

图 1-7-3　附墙装置与夹轨钳示意图

部门审批。

5.2　拆装方案编制和拆装作业单位是否具有相应的《起重设备安装工程专业承包企业资质等级证书》，作业人员是否持有《建筑起重机械设备作业人员上岗证书》，作业前是否进行技术交底。

6. 塔式起重机指挥的检查要点

6.1　塔式起重机指挥、司机是否持证上岗。

6.2　塔式起重机指挥是否使用旗语或对讲机。

7. 路基与轨道的检查要点

7.1　路基是否坚实、平整，两侧或中间是否设排水沟，路基无积水。固定式塔机基础是否符合设计要求。

7.2　枕木铺设是否符合要求，枕木之间是否填满碎石，不得松动。道钉坚固，道轨接头螺栓是否齐全，接头下垫枕木。

7.3　道轨轨距误差是否不大于 1/1000，并不得超过 ±6mm，平整度误差是否不超过 1/1000，接头空隙是否不大于 4mm，高差不大于 2mm，如图 1-7-4 所示。

7.4　道轨是否设置极限位置阻挡器。

8. 电气安全的检查要点

8.1　行走式塔式起重机是否设置有效的卷线器。

8.2　塔式起重机上任何部位与架空输电线路是否保持安全距离（表 1-7-2）。

8.3　塔式起重机除做好保护接零外，是否做重复接地（兼避雷接地），电阻不大于 10Ω。

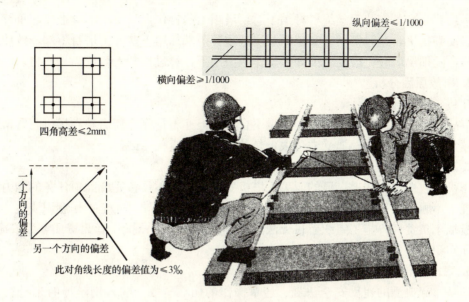

图 1-7-4 枕木铺设误差示意图

塔式起重机上任何部位与架空输电线路的安全距离　　　　表 1-7-2

安全距离（m） \ 电压（kV）	<1	10	35	110	220	330	500
沿垂直方向	1.5	3.0	4.0	5.0	6.0	7.0	8.5
沿水平方向	1.5	2.0	3.5	4.0	6.0	7.0	8.5

9. 多塔作业的检查要点

处于低位的塔式起重机臂架端部与另一台塔式起重机的塔身之间是否有 2m 的安全距离，处于高位的塔式起重机（吊钩升至最高点）与低位塔式起重机的垂直距离在任何情况下是否小于 2m。

10. 安装验收的检查要点

10.1 塔式起重机使用前是否按规定组织验收，验收内容中数据是否量化，验收责任人员在验收记录上签字。

10.2 验收资料中是否包括拆装单位《起重设备安装工程专业承包企业资质等级证书》、作业人员《建筑起重机械设备作业人员上岗证书》及其身份证的复印件。

第五节　事　故　案　例

某小区住宅楼工程塔机倾覆事故

1. 事故概况

2000 年 9 月 23 日，某小区 70 号住宅楼工地安装塔机起重臂过程中钢丝绳突然断裂，致使塔机倾覆，导致在塔顶作业的 3 名工人死亡。

某建筑公司承建的某小区工程在需要安装塔机时，将安装任务承包给了本公司架子工班负责人张××，张××组织了 4 名无资质人员开始安装。当起重臂上升到铰点安装高度呈水平位置，准备安装钢丝绳栏杆销子时，塔顶上的操作人员要求继续上拉起重臂，于是重新启动卷扬机，这时钢丝绳突然断裂，起重臂前端加速下摆撞击塔身下端，致使塔身瞬间失稳，随即倒塔，将塔顶上的3名操作人员甩下，经过抢救无效于当日死亡。

2. 事故原因分析

2.1 直接原因

事故发生的直接原因是钢丝绳质量不合格，但亦不排除重新启动卷扬机时臂架已经达到了倾角极限，造成钢丝绳受力过大，是此次事故的直接原因。

2.2 间接原因

塔机产权单位明知道自己的职工无塔机安装资质，不具备完成此项任务的能力，置法律法规于不顾，将任务承包给非专业人员。表明该企业领导对安全工作意识淡漠，对人的生命极端不负责任；施工组织者目无法规，违法组织施工；操作者无资质，无安全意识，无专业知识，违章操作。

3. 事故结论与教训

这是一起典型的违反安全法规、违章操作的伤亡事故。购入钢丝绳时未进行认真检验，在安装前未按照规程要求对各个涉及安全的部件、零件进行检查，使劣质钢丝绳引发了事故，钢丝绳供应商应该负主要责任。

产权单位明知故犯，无视法规，将任务交由无资质人员组织实施，应负主要责任。施工组织者私招乱雇无资质人员施工，应负直接责任。

4. 事故的预防及控制措施

4.1 塔机产权单位对购入的整机或部件，一定要进行必要的检查检验，在安装之前按照安全规程要求必须认真对涉及安全的零部件进行确认。

4.2 选择有资质的专业队伍进行施工。

4.3 施工前必须对所有工作人员进行针对本次任务特点的培训，制定施工方案的过程中有监督检查和验证等不可缺少的控制程序。

第八章 施工升降机

施工升降机是一种垂直井架（立柱）导轨式外用笼式电梯。施工升降机由于结构坚固，拆装方便，不用另设机房，施工现场应用广泛。本章介绍了施工升降机的施工方案主要包括的内容，施工升降机的相关术语定义、构造要求，施工升降机安装、拆除技术要求及交底，安全生产事故应急预案以及对现场施工检查要点等内容，有利于施工现场管理人员学习、查阅。

第一节 施 工 方 案

1. 编制依据

1.1 《施工升降机安全规则》(GB 10055—1996)；

1.2 《建筑施工安全检查标准》(JGJ 59—99)；

1.3 《建筑机械使用安全技术规程》(JGJ33—2001)；

1.4 设备的《使用说明书》；

1.5 工程《施工组织设计》。

2. 工程概况

施工升降机装拆施工方案中的工程概况，要将工程位置、建筑面积、结构形式、几何特征，现场有无特殊情况等介绍清楚。

3. 施工方案主要包含内容

3.1 装拆机构设置，即施工人员的组成及分工。

3.2 指挥信号及起重设备的确定。

3.3 施工前的准备工作，如确定安装位置，核对施工图纸看其地基承载力是否符合要求；严格按图纸要求进行基础制作；准备必要工具及安全防护用品等。

3.4 安装拆卸中的技术要求及安全措施。

3.5 施工步骤与措施。应详细介绍施工升降机的装拆步骤，要讲清楚先装什么后装什么或先拆什么后拆什么，特别是关键部位的装拆应注明其具体措施以保证装拆工作的安全顺利进行。

3.6 调试及安装后整机性能检验。施工升降机安装完毕后应由专门检验人员按标准要求进行相关的检验试验，如标准节垂直度检验、紧固连接件检验、空载运行试验、负载运行试验、坠落试验等。

3.7 维护、保养及运输。设备使用完毕拆除后，对卸下的标准节、吊笼、外笼等结构要全面清洗，除锈刷漆。电机、减速机、安全装置等要进行维修保养。同时，对设备的运输也要采取一定的安全防护措施。

第二节 安 全 技 术

1. 定义

1.1 施工升降机

施工升降机（亦称外用电梯，简称升降机）是一种采用齿轮齿条啮合的方式或钢丝绳提升方式，使吊笼作垂直或倾斜运动，用以输送人员和物料的机械。

1.2 自由竖立的升降机

自由竖立的升降机包括无附着式升降机最大自由竖立高度的工况和附着式升降机在无附着状态下的最大自由竖立高度的工况。

1.3 限位开关

根据具体要求使吊笼运行到上、下最终停靠位置的自动停止运行的一个或一组开关。

1.4 极限开关

吊笼运行超过限位开关并达到其越程终点时使其停止运行的一种紧急开关。

1.5 越程

限位开关与极限开关之间所规定的安全距离。

1.6 工作状态

当吊笼或工作装置空载或满载位于最低停靠位置以上任一运动位置时，或当吊笼满载位于最低停靠位置时的状态称为工作状态。

2. 构造要求

2.1 附着架

附着架用来使导轨架能可靠地支承在所施工的建筑物上。附着架多由型钢或钢管焊成平面桁架。为了便于装卸和调整导轨架与建筑之间的距离，附着架制造成前附着架和后附着架的形式。前附着架与导轨架之间用螺栓相连接。后附着架与建筑物间用螺栓与连接板相固结。

2.2 传动系统

传动系统的功能是输出和传递动力，使升降机上下运行。传动系统是升降机的心脏，它决定了升降机的提升速度和承载力等主要技术参数。传动系统主要由带制动器的电动机、减速器、联轴器、小齿轮、导轮和安装底板等组成。

2.2.1 减速机

为了获得大的传动比、较小的外廓尺寸并使传动系统合理地占用吊笼空间，升降机一般都采用蜗轮蜗杆减速。

2.2.2 联轴器

联轴器的作用是将电动机的输出转矩传递给减速机，升降机上使用的联轴器为弹性橡胶块联轴器，这种联轴器的好处是可以减少振动，还能补偿安装时电机输出轴与减速机输入轴的同轴度误差。

2.2.3 导轮

导轮的作用是平衡齿轮齿条啮合传动时的径向力。导轮与小齿轮在同一水平线上，其圆周面与齿条背接触，吊笼升降时导轮在齿条背上滚动。

导轮由导轮、导轮轴、轴套、轴承等零件组成。

2.2.4 小齿轮

小齿轮装在蜗轮轴输出端花键上，通过小齿轮与齿条的啮合，使吊笼上下运行。

2.2.5 底板

减速机和导轮安装在一块底板上，底板安装固定在吊笼立柱上，以实现小齿轮与齿条的正确啮合及导轮与齿条背的接触。

2.3 导轨架

导轨架是升降机上下运动的导轨和支撑，能够承受吊笼运动和停靠时施工的载荷及其他附加载荷。导轨架是由横截面尺寸相同、长度相等、组成零件一致的使用螺栓连接而成的，该节称为标准节。

2.4 吊笼

吊笼是升降机载人载物的部件，是升降机的核心部件。吊笼内安装有升降机的传动系统、电气控制系统、运行操作开关和防坠安全器等关键部件。对于带对重的升降机，在吊笼顶还安装有绳轮和钢丝绳架。吊笼顶部还是安装及拆卸标准节、附墙架、对重和其他附件的工作平台。升降机自备的起重吊杆安装座也设置在吊笼顶部。

吊笼主要由吊笼结构、吊笼门、导向滚轮组和顶部安全围栏等部件组成。

2.5 对重系统

带对重升降机设有对重系统。对重的作用是相对平衡吊笼的自重，达到提高电机功率利用率和升降机载重量的目的。升降机使用对重后还能起到改善结构受力状况，增加运行平稳性，减轻传动机构负荷，延长使用寿命等作用。

对重系统由对重体、钢丝绳、天轮、绳轮、钢丝绳架等组成。

2.6 外笼

升降机的外笼固定在地面基础上，外笼是导轨架的安装基础和吊笼的最底层停靠站。

外笼主要由底盘、防护围栏、外笼门、基础标准节、缓冲弹簧等组成。按单、双笼升降机划分，可分单笼外笼和双笼外笼。

2.7 吊杆

吊杆安装在吊笼顶上，是升降机自备的手动起重装置，在安装和拆卸导轨架时，可用来起吊标准节和附墙架等部件。吊杆的最大起重量为 200kg。

2.8 安全装置

2.8.1 制动器

制动器是保证升降机运行安全的主要安全装置。

2.8.2 限速器（安全防坠器）

坠落限速器是升降机的保险装置，升降机在每次安装后进行检验时，应同时进行坠落试验。

2.8.3 门联锁装置

门联锁装置是确保梯笼门关闭严密时，梯笼方可运行的安全装置。当梯笼门没按规定关闭严密时，梯笼不能投入运行，以确保梯笼内人员安全。

2.8.4 上、下限位装置

根据具体要求使吊笼运行到上、下最终停靠位置的自动停止运行的一个或一组开关。

2.8.5 缓冲弹簧

在建筑施工升降机的底架上有缓冲弹簧，以便当吊笼发生坠落事故时，减轻吊笼的冲击。缓冲弹簧有圆锥卷弹簧和圆柱螺旋弹簧。圆锥卷弹簧的制造工艺较难，成本高，但体积小承载能力强。一般情况下，每个吊笼对应的底架上装有两个圆锥卷弹簧。也有的采用四个圆柱螺旋弹簧。在底笼底盘上装有缓冲弹簧的目的，是保证吊笼和下降着地时呈柔性接触，以缓冲吊笼和配重着地时的冲击。

2.8.6 安全钩

安全钩是防止吊笼到达预先设定位置，上限位器和上极限限位器因各种原因不能及时动作、吊笼继续向上运行，将导致吊笼冲击导轨架顶部而发生倾翻坠落事故而设置的。安全钩是安装在吊笼上部的重要也是最后一道安全装置，它能使吊笼上行到导轨架顶部的时候，安全钩钩住导轨架，保证吊笼不发生倾翻坠落事故。

2.8.7 急停开关

当吊笼在运行过程中发生各种原因的紧急情况时，司机应能及时按下急停开关，使吊笼立即停止，防止事故的发生。

2.8.8 通讯装置

由于司机的操作室位于吊笼内，无法知道各楼层的需求情况和分辨不清哪个层面发出信号，因此必须安装一个闭路的双向电气通讯装置，司机应能听到或看到每一层的需求信号。

2.8.9 地面出入口防护棚

升降机在安装完毕后，应及时搭设地面出入口的防护棚。防护棚搭设的材质要选用普通脚手架钢管，防护棚长度不应小于5m，有条件的可与地面通道防护棚连接起来。宽度应不小于升降机底笼最外部尺寸。其顶部材料可采用50mm厚木板或两层竹笆，上下竹笆间距应不小于600mm。

2.9 电缆导向装置

在吊笼作上下运行时，电缆导向装置确保使接入吊笼内的电缆线不至偏离电缆笼或发生不正常的卡死，以保证升降机正常供电。

3. 施工升降机安装、拆除技术要求及交底

3.1 施工升降机出厂时应有产品合格证，并附有该型号规格的检验报告、生产许可证副本及随机资料等。

3.2 安装拆卸前应有经过审批的技术方案，安装拆卸人员应经过书面的安全技术交底。

3.3 所有安装拆卸人员必须经过培训合格，取得上岗证书，并接受过进场安全教育。

3.4 安装拆卸人员应遵守高处作业规范，佩戴安全帽、安全带，穿软底鞋，并设立警戒区，禁止无关人员和车辆进入。

3.5 安装拆卸作业中，标准节自由高度不得超过设备使用说明书中规定要求，作业时严禁抛掷物件。

3.6 施工升降机安装完毕，必须经过验收后方可投入使用。

3.7 使用单位应根据施工升降机的类型制订操作规程，建立管理制度及检修制度，并对每台施工升降机建立设备技术档案。

3.8 升降机基础应按使用说明书的规定进行处理，该基础应能承受升降机工作时最不利条件下的全部载荷，基础应有排水措施。

3.9 在基础上吊笼和对重升降通道应设置防护围栏。轻便型可移动式升降机可采用其他措施进行围护。防护围栏应能承受物体垂直施加的 350N 作用力而不产生永久变形。基础围栏应装有机械联锁或电气联锁装置。

3.10 导轨架的连接必须使用高强螺栓，且预紧力必须符合要求。

3.11 导轨架安装时，应用经纬仪对电梯在两个方向进行测量校准。其垂直度偏差不超过 0.5‰，或按说明书规定执行。

3.12 导轨架顶部自由高度、导轨架与建筑物距离、附墙架之间的垂直距离以及最低点附墙架离地面高度均不得超过说明书之规定。

3.13 附墙架必须按产品说明书规定设置。

3.14 利用吊杆进行安装时，吊杆最大起重量为 200kg，吊杆只用来安装或拆卸升降机零部件，不得用于其他起重作业。

3.15 升降机运行时，人员的头、手绝对不允许露出安全栏以外。

3.16 如果有人在导轨架或附墙架上工作时，绝对不允许开动升降机。

3.17 安装或拆卸时操纵升降机必须将操纵盒拿到吊笼顶部，不允许在吊笼内操作。

3.18 雷雨天、雪天或风速超过 13m/s 的恶劣天气不能进行安装作业。

3.19 吊笼门应有电气或机械联锁装置，只有当笼门完全关闭后，吊笼才能启动。

3.20 有对重的升降机应设有防对重坠落的安全措施。

3.21 吊笼不能用作平衡另一个吊笼使用。

3.22 SS 型人货两用升降机，相互独立的起升钢丝绳绳数不得少于 2 根。相互独立起升钢丝绳的安全系数不得小于 12。对重用和接高用钢丝绳的总安全系数不得小于 8。

3.23 当吊笼停在安全压缩的缓冲器上时，对重上面的自由行程不得小于 0.5m。

3.24 升降机的安全装置在升降机接高和拆卸过程中仍应起作用。

3.25 对电气控制部分进行系统检查。看电气元件有无损伤，接线是否牢固，有无由于运输的振动而产生的松动。

3.26 用 500V 摇表对电动机定子绕阻摇测，其阻值不得小于 1MΩ。

3.27 施工升降机安装完毕后应试运行，且必须经过具有相关资质的检测机构检验合格，并办理好相关手续后方可投入使用。

第三节 施工现场应急救援预案

1. 总则

1.1 根据《中华人民共和国安全生产法》，为了保护企业员工在生产经营活动中的身体健康和生命安全，保证企业在出现安全生产事故时，能够及时进行应急救援，最大限度地降低事故给企业和员工造成的损失，制定安全生产事故应急预案。

1.2 各企业应根据自身实际情况制定本企业安全生产事故应急预案。

1.3 本预案中所称施工升降机是指：在施工现场使用的，符合国家标准的自购或者租用的施工升降机。

2. 应急救援组织机构

2.1 各企业应在建立安全生产事故应急救援组织机构的基础上，建立应急救援的分支机构。

2.2 建筑施工现场或者其他生产经营场所应成立专项应急救援小组，其中包括：现场主要负责人、安全专业管理人员、技术管理人员、生产管理人员、人力资源管理人员、行政卫生、工会以及应急救援所必需的水、电、脚手架登高作业、机械设备操作等专业人员。

2.3 应急救援预案机构应具备现场救援救护基本技能，定期进行应急救援演练。配备必要的应急救援器材和设备，并进行经常性的维修、保养，保证应急救援时正常运转。

2.4 应急救援机构应建立健全应急救援档案，其中包括：应急救援组织机构名单、救援救护基本技能学习培训活动记录、应急救援器材和设备目录、应急救援器材和设备维修保养记录、安全生产事故应急救援记录等。

3. 应急救援机构组织职责

3.1 应急小组组长职责：

3.1.1 事故发生后，立即赶赴事发地点，了解现场状况，初步判断事故原因及可能产生的后果，组织人员实施救援。

3.1.2 召集应急小组其他成员，明确救援目的、救援步骤，统一协调开展救援。

3.1.3 按照救援预案中的人员分工，确认实施对外联络、人员疏散、伤亡抢救、划定区域、保护现场等的人员及职责。

3.1.4 协调应急救援过程中出现的其他情况。

3.1.5 救援完成、事故现场处理完后，与现场相关人员确认恢复生产的条件，及时恢复生产。

3.1.6 根据应急实施情况及效果，完善应急救援预案。

3.2 技术负责人职责：

3.2.1 协助应急小组组长根据现场实际情况，拟定采取的救援措施及预期效果，为正确实施救援提出可行的建议。

3.2.2 负责应急救援中的技术指导，按照责任分工，实施应急救援。

3.2.3 参与应急救援预案的完善。

3.3 生产副经理职责：

3.3.1 组织相关人员，依据补救措施方案，排除意外险情或实施救援。

3.3.2 应急救援、事故处理结束后，组织人员安排恢复生产。

3.3.3 参与应急救援预案的完善。

3.4 行政副经理职责：

3.4.1 发生伤亡事故后，安排人员联络医院、消防机构、应急机械设备、派人接车等事宜。

3.4.2 组织人员落实封闭事故现场、划出特定区域等工作。

3.4.3 参与应急救援预案的完善。

3.5 现场安全员职责：

3.5.1 立即赶赴事故现场，了解现场状况，参与事故救援。

3.5.2 依据现场状况，判断仍存在的不安全状态，采取处理措施，最大限度地减少人员及财产损失，防止事态进一步扩大。

3.5.3 判断拟采取的救援措施可能带来的其他不安全因素，根据专业知识及经验，选择最佳方案并向应急小组提出自己的建议。

3.5.4 参与应急救援预案的完善工作。

3.6 专业操作人员及其他应急小组成员职责：

3.6.1 听从指挥，明确各自职责。

3.6.2 统一步骤，有条不紊地按照分工实施救援。

3.6.3 参与应急救援预案的完善。

4. 安全生产事故应急救援程序

4.1 事故发生后应急小组组长立即召集应急小组成员，分析现场事故情况，明确救援步骤、所需设备、设施及人员，按照策划、分工，实施救援。

4.2 需要救援车辆时，应急指挥应安排专人接车，引领救援车辆迅速施救。

4.3 施工升降机出现事故征兆时的应急措施：

4.3.1 附着装置险情：

4.3.1.1 立即停止一切作业。

4.3.1.2 将附着装置加固。

4.3.1.3 如需更换附着装置部件，先将施工升降机降至规定高度后，再行更换部件。

4.3.2 导轨架结构变形险情：

4.3.2.1 立即停止一切作业。

4.3.2.2 根据情况采用焊接，将施工升降机结构变形或断裂、开焊部位加固。

4.3.2.3 更换损坏结构。

4.3.3 钢丝绳及传动轮等磨损严重险情：

4.3.3.1 立即停止一切作业。

4.3.3.2 更换磨损严重的部件。

4.3.4 垂直度超出规范要求险情：

4.3.4.1 立即停止一切作业。

4.3.4.2 通过调整附着装置等调整垂直度，直到符合要求为止。

4.4 施工升降机事故引起人员伤亡：

4.4.1 迅速确定事故发生的准确位置、可能波及的范围、设备损坏的程度、人员伤亡情况等，以根据不同情况进行处置。

4.4.2 划出事故特定区域，非救援人员未经允许不得进入特定区域。迅速核实施工升降机上作业人数，如有人员被压在倒塌的设备下面，要立即采取可行措施加固四周，然后拆除或切割压住伤者的杆件,将伤员移出。以上行动须由持架子工技师证书或有经验的安全员或工长统一安排完成。

4.4.3 抢救受伤人员时几种情况的处理:

4.4.3.1 如确认人员已死亡,立即保护现场。

4.4.3.2 如发生人员昏迷、伤及内脏、骨折及大量失血。

(1) 立即联系120急救车或给现场最近的医院打电话,并说明伤情。为取得最佳抢救效果,还可根据伤情联系专科医院。(应急小组成员的联系方式、当地安全监督部门电话等,要明示于工地显要位置。)

(2) 外伤大出血,急救车未到前,现场采取止血措施。

(3) 骨折,注意搬动时的保护,对昏迷、可能伤及脊椎、内脏或伤情不详者一律用担架或平板,不得一人抬肩、一人抬腿或由一个人肩背救助。

4.4.3.3 一般性外伤:

(1) 视伤情送往医院,防止破伤风。

(2) 轻微内伤,送医院检查。

4.4.4 制定救援措施时一定要考虑所采取措施的安全性和风险,经评价确认安全无误后再实施救援,避免因措施不当而引发新的伤害或损失。

5. 应急救援预案要求

5.1 企业安全生产事故应急救援组织应根据本单位项目工程的实际情况,进行施工升降机检查、评估、监控和危险预测,确定安全防范和应急救援重点,制定专项应急救援预案。

5.2 建设工程总承包单位应协助专业施工企业做好应急救援预案的演练和实施。在实施过程中服从指挥人员的统一指挥。

5.3 应急救援预案应明确规定如下内容:

5.3.1 应急救援人员的具体分工和职责。

5.3.2 生产作业场所和员工宿舍区救援车辆行走和人员疏散路线。现场应用相应的安全色标明显标示,并在日常工作中保证路线畅通。

5.3.3 受伤人员抢救方案。组织现场急救方案,并根据可能发生的伤情,确定2~3个最快捷的相应医院,明确相应的路线。

5.3.4 现场易燃易爆物品的转移场所,以及转移途中的安全保证措施。

5.3.5 应急救援设备。

5.3.6 事故发生后上报上级单位的联系方式、联系人员和联系电话。

6. 附则

事故处理完毕后,应急小组组长应组织应急小组成员进行专题研讨,评审应急救援预案中的救援程序、联络、步骤、分工、实施效果等,使救援预案更加完善。

第四节 施工现场检查要点

现场施工检查工作主要围绕着施工升降机危险源进行,如操作人员无证驾驶、钢丝绳等易损件磨损严重等。现将检查要点列举如下:

1. 技术资料的检查要点

1.1 使用说明书等随机资料是否齐全且与所验收的施工升降机一致。

1.2 是否具有出厂合格证。

1.3 隐蔽工程验收单,如基础、附着装置预埋件施工签字手续是否齐全。

1.4 行政主管部门备案资料是否齐全。

1.5 作业人员是否持证上岗。

2. 外观的检查要点

2.1 施工升降机的明显部位是否设置标牌。货用施工升降机是否设置不允许载人的明显标志。

2.2 传动齿轮箱、液压装置等充油部件是否出现漏油现象。

2.3 升降机运动部件与建筑物和固定施工设备之间的距离是否小于0.25m。

3. 金属结构的检查要点

3.1 检查垂直度是否符合要求。

3.2 重要结构件的焊缝是否有明显可见的焊接缺陷。

3.3 紧固件是否有缺陷或明显松动。

3.4 导轨架的高度超过最大独立高度时,是否设有附着装置,附墙架金属结构是否完好无损,固定可靠,附墙架间距及附着距离是否符合设计要求。

4. 基础的检查要点

4.1 基础是否能承受设计规定的载荷,是否有土建施工证明资料。

4.2 基础周围是否设有排水设施。

5. 停层的检查要点

5.1 施工升降机各停层是否设置层门或停层栏杆,层门或停层栏杆是否突出到吊笼的升降通道上。

5.2 层门净高度是否低于1.8m,层门净宽度与吊笼进出口宽度之差是否大于120mm。

5.3 机械传动层门的开、关过程是否由司机操作,层门或层门栏杆的开、关是否受吊笼运动的直接控制。

5.4 层门或停层栏杆是否与吊笼机械或电气联锁。

6. 吊笼的检查要点

6.1 封闭式吊笼顶部是否有紧急出口,是否配有专用扶梯,出口面积是否小于0.4m×0.6m,出口是否装有向外开启的活板门,门上是否设有安全开关,当门打开时,吊笼不能启动。

6.2 吊笼是否当作对重使用。

6.3 吊笼的开启高度是否小于1.8m。

6.4 吊笼门是否设置联锁装置,只有当门完全关闭后,吊笼才能启动。

7. 钢丝绳的检查要点

7.1 钢丝绳端部固定是否可靠。绳卡数是否符合要求。

7.2 钢丝绳是否存在下列缺陷:钢丝绳直径相对于公称直径减小7%或更多;外层钢丝磨损达到其直径40%;发生扭结、压扁、弯折、腐蚀和笼笼状畸变、断股、断芯、波浪形、钢丝或绳股挤出等现象。

8. 滑轮的检查要点

8.1 所有的滑轮、滑轮组是否装设有效的防止钢丝绳脱槽的措施。

8.2 钢丝绳进出滑轮有无异常现象。

8.3 滑轮是否有如下缺陷：明显可见的裂纹、轮槽不均匀磨损达 3mm、轮槽壁厚磨损达 20%、轮槽直径磨损达钢丝绳直径的 50%。

9. 制动器的检查要点

9.1 制动器动作是否灵活、可靠。

9.2 当制动器装有手动紧急操作装置时，制动器是否能正常使用。

9.3 当采用两套独立的传动系统时，每套传动系统是否具备各自独立的制动器。

9.4 制动器的零部件是否有明显可见的裂纹，过度磨损，塑性变形，缺件等缺陷。瓦块式制动片磨损是否达原厚度的 50% 或露出铆钉应报废，制动轮凹凸不平是否大于 1.5mm。

10. 安全装置的检查要点

10.1 吊笼是否设有防坠安全器。SC 型升降机吊笼上是否设置一对以上的安全钩，防坠安全器动作时，设在安全器上的安全开关应将电动机和制动器电路断开。

10.2 有对重的升降机，当对重质量大于吊笼质量时，吊笼是否设置双向安全器（限速器）。

10.3 卷扬机传动的升降机是否设防松绳和断绳保护装置。

10.4 升降机是否设置自动复位的上、下限位开关。

10.5 SS 人货两用型及 SC 型升降机是否设置极限开关，吊笼运行超出限位开关和越程后，极限开关须切断总电源，使吊笼停止，极限开关为非自动复位型，其动作后必须手动复位才能使吊笼重新启动。

10.6 SS 型升降机是否设有手动安全装置，该装置应在吊笼到达工作面后人员进入吊笼之前起作用，使吊笼固定在导轨架上。

11. 电气的检查要点

11.1 电路中是否装有保险丝或断路器，电缆和电路在升降机工作中应防止机械损坏，电缆在吊笼运行时，应自由拖行，不受阻碍。

11.2 施工升降机结构、电动机和电气设备的金属外壳均是否接零，并可靠重复接地，接地电阻不超过 4Ω。

11.3 在操纵位置上是否标明控制元件的用途和动作方向。

11.4 在施工升降机安装高度大于 120m，并超过建筑物高度时是否安装空中障碍灯。

11.5 电路是否设有断相、错相保护装置及过载保护器。

11.6 吊笼上下运行接触器是否电气联锁。

11.7 电气设备是否能防止外界干扰及雨、雪、混凝土、砂浆等物质的影响。

12. 进行整机性能试验的检查要点

12.1 空载试验是否符合要求。

12.2 额定载荷试验是否符合要求。

12.3 超载试验是否符合要求。

12.4 吊笼坠落试验是否符合要求。

第五节 事故案例

某小区工程施工升降机吊笼坠落事故

1. 事故概况

2002年9月9日,某小区工地在拆除施工升降机时,发生一起吊笼坠落事故,造成3人死亡,1人重伤。

某小区工程建筑面积为80340m³,由某房地产开发公司开发,某建设集团公司总承包,并将工程的室内外装饰、外脚手架及施工升降机拆除等工程项目分包给某建筑安装公司。

该工程于2000年12月25日开工至2001年12月31日主体结顶,进入装饰阶段施工至2002年9月2日因资金问题停工。

2002年9月9日该工程处于停工时,某建筑安装公司机修班进入施工现场对8号楼使用的施工升降机准备进行拆卸(该升降机型号为SSED100人货两用升降机)作业。拆卸前既无专项施工方案指导也未仔细阅读该升降机说明书,便安排1人在一楼看护,4人到升降机顶部拆卸。当时准备将吊笼从17层下降到15层,先在15层处垫设2根钢管,然后4人进入停在17层的吊笼操作,首先拆卸了吊笼的防坠钢丝绳,在进行下步工作时,突然发生吊笼钢丝绳断开,吊笼由17层坠落至15层,将15层处垫设的钢管撞弯,此时吊笼内共有4人,其中一人跳出抓住导轨(导致重伤),其余3人随吊笼一起坠落至地面,造成3人死亡,1人重伤的事故。

2. 事故原因分析

2.1 直接原因

吊笼钢丝绳突然断开,是由于钢丝绳在卷筒上排绳混乱,导致钢丝绳受力后互相挤压变形导致结构破坏。由于拆卸作业前,未对施工升降机进行全面检查,所以未能及早发现问题采取措施,致使钢丝绳在已达报废情况下工作受力后断开。

由于拆卸人员不懂拆除程序,拆除前既未作全面检查,也未认真阅读说明书,错误地先拆除了钢丝绳的防坠装置,致拆除过程中失去安全保障。

2.2 间接原因

某建筑安装公司不具备安装拆卸施工升降机资质,总包单位未经审查任意将拆除升降机工作分包给该施工单位,施工中又未加管理,导致违章指挥发生事故。该施工升降机安装和使用过程中均无人检验,以致造成安装不合格,卷筒上排绳混乱,安装后未按规定认真验收,使用中未设检修人员进行检查,司机只管操作不进行检查,在排绳混乱的工况下违章使用,造成钢丝绳提早进入报废但侥幸未发生事故。拆卸前又未检查及时发现事故隐患,仍继续使用,最终导致钢丝绳断开。

3. 事故结论与教训

3.1 事故主要原因

本次事故主要由于总包单位及分包单位管理失误造成。总包单位将拆卸施工升降机分包给无相应资质的单位施工,分包单位施工前不编制方案,不认真阅读该机械说明书,也没认真检查升降机现状,盲目上人拆卸,导致在无任何安全措施情况下,钢丝绳断开吊笼坠落。

3.2 事故性质

本次事故属于责任事故,是由于总包单位违法分包,且以包代管放弃管理;分包单位既无相应资质又未认真按照施工升降机拆卸程序编制方案,且开始作业前对升降机现状不作调查了解,盲目施工,违章指挥导致事故发生。

3.3 主要责任

该建筑安装公司拆卸施工升降机负责人盲目施工,违章指挥导致事故发生,应负直接责任。

总包单位某建设集团公司对分包企业资质未进行审查,对现场管理未编制施工方案就进行作业未进行监管,最终导致事故发生应负主要管理责任。

4. 事故的预防及控制措施

4.1 总包单位应认真学习贯彻《建筑法》的规定;总包工程应对工程进行总体研究,对分包工程专业应资质对应,总包单位在分包工程后并未分包管理责任,总包单位仍应按照合同对建设单位总负责。

4.2 建设部针对塔式起重机、施工升降机等机械设备的安装与拆卸作业危险大、专业强的特点,规定了必须由具有相应资质的队伍承担,施工企业及建设单位必须认真执行。

第九章 施 工 机 具

　　施工机具是指在建筑施工现场使用的机械设备,主要有手持电动工具、土石方机械、打夯机等十二种机具。施工机具的使用比较广泛,从土方工程到装饰装修工程施工机具的身影随处可见。由于建筑业存在流动性大、露天作业等特点,施工企业应建立健全设备管理机构,制定管理制度,杜绝机械伤害事故的发生。本章主要阐述施工机具的技术要求、施工现场检查要点,有利于施工现场管理人员学习、查阅。

第一节 常用施工机具

(1) 手持电动工具;
(2) 土石方机械;
(3) 厂内机动车;
(4) 混凝土、砂浆搅拌机;
(5) 打夯机;
(6) 混凝土振动器;
(7) 潜水泵;
(8) 桩工机械;
(9) 电焊机;
(10) 气焊与气割;
(11) 钢筋加工机械;
(12) 木工机械。

第二节 一 般 规 定

(1) 各类施工机具的安全防护装置必须齐全。
(2) 操作者应熟知机械、工具性能、操作方法和安全操作规程。
(3) 必须建立机械、设备、手持电动工具等检查、维修、保养、使用管理制度。
(4) 施工机具必须明确专人或固定班组负责管理使用。
(5) 施工机具安装后,必须经主管部门验收,确认符合要求,方准投入使用。
(6) 操作人员离开用电设备时,应拉闸断电,锁好闸箱。

第三节 安 全 技 术

1. 手持电动工具

1.1 手持电动工具依据安全防护的要求分为Ⅰ、Ⅱ、Ⅲ类。

1.2 Ⅰ类手持电动工具的额定电压超过50V，属于非安全电压，所以必须做接地或接零保护，同时还必须接漏电保护器以保安全。

1.3 Ⅱ类手持电动工具的额定电压超过50V，但它采用了双重绝缘或加强绝缘的附加安全措施。双重绝缘是指除了工作绝缘以外，还有一层独立的保护绝缘，当工作绝缘损坏时，操作人员与带电作隔离，所以不会触电。Ⅱ类手持电动工具可以不必做接地或接零保护。Ⅱ类手持电动工具的铭牌上有一个"回"字。

1.4 Ⅲ类手持电动工具是采用安全电压的工具，它需要有一个隔离良好的双绕组变压器供电，变压器副边额定电压不超过50V。所以Ⅲ类手持电动工具不需要保护接地或接零，不要求安装漏电保护器。

1.5 手持电动工具的开关箱内必须安装隔离开关和漏电保护器。

1.6 手持电动工具的负荷线，必须选择无接头的多胶铜芯橡皮护套软电缆。其性能应符合《通用橡套软电缆》（GB 5013—97）的要求。其中绿/黄双色线在任何情况下只能用作保护线。

1.7 施工现场应优先选用Ⅱ类手持电动工具，并应装设额定动作电流不大于15mA，额定漏电动作时间小于0.1s的漏电保护器。

1.8 特殊潮湿环境场所电器设备开关箱内的漏电保护器应选用防溅型的，其额定漏电动作电流应小于15mA，额定漏电动作时间不大于0.1s。

1.9 在狭窄场所施工，优先使用带隔离变压器的Ⅲ类手持电动工具。如果选用Ⅱ类手持电动工具必须安装防溅型的漏电保护器，把隔离变压器或漏电保护器装在狭窄场所外边并应设专人看护。

1.10 手持电动工具的外壳、手柄、负荷线、插头、开关等必须完好无损，使用前要做好空载检查，运转正常方可使用。

1.11 手持电动工具尤其是长期搁置不用的工具，在使用前必须测量绝缘电阻值，其中Ⅰ类手持电动工具绝缘电阻不应小于2MΩ，Ⅱ类手持电动工具绝缘电阻不应小于7MΩ，Ⅲ类手持电动工具绝缘电阻不应小于1MΩ。当绝缘电阻值达不到要求时，应采取烘干等措施。

2. 土石方机械（挖掘机）

2.1 作业前，应按使用说明书的要求，对各有关部位进行检查，确认正常后，方可启动。

2.2 严禁挖掘未经爆破的5级以上岩石或冻土。

2.3 单斗挖掘机反铲作业时，履带前缘距工作面边缘应至少保持1~1.5m的安全距离。

2.4 作业时，挖掘机应处于水平位置，使行走机构处于制动状态，楔紧履带或轮胎（支好支脚）。

2.5 作业区内不得有无关人员和障碍物,挖掘前先鸣笛示意。

2.6 不得用铲斗破碎石块、冻土。

2.7 挖掘机满载时,禁止急转急刹,提斗不得过猛撞击滑轮,以免挖斗卷扬轴弯折或机身倾覆;落斗不得过猛撞击履带和其他机件。

2.8 挖掘悬崖时应采用保护措施。工作面不得留有散沿及松动的大块石,如发现有塌方危险应立即处理或将挖掘机撤离至安全地带。

2.9 当铲斗未离开工作面时,不得做回转、行走等动作。

2.10 往汽车上卸土时,应等汽车停稳后方可向车厢回转卸下,铲斗不得从驾驶室顶越过。在汽车未停稳或铲斗须越过驾驶室而司机未离开前不得装车。

2.11 作业或行走时,严禁靠近架空输电线路,挖掘机与架空线路的安全距离应为:1kV 以下的最小安全距离为 4m,1~10kV 的为 6m,35~110kV 的为 8m,154~220kV 的为 10m,330~500kV 的为 15m。

2.12 操作人员离开驾驶室时,不论时间长短,必须将铲斗落地。

2.13 行走时,主动轮应在后面,臂杆与履带平行,制动住回转机构,铲斗离地面 1m 左右;上下坡道时,不得超过本机允许最大坡度,下坡用慢速行驶,严禁在坡道上变速和空挡滑行。

2.14 挖掘机最大自行距离不宜超过 1km,如长距离转移必须用平板车载运。上下平板拖车时,跳板的坡度不得大于 15°。上车后应将所有制动器制动住,并用三角木将履带或轮胎楔紧。

2.15 轮胎式挖掘机还应遵守下列要求:

2.15.1 作业时,机械应保持处于水平位置,制动住行走机构,并将支腿支好后,方可挖掘。

2.15.2 移动时,应先将挖掘装置置于行走位置,收回支腿。

2.15.3 检查轮胎气压应符合标准要求,经常清除有损轮胎的异物。

2.16 液压挖掘机还应遵守下列要求:

2.16.1 采用液压平衡悬挂装置的轮胎式挖掘机,作业时应把两个悬挂液压缸锁住。

2.16.2 检查液压挖掘机的各有关部位应无漏油现象。

2.16.3 作业中应注意液压缸的极限位置,防止限位块被摇出。

2.16.4 作业中,如发现挖掘力突然变化,应停机检查,严禁在未查明原因前擅自调整分配压力。

2.16.5 作业中,需制动时,应将变速阀置于低速位置。

2.17 作业后,应将挖掘机停放在坚实、平坦、安全的地方,将铲斗落地。

3. 厂内机动车(翻斗车)

3.1 按照有关规定,机动翻斗车应定期进行年检,并取得上级主管部门核发的准用证。

3.2 空载行驶当车速为 20km/h 时,使离合器分离或变速器置于空挡,进行制动,测量制动开始时到停车的轮胎压印,拖印长度之和,应符合参数规定。

3.3 司机应经有关部门培训考核并持有有效证件。

3.4 机动翻斗车除一个司机外,车上及斗内不准载人。司机应遵章驾车,起步平稳，不得用二、三挡起步。往基坑卸料时，接近坑边应减速。行驶前必须将翻斗锁牢，离机时必须将内燃机熄火，并挂挡拉紧手制动器。

4. 混凝土、砂浆搅拌机

4.1 搅拌机应有防风雨、防冲击的保护棚，安装场地平整、坚实、有排水措施。

4.2 离合器、制动器应灵活有效、传动部位必须装设防护罩。钢丝绳不缺油，断股、绳头应有卡子固定。停车后应挂好保险钩，润滑部位不缺油，操作手柄有保险装置。

4.3 操作搅拌机的司机必须经过专业安全培训，考试合格，持证上岗，严禁非司机操作。

4.4 料斗提升时，严禁在料斗下工作或穿行，清理斗坑时，应将料斗双保险钩挂牢后方可清理。

4.5 运转中不准用工具伸入搅拌筒内扒料。

4.6 开机前检查各部件是否正常，防护装置是否齐全有效，确认无异常，方可试运转。

4.7 作业后将搅拌机内外刷洗干净，将料斗升起，挂牢双保险钩，拉闸断电，锁好电闸箱。

4.8 运转中严禁维修保养。维修保养搅拌机，必须拉闸断电。锁好电闸箱，挂好"有人工作，严禁合闸"牌，并派专人监护。

5. 打夯机（蛙式打夯机）

5.1 蛙式打夯机适用于夯实土和素土的地基、地坪以及场地平整，不得夯实坚硬或软硬不一的地面，更不得夯打坚实或混有砖石碎块的杂土。

5.2 两台以上的蛙夯同在一工作面作业时，左右间距不得小于5m，前后间距不得小于10m。

5.3 操作蛙夯应有两人，一人操作、一人传递导线，操作和传递导线人员都要戴绝缘手套和穿绝缘胶鞋。

5.4 检查电路应符合要求，接地（接零）良好。各传动部件均正常后，方可作业。

5.5 夯机操作开关必须使用定向开关，严禁使用倒顺开关，进线口应有护线胶圈。

5.6 夯机手柄必须加装绝缘材料。

5.7 作业时，电缆线不可张拉过紧，应保证有3～4m的余量，递线人员应跟随夯机后或两侧调顺电缆线，不得强力拉扯或将电缆线扔在夯机前进方向。严禁机械砸线，发现电缆线破损及漏电现象时，应立即停机检修，电缆线不得扭结和缠绕，作业中需移动电缆线时应停机进行。

5.8 操作时，不得用力推拉或按压手柄，转弯时不得用力过猛，严禁急转弯。

5.9 夯实填土时，应从边缘10～15cm开始夯实2～3遍后，再夯实边缘。

5.10 在室内作业时，应防止夯板或偏心块打在墙壁上。

5.11 经常保持机身清洁，底盘内落入石块或积泥应停机清除，严禁运转中清除。

5.12 作业后，要切断电源，卷好电缆，锁好闸箱，作好电机的防潮防水工作。

6. 混凝土振动器

6.1 使用前检查各部件应连接牢固，旋转方向正确。

6.2 振动器不得放在初凝的混凝土、地板、脚手架、道路和干硬的地面上进行试振。如检修或作业间断时，应切断电源。

6.3 插入式振动器软轴的弯曲半径不得小于 50cm，并不得多于两个弯，操作时振动棒应自然垂直地沉入混凝土，不得用力硬插，斜推或使钢筋夹住棒头，也不得全部插入混凝土中。

6.4 振动器应保持清洁，不得有混凝土粘结在电动机外壳上妨碍散热。

6.5 作业移动时，电动机的导线应保持有足够的长度和松度。严禁用电源线拖住振动器。

6.6 用绳拉平板振动器时，拉绳应干燥绝缘，移动或转向时，不得用脚踢电动机。

6.7 振动器与平板应保持紧固，电源线必须固定在平板上，电器开关应装在手把上。

6.8 在一个构件上同时使用几台附着式振动器工作时，所有振动器的频率必须相同。

6.9 操作人员必须穿戴胶鞋和绝缘手套。

6.10 作业后必须作好清洁、保养工作。振动器要放到干燥处。

7. 潜水泵

7.1 泵应放在坚固的篮筐里放入水中，或将泵的四周设立坚固的防护网，泵应直立沉入水中，水深不得小于 0.5m，不得在含泥砂的混水中使用。

7.2 泵放入水中，或提出水面，应先切断电源，严禁拉拽电缆或出水管。

7.3 泵必须作好保护接零，并安装额定动作电流不大于 15mA，动作时间小于 0.1s 的漏电保护器。工作时周围 30m 以内不得有人、畜进入。

7.4 启动前，应检查：

7.4.1 水管应结扎牢固；

7.4.2 放气、放水、注油时螺塞均应旋紧；

7.4.3 叶轮和进水节应无杂物；

7.4.4 电缆绝缘良好。

7.5 接通电源后，应先试运转，检查旋转方向应正确。在水外运转时间，不得超过 5min。

7.6 经常注意水位变化，动水位（叶轮中心至水面距离）应在 0.5~3m 间，泵体不得陷入污泥或露出水面。电缆不可与井壁、池壁相擦。

7.7 潜水泵开关箱距泵不大于 3m。

7.8 加压泵、多级泵的安全防护装置应按潜水泵的要求进行。

8. 桩工机械

8.1 施工场地应按坡度不大于 1‰，地基承载力不小于 83kPa 的要求进行整平压实。在基坑和围堰内打桩，要配备足够的排水设备。

8.2 桩基周围 5m 以内应无高压线路，作业后应有明显标志或围栏，严禁闲人入内。作业时操作人员应在距桩中心 5m 以外监视。

8.3 水上打桩时，需要选择排水量比桩机重量大四倍以上的作业船或牢固排架，桩机与船或排架应可靠固定并采取有效的锚位措施，打桩船或排架的偏斜度超过 3°时应停止作业。

8.4 桩锤的选择应按《建筑地基基础工程施工质量验收规范》(GB 50202—2002)中的附录参考执行。安装时,应将桩锤运到桩架正前方2m以内,不得远距离斜吊。

8.5 用桩机吊桩时,必须在桩上栓好拉绳,起吊2.5m以外的混凝土预制桩时,应将桩锤落在下部,待吊进后,方可提升桩锤。

8.6 严禁吊桩、吊锤、回转或行走同时进行。桩机在吊有桩和锤的情况下,操作人员不得离开岗位。

8.7 插桩后应及时校正桩的垂直度,桩入土3m以上时,严禁用桩机行走或回转动作纠正桩的倾斜度。

8.8 拨送桩时,要严格掌握不超过桩机起重能力,荷载难以计算时,可参照如下方法掌握:

8.8.1 桩机为电动卷扬机时,拨送桩时载荷不得超过电机满载电流。

8.8.2 桩机卷扬机以内燃机为动力时,拨送桩时如内燃机明显降速,应立即停止起拨。

8.8.3 桩机为蒸汽卷扬机时,拨送桩时,如在额定蒸汽压力下卷扬机产生降速或停车,应立即停止起拨。

8.8.4 每米送桩深度的起拨载荷可按4t计算。

8.9 卷扬机钢丝绳应经常处于润滑状态,防止干摩擦。

8.10 作业中,停机时间较长时应将桩锤落下,垫好;除蒸汽打桩机在短时间内可将锤担在机架上外,其他的桩机均不得悬吊桩锤进行检修。

8.11 遇有大雨、雪、雾和六级以上大风等恶劣气候,应停止作业。当风速超过七级或有强台风警报时应将桩机顺风向停置,并增加缆风绳,必要时应将桩架放倒在地面上。

8.12 雷雨季节施工的桩机,应装避雷器,接地电阻值不大于4Ω。在雷电交作时,人员必须远离桩机。

8.13 作业后,应将桩机停放在坚实平整的地面上,将桩锤落下,切断电源,使全部制动生效。

9. 电焊机

9.1 施工现场使用的电焊机应设有可防雨、防潮、防晒的机棚,并备有消防设施。

9.2 焊接时,焊接和配合人员必须采取防止触电、高空坠落、瓦斯中毒和火灾等事故的安全措施。

9.3 严禁在运行中的压力管道、装有易燃易爆物品的容器和受力构件上进行焊接和切割。

9.4 焊接钢、铝、锌、锡、铅等有色金属时,必须在通风良好的地方进行,焊接人员应戴防毒面具或呼吸滤清器。

9.5 在容器内施焊时,必须采取以下措施:容器上必须有进、出风口并设置通风设备,容器内的照明电压不得超过12V,焊接时必须有人在场监护,严禁在以喷涂过油漆或塑料的容器内焊接。

9.6 焊接预热焊件时,应设挡板隔离焊件发出的辐射热。

9.7 高空焊接或切割时,必须挂好安全带,焊件周围和下方应采取防火措施并有专

9.8 电焊线通过道路时，必须架高或穿入防护管内埋设在地下，如通过轨道时，必须从轨道下面穿过。

9.9 接地线及手把线都不得搭在易燃易爆和带有热源的物品上，接地线不得接在管道、机床设备和建筑物金属构架或轨道上，接地电阻不大于4Ω。

9.10 雨天不得露天电焊。在潮湿地带作业时，操作人员应站在辅有绝缘物品的地方并穿好绝缘鞋。

9.11 长期停用的电焊机，使用时，须检查其绝缘电阻不得低于0.5MΩ，接线部分不得有腐蚀和受潮现象。

9.12 焊钳应与手把线连接牢固，不得用胳膊夹持焊钳。清除焊渣时，面部应避开被清的焊缝。

9.13 在载荷运行中，焊接人员应经常检查电焊机的温升，如超过A级60℃、B级80℃时，必须停止运转并降温。

9.14 施焊现场的10m范围内，严禁堆放氧气瓶、乙炔发生器、木材等易燃物。

9.15 作业后，清理场地，灭绝火种，切断电源，锁好电闸箱，清除焊料余热后，方可离开。

9.16 焊接设备的各种气瓶（氧、氩、氨、乙炔及二氧化碳等）的使用运输均应遵守《气瓶安全监察规程》。

10. 气焊与气割

10.1 气焊是利用可燃气体与氧气混合燃烧火焰所产生的大量热量，融化焊件和焊丝而进行金属连接的一种熔焊方法；气割是利用这种高热将金属加热到熔点以上，然后通过高压氧气使其剧烈燃烧成为液态金属氧化物并加以吹除，实现金属断开的一种切割方法。

10.2 气焊（割）常用的可燃气体是乙炔，它与氧气混合是利用特制的焊（割）炬来完成的。乙炔与氧气混合燃烧所产生的火焰称为氧炔焰，其温度可达3150℃以上，比其他可燃气体燃烧温度高得多。用氧炔焰进行气焊（割）的方法称为氧炔焰焊（割）。

10.3 各种气瓶应有明显色标。

10.4 焊接时，气瓶间距不小于5m，气瓶距明火距离不小于10m。距离不足时应有隔离措施。

10.5 乙炔瓶使用或存放时，不得平放，需配有支撑架。

10.6 气瓶存放地点应有明显标志，有防晒、防火、防爆措施。

10.7 气瓶的防振圈、防护帽齐全。

11. 钢筋加工机械

11.1 一般规定

11.1.1 机械的安装必须坚实稳固，保持水平位置。固定式机械应有可靠的基础，移动式机械作业时应楔紧行走轮。

11.1.2 室外作业应设置机棚，机旁应有堆放原料、半成品的场地。

11.1.3 加工较长的钢筋时，应有专人帮扶，并听从操作人员指挥，不得任意推拉。

11.1.4 作业后应堆放好成品，清理场地，切断电源，锁好电闸箱。

11.2 钢筋切断机

11.2.1 接送料工作台面应和切刀下部保持水平，工作台的长度可根据加工材料长度决定。

11.2.2 启动前，应检查并确认切刀无裂纹，刀架螺栓紧固，防护罩牢靠。然后用手转动皮带轮，检查齿轮齿合间隙，调整切刀间隙。

11.2.3 启动后，应先空运转，检查各传动部分及轴承运转正常后，方可作业。

11.2.4 机械未达到正常转速时不得切料。切料时必须使用切刀的中下部位，紧握钢筋对准刃口迅速送入。

11.2.5 不得剪切直径及强度超过机械铭牌规定的钢筋和烧红的钢筋。一次切断多根钢筋时，总截面积应在规定范围内。

11.2.6 剪切低合金钢时，应更换高硬度切刀，剪切直径应符合铭牌规定。

11.2.7 切断短料时，手和切刀之间的距离应保持150mm以上，如手握端小于400mm时，应用套管或夹具将钢筋短头压住或夹牢。

11.2.8 运转中，严禁用手直接清除切刀附近的断头和杂物。钢筋摆动周围和切刀附近非操作人员不得停留。

11.2.9 发现机械运转不正常、有异响或切刀歪斜等情况，应立即停机检修。

11.2.10 作业后，应切断电源，用钢刷清除切刀间的杂物，进行整机清洁保养。

11.3 钢筋弯曲机

11.3.1 工作台和弯曲机台面要保持水平，并准备好各种芯轴及工具。

11.3.2 按加工钢筋的直径和弯曲半径的要求装好芯轴、成型轴、挡铁轴或可变挡架，芯轴直径应为钢筋直径2.5倍。

11.3.3 检查芯轴、挡块、转盘应无损坏和裂纹，防护罩紧固可靠，经空运转确认正常后，方可作业。

11.3.4 作业时，将钢筋需弯的一头插在转盘固定销的间隙内，另一端紧靠机身固定销，并用手压紧，检查机身固定销子确实安在挡住钢筋的一侧，方可开动。

11.3.5 作业中，严禁更换芯轴、销子和变换角度以及调速等作业，亦不得加油或清扫。

11.3.6 弯曲钢筋时，严禁超过本机规定的钢筋直径、根数及机械转速。

11.3.7 弯曲高强度或低合金钢筋时，应按机械铭牌规定换算最大限制直径并调换相应的芯轴。

11.3.8 严禁在弯曲钢筋的作业半径内和机身不设固定销的一侧站人。弯曲好的半成品应堆放整齐，弯钩不得朝上。

11.3.9 转盘换向时，必须在停稳后进行。

11.4 钢筋冷拉机

11.4.1 根据冷拉钢筋的直径，合理选用卷扬机，卷扬钢丝绳应经封闭式导向滑轮并和被拉钢筋方向成直角。卷扬机的位置必须在操作人员能见到全部冷拉场地，距离冷拉中线不少于5m。

11.4.2 冷拉场地在两端地锚外侧设置警戒区，并装设防护栏杆及警告标志。严禁无关人员在此停留。操作人员在作业时必须离开钢筋至少 2m 以外。

11.4.3 用配重控制的设备必须与滑轮匹配,并有指示起落记号,没有指示记号时应有专人指挥。配重框提起时高度应限制在离地面 300mm 以内,配重架四周应有栏杆及警告标志。

11.4.4 作业前,应检查冷拉夹具,夹齿必须完好,滑轮、冷拉小车应润滑灵活,拉钩地锚及防护装置均应齐全牢固,确认良好后,方可作业。

11.4.5 卷扬机操作人员必须看到指挥人员发出信号,并待所有人员离开危险地后方可作业。冷拉应缓慢、均匀的进行,随时注意停车信号或见到有人进入危险地时,应立即停拉,并稍稍放松卷扬钢丝绳。

11.4.6 用延伸率控制的装置,必须装设明显的限位标志,并要有人负责指挥。

11.4.7 夜间作业的照明设施,应设在冷拉危险区域外,如必须装设在场地上空时其高度应超过 5m,灯泡应加防护罩,导线不得采用裸线。

11.4.8 作业后,应放松卷扬钢丝绳,落下配重,切断电源,锁好电闸箱。

12. 木工机械

12.1 一般规定

12.1.1 施工现场机械上的电动机及电器部分必须采用 TN—S 保护接零系统。

12.1.2 工作场所应备有齐全可靠的消防器材,严禁在工作场所吸烟和使用其他明火,并不得存放油棉纱等易燃品。

12.1.3 工作场所的待加工和已加工木料应堆放整齐,保证道路畅通。

12.1.4 机械应保持清洁,安全防护装置齐全可靠,各部件联结紧固,工作台上不得放置杂物。

12.1.5 机械的皮带轮、锯轮、刀轴、锯片、砂轮等高速转动部件应在安装时做平衡试验,各种刀具不得有裂纹破损。

12.1.6 严禁在机械运行中测量工件尺寸和清理机械上面及底部的木屑、刨花和杂物。

12.1.7 运行中不准跨过机械传动部分传递工件、工具等。排除故障、拆装刀具时必须使机械停止运转后,切断电源,方可进行,操作人员与辅助人员应密切配合,以同步速度匀速接送料。

12.1.8 根据木料材质的粗细、软硬、温度等选择合适的切削和进行速度。加工前应从木料中清除铁钉、钢丝等金属物。

12.1.9 作业后应切断电源,锁好闸箱;对机械进行擦拭润滑、清除木屑、刨花。

12.2 圆盘锯

12.2.1 锯片上方必须安装保险挡板和滴水装置,在锯片后边离齿 10～15mm 处,必须安装弧形楔刀。锯片的安装,应保持与轴同心。

12.2.2 锯片必须锯齿尖锐,不得连续缺齿两个,裂纹长度不得超过 20mm,裂缝末端应冲止裂孔。

12.2.3 被锯木料厚度,以锯片能露出木料 10～20mm 为限,夹持锯片的法兰盘的直径应为锯片直径的 1/4。

12.2.4 启动后,待转速正常后方可进行锯料。送料时不得将木料左右晃动或高抬,遇木节要缓缓送料。锯料长度应不小于500mm。接近端头时,应用推棍送料。

12.2.5 如锯线走偏,应逐渐纠正,不得猛扳,以免损坏锯片。

12.2.6 操作人员不得站在或面对与锯片旋转的离心力方向操作,手不得跨越锯片。

12.2.7 锯片温度过高时,应用水冷却,直径600mm以上的锯片,在操作中应喷水冷却。

12.2.8 作业后,切断电源,锁好闸箱,进行擦拭、润滑、清除木屑、刨花。

12.3 平刨(手压刨)

12.3.1 作业前,检查并确认安全防护装置必须齐全有效。

12.3.2 刨料时,手应按在料的上面,手指必须离开刨口50mm以上。严禁用手在木料后端送料,跨越刨口进行刨削。

12.3.3 被刨木料的厚度小于30mm,长度小于400mm时应用压板或压棍推进。厚度在15mm,长度在250mm以下的木料,不得在平刨上加工。

12.3.4 被刨木料如有破裂或硬节等缺陷时必须处理后再刨削。刨旧料前,必须将料上的钉子、杂物清除干净。遇木楂、节疤要缓慢送料。严禁将手按在节疤上送料。

12.3.5 刀片和刀片螺钉的厚度、重量必须一致,刀架夹板必须平整贴紧,合金刀片焊缝的高度不得超过刀头,刀片紧固螺钉应嵌入刀片槽内,槽端离刀背不得小于10mm。紧固刀片螺钉时,用力应均匀一致,不得过松或过紧。

12.3.6 机械运转时,不得将手伸进安全挡板里侧去移动挡板或拆除安全挡板进行刨削。严禁带手套操作。

第四节 施工现场应急救援预案

1. 根据《中华人民共和国安全生产法》,为了保护企业从业人员在生产经营活动中的身体健康和生命安全,保证企业在出现生产安全事故时,能够及时进行应急救援,最大限度地降低生产安全事故给企业和从业人员所造成的损失,特制定生产安全事故应急预案。

2. 应急救援组织机构

2.1 企业应在建立生产安全事故应急救援组织机构的基础上,建立专项应急救援的分支机构。

2.2 企业施工现场或者其他生产经营场所应成立专项应急救援小组,其中包括现场的主要负责人、安全专业管理人员、技术管理人员、生产管理人员、人力资源管理人员、行政卫生、工会以及救援所需的水、电、机械设备操作等专业人员。

2.3 专项应急救援机构应具备现场救援救护基本技能,定期进行应急救援演练。配备必要的应急救援器材和设备,并进行经常性的维修、保养、保证应急救援时正常运转。

2.4 专项应急救援机构应建立健全应急救援档案,其中包括:应急救援组织机构名单、救援救护基本技能学习培训活动记录、应急救援器材和设备目录、应急救援器材和设备维护保养记录、生产安全事故应急救援的记录等。

3. 应急救援机构组织职责

3.1 应急指挥人员职责:

3.1.1 事故发生后，立即赶赴事故地点，了解现场事故情况，初步判断事故原因及可能产生的后果，组织人员实施救援。

3.1.2 召集救援小组人员，明确救援目的、救援步骤、统一协调开展救援。

3.1.3 按照救援预案中的人员分工，确定实施对外联络、人员疏散、伤员抢救，划定区域、保护现场等人员及职责。

3.1.4 协调应急救援过程中出现的其他情况。

3.1.5 救援完成、事故现场处理完后，与现场相关人员确认恢复生产的条件及时恢复生产。

3.1.6 根据应急实施情况及效果，完善应急救援预案。

3.2 技术负责人职责：

3.2.1 协助救援指挥根据事故现场情况，拟定采取的救援措施及预期效果，为正确实施救援提出可行的建议。

3.2.2 负责应急救援中的技术指导，按照分工责任实施应急救援。

3.2.3 参与应急救援预案的完善。

3.3 生产副经理：

3.3.1 组织工长及专业队等相关人员，依据外救措施方案，排除意外险情或实施救援。

3.3.2 应急救援事故处理结束后，组织人员安排恢复生产；

3.3.3 参与应急救援预案的完善。

3.4 行政副经理：

3.4.1 发生伤亡事故后，安排人员联络医院、消防机构、应急机械设备、派人接车等事宜。

3.4.2 组织人员落实封闭事故现场，划出特定区域等工作；

3.4.3 参与应急救援预案的完善。

3.5 现场安全员：

3.5.1 立即赶赴事故现场，了解现场状况，参与事故救援；

3.5.2 依据现场状况，判断仍存在的不安全状态，采取处理措施，最大限度的减少人员及财产损失，防止事态进一步扩大；

3.5.3 判断拟采取的救援措施可能带来的其他不安全因素，根据专业知识及经验，选择最佳方案并向应急指挥提出自己的建议。

3.5.4 参与应急救援预案的完善工作。

3.6 施工现场的工长及其他应急小组成员：

3.6.1 听从指挥，明确各自职责；

3.6.2 统一步骤，有条不紊的按分工实施救援；

3.6.3 参与应急救援预案的完善。

4. 生产安全事故应急救援秩序

4.1 应急指挥立即召集应急小组成员，分析现场事故情况，明确救援步骤，所需设备设施及人员，按照策划、分工、实施救援。

4.2 需要救援车辆时，应急指挥应安排专人接车，引领救援车辆迅速施救。

4.3 施工现场应急响应情况及救援措施：

4.3.1 施工现场机械伤害事故救援措施：

4.3.1.1 当发生机械伤害事故，如受伤者自己能够呼救，首先大声呼叫，电工迅速拉闸断电；

4.3.1.2 如受伤者受伤严重已不能呼救，最早发现者应大声呼叫，电工迅速拉闸断电，立即向项目经理及有关人员报告，同时拨打120急救中心，现场伤员营救小组人员将伤者抬到平整的场地进行必要的救治；

4.3.1.3 如发现伤者有断指断腿等，应立即将其找到，用医用纱布将其包好，随同伤员一起送往医院救治；

4.3.1.4 项目经理应按照报告程序逐级报告，并协助公司事故调查组对事故展开调查。

4.3.2 施工现场触电事故救援措施：

4.3.2.1 触电事故主要有三类：施工碰触电、工地随意拖拉电线、现场照明不使用安全电压；

4.3.2.2 最早发现触电者，应大声呼叫电工迅速拉闸断电，然后边向项目经理及有关人员报告，边用木棒、木板等不导电的材料将触电人与接触电线、电器部位分离开，将触电者抬到平整的场地；

4.3.2.3 现场伤员营救人员按照有关救护知识立即进行救护，同时拨打120，将伤员送往医院抢救；

4.3.2.4 项目经理应按照报告程序逐级报告，并协助公司事故调查组对事故展开调查。

4.4 抢救受伤人员时几种情况的处理：

4.4.1 如确认人员已死亡，立即保护现场；

4.4.2 如发现人员昏迷，伤及内脏、骨折及大量失血：

4.4.2.1 立即联系120，急救车或现场最近的医院电话，并说明伤情。为取得最佳抢救效果，还可根据伤情联系专科医院。

4.4.2.2 外伤大出血，急救车未到前，现场采取止血措施。

4.4.2.3 骨折，注意搬动时的保护，对昏迷可能伤及脊椎，内脏或伤情不祥者，一律用担架或平板，不得一人担肩，一人抬腿。

4.4.3 一般性外伤：

4.4.3.1 视伤情送往医院，防止破伤风。

4.4.3.2 轻微内伤，送医院检查。

4.5 制定救援措施时，一定要考虑所采取措施的安全性和风险，经详细确认安全无误后再实施救援，避免因措施不当而引发新的伤害或损失。

4.6 建立应急反应救援安全通道体系。

应急计划中，必须依据施工总平面布置、建筑物的施工内容以及施工特点，确立应急反应状态时的救援安全通道体系，体系包括垂直通道、水平通道、与场外连接通道，并应准备好多通道体系设计方案，以解决事故现场发生变化带来的问题，确保应急反映救援安全通道能有效的投入使用。

4.7 通信体系及救援设备和物资。

应急预案中必须确定有效的可能使用的通信系统,以保证应急救援系统的各个机构之间有效的联系。建立有效的通信体系,其体系应考虑的因素有:

应急人员之间;

事故指挥者与应急人员之间;

应急救援系统各机构之间;

应急指挥机构与外部应急组织之间;

应急指挥机构与伤员家庭之间;

应急指挥机构与上级行政主官部门之间;

应急指挥机构与新闻媒体之间;

应急指挥机构与认为必要的有关人员和部门之间;

救援电话:

  消防电话:119;

  公安电话:110;

  医救电话:120;

  交通事故电话:122

  应急总指挥电话:手机;

  应急操作副总经理:手机;

  值班电话:

  救援设备、车辆及物资:担架、药箱、急救包、救助车辆。

4.8 专项应急救援预案应明确规定如下内容:

4.8.1 应急救援人员的具作分工和职责。

4.8.2 生产作业场所和员工宿舍的急救车辆行走和人员疏散路线。现场应用相应的安全色标明显标示,并在日常工作中保证路线畅通。

4.8.3 受伤人员抢救方案。组织现场急救方案,并根据可能发生的伤情,确定2~3个最快捷的相应医院,明确相应的路线。

4.8.4 现场易燃易爆物品的转移场所,以及转移途中的安全保证措施。

4.8.5 应急急救设备。

4.8.6 事故发生后上报上级单位的联系方式,联系人员的电话。

4.8.7 发生事故处理完毕后,应急救援指挥应组织救援小组成员进行专题研讨,评审应急救援中的救援程序、联络、步骤、分工、实施效果等,使救援预案更加完善。

第五节 施工现场检查要点

1. 手持电动工具的检查要点

1.1 施工现场是否选用Ⅱ类手持电动工具,并安装额定动作电流不大于15mA,动作时间小于0.1s的漏电保护器。若使用Ⅰ类手持电动工具是否做了保护接零。

1.2 使用Ⅰ类手持电动工具是否按规定穿戴绝缘用品,如绝缘鞋、绝缘手套等。

1.3 手持电动工具的负荷线是否采用耐气候型的橡皮护套铜芯软电缆,不得随意接长电源线或更换插头。当不能满足作业距离时，是否采用移动式电箱解决，避免接长电缆带来的事故隐患。

1.4 工具中运动的（转动的）危险零件，是否按有关的标准装设防护罩，不得任意拆除。

1.5 使用其他机械式手提工具（如射钉枪等），是否严格遵守操作规程。

2. 土石方机械（挖掘机）的检查要点

2.1 作业前是否根据工程开挖要求和施工现场地貌编制土石开挖作业施工方案。

2.2 施工机械进场是否经过验收。

2.3 挖掘机作业时是否有人员进入其作业半径内。

2.4 多台机械作业时，挖掘机间距是否大于10m，挖土应由上而下，逐层进行，严禁先挖坡脚或逆坡挖土。

2.5 挖土机作业位置是否牢固安全，不得在危岩孤石的下边或贴近未加固的危险建筑物的下面进行作业。多台机械同时挖土，是否验算边坡的稳定。

2.6 人员上下是否设专用的安全通道，禁止踩踏支撑上下。

2.7 基坑内作业人员是否有安全立足点，操作是否在安全位置进行。垂直作业，是否采取切实可行的隔离防护措施。

2.8 作业环境内光线不足时是否设置足够的照明。

3. 厂内机动车（翻斗车）的检查要点

3.1 翻斗车的制动、转向是否灵活、齐全有效。工作时是否有预警装置，夜间行驶是否有照明灯。

3.2 在施工现场内不得高速行驶，拐弯下坡时是否减速，不准下坡时空挡滑行，不准载运易燃易爆物品，不准带人，往沟、坑卸料时是否距沟坑1m处加车挡，严禁直接把料倒入坑内。

3.3 严禁机动车带病运转。非司机不得操作。

4. 混凝土、砂浆搅拌机的检查要点

4.1 施工现场用搅拌机是否有防风雨、防冲击的防护棚，冬期施工是否有保温措施。安装场地是否平整坚实，有排水措施。

4.2 搅拌机离合器，制动器是否灵活有效，传动部位是否装设防护罩。钢丝绳是否缺油，断股绳头是否用卡子固定。停车后是否挂好保险钩，润滑部位是否缺油，操作手柄是否有保险装置。

4.3 操作搅拌机的司机是否经过专业安全培，是否考试合格、持证上岗，严禁非司机操作。

4.4 作业后将搅拌机内外刷洗干净将料斗升起挂牢双保险钩，拉闸断电，锁好电闸箱。

5. 打夯机（蛙式打夯机）的检查要点

5.1 操作蛙夯是否有两人，一人操作，一人传递导线，操作和传递导线人员是否戴好绝缘手套和绝缘鞋。

5.2 检查电路是否符合要求，接地（接零）良好。各传动部件是否正常。

5.3 两台以上的蛙夯同在一工作面作业时，左右间距是否小于5m，前后间距是否小于10m。

5.4 夯机操作开关是否使用定向开关，严禁使用倒顺开关，进线口是否有护线胶圈。

5.5 夯机手柄是否加装绝缘材料。

5.6 操作时，不得用力推拉或按压手柄，转弯时不得用力过猛。严禁急转弯。

5.7 作业后，是否切断电源，卷好电缆，锁好闸箱，作好电机的防潮防水。

6. 混凝土振动器的检查要点

6.1 使用前检查各部件是否连接牢固，旋转方向正确。

6.2 检修或作业间断时是否切断电源。

6.3 振动器是否保持清洁，不得有混凝土粘结在电动机外壳上妨碍散热。

6.4 作业转动时，电动机的导线是否保持有足够的长度和松度，严禁用电源线拖拉振动器。

6.5 用绳拉平板振动器时，拉绳是否干燥绝缘，移动或转向时，不得用脚踢电动机。振动器与平板是否保持紧固，电源线是否固定在平板上，电器开关是否装在手把上。

6.6 操作人员是否穿戴胶鞋和绝缘手套。

6.7 作业后，是否作好清洁、保养工作，振动器是否放到干燥处。

7. 潜水泵的检查要点

7.1 潜水泵是否作好保护接零，并安装额定动作电流，不大于15mA，动作时间小于0.1s的漏电保护器。工作时周围30m以内不得有人、畜进入。

7.2 电机是否采用绝缘性能良好的橡皮护套的铜芯软电缆，并不得承受外力。

7.3 潜水泵开关箱距泵是否大于3m。

7.4 加压泵、多级泵的安全防护装置是否按潜水泵要求进行。

8. 桩工机械的检查要点

8.1 打桩作业是否编制施工方案，并由上级技术负责人进行审批签字。

8.2 打桩机是否有超高限位装置。

8.3 作业时是否严格按操作规程进行，打桩机行走路线地基承载力是否符合使用说明书的要求。

8.4 是否保持机械各部位的螺栓紧固、部件完整、润滑良好、传动可靠，电气装置完好有效，电缆规格符合要求。

8.5 严禁任何人在升起的机架和桩锤下停留和通行，在桩锤未完全停止及固定在安全位置前，操作人员不得离开工作岗位。

9. 电焊机的检查要点

9.1 电焊机是否有良好的保护接零（或保护接地），多台焊机接零装置是否有单独的接线端子板。

9.2 对焊机的手柄、压力拉柄、夹具是否灵活，绝缘良好，操作人员脚下是否设木制平台，并作好防火挡板。

9.3 开关箱内是否设漏电保护器，是否设二次空载降压保护器或二次触电保护器。

9.4 焊接场所不得堆放易燃易爆物品，焊机一次线长度不得大于5m。是否穿管保护。

9.5 电焊机是否用自动开关来接通、断开电源。

9.6 电焊机焊把、把线是否绝缘良好。把线长度不大于30m，接头是否包扎良好，并不得超过3处。

9.7 操作人员是否经培训考核合格，持证上岗，进行焊接时，是否穿戴好防护用品，露天作业时电焊机须有防雨设施。

10. 气焊与气割的检查要点

10.1 各种气瓶是否有明显色标。

10.2 焊接时，气瓶间距不小于5m，气瓶距明火距离不小于10m。距离不足时是否有隔离措施。

10.3 乙炔瓶使用或存放时不得平放，配有支撑架。

10.4 气瓶存放地点是否有明显标志，有防晒、防火、防爆措施。

10.5 气瓶的防振圈、防护帽是否齐全。

11. 钢筋加工机械的检查要点

11.1 钢筋加工机械安装场地是否平整夯实，是否有排水设施及防护棚。

11.2 传动部位是否安装防护罩。

11.3 钢筋冷拉作业区及对焊作业区是否有防护隔离设施，并悬挂警示牌。

11.4 钢筋调直机是否在导向筒前部安装1m长套管，被调直的钢筋是否先通过套管，再穿入导向筒调直。

11.5 切料机的刀片是否安装正确牢固，定刀片与动刀片的间隙是否在0.5～1mm之间。

11.6 冷拉机的脚踏开关，离合器是否灵活有效。

11.7 冷拉机的地锚、钢丝绳连结点是否牢固，滑轮组、拉杆是否灵活可靠，信号是否明确。

11.8 冷拉机的夹具是否完好有效，张拉两端是否设防护挡板或采取其他安全防护措施。

12. 木工机械的检查要点

12.1 一般规定：

12.1.1 施工现场机械上的电动机及电器部分是否采用"TN—S"保护接零系统。

12.1.2 工作场所是否备有齐全可靠的消防器材，严禁在工作场所吸烟和使用其他明火，并不得存放油棉纱等易燃品。

12.1.3 工作场所的待加工和已加工木料是否堆放整齐，保证道路畅通。

12.1.4 机械是否保持清洁，安全防护装置是否齐全可靠，各部连接紧固，工作台面上不得放置杂物。

12.1.5 严禁在机械运行中测量工件尺寸和清理机械上面和底部的木屑、刨花。

12.1.6 作业后是否切断电源，锁好闸箱，进行擦拭、润滑、清除木屑、刨花。

12.2 圆盘踞：

12.2.1 电锯是否有下列安全防护装置：

12.2.1.1 锯盘护罩；

12.2.1.2 分料器；

12.2.1.3 锯片上方是否安装可调节的金属防护挡板;

12.2.1.4 传动部位是否安装防护罩。

12.2.2 操作人员是否严格遵守操作规程,两手应和锯片保持安全距离,严禁手正对锯片推料。

12.3 平刨:

12.3.1 平刨是否安装护手安全防护装置,传动部位是否安装防护罩。

12.3.2 操作人员是否遵守安全操作规程,严禁刨窄、小和带节疤的木料,严禁戴手套操作。

12.3.3 施工现场是否使用平刨和圆盘踞合用一台电机的多功能木工机具。

第六节 事 故 案 例

某工程机械伤害事故案例

1. 事故概况

2002年4月24日,在某中建局总包、某建筑公司清包的动力中心及主厂房工程工地上,动力中心厂房正在进行抹灰施工,现场使用一台JGZ350型混凝土搅拌机用来拌制抹灰砂浆。由于从搅拌机离抹灰现场太远,只有两台翻斗车进行水平运输,因而砂浆供应不上,工人在现场停工待料。上午9点半,抹灰工长文某非常着急,到砂浆搅拌机边督促拌料。因文某本人安全意识不强,趁搅拌机操作工去备料而不在搅拌机旁的时候,私自违章开启搅拌机,且在搅拌机运转过程中,将头伸进料口查看搅拌机内的情况,被正在爬升的料斗夹到其头部后,人跌落在料斗下,料斗下落后又压在文某的胸部,造成头部大量出血。事故发生后,现场负责人立即将文某急送医院,经抢救无效,于当日上午10时左右死亡。

2. 事故原因分析

2.1 直接原因

身为抹灰工长的文某,安全意识不强,在搅拌机操作工不在场的情况下,违章作业,擅自开启搅拌机,且在搅拌机运行过程中将头伸进料筒口查看,导致料斗夹到其头部,是造成本次事故的直接原因。

2.2 间接原因

(1)总包单位项目部对施工现场的安全管理不严,施工过程中的安全检查督促不力。

(2)清包单位对职工的安全教育不到位,安全技术交底未落到实处,导致抹灰工长擅自开启搅拌机。

(3)施工现场劳动组织不合理,大量抹灰作业仅安排三名工人和一台搅拌机进行砂浆搅拌,造成抹灰工在现场停工待料。

(4)搅拌机操作工为备料而不在搅拌机旁,给无操作证人员违章作业创造条件。

(5)施工作业人员安全意识淡薄,缺乏施工现场的安全知识和自我保护意识。

3. 事故结论与教训

3.1 事故主要原因

本次事故主要原因是由于现场施工人员违反搅拌机操作规程。

3.2 事故性质

本次事故属责任事故。

事故现场安全生产负责人忽视安全生产，劳动组织不合理，对现场工人缺乏安全操作教育，致使工人违章操作，其应负主要责任。

4. 事故预防及控制措施

（1）工程施工必须建立各级安全管理责任，施工现场各级管理人员和从业人员都应按照各自职责严格执行规章制度，杜绝违章作业的情况发生。

（2）施工现场的安全教育和安全技术交底不能仅仅放在口头，而应落到实处，要让每个施工从业人员都知道施工现场的安全生产纪律和各自工种的安全操作规程。

（3）现场管理人员必须强化现场的安全检查力度，加强对施工危险源作业的监控，完善有关的安全防护设施。

（4）施工现场应根据现场实际工作量，合理组织劳动。

第十章 物料提升机

物料提升机用做施工中的物料垂直运输,在施工现场使用时应编制专项施工方案。本章介绍了物料提升机的施工方案主要包括的内容,物料提升机的相关术语定义、构造要求,物料提升机安装、拆除技术要求及交底,安全生产事故应急预案以及对现场施工检查要点等内容,有利于施工现场管理人员学习、查阅。

第一节 施工方案

1. 编制依据

1.1 《建筑卷扬机安全规程》(GB 13329—91);

1.2 《龙门架及井架物料提升机安全技术规范》(JGJ 88—92);

1.3 《建筑施工安全检查标准》(JGJ 59—99);

1.4 《建筑机械使用安全技术规程》(JGJ 33—2001);

1.5 设备的《使用说明书》;

1.6 工程的《施工组织设计》。

2. 工程概况

物料提升机装拆施工方案中的工程概况,要将工程位置、建筑面积、结构形式、几何特征,现场有无特殊情况等介绍清楚。

3. 施工方案主要包含内容

3.1 装拆机构设置,即施工人员的组成及分工。

3.2 指挥信号及起重设备的确定。

3.3 施工前的准备工作,如确定安装位置,核对施工图纸看其地基承载力是否符合要求;严格按图纸要求进行基础制作;准备必要工具及安全防护用品等。

3.4 安全措施及安装拆卸中技术要求。

3.5 施工步骤与措施。应详细介绍物料提升机的装拆步骤,先装什么后装什么或先拆什么后拆什么要讲清楚,特别是关键部位的装拆应注明其具体措施以保证装拆工作的安全顺利进行。

3.6 调试及安装后整机性能检验。物料提升机安装完毕后应由专门检验人员按标准要求进行相关的检验,如立柱垂直度检验;紧固连接件检验;空载运行试验;额定载荷试验;模拟断绳试验;超载25%试验等。

3.7 维护、保养及运输。设备使用完毕拆除后,要对卸下的标准节、吊篮、平台等结构要全面清洗,除锈刷漆。电机、卷扬机、安全装置等要进行维修保养。同时,对设备的运输也要采取一定的安全措施。

第二节 安 全 技 术

1. 定义

1.1 井架物料提升机

以地面卷扬机为动力,由型钢组成井字形架体的提升机,吊篮(吊笼)在井孔内沿轨道作垂直运动。可组成单孔或多孔井架并联在一起使用。

1.2 立柱

提升机架体支承天梁的结构件,其外部可支撑的引导吊篮作垂直运动。立柱可制作成标准节,按设计规定调试进行现场组装。

1.3 天梁

安装在提升机架体顶部的横梁,支承顶端滑轮的构件。

1.4 吊篮(吊笼)

装载物料沿提升机作升降运行的部件。

1.5 导轨

为吊篮运行提供导向的部件。

1.6 导靴

安装在吊篮上沿导轨运行的装置,可防止吊篮运行中偏斜和摆动。其形式有滚轮导靴和滑动导靴。

1.7 摇臂把杆

附设在提升机架体上的起重臂杆。

1.8 可逆式卷扬机

以动力正反转作业的卷扬机。

1.9 摩擦式卷扬机

以动力正转作业;反转作业时,当分离离合器后,荷载靠重力作自由降落的卷扬机。

1.10 工作状态

当吊篮位于最低停靠位置以上任一运行位置时(吊篮负载或空载)或当吊篮负载位于最低停靠位置时的状态。

1.11 非工作状态

当吊篮空载并位于最低停靠位置的状态。

1.12 额定起重量

指单台吊篮设计所规定的提升物料的质量。

1.13 额定荷载

指单台吊篮设计所规定的提升物料的重力。

1.14 提升荷载

包括额定荷载、吊篮系统重力及提升钢丝绳重力的总和(提升高度小于 30m 的钢丝绳的重力可不计)。

1.15 计算荷载

在设计中采用的荷载值。

2. 构造要求

物料提升机有轻型和重型之分，但结构大体相同，结构尺寸略有不同，主要结构有：架体、吊篮、自升操作平台、卷扬机及安全装置等，架体利用附墙架附着在建筑物上，附墙架的设置应符合设计要求，每隔一定高度，设一道附墙架，其间隔一般不大于9m，且在建筑物的顶层必须设置一组。附墙架与架体及建筑物之间，均应采用刚性件连接，并形成稳定结构，不得连接在脚手架上，严禁使用铅丝绑。附墙架的材质应与架体的材质相同，不得使用木杆、竹杆等做附墙架与金属架体连接。附墙架与建筑结构的连接应符合要求。

2.1 架体

架体包括基础底盘，标准节等构件。其制作材料可选用型钢或钢管，焊成标准节，其断面可组合成三角形、方形，其具体尺寸由设计选定，制作成的标准节或标准件，运到施工现场进行组装，其架设高度，可在说明书允许的条件下自由选择。

2.2 吊篮（吊笼）

吊篮是装载物料沿提升机导轨作上下运动的部件，由型钢及连接板焊成吊篮框架，杆件连接板的厚度不得小于8mm，吊篮的结构架除按设计制作外，其底板材料可采用50mm厚木板，必须横铺、铺满，当使用钢板时，应有防滑措施，吊篮的两侧应设置高度不小于1m的安全挡板式挡网，高架提升机（高度30m以上）使用的吊篮应选用有防护顶板的吊笼。进料口和卸料口均装设安全防护门，安全门采用联锁开启装置，升降运行的安全门封闭吊篮的进出料口，防止物料从吊篮中洒落。

2.3 自升操作平台（含天梁和小吊杆）

自升操作平台是拆装标准节的重要工作场所，设有自升操作卷筒，导向滑轮、滑轮装置以及手摇小吊杆等升降机构，用于提升机架体升降等安、拆操作，此套装置配有手摇蜗杆减速机，平台的活动爬爪可手动或自动复位，操作非常简单、省力。小吊杆用于标准节的吊装，天梁与自升操作平台为一体，由型钢焊制而成，其上设有吊篮提升钢丝绳导向滑轮。

2.4 卷扬机

卷扬机作为动力装置，其选用应满足额定牵引力、提升高度、提升速度等参数的要求，必须选用可逆式卷扬机，因为使用可逆式卷扬机的提升机，不但操作安全，并且架体磨损、变形也小，虽然吊篮下降速度较慢，但由于升降平稳，使用中很少发生脱轨损坏等问题，所以能够满足施工进度需要，而使用摩擦式卷扬机的提升机，虽然吊篮下降速度快，往往由于司机不能很好控制，造成设备事故和人身事故，架体磨损大，过早变形，反而耽误了生产需要。卷扬机钢丝绳的第一个导向轮（地轮）与卷扬机的距离应不小于卷筒宽度的20倍。

2.5 物料提升机零部件

2.5.1 滑轮

滑轮在物料提升机构中常用来改变钢丝绳的走向和平衡钢丝绳分支拉力。轴线不变的滑轮称为定滑轮，它只能用来改变钢丝绳的走向。如地面导向滑轮，天梁导向滑轮，自升导向滑轮和介轮等。动滑轮则是装在移动的心轴上，可与定滑轮一起组成滑轮组达到省力的目的。

滑轮通常采用铸铁或铸钢制造，大型滑轮也常采用焊接结构，以减轻其重量。铸铁滑轮的绳槽硬度低，对钢丝绳的磨损小，但脆性大且强度较低，不宜在强烈振动的情况下使用。铸钢滑轮的强度和冲击韧性都较高。滑轮通常支承在固定的心轴上，简单的滑轮可用滑动轴承，大多数起重机的滑轮都采用滚动轴承，滚动轴承的效率较高，装配维修也方便。钢丝绳依次绕过若干个定滑轮和动滑轮所组成的装置称为滑轮组。滑轮组兼有定滑轮和动滑轮的优点，有省力滑轮组和增速滑轮组之分。

2.5.2　卷筒

卷筒的作用是卷绕收存钢丝绳，传递动力，把旋转运动变为直线运动。

2.5.2.1　卷筒的种类：按照绕绳层数不同，卷筒有光面和槽面两种。卷扬机的卷筒与钢丝绳的直径比应不小于30，必须设防止钢丝绳脱出的防护装置。

卷筒的材料一般采用铸铁、铸钢，重要的卷筒还可采用球墨铸铁。

2.5.2.2　卷筒容绳量：卷筒容绳量是卷筒容纳钢丝绳长度的数值，按定义规定，它不包括钢丝绳安全圈的长度。

2.5.2.3　钢丝绳：钢丝绳是物料提升机的重要零件，它是由许多抗拉强度为1400~2000MPa高强度钢丝缠绕而成，具有强度高、卷绕性好、自重轻、工作可靠、不易突然断裂等优点。提升用的钢丝绳是双绕绳，即先由一定数量的钢丝按一定螺旋方向（右螺旋或左螺旋）绕成股，再由多股围绕着绳芯拧成绳。

（1）钢丝绳应维护保养良好，不得有严重的扭结、变形、锈蚀、缺油现象，严禁使用拆减或接长的钢丝绳。

（2）钢丝绳应用配套的天轮和地轮。滑轮直径与钢丝绳直径比值，低架提升机不应小于25，高架提升机不应小于30。严禁使用开口滑轮。

（3）钢丝绳在卷筒上要排列整齐，不得咬绳和相互压绞，不得从卷筒上方卷入。运行中钢丝绳在卷筒上的圈数，最少不得小于3圈。

（4）卷筒绳头应用压板固定牢固，在天梁上固定的绳头应有防止钢丝绳受剪的措施，且绳卡数量不少于3个。

（5）钢丝绳在地面的部分，不得拖地，应有托辊，过路处要有保护措施。

2.6　物料提升机安全防护装置

2.6.1　安全停靠装置

吊篮的停靠装置，系吊篮在使用过程中在各层停靠卸料时，停靠装置将吊篮定位，防止因吊篮停不稳、倾斜，造成人、物坠落。该装置应能可靠地承担吊篮自重、额定荷载及运料人员和装卸物料时的工作荷载。

2.6.2　断绳保护装置

当吊篮钢丝绳产生松弛或发生突然断裂，该装置即在拉紧弹簧拉力下动作，将吊篮在制动距离小于1.0m的情况下，牢固悬停于提升架体上。待钢丝绳张紧后，该装置即可恢复吊篮的正常工作。

2.6.3　限位保险装置

包括上升限位和下降极限限位（高架提升机），上升极限限位装置安装在吊篮允许提升的最高工作位置，架体的自由高度不应超过6m，在架体顶部距离天梁不小于3m处或卷扬机上装有上极限限位开关，在高架提升机架体的底部或卷扬机体上装有下限极限位开关，限位装置必须灵敏可靠。使用摩擦式卷扬机时，当吊篮上升到一定高度，限位开关不可切断电源，只能接通报警装置。而防止上极限限位必须采用警告方式，禁止使用断电方式。

2.6.4　吊篮防护

建筑施工材料大部分是散装材料，由于垂直运输大部分用小车，容易倾倒，因而要求吊篮要有防护，且能便于出料和进料。

2.6.5　进料口防护

进料口系指物料提升机吊篮在地面进料时的通道口，为防止垂直运输时材料坠落砸伤进料和其他作业人员，在吊篮进料处搭设防护棚。防护棚应设在提升架体地面进料口的上方，其宽度应大于提升机的外部尺寸，长度为：低架提升机大于 3m，高架提升机应大于 5m，其材料强度应能承受 10MPa 的均布静荷载，也可采用不小于 50mm 厚木板铺设或采用两层竹笆，上下竹笆层间距应不小于 600mm。应铺满、铺平、铺稳。

2.6.6　紧急断电开关

物料提升机必须安装紧急断电开关，应设在便于司机操作的位置，在紧急情况下，应能及时切断提升机的总控制电源。

2.6.7　信号装置

必须设有可靠的信号装置，使司机和装卸人员联系无误，确保操作安全。

2.6.8　缓冲器（高架提升机）

在架体的底坑里应设置缓冲器，当吊篮以额定载荷和规定的速度作用到缓冲器上时，应能承受相应的冲击力。缓冲器的形式，可采用弹簧或弹性实体。

2.6.9　超载限制器（高架提升机）

当荷载达到额定载荷的 90% 时，应能发出报警信号。荷载超过额定荷载的 5% 时，切断起升电源。

2.6.10　通信装置（高架提升机）

当司机不能清楚地看到操作者和信号指挥人员时，必须加装通信装置。通信装置必须是一个闭路的双向电气通信系统，司机应能听到每一站的联系，并能向每一个站讲话。

2.6.11　避雷装置

在附近建筑物等防雷保护范围以外的提升机应按地区雷暴日平均天数和架体的调试设置避雷装置。避雷装置的避雷针、引下线、接地体连接应符合有关规范的规定，其接地电阻值不大于 10Ω。

3. 物料提升机安装、拆除技术要求及交底

3.1　一般规定

3.1.1　物料提升机出厂时应有产品合格证，并附有该型号规格的检验报告、生产许可证副本及随机资料等。

3.1.2　安装拆卸前应有经过审批的技术方案，安装拆卸人员应经过书面的安全技术交底。

3.1.3　所有安装拆卸人员必须经过培训合格，取得上岗证书，并接受进场安全教育。

3.1.4　安装拆卸人员应遵守高处作业规范，佩戴安全帽、安全带、穿软底鞋，并设立警戒区禁止无关人员和车辆进入。

3.1.5 安装拆卸作业中，应通过设置临时缆风绳或支撑确保架体稳定，架体自由高度不得超过2个标准节（一般不大于8m），作业时严禁抛掷物件。

3.1.6 物料提升机安装完毕，必须经过验收备案后方可投入使用。

3.1.7 使用单位应根据物料提升机的类型制订操作规程，建立管理制度及检修制度，并对每台物料提升机建立设备技术档案。

3.2 地基

3.2.1 低架（安装高度在30m及其以下）：地基承载力不应小于80kPa，浇筑C20混凝土，厚度300mm，基础表面应平整，水平度偏差不大于10mm。

3.2.2 高架（安装高度30m及其以上）：基础应有设计计算书，其埋深与做法应符合设计和物料提升机出厂使用规定。

3.2.3 基础应有排水措施。距基础边缘5m范围内，开挖沟槽或有较大振动施工时，必须有保证架体稳定的措施。

3.2.4 基础中应预埋安装物料提升机底座的地脚螺栓预埋件，螺栓直径与长度应符合产品说明书的规定。

3.3 架体

3.3.1 架体底座应安装在地脚螺栓上，并用双螺帽固定。

3.3.2 架体垂直度偏差不应超过3‰，并不得超过200mm。

3.3.3 井架截面内，两对角线长度公差不得超过最大边长的名义尺寸的3‰。

3.3.4 架体搭设时，采用螺栓连接的构件，不得采用M10以下的螺栓，每一杆件的节点及接头的一边螺栓数量不少于2个，不得漏装或以铅丝代替。

3.3.5 架体外侧除上、卸料口外须使用小网眼安全网防护，不得使用阻碍视线或增加风荷载的材料。

3.3.6 架体上应设立楼层标志标牌，在架体外明显处应挂有标准样式的产品标牌。

3.3.7 架体上不得挂设增加风荷载的物件。

3.3.8 架体顶部自由端不得大于6m。

3.4 附墙架和缆风绳、地锚

3.4.1 物料提升机架体的稳固：低架可采用缆风绳稳固，高架必须采用附墙架稳固。

3.4.2 附墙架应按产品说明书规定设置，其间隔一般不宜大于9m，且在建筑物的顶层必须设置一组。

3.4.3 附墙架材质应与架体材质相同，附着角度应符合产品说明书要求，如超过距离和角度应有设计计算书。

3.4.4 附墙架与建筑物及架体之间均应采用刚性连接，并形成稳定结构，但不得直接焊接在架体构件上。

3.4.5 缆风绳应选用圆股钢丝绳，直径不得小于9.3mm。提升高度在20m及以下时，不少于1组；提升高度在21~30m时，不少于2组。

3.4.6 缆风绳应在架体四角有横向缀件的同一水平面上对称设置，应采取措施防止钢材对缆风绳的剪切破坏。

3.4.7 缆风绳与地面夹角不应大于60°，不得利用树木、电杆或堆放构件等作地锚。

3.4.8 地锚应根据土质情况及受力大小设置，并应经过计算。

当地锚无设计计算规定时，可采用脚手钢管（$\phi48$）或角钢（$\angle 75\times 6$），不小于2根并排设置，间距不小于0.5m，打入深度不小于1.7m，桩顶部应有缆风绳防滑措施。地锚的位置应满足缆风绳的设置要求，地锚与缆风绳的连接必须是匹配的钢丝绳，禁止使用钢筋。

3.5 进料口防护棚

进料口防护棚必须独立搭设，严禁利用架体做支撑搭设，顶部为能防止穿透的双层防护棚，宽度不小于架体宽度，长度低架大于3m、高架大于5m。进料口应挂设警示和限载重量标志。

3.6 进、卸料口防护门

进、卸料口防护门应定型化、工具化，防护门不得往架内开启，并能在吊篮运行时防止人体任何部位进入井字架内，防护门必须为常闭门，采用联锁装置控制（任一层防护门未关闭，吊篮不得运行），并应在控制台设防护门未关闭到位的警示信号。

3.7 卸料平台

3.7.1 卸料平台应单独设立，其设计和搭设承载能力应符合不小于$300 kg/m^3$要求，不得与物料提升机架体连接，与墙体拉接采用刚性连接。

3.7.2 卸料平台两侧应设立两道防护栏杆和踢脚板，脚手板满铺并固定，并严禁向物料提升机倾斜。

3.7.3 搭设高度超过30m，应采取可靠的卸荷措施，并有设计计算书。

3.7.4 各卸料平台口必须悬挂安全警示标志，严禁探头、超载。

3.8 摇臂把杆

3.8.1 摇臂把杆应有设计计算书。

3.8.2 摇臂把杆不得装在架体的自由端处。

3.8.3 摇臂把杆底座要高出工作面，其顶部不得高出架体。

3.8.4 摇臂把杆应安装保险钢丝绳，起重吊钩应装限位装置。

3.8.5 摇臂把杆与水平面夹角应在45°～70°之间，转向时不得触及缆风绳。

3.8.6 摇臂把杆应设立明显限重标志，起重量不得大于600kg。

3.9 吊篮

3.9.1 吊篮上料口必须装有安全门，吊篮安全门与吊篮停靠装置应采用联锁（吊篮安全门打开时，停靠装置强制动作），吊篮两侧应用高度不少于1m的安全挡板防护，顶部应进行封闭。

3.9.2 吊篮提升必须采用多根钢丝绳。

3.9.3 吊篮颜色应与架体颜色区别，并醒目。

3.9.4 高架架体内底部应设计缓冲装置。

3.10 安全限位

物料提升机低架应装有吊篮停靠装置、保护装置、超高限位装置，装置应定形化；高架提升机除具有低架提升机的安全装置外，应增设下极限限位器、缓冲器和超载限制器。

3.11 平衡锤

平衡锤各组件安装应牢固可靠，锤的升降通道周围应设置不低于 1.5m 的防护围栏，其运行区域与建筑物及其他设施间应保证有足够的安全距离。

3.12　钢丝绳

3.12.1　提升用钢丝绳安全系数 $K \geqslant 7$。

3.12.2　提升钢丝绳不得用断股和断丝达到报废标准的钢丝绳。

3.12.3　钢丝绳绳卡要与钢丝绳匹配，不得少于三个，绳卡要一顺排列，不得正反交错，绳卡间距不小于钢丝绳直径的 6 倍，U 形环部位应卡在绳头一侧，压板放在受力绳的一侧。

3.12.4　卷扬机卷筒缠绕钢丝绳最少时不得少于 3 圈。

3.12.5　钢丝绳应有过路保护并不得拖地，钢丝绳与其他保护装置间应有适当的操作距离。

3.13　滑轮

3.13.1　滑轮的半径不得小于钢丝绳最小弯曲半径，低架滑轮直径 $\phi \geqslant 25d$（$d=$ 钢丝绳直径），高架滑轮直径 $\phi \geqslant 30d$。

3.13.2　滑轮上应装有钢丝绳防脱装置。

3.13.3　导向滑轮不得用开口滑轮。

3.13.4　滑轮边缘不得存在破损缺口等现象。

3.13.5　滑轮必须跟架体（或吊篮）刚性连接。

3.14　卷扬机

3.14.1　卷扬机的安装应按产品说明书要求安装在地脚螺栓上，并有金属制作的防护罩，周围要有围护措施。

3.14.2　卷扬机应装有钢丝绳防滑脱装置。

3.14.3　卷扬机机械性能应良好，制动器灵敏、可靠。

3.15　电气

3.15.1　物料提升机必须有专用电源开关箱和控制台，开关箱内应有隔离开关、漏电保护器，控制台内主回路上应装有短路、失压、过电流保护装置。

3.15.2　控制台上应设控制电源开关，并应设在紧急情况下能切断总控制电源的紧急断电开关。

3.15.3　选用的电气设备及电器元件，必须符合提升机工作性能、工作环境等条件的要求，并有合格证。

3.15.4　禁止使用倒顺开关作为卷扬机控制开关。

3.15.5　物料提升机的金属结构及所有电气设备的外壳应有可靠接地其接地电阻不应大于 4Ω。

3.16　操作棚

3.16.1　当操作人员露天作业时，应搭设坚固的操作棚，不得搭设于脚手架上或有危险的地方，操作棚应有防雨措施。

3.16.2　操作棚的搭设应不影响操作员视线，当距离作业区较近时其顶部必须搭设能防止穿透的双层防护棚。

3.16.3　应保证棚内电器设备的安全及便于操作，且各物料提升机操作台之间信号互不干扰，操作员操作互不影响。

3.17 防雷

物料提升机若在相邻建筑物、构筑物的防雷装置保护范围以外，20m 高度以上物料提升机应安装防雷装置。避雷针可采用长 1~2m ϕ16 镀锌圆钢；引下线除利用架体本身外，应再用 ϕ12 及以上镀锌圆钢或 10mm^2 及以上铜芯电缆将避雷针与架体接地装置相连。

3.18 验收

3.18.1 施工单位必须遵照《建筑施工安全检查标准》（JGJ 59—99）进行量化验收。

3.18.2 验收时应具备产品合格证或设计计算书。

3.18.3 验收时应具备经过批准的施工方案和安装拆卸、操作人员上岗证书，并应有单位技术部门物料提升机基础验收报告。

3.18.4 物料提升机安装完毕后应试运行，且必须经过相关资质的检测机构检验合格并办理好相关手续后方可投入使用。

第三节 安全生产事故应急预案

1. 总则

1.1 根据《中华人民共和国安全生产法》，为了保护企业员工在生产经营活动中的身体健康和生命安全，保证企业在出现安全生产事故时，能够及时进行应急救援，最大限度地降低事故给企业和员工造成的损失，制定安全生产事故应急预案。

1.2 各企业应根据自身实际情况制定本企业安全生产事故应急预案。

1.3 本预案中所称物料提升机是指：在施工现场使用的，符合国家标准的自购或者租用的物料提升机。

2. 应急救援组织机构

2.1 各企业应在建立安全生产事故应急救援组织机构的基础上，建立应急救援的分支机构。

2.2 建筑施工现场或者其他生产经营场所应成立专项应急救援小组，其中包括：现场主要负责人、安全专业管理人员、技术管理人员、生产管理人员、人力资源管理人员、行政卫生、工会以及应急救援所必需的水、电、脚手架登高作业、机械设备操作等专业人员。

2.3 应急救援预案机构应具备现场救援救护基本技能，定期进行应急救援演练。配备必要的应急救援器材和设备，并进行经常性的维修、保养，保证应急救援时正常运转。

2.4 应急救援机构应建立健全应急救援档案，其中包括：应急救援组织机构名单、救援救护基本技能学习培训活动记录、应急救援器材和设备目录、应急救援器材和设备维修保养记录、安全生产事故应急救援记录等。

3. 应急救援机构组织职责

3.1 应急小组组长职责：

3.1.1 事故发生后，立即赶赴事发地点，了解现场状况，初步判断事故原因及可能产生的后果，组织人员实施救援。

3.1.2 召集应急小组其他成员人员,明确救援目的、救援步骤,统一协调开展救援。

3.1.3 按照救援预案中的人员分工,确认实施对外联络、人员疏散、伤亡抢救、划定区域、保护现场等的人员及职责。

3.1.4 协调应急救援过程中出现的其他情况。

3.1.5 救援完成、事故现场处理完后,与现场相关人员确认恢复生产的条件及时恢复生产。

3.1.6 根据应急实施情况及效果,完善应急救援预案。

3.2 技术负责人职责:

3.2.1 协助应急小组组长根据现场实际情况,拟定采取的救援措施及预期效果,为正确实施救援提出可行的建议。

3.2.2 负责应急救援中的技术指导,按照责任分工,实施应急救援。

3.2.3 参与应急救援预案的完善。

3.3 生产副经理职责:

3.3.1 组织相关人员,依据补救措施方案,排除意外险情或实施救援。

3.3.2 应急救援、事故处理结束后,组织人员安排恢复生产。

3.3.3 参与应急救援预案的完善。

3.4 行政副经理职责:

3.4.1 发生伤亡事故后,安排人员联络医院、消防机构、应急机械设备、派人接车等事宜。

3.4.2 组织人员落实封闭事故现场、划出特定区域等工作。

3.4.3 参与应急救援预案的完善。

3.5 现场安全员职责:

3.5.1 立即赶赴事故现场,了解现场状况,参与事故救援。

3.5.2 依据现场状况,判断仍存在的不安全状态,采取处理措施,最大限度地减少人员及财产损失,防止事态进一步扩大。

3.5.3 判断拟采取的救援措施可能带来的其他不安全因素,根据专业知识及经验,选择最佳方案并向应急小组提出自己的建议。

3.5.4 参与应急救援预案的完善工作。

3.6 专业操作人员及其他应急小组成员职责:

3.6.1 听从指挥,明确各自职责。

3.6.2 统一步骤,有条不紊地按照分工实施救援。

3.6.3 参与应急救援预案的完善。

4. 安全生产事故应急救援程序

4.1 事故发生后应急小组组长立即召集应急小组成员,分析现场事故情况,明确救援步骤、所需设备、设施及人员,按照策划、分工,实施救援。

4.2 需要救援车辆时,应急指挥应安排专人接车,引领救援车辆迅速施救。

4.3 物料提升机出现事故征兆时的应急措施:

4.3.1 附墙装置险情:

4.3.1.1 立即停止一切作业。
4.3.1.2 将附墙装置加固。
4.3.1.3 如需更换附墙装置部件，先采取其他加固措施后再行更换部件。
4.3.2 物料提升机架体结构变形险情：
4.3.2.1 立即停止一切作业。
4.3.2.2 根据情况采用焊接，将物料提升机结构变形或断裂、开焊部位加固。
4.3.2.3 更换损坏结构。
4.3.3 钢丝绳及传动轮等磨损严重险情：
4.3.3.1 立即停止一切作业。
4.3.3.2 更换磨损严重的部件。
4.3.4 卷扬机锚固不牢险情：
4.3.4.1 立即停止一切作业。
4.3.4.2 加固卷扬机。
4.4 物料提升机事故引起人员伤亡：
4.4.1 迅速确定事故发生的准确位置、可能波及的范围、设备损坏的程度、人员伤亡情况等，以根据不同情况进行处置。
4.4.2 划出事故特定区域，非救援人员、未经允许不得进入特定区域。迅速核实物料提升机上作业人数，如有人员被压在倒塌的设备下面，要立即采取可行措施加固四周，然后拆除或切割压住伤者的杆件，将伤员移出。以上行动须由持架子工技师证书或有经验的安全员或工长统一安排完成。
4.4.3 抢救受伤人员时几种情况的处理：
4.4.3.1 如确认人员已死亡，立即保护现场。
4.4.3.2 如发生人员昏迷、伤及内脏、骨折及大量失血。
（1）立即联系120急救车或给现场最近的医院打电话，并说明伤情。为取得最佳抢救效果，还可根据伤情联系专科医院。（应急小组成员的联系方式、当地安全监督部门电话等，要明示工地显要位置。）
（2）外伤大出血，急救车未到前，现场采取止血措施。
（3）骨折，注意搬动时的保护，对昏迷、可能伤及脊椎、内脏或伤情不详者一律用担架或平板，不得一人抬肩、一人抬腿或由一个人肩背救助。
4.4.3.3 一般性外伤：
（1）视伤情送往医院，防止破伤风。
（2）轻微内伤，送医院检查。
4.4.4 制定救援措施时一定要考虑所采取措施的安全性和风险，经评价确认安全无误后再实施救援，避免因措施不当而引发新的伤害或损失。

5. 应急救援预案要求

5.1 企业安全生产事故应急救援组织应根据本单位项目工程的实际情况，进行物料提升机检查、评估、监控和危险预测，确定安全防范和应急救援重点，制定专项应急救援预案。

5.2 建设工程总承包单位应协助专业施工企业做好应急救援预案的演练和实施。在实施过程中服从指挥人员的统一指挥。

5.3 应急救援预案应明确规定如下内容:

5.3.1 应急救援人员的具体分工和职责。

5.3.2 生产作业场所和员工宿舍区救援车辆行走和人员疏散路线。现场应用相应的安全色标明显标示,并在日常工作中保证路线畅通。

5.3.3 受伤人员抢救方案。组织现场急救方案,并根据可能发生的伤情,确定2~3个最快捷的相应医院,明确相应的路线。

5.3.4 现场易燃易爆物品的转移场所,以及转移途中的安全保证措施。

5.3.5 应急救援设备。

5.3.6 事故发生后上报上级单位的联系方式、联系人员和联系电话。

6. 附则

事故处理完毕后,应急小组组长应组织应急小组成员进行专题研讨,评审应急救援预案中的救援程序、联络、步骤、分工、实施效果等,使救援预案更加完善。

第四节 现场施工检查要点

现场施工检查工作主要围绕着物料提升机危险源进行,如操作人员无证驾驶、钢丝绳等易损件磨损严重等。现将检查要点列举如下:

1. 资料的检查要点

1.1 使用说明书等随机资料是否齐全且与所验收的物料提升机一致。

1.2 是否具有出厂合格证。

1.3 隐蔽工程验收单,如基础、附着装置或缆风绳埋件签字手续是否齐全。

2. 基础的检查要点

2.1 检查基础是否有足够的强度,是否能承受物料提升机自重与荷载两倍的安全系数。

2.2 基础土是否夯实,混凝土是否达到设计强度,基础面积应比架体四周大500mm,并应高出自然地面200~300mm。

2.3 底座是否安装了螺栓。

2.4 基础上是否设置了排水设施。

3. 架体的检查要点

3.1 架体连接件是否齐全、可靠、无弯曲、变形、锈蚀,焊接部位是否有脱焊、裂纹。

3.2 出料开口处是否有加固措施、架体全高三面是否张挂密目网。

3.3 架体垂直度和滑道水平度是否在允许的偏差范围内。

3.4 吊篮导轨有无明显变形、接头处有无错位、吊篮上下运行是否平稳、有无碰擦。

4. 吊篮的检查要点

4.1 吊篮两端安全门是否灵活可靠。

4.2 两侧挡板高度是否不低于1m。

4.3 底板铺设是否紧固、平整，有无破损和锈蚀现象。

4.4 自动升降门栏上下滑动是否顺畅。

4.5 吊篮顶动滑轮是否灵活。

4.6 吊篮颜色与架体是否存在明显区别。

4.7 吊篮与轨道接触的滚动是否自如，滚轮与轨道间隙是否超出要求。

5. 附着装置的检查要点

5.1 是否按方案设计规定或使用说明书要求设置。

5.2 是否存在与脚手架等临时连接的现象。

5.3 各连接件是否齐全、可靠。

6. 缆风绳的检查要点

6.1 缆风绳所用材料是否符合规定，不得采用钢丝作缆风绳。

6.2 高于20m的物料提升机是否设置了两组以上缆风绳。

6.3 缆风绳与地面的夹角是否达到要求（45°～60°）。

6.4 缆风绳与高架及地锚的连接是否牢固可靠，调节拉力的性能是否完好。

7. 缆风绳地锚的检查要点

7.1 地锚是否埋设在平整、干燥的地方，四周2m内是否有沟洞、地下管道和地下电缆。

7.2 地锚材料是否按规定选择，不得用腐朽材料做地锚。

7.3 在进行荷载试验及正常运行过程中，检查地锚是否发生变化。

8. 卷扬机的检查要点

8.1 卷扬机是否安装在视野开阔、地面平整的场地。

8.2 卷扬机与架体的距离是否符合要求。

8.3 卷扬机锚固是否符合要求。

8.4 是否设立了防晒、防雨、防高空落物的操作棚。

8.5 控制回路电压应不大于36V，引线长度应不超过5m，是否采用点动式并配有紧急停止的开关。

8.6 卷筒、减速器、联轴器、制动器等是否有损坏。

9. 钢丝绳的检查要点

9.1 钢丝绳选用直径是否符合规定要求，钢丝绳绳扣安装位置是否符合规定，是否拧紧。

9.2 钢丝绳是否有外层局部断丝、变形。

9.3 卷筒前方是否设置有导向滑轮。

9.4 钢丝绳在卷筒上是否多层卷绕混乱，钢丝绳表面是否锈蚀，是否缺油。

9.5 钢丝绳是否存在拖地及与其他障碍物摩擦现象。

9.6 是否设置了过路保护。

10. 摇臂把杆的检查要点

10.1 是否符合说明书要求。

10.2 是否与缆风绳等干涉。

10.3 是否安装了保险钢丝绳。

10.4 是否设置了吊钩超高限位。

10.5 起重量是否小于600kg。

11. 电气设备的检查要点

11.1 是否按卷扬机的容量选择电气开关、导线、热元件、保险丝等。

11.2 电源箱是否安装在便于操作处，是否有门锁和防雨设施。

11.3 检查电气线路及设备的绝缘情况，是否采取了可靠的接零、接地保护措施，是否安装了漏电保护器。

11.4 是否安装了防雷接地装置，其接地电阻是否符合要求。

12. 安全装置的检查要点

12.1 防坠装置是否灵敏、可靠。

12.2 上、下（高架）极限限位是否灵敏、可靠。

12.3 停层安全保护装置是否齐全、完好、安全可靠。

12.4 卸料平台铺设是否牢靠。

12.5 断绳保护装置是否灵敏、可靠。

12.6 高架超载限制器是否灵敏、可靠。

12.7 卷筒防脱绳保险是否齐全、有效。

12.8 滑轮防脱绳装置是否齐全、有效。

12.9 是否设置了必要的信号装置。

13. 标志的检查要点

13.1 楼层标志是否齐全、醒目。

13.2 进料口上及摇臂把杆处是否设置了限载标志。

14. 性能试验的检查要点

上述各项目检查完毕，对发现的问题处理完毕后，应进行性能试验检查。

14.1 空载试验：开动卷扬机，空载起升、降落吊篮各3次，检查传动部位、电气设备、安全装置等是否可靠。

14.2 静载试验：先做额定载荷试验，再在此基础上由超载5%开始，每次增加5%，直到超载50%，把重物吊离地面100mm，悬停10min后放下吊篮，检查物料提升机金属结构应无永久变形，焊缝不得脱焊，工作机构无异常现象，制动器可靠制动，缆风绳和地锚无松动，物料提升机底座无沉陷，架体垂直度应在规定的标准范围内。

14.3 动载试验：超载25%，吊篮连续起升，制动3次，再连续下降，再制动3次，检查各工作机构，特别是制动器是否灵敏可靠。

第五节 事 故 案 例

某综合楼工程物料提升机吊篮坠落事故

1. 事故概况

2001年8月5日，某综合楼工程发生一起物料提升机吊篮坠落事故，造成4人死亡，

3人重伤，1人轻伤。

某综合楼工程建筑面积4000m³，砖混结构，共8层。建设单位未经报建、招标及施工许可手续，以合作开发名义将工程以包工包料方式发包给无施工资质的某建筑公司，并于2001年2月8日开工。

该工程楼板为预应力空心预制板：采用了物料提升机垂直运输，然后由人力将板抬运到安装位置。2001年8月5日，该工程主体已进入到第五层且已安装完3层楼板，当准备安装第4层楼板时，由8人自提升机吊篮内抬板，此时突然吊篮从5层高度处坠落，造成4人死亡，3人重伤，1人轻伤的重大事故。

2. 事故原因分析

2.1 直接原因

物料提升机不符合要求是发生事故的直接原因。《建筑施工安全检查标准》（JGJ 59—99）及《龙门架及井架物料提升机安全技术规范》（JGJ 88—92）都明确规定，物料提升机必须经过设计计算按规定进行制作并经主管部门组织鉴定，确认符合《规范》要求才可使用。而该提升机无生产厂家、无计算书且无必要的安全装置，安装后未经鉴定确认合格就在现场使用，导致了事故发生。

提升钢丝绳尾端锚固按规定不应少于3个卡子，而该提升机只设置2个，且其中1个丝扣已损坏拧不紧，当钢丝绳受力后自固定端抽出，造成吊篮坠落。

该提升机采用了中间为立柱，两侧跨两个吊篮的不合理设计，导致停靠装置不好安装和操作不便，给安全使用造成隐患，吊篮钢丝绳滑脱时，因无停靠装置保护，造成吊篮坠落。该提升机架体高30m，仅设置一道缆风绳，且材料采用了《规范》严禁使用的钢筋，明显违反了规定，使架体整体稳定性差，给吊篮运行使用造成晃动带来危险。

2.2 间接原因

现场管理混乱是发生事故的主要原因。该施工单位由于不具备相应资质，作业人员未经培训，所以管理混乱。楼板安装前无施工方案，作业前未向工人交底，作业人员也无起重特种作业人员上岗证；提升机的安装无专项要求，钢丝绳卡子的安装由电工完成，由于不懂相关要求安装不合格，工作完毕无人检查无人验收；缆风绳采用钢筋这种明显的违章情况并无人制止。物料提升机吊篮本应严禁载人，而该施工现场居然由现场生产指挥者提出物料提升机吊篮来载人，由此可见该承包队资质差、管理知识缺乏到根本没有能力承包施工工程，现场混乱，发生事故是必然结果。

建设单位违反报建程序是导致发生事故的重要原因。建设单位违反《建筑法》规定，在工程承发包和施工过程中，不办理报建、招标、监理及施工许可手续，逃避监督管理，私下发包给不具备企业资质、无管理能力、对物料提升机设备也不懂的施工队伍，致使违反规定，无知蛮干，最终导致事故发生。

3. 事故结论与教训

3.1 事故主要原因

事故的主要原因是施工单位负责人现场违章指挥和使用了不合格的设备，在吊篮发生意外坠落时无停靠装置保护造成人员伤亡。

3.2 事故性质

本次事故是一起严重的责任事故。建设单位违反建设工程管理程序私自包给不具备资格的队伍施工；施工队伍管理混乱，违章指挥；作业人员未经培训无上岗证，违章作业；物料提升机设备未经鉴定存在隐患，安全装置又不齐全，致使施工中发生重大事故。

3.3 主要责任

某建筑公司施工负责人违章指挥导致事故发生，应负违章指挥责任。建设单位违法分包和施工单位主要负责人管理失控应负主要管理责任。

4. 事故的预防及控制措施：

4.1 建设行业主管部门应加强管理和建筑安全执法队伍建设，严格执法。

4.2 加强对物料提升机等设备管理，凡使用提升机设备必须有设计计算、施工图纸，并经有关部门鉴定，确认符合《规范》规定方可投入运行；监理单位应学习相关规范，工地每次对机械重新组装后必须进行试运转检验，并对安全装置的灵敏度进行确认。

4.3 对建筑市场应加强管理，定期组织检查，对在建工程办理报建、招标、监理及施工许可进行检查；并检查施工队伍及项目经理是否具有相应资质，严禁挂靠、转包等非法行为；同时抽查施工人员的上岗证，是否经培训教育达到合格，对检查中发现的问题应有记录并检查整改情况和采取严肃处理办法。

第十一章 文明施工

为了提高安全生产工作和文明施工的管理水平，预防伤亡事故的发生，确保职工的安全和健康，施工现场不但应该做到安全生产不发生事故，同时还应做到文明施工，整齐有序，把过去建筑施工以"脏""乱""差"为主要特征的工地，改变为城市文明的"窗口"。本章文明施工包括：现场围档、封闭管理、施工现场、材料堆放、现场宿舍、现场防火、治安综合治理、施工现场标牌、生活设施、保健急救、社区服务等十一项内容，以利于施工现场管理人员学习、查阅。

第一节 施工方案

1. 编制依据

根据中华人民共和国《建筑施工安全检查标准》（JGJ59—99）、《建筑施工现场环境与卫生标准》（JGJ 146—2004）。

2. 工程概况

文明施工组织设计中的工程概况，要将工程位置、建筑面积、结构形式、几何特征，现场有无特殊情况等介绍清楚。

3. 文明施工组织设计内容

开工前，在施工组织设计（或施工方案）中，必须有详细的施工平面布置图。运输道路、临时用电线路布置、各种管道、仓库、加工车间（作业场所），主要机械设备位置及工地办公、生活设施等临时工程的安排，均要符合安全要求。

第二节 安 全 技 术

1. 工地四周应有与外界隔离的围护设置，入口处一般应有（特殊工程工地除外）工程名称、施工单位名称牌，在大门口处，设置七牌两图（工程概况牌、安全生产纪律牌、"三清""六好"牌、文明施工管理牌、十项安全技术措施牌、工地消防管理牌、警示佩戴安全帽牌、施工总平面图、现场安全标志布置总平面图、施工现场排水网络图）。适当位置设置宣传栏、读报栏、黑板报、安全标语等。使进入该工地的人，能对该工程的概况有一个基本了解和注意安全的忠告。

2. 现场围挡

在市、县主干道两侧的施工工地围挡不低于 2.5m，在一般路段的施工工地围挡不低于 1.8m。围挡材料应选用金属板材等硬质材料，禁止使用彩条布、竹芭等易变形材料，做到坚固、平稳、整洁、美观。

3. 封闭管理

3.1 施工现场进出口必须设置大门。大门净高度不低于4m，门扇材质应用1寸以上钢管焊制或薄铁板制作。规格为对开门或四开门，总宽度为6～8m，高度为2～2.3m。门头高度0.8～1.5m，门柱断面尺寸0.6m×0.6m～1m×1m。门头书写承建工程的企业名称、工程名称、项目经理部。门柱书写安全生产、文明施工及创优保信誉等与企业管理内容有关的宣传标语，门头要求加灯箱或霓虹灯，夜晚要亮。

3.2 施工现场进出口要设警卫室，应有警卫人员和警卫制度。所有进入施工现场的工作人员要佩戴工作卡。

3.3 在建工程必须按规定使用密目式安全网全封闭。

4. 施工场地

4.1 道路：市、县主干道两侧建筑面积 $8000m^2$ 以上或工期一年以上的工程，施工现场的道路、作业场地要采用混凝土硬化。其他工程的施工现场可采用其他方式硬化，保证无浮土、不积水。工地的人行道、车行道应坚实平坦，保持畅通。主要道路应与主要临时建筑物的道路连通。场内运输道路应尽量减少弯道和交叉点。频繁的交叉处，必须设有明显的警告标志，或设临时交通指挥（指挥人员或指挥信号）。

4.2 排水：施工现场排水设施应全面规划，必须设置排水网络，并设沉淀池，施工废水及雨水经过沉淀池沉淀后方可排入城市排水系统。排水沟的截面及坡度应进行计算，其设置不得妨碍交通和影响工地周围环境。排水沟还应经常清理疏浚，保持畅通。

4.3 施工现场应设吸烟室，禁止随意吸烟。

4.4 施工现场要搞好绿化美化。

5. 材料堆放

5.1 一切建筑施工器材（包括建筑材料、预制构件、施工设施构件、料具等）都应按施工总平面布置图划定的区域分类堆放整齐稳固，要挂定型化的标牌，标牌内容包括：名称、规格、品种、进场时间等。各类材料的堆放不得超过规定高度。严禁靠近场地围护栅栏及其他建筑物墙壁堆置。施工现场要做到工完场地清。建筑废料、建筑垃圾要有固定存放地点，分类堆放并及时清理。

5.2 易燃易爆物品要分类存放，严禁混放和露天存放。

6. 现场住宿

6.1 宿舍室内高度应不低于2.6m，室内及门前地面抹水泥砂浆或采用不低于水泥砂浆标准的其他材料硬化，墙面应刷白。

6.2 禁止在在建工程内安排职工住宿。

6.3 禁止职工睡通铺。宿舍应设单人床或上下双层床，生活用品要放置整齐。宿舍内要有卫生、防火、治安、防煤气中毒制度并严格执行，要有消暑和防蚊虫叮咬措施。

6.4 宿舍及办公室用电必须安全，灯具高度不低于2.4m，低于2.4m时要用安全电压供电。

6.5 现场办公室内悬挂的岗位责任制等规章制度应采用印刷体文字，书写印刷镶嵌在玻璃框内。

6.6 施工现场的施工区、生活区、办公区等要有明显的分界，并设置导向牌，导向牌要坚固美观。

7. 现场防火

7.1 施工现场要建立消防领导小组，明确职责，配备充足的灭火器材和经过培训的消防人员。

7.2 高层建筑（30m以上），要配置专用的消防管道和器具，并随层设置消防阀门。管道直径不小于50mm。设加压泵和泵房，要有专用电源和水源。

7.3 在动火危险区内的施工现场动火时，应向有关部门申请批准；在施工现场的危险环境动火，由公司批准；一般施工现场动火，由施工现场负责人批准。动火时要有动火监护。

8. 治安综合治理

8.1 施工现场生活区应建立职工活动室，并加强管理，保证职工学习和娱乐。

8.2 企业及施工现场负责人应与相关部门签订社会治安综合治理责任状，并建立相应的管理制度。

8.3 施工现场应有治安保卫制度，将责任分解到人，并严格执行。

9. 生活设施

9.1 食堂

食堂室内高度不低于2.8m，设透气窗，墙面抹灰刷白，地面抹水泥砂浆，灶台镶贴瓷砖，设置污水排放设施，有防尘、防蝇、防鼠害措施。食堂距厕所及有害物质存放处不得小于30m。食堂须有卫生许可证，并建立卫生责任制度，责任到人。炊事人员要定期进行健康检查，持证上岗。工作时要身着白色工作服。

9.2 饮水

施工现场要设立饮水处，保证职工随时喝上干净卫生的开水。

9.3 淋浴室

施工现场应设淋浴室并保证职工按时洗浴，设专人负责卫生管理。

9.4 厕所

市区内施工现场应设水冲式厕所。地面抹水泥砂浆，便池镶贴瓷砖；设纱窗、纱门；厕所要标明"男厕所"、"女厕所"字样。高层建筑应设临时厕所，严禁随地大小便。

9.5 保健急救

9.5.1 工地应有卫生室或巡回医疗的医务人员，制定急救措施，配备保健医药箱，并设置专用的急救器材和经过培训的急救人员。

9.5.2 施工现场要经常开展卫生防病宣传教育工作。

9.6 社区服务

施工现场要制定施工不扰民措施并落实到位。严禁违章占道、乱搭乱堆。

施工现场应制定防粉尘、防噪声措施，高层、多层建筑垃圾严禁向下抛撒，夜间施工须经有关部门批准后，方可施工。施工现场严禁焚烧有毒有害物质。

第三节 施工现场保卫工作

1. 施工现场治安保卫组织机构

成立保卫工作领导小组，以项目经理为组长，安全负责人为副组长，成员若干人。

2. 职责与任务

2.1 定期分析施工人员的思想状况,掌握思想动态。

2.2 定期对职工进行保卫教育,提高思想认识和安全保卫能力。

2.3 建立职工登记制度,对职工姓名、性别、年龄、家庭住址、来源地、健康状况、联系方式、身份证号码等进行登记注册,并每天进行人员清点。

3. 施工现场保卫工作措施

3.1 每月对职工进行一次治安教育,每季度召开一次治保会,并做好记录存档以备核查。

3.2 加强对职工的政治思想教育和治保教育,掌握每个人的思想动态,及时进行有针对性的教育,把事故消灭在萌芽之中,在施工现场内严禁赌博酗酒,传播淫秽物品和打架斗殴。

3.3 职工宿舍等易发案部位要制定防范措施,指定专人管理,防止发生盗窃案件。

3.4 施工现场易燃、易爆物品,必须有严格的管理制度,并设专库、专人发放保管,做好成品保护工作,并制定具体措施,严防盗窃、破坏治安案件的发生。

3.5 加强对全体施工人员的管理。掌握人员底数,及时按有关部门的要求办理暂住证,非施工人员一般不得在施工现场留宿,特殊情况确需留宿的须经保卫人员批准。

3.6 施工现场门口警卫室,应昼夜轮流值班,并做好值班和交接班记录。

3.7 每月组织一次现场治安保卫检查,对检查提出的问题,应有限期整改意见,并按期进行复查。

3.8 施工现场发生各类案件和灾害事故,要立即逐级上报并保护好现场。

第四节 施工现场消防工作

1. 施工现场应按照《中华人民共和国消防条例》的规定,加强消防工作的领导,建立义务消防组织,配备消防值班人员和灭火器材,经常对进场职工进行消防知识教育,强化安全用火意识,提高防火灭火能力。

2. 施工现场义务消防组织系统

2.1 消防组织机构

施工现场应成立以项目经理为组长、安全负责人为副组长的消防管理小组,成员若干人。

2.2 职责与任务

2.2.1 定期检查消防器材。

2.2.2 经常检查现场的消防规定执行情况,发现问题及时纠正。

2.2.3 定期对职工进行消防教育。

2.3 义务消防队

2.3.1 成立以项目经理为队长、安全负责人为副队长、经过专业培训的若干人员为队员的义务消防队。

2.3.2 义务消防队(组)应当定期进行教育训练。熟练掌握防火、灭火知识和消防器材的使用方法。

3. 灭火器材的配备
3.1 现场仓库消防设施

3.1.1 仓库的室外消防用水量,应按照《建筑设计防火规范》(GB 50016—2006)的有关规定执行。

3.1.2 应有足够的消防水源,其进水口一般不应少于两处。

3.1.3 室外消火栓应沿消防车道或堆料场内交通道路的边缘设置,消火栓之间的距离不应大于50m。

3.1.4 采用低压给水系统,管道内的压力在消防用水量达到最大时,不低于0.1MPa;采用高压给水系统,管道内的压力应保证两支水枪同时布置在堆料场内最远和最高处的要求,水枪充实水柱不小于13m,每支水枪的流量不应小于5L/s。

3.1.5 仓库和堆料场内,应分组布置酸碱、泡沫、二氧化碳等灭火器,每组灭火器不应少于四个,每组灭火器之间的距离不应大于30m。

3.2 施工现场灭火器材的配备

3.2.1 一般临时设施区,每100m^2配备两个10L灭火机;大型临时设施总面积超过1200m^2的,应备有专供消防用的太平桶(池)、黄沙池等器材设施;上述设施周围不得堆放物品。

3.2.2 临时木工间、油漆间、机具间等,每25m^2应配置一个种类合适的灭火机;油库,危险品仓库应配备足够数量、种类的灭火机。

4. 防火措施

4.1 施工现场要有明显的防火宣传标志。每月对职工进行一次防火教育,定期组织防火检查,建立防火工作档案。

4.2 电工、焊工、从事电气设备安装和电气焊切割作业,要有操作证和动火证。动火前要清除附近易燃物,配备看火人员和灭火器材。

4.3 使用电气设备和易燃、易爆物品必须严格执行防火措施,指定防火负责人,配备灭火器材,确保施工安全。

4.4 因施工需要搭设临时建筑,应符合防盗、防火要求,不得使用易燃材料。

4.5 施工材料的存放、保管应符合防火安全要求,库房应使用非燃材料支撑,易燃易爆物品应专库储存,分类单独存放,保持通风。不准在在建工程内、库房内调配油漆、稀料。

4.6 在建工程不准作为仓库使用,不准存放易燃材料。

4.7 施工现场严禁吸烟。

4.8 施工现场和生活区,未经批准不得使用电热器具。

4.9 冬施保温材料的存放与使用,必须采取防火措施,凡经有关部门确定的重点工程和高层建筑不得采用可燃保温材料。

4.10 在建工程要坚持防火安全交底制度,特别在进行电气焊、油漆粉刷等危险作业时,要有具体防火要求。

5. 动火审批

5.1 企业必须制定动火制度。

5.2 动火审批程序:

5.2.1 一级动火是指在施工现场内的危险区域动火。

5.2.2 一级动火申请人应在一周前提出,批准最长期限为一天,期满后应重新办证。

5.2.3 一级动火作业由所在单位主管防火工作的负责人填写"一级动火许可证",并附上安全技术措施方案,报主管单位审查,经批准后方可动火。

5.2.4 二级动火是指在施工现场内的危险环境动火。

5.2.5 二级动火申请人应在四天前提出,批准最长期限为三天,期满后应重新办证。

5.2.6 二级动火作业由所在工地项目负责人填写"二级动火许可证",并附上安全技术措施方案,报本单位主管部门审批,经批准后方可动火。

5.2.7 三级动火是指在一般施工现场动火。

5.2.8 三级动火申请人应在三天前提出,批准最长期限为七天,期满后应重新办证。

5.2.9 三级动火作业由所在班组填写"三级动火许可证"。

6. "动火许可证"填写说明

6.1 施工单位:填申请动火单位全称。

6.2 工程名称:按设计图注名称填写。

6.3 动火部位:按实际动火位置填写。

6.4 动火时间:按动火开始和结束时间填写明确。

6.5 焊工姓名:由动火人签名。

6.6 监护人姓名:由实际监护人签名。

6.7 申请动火人签名:是指具备申请资格实际填动火许可证的人员签名。

6.8 批准人姓名:由实际审批人签名。一、二级动火许可证应加盖审批人所在单位公章。

6.9 防火措施:

6.9.1 一级动火措施:

6.9.1.1 依据动火作业内容,划定动火范围。动火范围内可燃气体的监测及排放制定措施。

6.9.1.2 动火区与可燃、易燃物的有效隔离措施。

6.9.1.3 对全体作业人员进行安全生产、消防知识培训,建立健全消防组织。

6.9.1.4 配备充足的消防器材,采取可靠的安全措施。

6.9.1.5 确定责任心强的动火监护人。

6.9.1.6 穿戴有效的防护用品。

6.9.2 二级动火措施:

6.9.2.1 对动火范围内可燃、易燃物的清理及隔离措施。

6.9.2.2 对小型容器 V1 可燃、易燃物的处理。

6.9.2.3 对动火人员进行安全生产、消防知识培训教育。

6.9.2.4 配备充足的消防器材。

6.9.2.5 确定动火监护人。

6.9.3 三级动火措施：可参照一、二级动火措施，制订三级动火措施。

7. 消防定期检查

施工现场应有明显的防火宣传标志，每半个月进行一次消防检查，每季度对义务消防队员进行一次培训。

第五节 施工现场环境卫生

1. 施工区环境卫生管理措施

1.1 施工现场要天天打扫，保持整洁卫生。做到有排水措施，无积水。

1.2 施工现场严禁大小便。

1.3 施工现场的零散材料和垃圾，要及时清理，垃圾临时存放不得超过3d。

1.4 楼内清理的垃圾，应使用封闭的专用垃圾道或采用容器吊运，严禁高空抛撒。

2. 生活区卫生管理措施

2.1 办公室内应天天打扫，保持整洁卫生，做到窗明地净，文具摆放整齐。

2.2 职工宿舍要建立卫生管理制度，物品摆放做到整洁有序，污水和污物、生活垃圾要集中存放，及时外运。

2.3 每间宿舍居住人数不超过15人。应设单人床或上下双层床，每人床铺面积不少于$2m^2$，生活用具放置整齐。

2.4 冬季，办公室和职工宿舍取暖；应有防煤气中毒设施，并经检查合格后方可使用。

3. 食堂卫生管理

3.1 食堂必须经当地卫生防疫部门检查验收，取得食品卫生许可证后方可使用。

3.2 根据《食品卫生法》规定，食堂必须有相应的食品原料处理、加工储存等场所和必要的卫生设施。要做到防尘、防蝇、防鼠，保持内外环境的整洁。

3.3 根据《食品卫生法》的规定，要建立健全管理制度，食品不得接触有毒有害物质。

3.4 炊管人员每年要进行一次健康检查，必须取得当地卫生防疫部门颁发的健康证后方可上岗。

3.5 炊管人员操作时必须穿戴好工作服，并保持清洁整齐，做到文明操作，不赤背，不光脚，禁止随地吐痰。

3.6 食堂炊具应经常消毒。生熟食品分开存放，食品保管无腐烂变质现象。

3.7 严禁食用无证、无照商贩的食品。

4. 厕所的卫生管理

4.1 厕所的设置要离食堂30m以外，屋顶墙壁要严密，门、窗、纱要齐全。

4.2 厕所必须按规定采用水冲式，并定期打药，消灭蚊蝇。

4.3 建立厕所定期清扫制度，保持清洁卫生。

第六节 施工现场环境保护

1. 施工现场环境保护的基本内容

1.1 防止大气污染：防治施工扬尘，搞好搅拌站的降尘，控制生产和生活的烟尘排放。

1.2 防止水污染：搅拌站、现浇水磨石作业废水和食堂的污水排放，油漆、油料的渗漏防治。

1.3 防止施工噪声污染：人为的施工噪声防治，施工机械的噪声防治。

2. 环境保护的定期检查

2.1 施工现场环境保护自检：每天由工长、安全员进行全面自检，凡违反施工现场环境保护规定的要及时指出并整改。由工长在当天的施工日志上做出自检记录。

2.2 施工处（队）定期检查：每月由主管处、队长带领有关管理人员对所属的施工工地进行定期月检，按施工现场环境保护标准检查，检查结果作为工地安全生产、文明施工考评的依据。在检查中，对于不符合环境保护要求的采取"三定"原则（定人员、定时间、定措施）予以整改，落实后及时做好复检复查工作。

3. 施工现场防大气污染措施

3.1 高层或多层建筑清理施工垃圾时，应使用封闭的专用垃圾道或采用容器吊运。严禁凌空抛撒。清运施工垃圾时，应适量洒水，减少扬尘。

3.2 清运拆除旧建筑物垃圾时，应配合洒水，减少扬尘。

3.3 市、县区建筑面积 8000m² 以上，合同工期超过一年的工程，施工道路及作业场地采用混凝土硬化。其他工程的施工道路及作业场地必须平整坚实，保证无浮土，减少道路扬尘。

3.4 散装水泥和其他易飞扬的细颗粒散体材料应尽量安排库内存放，如露天存放应采用严密苫盖。运输和卸运时防止遗撒，以减少扬尘。

3.5 生石灰的熟化和灰土施工要适当配合洒水，杜绝扬尘。

3.6 在市区、居民稠密区、风景游览区、疗养区及国家规定的文物保护区内施工，施工现场要制定洒水降尘制度。配备专用洒水设备及指定专人负责，在易产生扬尘的季节，施工场地采取洒水降尘。

4. 搅拌站的降尘措施

4.1 在市区内施工推行使用商品混凝土，减少搅拌扬尘。

4.2 在不易使用商品混凝土必须现场搅拌时，搅拌站要搭设封闭的搅拌棚。

5. 锅炉、茶炉、大灶的防污染措施

锅炉要设置消烟除尘设备。

6. 施工现场防止水污染措施

6.1 搅拌机的废水排放控制：凡在施工现场进行搅拌作业的，必须在搅拌机前台及运输车清洗处设置沉淀池。排放的废水要排入沉淀池内，经二次沉淀后，方可排入市政污水管线或回收用于洒水降尘。未经处理的泥浆水，严禁直接排入城市排水设施和河流。

6.2 现场水磨石作业污水的排放控制：施工现场现浇水磨石作业产生的污水，禁止随地排放。作业时严格控制污水流向，在合理位置设置沉淀池，经沉淀后方可排入市政污水管线。

6.3 食堂污水的排放控制：施工现场临时食堂，要设置简易有效的隔油池，产生的污水经下水管道排放前要经过隔油池，平时加强管理，定期掏油，防止污染。

6.4 油漆油料库的防渗漏控制：施工现场要设置专用的油漆、油料库，油库内严禁放置其他物资，库房地面和墙面要做防渗漏的特殊处理。储存、使用和保管要专人负责，防止油料跑、冒、滴、漏污染水源。

6.5 禁止将有毒、有害废弃物用作土方回填，以免污染地下水和环境。

7. 施工现场防噪声污染措施

7.1 按照《建筑施工场界噪声限值》（GB 12523—90）要求执行。

7.2 人为噪声的控制措施：施工现场提倡文明施工，建立健全控制人为噪声的管理制度。尽量减少人为的大声喧哗，增强全体施工人员防噪声扰民的自觉意识。

7.3 强噪声作业时间的控制：凡在居民稠密区进行强噪声作业的，严格控制时间，晚间作业不超过22时，早晨作业不早于6时，特殊情况需连续作业或夜间作业的，应尽量采取降噪措施，事先做好周围群众的工作，并报工地所在地的区、县环保局批准，取得夜间施工许可证后方可施工。

7.4 强噪声机械的降噪措施：尽量选用低噪声或配有消音降噪设备的施工机械。施工现场的强噪声机械（如搅拌机、电锯、电刨、砂轮机等）要设置封闭的机棚，以减少强噪声的扩散。

第七节 施工现场检查要点

1. 现场围挡的检查要点

1.1 主干道两侧的施工工地围挡不低于2.5m。

1.2 在一般路段的施工工地围挡不低于1.8m。

1.3 围挡材料应选用金属板材等硬质材料，禁止使用彩条布、竹芭等易变形材料，做到坚固、平稳、整洁、美观。

1.4 围挡是否沿工地四周连续设置。

2. 封闭管理的检查要点

2.1 施工现场进出口必须设置大门。

2.2 进出口要设警卫室，应有警卫人员和警卫制度。并做好值班和交接班记录。

2.3 所有进入施工现场的工作人员要佩戴工作卡。

2.4 大门净高度不低于4m，门扇材质应用1寸以上钢管焊制或薄铁板制作。规格为对开门或四开门，总宽度为6～8m，高度为2～2.3m。门头高度0.8～1.5m，门柱断面尺寸0.6m×0.6m～1m×1m。门头书写承建工程的企业名称、工程名称、项目经理部。门柱书写安全生产、文明施工及创优保信誉等与企业管理内容有关的宣传标语，门头要求加灯箱或霓虹灯，夜晚要亮。

2.5 在大门口处设置七牌两图（工程概况牌、安全生产纪律牌、"三清""六好"牌、文明施工管理牌、十项安全技术措施牌、工地消防管理牌、警示佩戴安全帽牌、施工总平面图、现场安全标志布置总平面图）。适当位置设置宣传栏、读报栏、黑板报、安全标语等。

3. 施工场地的检查要点

3.1 主干道两侧建筑面积 8000m^2 以上或工期一年以上的工程，施工现场的道路、作业场地要采用混凝土硬化。其他工程的施工现场可采用其他方式硬化，保证无浮土、不积水。

3.2 人行道、车行道应坚实平坦，保持畅通。

3.3 道路交叉口处应设置明显的警示标志。

4. 现场排水的检查要点

4.1 施工现场必须设置排水网络，并设沉淀池。

4.2 要保持排水网络畅通。

4.3 要有防止泥浆、污水、废水外流或堵塞下水道和排水河道的措施。

4.4 工地积水要及时清理。

5. 材料堆放的检查要点

5.1 建筑材料、构件、料具要按施工总平面布置图划定的区域堆放。

5.2 堆放要整齐，要挂定型化的标牌，标牌内容包括：名称、规格、品种、进场时间等。

5.3 施工现场要做到工完场地清。

5.4 建筑废料、建筑垃圾要有固定存放地点，分类堆放并及时清理。

5.5 易燃易爆物品要分类存放，严禁混放和露天存放。

6. 现场办公、住宿的检查要点

6.1 施工现场的施工区、生活区、办公区等要有明显的分界，并设置导向牌，导向牌要坚固美观。

6.2 禁止在在建工程中安排职工住宿。

6.3 宿舍及办公室用电必须安全，灯具高度不低于 2.4m，低于 2.4m 时要用安全电压供电。

6.4 现场办公室内悬挂的岗位责任制等规章制度应采用印刷体文字，书写印刷镶嵌在玻璃框内。

6.5 宿舍室内高度应不低于 2.6m，室内及门前地面抹水泥砂浆或采用不低于水泥砂浆标准的其他材料硬化，墙面应刷白。

6.6 宿舍应设单人床或上下双层床，每间宿舍居住人数不超过 15 人。

6.7 禁止职工睡通铺。每人床铺面积不少于 2m^2。

6.8 生活用品要放置整齐。

6.9 宿舍要有卫生、防火、治安、防煤气中毒制度并严格执行。

6.10 要有消暑和防蚊虫叮咬措施。

7. 现场防火的检查要点

7.1 施工现场要建立消防领导小组。

7.2 领导小组职责明确。

7.3 配备充足的灭火器材和经过培训的消防人员。

7.4 高层建筑（30m以上），是否配置专用的消防管道和器具，并随层设置消防阀门。管道直径不小于50mm。设加压泵和泵房，要有专用电源和水源。

7.5 在动火危险区内的施工现场动火时，是否向主管单位申请并审批。

7.6 动火时是否有动火监护。

8. 治安综合治理的检查要点

8.1 是否建立职工活动室。

8.2 是否建立治安保卫制度并把责任分解落实到人。

8.3 是否成立保卫工作领导小组。

8.4 建立职工登记制度，对职工姓名、性别、年龄、家庭住址、来源地、健康状况、联系方式、身份证号码等进行登记造册，并每天进行人员清点。

8.5 定期对职工进行治安教育，并做好记录存档以备核查。

8.6 职工宿舍等易发案部位要制定防范措施，指定专人管理，防止发生盗窃案件。

8.7 施工现场易燃、易爆物品，必须有严格的管理制度，并设专库、专人发放保管，做好成品保护工作，并制定具体措施，严防盗窃、破坏治安案件的发生。

9. 生活设施的检查要点

9.1 食堂室内高度不低于2.8m。

9.2 是否设透气窗，墙面抹灰刷白，地面抹水泥砂浆，灶台镶贴瓷砖。

9.3 食堂必须设置污水排放设施。

9.4 食堂必须有防尘、防蝇、防鼠害措施。

9.5 食堂距厕所及有害物质不得小于30m。

9.6 食堂须有卫生许可证，并建立卫生责任制度，责任到人。

9.7 炊事人员要定期进行健康检查，持证上岗。工作时要身着白色工作服。

9.8 施工现场要设立饮水处，保证职工随时喝上干净卫生的开水。

9.9 施工现场应设淋浴室并保证职工按时洗浴，设专人负责卫生管理。

9.10 市区内施工现场应设水冲式厕所。

9.11 地面抹水泥砂浆，便池镶贴瓷砖；设纱窗、纱门。

9.12 厕所要标明"男厕所"、"女厕所"字样。

9.13 高层建筑应设临时厕所，严禁随地大小便。

9.14 现场必须设置吸烟室，禁止随处吸烟。

9.15 工地应有卫生室或巡回医疗的医务人员。

9.16 制定急救措施，配备保健医药箱，并设置专用的急救器材和经过培训的急救人员。

9.17 施工现场要制定施工不扰民措施并落实到位。

9.18 严禁违章占道、乱搭乱堆。

9.19 施工现场应制定防粉尘、防噪声措施。

9.20 高层、多层建筑垃圾严禁向下抛撒。

9.21 夜间施工须经批准。

9.22 严禁焚烧有毒有害物质。

10. 施工现场消防工作的检查要点

10.1 施工现场要有明显的防火宣传标志。每月对职工进行一次防火教育，定期组织防火检查，建立防火工作档案。

10.2 电工、焊工、从事电气设备安装和电气焊切割作业，要有操作证和动火证。动火前，要清除附近易燃物，配备看火人员和灭火器材。

10.3 使用电气设备和易燃、易爆物品必须严格执行防火措施，指定防火负责人，配备灭火器材，确保施工安全。

10.4 因施工常要搭设临时建筑，应符合防盗、防火要求，不得使用易燃材料。城区内的工地一般不准支搭木板房，必须支搭时，需经消防监督部门批准。

10.5 施工材料的存放、保管应符合防火安全要求，库房应使用非燃材料支搭，易燃易爆物品应专库储存，分类单独存放，保持通风。不准在在建工程内、库房内调配油漆、稀料。

10.6 在建工程不准作为仓库使用，不准存放易燃材料。

10.7 施工现场严禁吸烟。

10.8 施工现场和生活区，未经批准不得使用电热器具。

10.9 冬施保温材料的存放与使用，必须采取防火措施，凡经有关部门确定的重点工程和高层建筑不得采用可燃保温材料。

10.10 在建工程要坚持防火安全交底制度，特别在进行电气焊、油漆粉刷等危险作业时，要有具体防火要求。

11. 施工现场环境卫生的检查要点

11.1 施工区环境卫生管理措施：

11.1.1 施工现场要有排水措施，无积水。

11.1.2 施工现场严禁大小便。

11.1.3 施工现场的零散材料和垃圾，要及时清理，垃圾临时存放不得超过3d。

11.1.4 楼内清理的垃圾，应使用封闭的专用垃圾道或采用容器吊运，严禁高空抛撒。

11.2 生活区卫生管理措施：

11.2.1 办公室及宿舍：

11.2.1.1 办公室内应保持整洁卫生，做到窗明地净，文具摆放整齐。

11.2.1.2 职工宿舍要建立卫生管理制度，物品摆放做到整洁有序，污水和污物、生活垃圾要集中存放，及时外运。

11.2.1.3 每间宿舍居住人数不超过15人。应设单人床或上下双层床，每人床铺面积不少于$2m^3$，生活用具放置整齐。

11.2.1.4 冬季，办公室和职工宿舍取暖炉应有防煤气中毒设施，并经检查合格后方可使用。

11.2.2 食堂卫生管理：

11.2.2.1 食堂必须经当地卫生防疫部门检查验收，取得食品卫生许可证后方可使用。

11.2.2.2 食堂必须有必要的卫生设施，要有防尘、防蝇、防鼠措施。

11.2.2.3 要建立健全管理制度，食品不得接触有毒有害物质。

11.2.2.4 炊管人员每年要进行一次健康检查，必须取得当地卫生防疫部门颁发的健康证后方可上岗。

11.2.2.5 炊管人员操作时必须穿戴好工作服，并保持清洁整齐。做到文明操作，不赤背，不光脚，禁止随地吐痰。

11.2.2.6 食堂炊具应经常消毒，生熟食品分开存放，食品保管无腐烂变质现象。

11.2.3 厕所的卫生管理：

11.2.3.1 厕所的设置要离食堂30m以外，屋顶墙壁要严密，门、窗纱齐全有效。

11.2.3.2 厕所必须按规定采用水冲式，并定期打药，消灭蚊蝇。

11.2.3.3 建立厕所定期清扫制度，保持清洁卫生。

11.3 施工现场环境保护：

11.3.1 高层或多层建筑清理施工垃圾时，应使用封闭的专用垃圾道或采用容器吊运。严禁凌空抛撒。

11.3.2 清运施工垃圾时，应适量洒水，减少扬尘。

11.3.3 散水泥和其他易飞扬的细颗位散体材料应尽量安排库内存放，如露天存放应采用严密苫盖。运输和卸运时防止遗撒飞扬，以减少扬尘。

11.3.4 生石灰的熟化和灰土施工要适当配合洒水，杜绝扬尘。

11.3.5 在市区、居民稠密区、风景游览区、疗养区及国家规定的文物保护区内施工，施工现场要制定洒水降尘制度。配备专用洒水设备及指定专人负责，在易产生扬尘的季节，施工场地采取洒水降尘。

11.3.6 在建工程外侧必须用密目式安全立网封闭。

11.3.7 搅拌站的降尘措施：

11.3.7.1 在市区内施工推行使用商品混凝土，减少搅拌扬尘。

11.3.7.2 在不易使用商品混凝土必须现场搅拌时，搅拌站要搭设封闭的搅拌棚。

11.3.8 锅炉、茶炉、大灶的防污染措施：

11.3.8.1 锅炉要设置消烟除尘设备。

11.3.8.2 茶炉要用消烟除尘型的或烧型煤。

11.3.8.3 食堂大灶的烟囱要有消烟除尘设备，加二次燃烧。

11.3.9 施工现场防止水污染措施：

11.3.9.1 凡在施工现场进行搅拌作业的，必须在搅拌机前台及运输车清洗处设置沉淀池。排放的废水要排入沉淀池内，经二次沉淀后，方可排入市政污水管线或回收用于洒水降尘。未经处理的泥浆水，严禁直接排入城市排水设施和河流。

11.3.9.2 施工现场现浇水磨石作业产生的污水，禁止随地排放。作业时严格控制污水流向，在合理位置设置沉淀池，经沉淀后方可排入市政污水管线。

11.3.9.3 施工现场临时食堂，要设置简易有效的隔油池，产生的污水经下水管道排放前要经过隔油池，平时加强管理，定期掏油，防止污染。

11.3.9.4 施工现场要设置专用的油漆、油料库，库内严禁放置其他物资，库房地面和墙面要做防渗漏的特殊处理。储存、使用和保管要专人负责，防止油料跑、冒、滴、漏污染水源。

11.3.9.5 禁止将有毒、有害废弃物用作土方回填，以免污染地下水和环境。

11.3.10 施工现场防噪声污染措施：

11.3.10.1 建立健全控制人为噪声的管理制度。

11.3.10.2 对作业时间进行控制。

凡在居民稠密区进行强噪声作业的，严格控制时间，晚间作业不超过 22 时，早晨作业不早于 6 时，特殊情况需连续作业或夜间作业的，应尽量采取降噪措施，事先做好周围群众的工作，并报工地所在地的区、县环保局批准，取得夜间施工许可证后方可施工。

11.3.10.3 尽量选用低噪声或配有消音降噪设备的施工机械。施工现场的强噪声机械（如搅拌机、电锯、电刨、砂轮机等）要设置封闭的机棚，以减少强噪声的扩散。

第十二章 环境、职业安全健康保证计划

环境、职业健康管理体系是指为建立职业安全健康方针和目标及实现这一目标所制定的一系列相关联系相互作用的要素。它是职业安全健康管理活动的一种方式，包括职业健康绩效的重点活动与绩效测量的方法。

安全、职业健康与环境保证计划的内容包括：

1. 工程概况

1.1 工程概况表。

1.2 工程难点分析：包括工程特点、难点分析；本工程的重大危险源与一般危险源的识别、评价、控制清单；本工程的重大不利环境因素与一般不利环境因素的识别、评价、控制清单。

1.3 工程重点部位。

2. 环境、职业安全健康保证计划引用的安全标准文件、使用范围及有效期

2.1 引用文件。

2.2 环境、职业安全健康保证计划的使用范围。

2.3 安全、健康与环境保证计划的实施。

3. 环境、职业安全健康保证体系的要求

3.1 管理目标。

3.2 环境、职业安全健康管理组织。

3.3 环境、职业安全健康委员会部分人员职责与权限。

3.4 资源。

4. 安全、健康与环境保证体系

4.1 环境、职业安全健康管理保证体系应以法律、法规和本公司程序文件等为依据，并着重按本项目部的实际情况进行实施。

4.2 环境、职业安全健康管理保证体系的策划。

5. 施工现场的安全控制

5.1 落实好施工机械设备、安全设施、设备及防护用品的进场计划。

5.2 落实现场施工人员，并对施工人员进行安全教育。

5.3 持证上岗：施工现场内的特种作业人员必须持证上岗，由项目部安全负责人进行确认。

5.4 对安全设施、设备、防护用品的检查验收。

5.5 施工临时用电。

5.6 施工机械。

5.7 防火安全。

5.8 冬期施工。

5.9 文明施工。

5.10 危险源点的监控与管理。

6. 环境、职业安全健康的控制管理

6.1 开工前做好以下准备。

6.2 实施要点。

7. 环境的控制管理

7.1 开工前做好以下准备。

7.2 环境保护措施。

7.3 "五废"的排放的控制。

8. 检查、检验及标识

8.1 实施要点。

8.2 控制要点。

9. 事故隐患控制

10. 纠正和预防措施

10.1 纠正措施。

10.2 预防措施的宣传教育。

11. 教育和培训

12. 环境、职业安全健康记录

13. 考核与奖罚

14. 内部安全体系审核

第二篇
安全管理资料

　　建筑施工安全技术资料作为施工现场安全管理的真实记录,有利于建筑施工企业安全生产制度的落实和强化施工全过程、全方位动态的安全管理,有利于我们总结经验,吸取教训,更好地贯彻执行"安全第一,预防为主"的方针,有利于保证职工在生产过程中的安全和健康,为预防事故的发生创造理论的依据。

　　本篇共分为十二章,明确了施工现场管理必备资料、安全管理、脚手架工程、模板工程、高处作业、施工用电、土石方工程、起重吊装工程、塔式起重机、施工升降机、施工机具、物料提升机施工方案的编写、技术资料及验收资料的填写,提供了施工现场安全管理资料填写表样,以利于施工现场安全管理人员查阅及参考。

第一章 必备资料

本章系统地阐述了安全生产许可证及安全管理人员配置、企业管理制度、特种作业人员及重大危险源清单等内容，以利于施工现场管理人员学习、查阅。

第一节 安全生产许可证及安全管理人员配置

1. 建筑施工企业，须取得省建设行政主管部门颁发的安全生产许可证后，方可进行生产活动，安全生产许可证的有效期为三年。工程项目部须存有企业安全许可证复印件。

2. 企业法定代表人、主管安全副经理、安全科（处）长及施工项目经理和现场专职安全员，必须经省建设主管部门培训，并取得考核合格证书。建筑施工企业安全生产管理机构内的专职安全生产管理人员按下列规定配备：

2.1 建筑施工总承包资质企业：企业安全生产管理机构内的专职安全生产管理人员不少于4人，企业所属的分公司、区域公司等分支机构设置的安全生产管理机构内专职安全生产管理人员不少于3人，企业安全生产管理机构专职安全生产管理人员总数不少于企业有职称的工程技术人员和生产管理人员总数的10%。

2.2 建筑施工专业承包资质企业：企业安全生产管理机构内的专职安全生产管理人员不少于3人，企业安生生产管理机构专职安全生产管理人员总数不少于企业有职称的工程技术人员和生产管理人员总数的10%。

2.3 建筑施工劳务分包资质企业：企业安全生产管理机构内的专职安全生产管理人员不少于2人。

2.4 建设工程项目的专职安全管理人员配备。

2.4.1 建筑工程、装修工程按照建筑面积：

（1）1万 m^2 及以下的工程至少1人。

（2）1~5万 m^2 的工程至少2人。

（3）5万 m^2 以上的工程至少3人，应当设置安全主管并按土建、机电、设备等专业设置专职安全生产管理人员。

2.4.2 土木工程、线路管道、设备安装工程按总造价：

（1）5000万元以下的工程至少1人。

（2）5000万~1亿元的工程至少2人。

（3）1亿元以上的工程至少3人，应当设置安全主管并按土建、机电设备等专业设置专职安全生产管理人员。

2.5 工程项目部须存有企业法定代表人、主管安全副经理、安全科（处）长及施工项目经理和现场专职安全员考核合格证复印件。

第二节 建筑施工企业安全管理制度

为了保证职工在生产施工过程中的安全与健康，建筑施工企业根据国家和省市有关法律、法规的规定，制定各项安全管理制度并以企业文件形式下发到基层单位。其安全管理制度主要包括：

1. 各级安全生产岗位责任制度

企业经理、主管生产副经理、企业技术负责人、企业各职能部门负责人、分公司经理、项目经理、项目技术负责人、工长、安全员、班组长、各工种工人等，都应按不同的岗位职责分别建立健全安全生产责任制。

1.1 企业经理

依法对本单位的安全生产工作全面负责，应当建立健全安全生产责任制度和安全生产教育培训制度，制定安全生产规章制度和操作规程，保证本单位安全生产条件所需资金的投入，对所承担的建设工程进行定期和专项安全检查，并做好安全检查记录。

1.2 主管生产副经理

对企业安全生产工作负主要责任，对组织、管理、指挥、协调生产方面负领导责任。

1.3 企业技术负责人（总工程师）

对企业安全生产技术工作负全面领导责任，负责审批一级工程项目的施工组织设计、施工方案，负责安全技术检查、指导工作，及时协调生产中遇到的安全技术问题。

1.4 企业各职能部门（安全、生产、技术、设备、材料、教育、劳资、财务、保卫、工会、后勤等）负责人负责在各自业务范围内做好安全生产工作。

1.5 分公司经理

对分公司安全生产工作负具体领导责任。

1.6 工程项目相关人员

1.6.1 项目部经理

本项目安全生产的第一责任人，对本项目的安全生产全面负责；要认真贯彻执行国家、地方的有关法律、法规，执行企业各项规章制度及其他要求。

建立健全项目部组织结构，确保配备必要的资源（人力、基础设施、环境），根据项目的实际情况确定项目的安全生产目标、指标，将管理目标分解、落实，责任到人，制定各级职能人员的管理职责，确保目标的实现。

组织制定和实施本项目的安全技术措施；对工程项目进行施工组织策划，确保安全生产投入，定期组织进行安全检查，消除事故隐患，不违章指挥，制止违章作业；组织对现场职工进行安全技术和安全知识教育；对劳动保护用品的正确使用和"三违"现象进行监督；组织编制项目部应急救援预案，发生伤亡事故及时上报，并认真分析事故的原因，得出和实现改进措施。

1.6.2 项目部生产副经理

具体负责本项目施工管理过程中对安全生产的组织、管理、指挥、协调等工作，是本项目安全生产的直接责任人；要认真贯彻实施国家、地方的有关法律、法规、规范和其他要求，树立"安全第一"的思想，当进度与质量、安全生产发生矛盾时，首先保证安全；

在施工前精心策划、合理安排各工序，在掌握生产进度的同时掌握安全动态；监督各项技术、安全措施的落实；落实"施工组织设计"、"专项施工方案"中的安全技术措施，抓好安全生产、搞好文明施工；组织安全生产检查和安全工作会议，对职工进行安全教育；参加事故事件的调查、分析、处理，向上级主管部门和领导及时反馈信息。

1.6.3　项目部主管工程师（技术负责人）

认真执行国家有关技术标准、规范、规程，负责项目部的技术管理工作，对本项目安全技术负直接责任；编制本项目分部分项工程安全技术方案和专项方案，负责向专业技术负责人进行特殊或关键部位的安全技术交底，并监督实施；组织职工学习安全技术操作规程，对从事特殊过程施工的人员组织培训；及时解决施工中出现的安全技术问题；对施工过程的环境保护、安全生产提出意见和建议；参加事故事件的调查、分析、处理。

1.6.4　工长、专业技术负责人（土建、水、电、机械）

认真落实各项技术、环保、安全管理规定，强化岗位和责任意识，对所管辖范围内的安全生产、文明施工负直接责任；严格按设计图纸、施工组织设计和专项方案组织施工；向班组做书面安全技术交底或样板交底；组织对施工现场各分部分项的安全防护、装置、设施进行验收，合格后方可投入使用；组织工人学习安全技术操作规程，不违章指挥，制止违章作业，抓好安全生产和文明施工，做好施工过程中的环境保护工作；参加安全隐患的调查分析会，对提出的各项整改措施负责组织落实，消除事故隐患；及时填写施工日志及相关安全记录，保证其同步、完整、真实，具有可追溯性；发生重大伤亡事故、机械设备事故应立即上报，并负责保护好现场和抢救伤员及国家财产工作，参加事故事件的调查、分析。

1.6.5　安全员

认真贯彻执行国家有关安全生产的方针、政策、法律、法规及行业主管部门和公司有关安全生产的规章制度；协助项目经理搞好职工的安全教育、培训工作，定期召开安全会；对施工现场的安全生产进行监督管理，有权制止违章指挥和违章作业；负责日常安全检查工作，做好记录，对上级检查提出的问题负责复查；负责施工现场安全生产的各种验收、签字手续；监督施工现场各种人员正确佩戴和使用安全防护用品；负责安全生产管理资料的收集、分类、归档，对项目部安全技术措施和安全防护措施的不妥之处有权提出改进意见；保证各种记录的完整性、准确性、可追溯性。

1.6.6　生产班组长（作业队负责人）

自觉遵守国家有关安全生产、环境保护的法律法规及公司的各项规章制度、安全操作规程；全面负责本班组（队）的安全生产工作；负责对班组（队）成员进行班前教育，加强班组安全生产意识，督促兼职安全员做好相关记录，组织本组（队）人员加强业务学习，参加安全活动，保证安全生产和文明施工；组织班组（队）成员学习企业安全管理规章制度、本工种操作规程，教育本组（队）成员遵纪守法，制止违章作业，督促教育本组成员正确合理使用劳动保护用品、用具，正确使用灭火器材；负责班组（队）安全检查，发现不安全因素或事故隐患及时上报并尽力消除；配合工长（专业技术负责人）搞好安全生产和文明施工；发生事故立即报告，并组织各级抢救，保护好事故现场，做好记录；带领本班组（队）人员自觉参加安全教育会，制止"三违"行为。

1.6.7　施工生产工人

自觉遵守国家有关安全生产、环境保护的法律法规及公司的各项规章制度、安全操作规程，认真参加安全教育及专业知识培训，努力学习、掌握本工种的专业技术，提高本专业的技术素质和岗位技能水平；对本岗位的安全生产负直接责任；严格按工艺标准、操作规程、作业指导书、技术交底等要求进行操作，认真做好自检、互检，发现安全问题、不安全因素或事故隐患及时报告班组长、认真完成班组长分配的施工任务，协助班组长搞好本组的文明施工、安全生产；积极参加各种安全活动，有权拒绝违章指挥的命令，对他人的违章作业进行劝阻或制止。

特种作业人员必须持证上岗并按期参加复审，努力学习和掌握新技术、新设备的操作要领，做到"四懂"、"三会"，精心维护、保养设备，保证设备的完好率；认真执行交接班制度和设备检查制度，保证特种设备的安全装置齐全、可靠、有效。

2. 各管理部门安全生产管理责任制度

企业中的安全、生产、技术、材料、设备、教育、劳资、财务、保卫、工会等各职能部门，应在其职能范围内分别建立健全安全生产责任制。

2.1 安全生产管理部门

贯彻有关安全生产的方针、政策、法律、法规，制定公司安全生产、文明施工与环境保护管理制度，制定年度安全生产工作计划及措施，组织安全检查，参加事故调查，对安全责任制的落实情况进行监督检查，对现场安全生产进行指导。

2.2 工程生产管理部门

编制生产计划的同时，要列入安全生产的指标和措施。布置生产工作时，要有相应的安全措施内容，合理安排施工生产任务，协调、指导施工，以防引起不安全因素。

2.3 技术管理部门

制定安全技术操作规程，编制施工组织设计时要同时制定安全技术措施，编制安全专项施工方案，采用新材料、新设备、新技术、新工艺时制定安全技术措施。

2.4 设备管理部门

组织对各种机械设备的安全检查，定期组织对机械设备的维护和保养，设备维修时要制定安全技术措施，负责组织机手技术培训和技术考核。

2.5 教育培训部门

编制职工安全教育培训计划，组织安全教育培训，协调有关部门做好新工人的三级安全教育。

2.6 劳资管理部门

组织新工人三级安全教育，组织工人技术培训及特殊工种人员的培训工作，合理安排劳动组织，根据气候变化安排作息时间，控制加班加点，做好工人劳动保护工作。

2.7 财务管理部门

确保安全防护、文明施工措施费专款专用，保证安全教育费用及劳动防护用品、安全设施、防暑降温费用的开支。

2.8 保卫部门

制定消防工作制度及措施，进行防火宣传教育和检查，检查消防器材的配备及使用，定期对消防设施进行维护。

2.9 工会

负责对职工健康和职业病防治进行管理,制定职工体检计划,定期组织体检,制定职业病防治措施,对职工劳动保护及职业病防治措施落实情况进行监督检查。

3. 安全生产管理制度

3.1 安全生产教育培训制度

主要内容应包括:安全教育的目的、内容、形式、方法及要求。培训教育的类别包括职工安全教育,新工人的三级教育,变换工种教育,特殊工种人员的培训及安全教育,采用新工艺、新技术、新设备时进行的安全教育,施工现场的周教育,节假日前后的法纪教育等。

3.2 安全生产检查制度

主要内容应包括:安全检查的目的、内容、形式、方法及要求,以及对检查中发现的事故隐患提出的整改要求等。

3.3 安全技术措施管理制度

主要内容应包括:安全技术措施管理的目的,安全技术措施的种类、内容,安全技术措施编制、审批程序,安全技术措施的编制要求,以及对安全技术措施落实情况的监督检查等。

3.4 防护用品使用管理制度

主要内容应包括:防护用品使用管理的目的,防护用品的种类、范围,防护用品的采购、验收,防护用品的发放及使用,防护用品的更换要求,以及对防护用品使用情况的监督检查等。

3.5 安全生产责任考核奖惩制度

主要内容应包括:安全生产责任考核的目的、内容、办法,以及对不同考核结果进行奖励、处罚的规定等。

3.6 易燃易爆、有毒有害物品保管制度

主要内容应包括:对易燃易爆、有毒有害物品设置专库专账、专人管理,严格出入库检查登记手续;储存易燃易爆、有毒有害物品的仓库重点做好防火、严禁烟火,仓库内外设置防火标志及相应的消防器材,要留有消防通道。

3.7 职工伤亡事故报告制度

主要内容应包括:工伤的分类及确认,事故报告程序及时间要求,事故现场的保护、清理,事故的调查程序,事故的处理,事故的统计等。

3.8 班组安全活动制度

主要内容应包括:班组长、班组兼职安全员的职责,班组活动的内容,班组活动的频次及时间要求,以及对班组活动效果的检查等。

3.9 现场消防管理制度

主要内容应包括:消防器材、设备的管理,施工现场的消防器材配备及防火要求,施工现场动火的管理,火灾隐患的整改,防火宣传教育等。

3.10 文明施工、环境保护管理制度

主要内容应包括:文明施工、环境保护的目的,文明施工、环境保护目标的制定及分解,现场文明施工、环境保护措施,现场文明施工、环境保护的管理等。

3.11 建筑工程安全防护、文明施工措施费使用管理制度

施工企业应当建立《建筑工程安全防护、文明施工措施费使用管理制度》，对建筑工程安全防护、文明施工措施费使用进行有效控制和管理；将建筑工程安全防护、文明施工措施费切实用于施工现场安全生产、文明施工上；建立建筑工程安全防护、文明施工措施费使用台账，保证专款专用。

3.12 分包企业、供应单位的管理制度

制定对分包企业的选用、管理规定，并与分包企业签订有效合同和安全生产管理协议等。制定对安全设施所需材料、设备及防护用品的供应单位的控制要求和规定，审查供应单位的生产许可证和行业有关部门规定的证书，建立分供方名录，定期考察评价，建立信誉度档案。

3.13 危险源辨识、评价及重大危险源管理制度

对企业生产过程中的各个活动和部位进行危险源辨识、评价，识别出重大危险源，制定管理措施进行有效控制，降低事故风险。对重大危险源按国家、省有关要求，报主管部门备案。

3.14 污染物控制管理制度

对企业生产过程中所产生的施工扬尘、污水、噪声、固体废弃物、有毒有害废弃物、运输遗洒、光污染等污染物进行有效控制，降低对外界环境的影响。

3.15 机械设备管理制度

对机械设备的采购、进场验收、安装验收、使用、维修、改造和报废进行有效控制和管理，制定具体要求和措施。

对起重设备、锅炉、压力容器等特种设备的采购、使用应进行重点控制，按规定到有关部门进行登记和备案，定期组织检验检测，对其安装、拆除等环节进行严格控制，特种设备的司机及有关作业人员须经过有关部门的专门培训，做到持证上岗；在使用中制定相应安全管理措施。

第三节 各工种安全技术操作规程

按照《建设工程安全技术操作规程汇编》中《建筑安装工人安全技术操作规程》的规定，对架子工、瓦工、抹灰工、木工、制材工、钢筋工、混凝土工、油漆工、防水工、凿岩爆破工、普通工、钳工、电工、管工、铆工、通风工、自控仪表工、电焊工、气焊工、筑炉工、保温工、无损探伤工、起重工、打桩工、机械维修工、土石方机械司机、起重机司机、打桩司机、运输车辆司机、动力机构操作工、机床工、中小机械操作工等工种必须编制安全技术操作规程。

第四节 意外伤害保险办理

工程项目施工前，由工程项目负责人持中标通知书按工程总造价的一定比例缴纳意外伤害保险，保险单据存档。

第五节 特种作业人员

特种作业是指根据国家标准《特种作业人员安全技术考核管理规则》GB 5306—85 中对操作者本人,尤其对他人和周围设施的安全有重大危害因素的作业。直接从事特种作业者称为特种作业人员。工程项目部须存有特种作业操作证复印件。

1. 特种作业人员必须具备的基本条件

1.1 年满18周岁。

1.2 身体健康无防碍从事相应工程作业的疾病和生理缺陷。

1.3 初中以上文化程度,具备相应工种的安全技术知识。参加国家规定的安全技术理论和实际操作考核并成绩合格。

2. 特种作业的范围

特种作业的范围包括:电工作业,金属焊接、切割作业,起重机械(含电梯)作业,企业内机动车辆驾驶,登高架设作业,锅炉作业(含水质化验),压力容器作业,制冷作业,爆破作业,矿山通风作业,矿山排水作业,矿山安全检查作业,矿山提升运输作业,采掘(剥)作业,矿山救护作业,危险物品作业,经国家安全生产监督管理总局批准的其他作业。

3. 特种作业人员重新考核和证件的复审要求

离开特种作业岗位达6个月以上的特种作业人员,应当重新进行实际操作考核,经确认合格后方可上岗作业,未按期复审或复审不合格者,其操作证自行失效。

第六节 重大危险源清单

重大危险源是指建筑施工或工业活动中危险物质或能量超过临界的设备、设施或场所(长期地或临时地生产、加工、搬运、使用或储存危险物质,且危险物质的数量等于或超过临界量的单元)。为了消除、降低和避免各类疾病和事故的发生,施工项目部根据工程特点在基础、结构、装修等阶段施工前,依据国家法律、法规结合项目部在安全生产管理中存在的薄弱环节,建立重大危险源清单台账。

第七节 事故应急救援预案

应急救援预案是在发生紧急情况时所执行的方案,施工项目部结合自身实际情况,建立应急救援体系主要包括:应急体系(组织、职责、权限)、应急准备、应急响应、应急知识培训等内容。

《建设工程安全生产管理条例》第四十八、四十九条对施工单位制定的施工现场生产安全事故应急救援预案作了明确规定:建筑施工安全事故应急救援预案由工程承包单位编制。实行工程总承包的,由总承包单位编制;实行联合承包的,由承包各方共同编制。

1. 建立应急救援体系

成立以企业经理为组长、主管安全经理为副组长,各相关职能部门负责人参加的应急领导小组，绘制应急救援组织体系图。

2. 施工现场应急救援预案的主要内容

2.1 建设工程的基本情况：详细地址，规模，结构类型，工程开工、竣工日期。

2.2 本项目重大危险源数量、种类、分布、事故可能发生的地点和可能造成的后果预测，辨识评价并把重要的发生概率较大的危险源分布情况列出作必要的分析，主要有坍塌、高处坠落、物体打击、机械伤害、触电、火灾、爆炸、中毒等项内容。

2.3 事故应急救援预案资源信息包括队伍装备，物资、专家等有关信息的情况，根据场所储存数量、品种、标识，检查，信息建档进行规定要求。

2.4 施工现场事故抢险，抢救人员职责分工主要有抢修组、抢救组、救护组、保卫组、通信组、后勤保障组。组成人员名单（包括具体责任人的联系电话）职责人工做到条理清晰，职责明确。

2.5 事故应急演练，事故发生后应当采取的行动和措施，对伤者不同的伤害部位采取的不同救治方法和救护措施，对不同的事故采用不同的工具抢救方法。

2.6 事故报告和调查，应急救援有关的具体通信联系方式，根据事故、类别、级别、日期上报有关部门，由哪些部门进行事故调查。

2.7 事故应急培训，主要包括：预案的宣传、培训和演练的方式、频次等。演练要有具体的内容、记录。演练人员履行签字手续。

3. 应急响应

事故或险情发生后，事故发生单位遵循迅速、准确的原则，在第一时间上报应急小组，应急小组接到事故报告后，根据预案要求，及时启动应急救援体系，进行必要的抢险救援。当超出企业应急救援能力时，向上级有关部门请求支援，并全力协助公安、消防、卫生等专业抢险力量开展事故应急处理工作。

4. 应急结束

按照"谁启动、谁结束"的原则，当重大事故或险情得到有效处置后，由应急指挥部决定应急结束，并通知有关部门。应急状态结束后，及时做出书面报告。

5. 应急救援预案的管理与修订

当应急演练或应急实施结束后，由企业应急领导小组召集各部门对应急救援预案进行评审，并根据评审结论组织修订。

第二章 安 全 管 理

安全管理是企业预防事故发生、杜绝重大事故发生的重要环节。本章系统地阐述了安全保证体系的建立、责任制的建立、施工组织设计的编写、企业与项目部之间经济合同等内容，结合施工现场管理要求，提出了具体表格的填写要求，以利于施工现场管理人员学习、查阅。

第一节 安 全 保 证 体 系

1. 工程项目部建立以项目经理为现场安全生产文明施工管理体系第一责任人的安全生产领导小组，制定安全职责与权限。

2. 项目部安全保证体系框图（图 2-2-1）

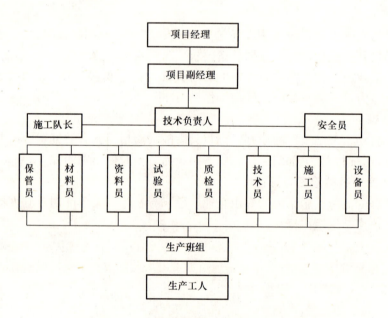

图 2-2-1 项目部安全保证体系框图

第二节 项目安全人员岗位责任制

主要包括：项目经理、副经理、技术负责人、施工队长、安全员、保管员、材料员、资料员、试验员、质检员、技术员、施工员、设备员、班组长、班组兼职安全员、生产工人的岗位责任制。

第三节 工程施工组织设计

依据《建设工程施工现场管理规定》制定工程施工组织设计,其内容主要包括:

1. 工程概况和任务情况。

2. 施工方法、工程施工进度计划、单位工程综合进度计划和施工力量、机具及部署情况。

3. 安全技术措施:

3.1 一般工程安全技术措施

所有建筑施工企业对所承建的工程项目必须编制施工组织设计(施工方案),根据工程施工特点制定相应的安全技术措施。对达到一定规模的危险性较大的分部分项工程应编制专项施工方案,并附具体安全验算结果,经企业技术负责人、总监理工程师签字后实施,由专职安全生产管理人员进行现场监督。

危险性较大的工程主要包括:基坑支护与降水工程、土方开挖工程、模板工程、起重吊装工程、脚手架工程,拆除、爆破工程、国务院建设行政主管部门或者其他部门规定的其他危险性较大的工程。

专项施工方案编制主要内容:编制依据、工程概况、作业条件、人员组成及职责、具体施工方法、受力计算和要求、安全技术措施、环境保护措施等内容。

3.2 特殊工程安全技术措施

对于涉及深基坑、地下暗挖工程、高大模板工程,除编制专项安全施工方案或技术措施外还应有设计计算和详图。专项施工方案应按省建设行政主管部门有关规定,组织专家进行论证,审查验收合格后,才能组织施工。

3.3 季节性施工安全措施

季节性主要指夏季、雨季和冬季。不同季节的气候,对施工生产带来的不安全因素,可能造成各种突发性事故,必须从防护上、技术上、管理上采取相应措施。一般建筑工程,应在施工组织设计或施工方案的安全技术措施中编制季节性施工安全措施。在高温、严冬和阴雨天气中施工的工程,应单独编制季节性施工安全措施。

3.3.1 暑期施工安全措施,主要是预防中暑的措施。

3.3.2 雨期施工安全措施,主要是做好防腐、防触电、防雷、防坍塌等措施。

3.3.3 冬期施工安全措施,主要应做好防冻、防滑、防煤气中毒和亚硝酸钠中毒的措施。

4. 施工总平面布置图。

5. 施工现场排水网络平面图。

6. 施工现场安全标志布置图。

第四节 企业与项目部之间的经济合同

为了进一步明确建筑企业与施工项目部的安全责任,保护施工人员的安全和健康,防止伤亡事故的发生,依据《中华人民共和国建筑法》和《中华人民共和国安全生产法》及其他有关法律、法规的要求,明确与经济挂钩的具体办法和措施,做到奖惩分明,签订协议。

协议作为双方签订工程施工合同的的补充条款,经双方签字盖章生效,与施工合同具有同等法律效力,双方应认真履行。

第五节 安全目标管理

施工现场应根据目标管理内容制定年、月达标计划,并将目标分解到人,责任落实到人,考核到人。

1. 安全责任目标分解

1.1 伤亡控制指标,月负伤频率。

1.2 施工现场达标目标(合格率、优良率情况)。

1.3 每月安全生产文明施工检查和评价目标。

2. 考核细则

用《建筑施工安全检查标准》(JGJ 59—99)的各分项评分表(表2-2-1),对各分项责任人进行打分考核,当分项检查评分表得分70分以下时为不合格,70分(包括70分)至80分为合格,80分及其以上为优良。

项目管理人员安全目标责任考核评定表　　　　　　表 2-2-1

单位名称:　　　　施工现场名称:　　　年　月　日　　项目经理:

序号	分项名称	责任人		实得分	经济挂钩		备注
		职务	姓名		奖励	罚款	
1	安全管理(满分100分)						
2	文明施工(满分100分)						
3	脚手架(满分100分)						
4	基坑支护与模板工程(满分100分)						
5	"三宝""四口"防护(满分100分)						
6	施工用电(满分100分)						
7	物料提升机与外用电梯(满分100分)						
8	塔吊(满分100分)						
9	超重吊装(满分100分)						
10	施工机具(满分100分)						
	小　　计						

评语:

3. 奖励办法

考核结果应和各级管理人员工作业绩挂钩。

第六节 安全教育与培训

《建筑法》第四十条规定"建筑施工企业应当建立健全劳动生产教育、培训制度,加强对职工安全生产的教育培训"。

1. 培训对象、时间和内容

1.1 建筑企业职工每年必须接受一次专门的安全培训。

1.2 企业法定代表人、主管生产副经理、项目经理每年接受安全培训的时间,不得少于30学时。

1.3 企业专职安全管理人员除按照《建设企事业单位关键岗位持证上岗管理规定》建教(1991)522号文的要求,取得岗位合格证书并持证上岗外,每年还必须接受安全专业技术业务培训,时间不得少于40学时。

1.4 企业其他管理人员和技术人员每年接受安全培训的时间,不得少于20学时。

1.5 企业特殊工种(包括电工、焊工、架子工、司炉工、爆破工、机械操作工、起重工、塔吊司机及指挥人员、人货两用电梯司机等)在通过专业技术培训并取得岗位操作证后,每年仍须接受有针对性安全培训,时间不得少于20学时。

1.6 企业其他职工每年接受安全培训的时间,不得少于15学时。

1.7 企业待岗、转岗、换岗的职工,在重新上岗前,必须接受一次安全培训,时间不得少于20学时。

1.8 建筑业企业新进场的工人,必须接受公司、项目部、班组的三级安全培训教育,经考核合格后,方能上岗。

1.8.1 公司安全培训的主要内容是:国家、省市及有关部门制订的安全生产的方针、政策、法规、标准、规程;本单位安全生产情况及安全生产知识;本单位安全生产规章制度和劳动纪律;从业人员安全生产权利和义务;有关事故案例等。教育的时间不得少于15学时。

1.8.2 项目部安全培训教育的主要内容:工作环境、工程特点及危险因素;所从事工种可能遭受的职业伤害和伤亡事故;所从事工种的安全职责、操作技能及强制性标准;自救互救、急救方法、疏散和现场紧急情况的处理、发生安全生产事故的应急处理措施;安全设备设施、个人防护用品的使用和维护;本项目的安全生产状况;预防事故和职业危害的措施及应注意的安全事项;有关事故案例;其他需要培训的内容。教育的时间不得少于15学时。

1.8.3 班组安全培训教育的主要内容:岗位安全操作规程;岗位之间工作衔接配合的安全与职业卫生事项;本工种的安全技术操作规程、劳动纪律、岗位责任、本工种发生过的案例分析;其他需要培训的内容。教育的时间不得少于20学时。

2. 安全教育表格填写

2.1 安全教育记录表

安全教育记录表（表2-2-2）是用于记录施工现场各种教育的一种规范性文书格式，主要记录内容包括：例会教育、转场教育、特种作业人员教育等。

安全教育记录（示例） 表2-2-2

教育类别：公司级教育（三级教育或其他类型教育）　　　　　　年　月　日

主讲单位（部门）		主讲人	
受教育工种（部门）		人　数	

教育内容：
　　记录教育过程中的全部具体内容
　　通常有以下内容：国家、省市及有关部门制订的安全生产方针、政策、法规和企业的安全规章制度等。
　　比如：《建筑法》有关"安全生产管理"的内容
　　　　　《建筑施工安全检查标准》（JGJ 59—99）的内容
　　　　　《企业安全生产教育制度》的内容

　　　　　　　　　　　　　　　　　　　　　　　　　　　　　　　　　　记录人：

受教育者（签名）：

2.2　三级安全教育

新工人（包括合同工、临时工、学徒工、实习生和代培人员）必须进行公司、项目部和班组的三级安全教育。教育内容包括安全生产方针、政策、法规、标准及安全技术知识、设备性能、操作规程、安全制度、严禁事项及本工种的安全操作规程。职工三级安全教育记录卡（表2-2-3）见下文示例。

职工三级安全教育记录卡(示例)

表 2-2-3

姓　　名:	出生年月:	文化程度:
部　　门:	工　　种:	入场日期:
家庭地址:		编　　号:

	三级安全教育内容	教育人	受教育人
公司教育	进行安全基本知识、法规、法制教育,主要内容是: 1. 党和国家的安全生产方针、政策; 2. 安全生产法规、标准和法制观念; 3. 本单位施工过程及安全生产制度、安全纪律; 4. 本单位安全生产形势及历史上发生的重大事故及应吸取的教训; 5. 发生事故后如何抢救伤员、排险、保护现场和及时进行报告	签名: 年　月　日	签名:
项目部教育	进行现场规章制度和遵章守纪教育,主要内容: 1. 本单位施工特点及施工安全基本知识; 2. 本单位(包括施工、生产现场)安全生产制度、规定及安全注意事项; 3. 本工种安全技术操作规程; 4. 高处作业、机械设备、电气安全基础知识; 5. 防火、防毒、防尘、防爆知识及紧急情况安全处置和安全疏散知识; 6. 防护用品发放标准及使用基本知识	签名: 年　月　日	签名:
班组教育	进行本工种安全操作规程及班组安全制度、纪律教育,主要内容是: 1. 本班组作业特点及安全操作规程; 2. 班组安全活动制度及纪律; 3. 爱护和正确使用安全防护装置(设施)及个人劳动防护用品; 4. 本岗位易发生事故的不安全因素及防范对策; 5. 本岗位作业环境及使用的机械设备、工具的安全要求	签名: 年　月　日	签名:

2.3 变换工种教育记录

在采用新工艺、新设备、新技术或调换工人工作的时候，必须对工人进行操作方法和新工作岗位的安全教育。变换工种教育记录示例（表2-2-4）见下文。

变换工种安全教育记录（示例）　　　　　　　　　表2-2-4

原 工 种	混 凝 土	变换工种	钢 筋	人 数	3
安全教育内容： 变换工种到钢筋班组后首先应学习钢筋班的各种操作技能，熟悉钢筋加工场区的各种机械的使用性能和安全操作规程。遵守各项制度，掌握安全知识。 在使用各种机械前首先检查机械各部件是否完好、灵活、可靠，试运转无问题后才能操作使用，在操作中应注意以下事项： 1. 使用切断机时手不能距刀口太近，机械运转中严禁用手直接清理刀口附近的短料和杂物。短料不得用手直接送料。 2. 弯曲机在操作时有专人负责。有两人配合，一人扶料，并站在钢筋弯曲方向的外面，互相配合不得拖拉，调头弯曲防止碰撞人和物，更换插头和加油清理时，必须停机后进行。 3. 调直机上下不准放物件，以防机械振动落入机体内。钢筋装入压滚，手与滚筒应保持一定距离，机械运转中不得调整滚筒，严禁戴手套操作。认真做到定期检查维护、保养、按时加换润滑油脂，周围环境经常清理，成品半成品堆放整齐，设备不得带病运转，严禁违章作业，电气设备不得随便拆除和安装					
教育人签名		受教育者 签　　名			
教育时间					

2.4 特种作业人员培训

2.4.1 1986年3月1日起实施的《特种作业人员安全技术考核管理规则》(GB 5306—85)是我国第一个特种作业人员安全管理方面的国家标准，对特种作业的定义、范围、人员条件和培训、考核、管理都做了明确规定。

2.4.2 特种作业人员的定义是"对操作者本人，尤其对他人和周围设施的安全有重大危害因素的作业，称特种作业"。直接从事特种作业者，称特种作业人员。

2.4.3 特种作业范围：电工作业，锅炉司炉，压力容器操作，起重机械操作，爆破作业，金属焊接（气割）作业，机动车辆驾驶（厂内车辆），登高架设等。

2.4.4 从事特种作业的人员，必须经过有关部门组织的特种作业人员安全技术培训，并经考试合格取得操作证后，方准独立作业。

2.4.5 特种作业人员的操作证要随身携带，另外须将操作证复印件交工地管理部门，并按规定进行复验。

2.4.6 现场应建立特种作业人员台账，明确进出场日期。特种作业人员名册和表2-2-5示例。

特种作业人员名册　　　　　　　　　　　　表 2-2-5

单位：　　　　　　　　　　　　　　　　　　　　　　　　　　　年　月　日

序号	姓名	性别	年龄	工种	发证时间	操作证号	验证时间	备注

2.5　班组班前安全活动记录

2.5.1　班组是施工企业的最基层组织，只有搞好班组安全生产，整个企业的安全生产才有保障。

2.5.2　班组每变换一次工作内容或同类工作变换到不同的地点者要进行一次交底，交底内容填写不能简单化、形式化，要力求精练，主题明确，内容齐全。

2.5.3　由班组长组织所有人员，结合工程施工的具体操作部位，讲解关键部位的安全生产要点、安全操作要点及安全注意事项，并形成文字记录（表 2-2-6）。

2.5.4　班组安全活动每天都要进行，每天都要记录。不能以布置生产工作替代安全活动内容。

班组班前安全活动记录（示例）　　　　　　　　表 2-2-6

工程名称：教学实验主楼　　　　　　　　　　　　班组（工种）：焊工

出勤人数	9	作业部位	地下室	月	日	星期
工作内容及安全交底内容	工作内容：配制地下墙体钢管 交底内容： 1. 操作电焊必须持证上岗，戴绝缘手套，穿绝缘鞋，办理动火审批证，落实防火措施； 2. 拆接电气设备时，须经专业电工人员操作，先拉闸断电，后操作； 3. 搭设脚手架，必须经架子工操作，必须按规定铺设脚手板					
作业检查发现问题及处理意见	无违章作业现象　　　　　　　　　　　　　　　　　　　　　　专职安全员：					
班组负责人			天　气			

第七节　安　全　检　查

安全检查是为了预知安全隐患，及时采取措施，消除生产过程中的不安全行为和物品不安全状态，以及环境污染、职工生活条件较差等因素，为进一步宣传、贯彻、落实安全生产方针政策并为各项安全生产管理提供信息。

1. 安全检查形式

安全检查形式多样，主要有：定期安全检查，专项安全检查，经常性安全检查，季节性和节假日前后的安全检查。

2. 安全检查的内容

安全检查的内容主要是查思想、查制度、查隐患、查措施、查教育培训、查事故处理。

3. 安全检查的方法

随着安全管理科学化、标准化、规范化的发展，目前安全检查基本上都采用安全检查表和一般检查方法，进行定性定量的安全评价。

3.1　安全检查表是一种初步的定性分析方法，它通过事先拟定的安全检查明细表或清单，对安全生产进行初步的诊断和控制。

3.2　安全检查方法主要是通过看、听、嗅、问、测、验、析等手段进行检查。

4. 安全检查的组织实施

4.1　检查要有计划，要点明确，结合检查内容，确定检查形式、方法，通过检查发现问题，解决问题，交流经验，互相学习，预防事故的发生。

4.2 检查要讲求实效，认真贯彻"边检查、边整改"的原则，对检查出的问题，必须做到条条有着落，件件有交待，在抓整改中要注意抓住三个环节：

4.2.1 分类排队：每次检查，均会发现大量隐患，对隐患要分类排队，以便采取不同的解决办法。

4.2.2 搞好整改工作的"三定"（定措施、定时间、定人员）。

4.2.3 搞好整改督查工作，对于签发停工指令书和隐患期限整改通知单的，检查必须指定专人进行专项检查。

5. 安全检查记录表填写

安全检查记录表（表2-2-7）是指企业及分公司根据安全生产检查制度，定期对施工现场进行安全检查的一种统一格式的文书，各级各部门及项目部对施工现场的安全检查均须记录在安全检查记录表中。

5.1 编号：企业（分公司、项目部、工地）根据检查的先后顺序进行填写。

5.2 工程名称：按设计图注的名称填写。

5.3 检查时间：按实际检查日期填写。

5.4 检查人员：参加本次检查的主要人员。本项目部自行组织的检查，应由参检人员本人签字。

5.5 检查得分：严格执行建设部《建筑施工安全检查标准》（JGJ 59—99）进行评定，如实填写（打分）评定结果。

5.6 检查记录：检查出的问题或隐患，必须认真、具体、详细、准确地进行记录。

5.7 记录人：执笔检查记录的人员，应对记录内容负责。

安全检查记录表 表2-2-7

编号：

工程名称		检查时间	年　月　日
检查人员		检查得分	
检查记录： 　　　　　　　　　　　　　　　　　　　　　　　　　记录人：			

6. 隐患整改通知单填写

"隐患整改通知单"是指在进行安全检查时对发现的事故隐患，由检查负责人签发的强制整改的统一格式文书。隐患整改通知单如表 2-2-8 所示。

隐患整改通知单　　　　　　　　表 2-2-8

工程名称			检查时间	年　月　日
检查负责人		重点整改部位		
隐患记录：				
整改措施：			整改时间	自　月　日 至　月　日
整改负责人：				
复查意见：				
复查负责人：				年　月　日

  6.1 工程名称：按设计图注的名称填写。
  6.2 检查时间：按实际检查日期填写。
  6.3 检查负责人：是指参加本次检查的负责人员，由本人亲笔签字，不得代签。
  6.4 重点整改部位：根据检查签发的隐患记录提出的某项或某处部位的填写。
  6.5 隐患纪录：在检查中发现的问题已构成事故隐患的，应逐项填写纪录。
  6.6 整改措施：根据签发的事故隐患按照"三定"（定措施、定时间、定人员）的原则，依据《建筑施工安全检查标准》（JGJ 59—99）制定出整改措施或整改方案。对于检查发现的重大事故隐患，必须立即停工进行整改，并落实整改责任人和监督人。
  6.7 整改负责人：签发的"事故隐患通知单"，整改负责人由项目经理、安全员签字。
  6.8 整改时间：是指签发"事故隐患通知单"的时间至"三定"要求整改完成的日期。
  6.9 复查意见：根据签发的事故隐患，检查单位及部门按整改完成后的最后日期及时进行复查，复查中必须依据《建筑施工安全检查标准》（JGJ 59—99）及提出的整改措施逐项进行检查，对复查结果做出定性结论。
  6.10 复查负责人：是指检查单位或部门负责人指派的复查负责人、监督人。

7. 安全检查评分标准

  7.1 《建筑施工安全检查标准实施细则》，作为全省建筑业企业安全管理和现场防护、文明施工的统一规定，也是正确评价企业安全生产情况、安全管理水平和考核安全达标的依据。

7.2 《建筑施工安全检查标准》（JGJ 59—99）共分一张汇总表和十七张检查表，归纳为十项内容。十七张检查评分表检查内容共有 168 项 541 个子项。在检查评分表中，安全管理、文明施工、落地式外脚手架、悬挑式脚手架、门式脚手架、挂脚手架、吊篮脚手架、附着式升降脚手架、基坑支护、模板工程、施工用电、物料提升机、外用电梯、塔吊、起重吊装十五项设立了保证项目。保证项目是安全检查的重点和关键。

7.3 汇总表是对十项检查结果的汇总，依据汇总表的实得分来确定一个工地（一项工程）的安全生产的等级，分为优良、合格、不合格三个等级。

7.4 《建筑施工安全检查标准》（JGJ 59—99）是用来评价建筑施工中安全管理和防护水平的依据，也是检查一个单位（工地）安全生产工作情况的依据。主管部门的行业检查、企业的定期检查和项目部（工地）旬检查，必须按《建筑施工安全检查标准》（JGJ 59—99）对工地的安全状态做出定量评价，因此主管部门、企业、工地检查时必须严格依此进行打分。

7.5 按《建筑施工安全检查标准》（JGJ 59—99）检查时应用定量的方法，为评价安全生产提供直观数字和综合结论。可采用"看"、"量"、"测"、"动作试验"等方法进行。

7.5.1 看：主要查看管理资料、持证上岗情况、现场标志、交接验收资料、"三宝"及"四口"、临边防护措施、各种设备的防护装置等。

7.5.2 量：主要是用尺进行实测量。例如脚手架各种杆件间距，塔吊道轨距离，电气开关箱高度，在建工程临边高压线距离等。

7.5.3 测：用仪器、仪表实地进行测量。例如：用水平仪测量道轨纵横向倾斜度，用接地电阻摇测实测值等。

7.5.4 动作试验：主要指各种限位装置的灵敏程度。例如：塔吊的力距限制器、龙门架的超高限位装置、翻斗车制动装置等。

总之，能测量的数据或动作试验，必须用实测数据和定性结论表述。

第八节 工伤事故登记

伤亡事故发生后，事故现场有关人员应当立即直接或者逐级报告企业负责人，企业负责人接到重伤、死亡、重大死亡事故报告后，应当立即报告企业主管部门和工程项目所在地的安监部门和有关部门。

1. 事故统计报告的分类

工伤事故是指职工在劳动过程中发生的人身伤害、急性中毒事故，按事故严重程度可分三类：

1.1 轻伤事故：是指造成职工肢体伤残，或某些器官功能性或器质性轻度损伤，表现为劳动能力轻度或暂时丧失的伤害，一般指损失工作日低于 105 日的失能伤害，但够不上重伤者。

1.2 重伤事故：是指造成职工肢体残缺或视觉、听觉等器官受到严重损伤，能引起人体长期存在功能障碍或劳动能力有重大损失的伤害，一般指损失工作日等于和超过 105 日的失能伤害，但无死亡事故。

1.3 死亡事故：死亡或永久性全失能伤害定为 6000 工作日。

1.3.1 重大伤亡事故：指一次事故死亡 1~2 人的事故。

1.3.2 特大伤亡事故：指一次事故死亡 3 人以上的事故（含 3 人）。

2. 工伤事故登记表填写

工伤事故登记表示意如表 2-2-9。

2.1 工程名称：按设计图注的名称填写。

2.2 事故部位：是指伤害人发生事故的准确位置。

2.3 事故日期：应填写发生事故的准确年、月、日及时间，如 2001 年 10 月 6 日 15 时 29 分。

2.4 事故类别：是指按国家标准《企业职工伤亡事故分类标准》(GB 6441—86) 进行分类。主要分为物体打击、触电、高处坠落、坍塌、机械伤害、爆炸、中毒等类别。

2.5 气象情况：按当时的天气情况填写。

2.6 伤害人姓名：应按伤害人的身份证或档案姓名填写。

2.7 伤害程度：（死、重、伤），根据医院出据的诊断证明书或报告填写伤害的情况。

2.8 工种及级别：按被伤害人所在单位的档案工种及档案级别填写。

2.9 性别：填写"男"或"女"。

2.10 年龄：填写被伤害人身份证或档案中的现有年龄。

2.11 本工种年龄：是指被伤害人从事本工种的年限。

2.12 受过何种安全教育：根据职工三级安全教育记录卡，被伤害人是否进行了三级安全教育或接受过特殊工种、新工艺的安全教育等。

2.13 歇工总日期：根据《企业职工伤亡事故分类标准》(GB 6441—86) 规定的伤亡事故"损失工作日"填写。

2.14 经济损失：总体来讲，伤亡事故经济损失是指企业职工在劳动生产过程中发生伤亡事故所造成的一切经济损失，包括直接经济损失和间接经济损失。

直接经济损失：按照《企业职工伤亡事故经济损失统计标准》(GB 6721—86)，直接经济损失的统计项目包括：人身伤亡后所支出的费用，善后处理费用和财产损失价值。这三项相加的总和就是事故的直接经济损失。

间接经济损失：按照《企业职工伤亡事故经济损失统计标准》(GB 6721—86)，间接经济损失的统计范围包括：停产、减产损失价值；工作损失价值；资源损失价值；处理环境污染的费用；补充新职工的培训费；其他损失费用。这六项费用的相加总和就是伤亡事故的间接经济损失。

2.15 事故经过和原因：应根据被伤害人开始工作的时间、工作内容、作业的程序、操作时的作为和位置，准确填写事故的经过和原因。

2.16 预防事故重复发生的措施：按照事故的性质，针对发生事故的原因采取防范措施，吸取事故教训，举一反三，并做到"四不放过"，避免同类事故再次发生。

2.17 项目负责人：是指该工程项目经理。

2.18 安全负责人：是指该工程项目部生产副经理。
2.19 落实措施负责人：是指该工程项目经理或主管工长。
2.20 填表人：是指该工程专职安全员。
2.21 施工现场应建立生产安全事故档案，并填写登记表按月向企业上报。

工伤事故登记表　　　　　　　　　　表 2-2-9

工程名称：_____　　事故部位：_____
事故日期：_____ 年 _____ 月 _____ 日 _____ 时分
事故类别：_____　　气象情况：_____

伤害人姓名	伤害情况（死、伤）	工种及级别	性别	年龄	本工种年龄	受过何种安全教育	歇工总日期	经济损失		备注
								直接	间接	

事故经过和原因：

预防事故重复发生的措施：

项目负责人：
安全负责人：
落实措施负责人：
填表人：
　　　　　　　　　　　　　　　　　　　年　　月　　日

注：事故经过和原因如填写不下可另附纸。

第九节　遵章守纪违章处理

　　施工现场应根据本企业的安全生产奖惩制度，对遵章守纪人员和违章人员进行奖罚，目的是为了不断提高职工安全生产的自觉性，发挥劳动者的积极性和创造性，防止并纠正违反劳动纪律和违法失职的行为，以维护正常的生产秩序和工作秩序，做到有赏有罚，赏罚分明，鼓励先进，督促后进。
　　遵章守纪违章处理登记表填写：
　　（1）工程名称：按设计图注的名称填写。
　　（2）姓名：填写遵章守纪或违章人姓名。
　　（3）工种：填写遵章守纪或违章人所从事的工种。
　　（4）施工现场应根据本企业的安全生产奖惩制度，对遵章守纪人员和违章人员进行奖罚，并填入该登记表，并将票据存根附在表后。
　　遵章守纪违章处理登记表示意如表 2-2-10。

遵章守纪违章处理登记表　　　　　　　　表 2-2-10

工程名称：　　　　　　　　　　　　　　　　　　　　　　　记录人：

姓 名	工种	职务	时间	事 例	奖	罚

第十节　动　火　审　批

凡是从事电、气焊切割及其他需动火作业的，须有动火证和操作证。动火前，必须先填动火申请，由工长、防火负责人签字后按程序申报，审批后，要清除作业点附近易燃物，配备看火人员和灭火器材，否则不准进行作业。用火证只限在指定地点和限定的时间内有效，动火地点的变更要重新办理动火手续。

1. 审批内容

动火审批证：必须注明用火人，用火时间、地点、消防措施、灭火器材配备等。动火审批证，由看火人收执，动火审批共分为三级。

1.1　一级动火作业由所在单位、行政负责人填写动火申请表，编制安全技术措施方案，报公司保卫部门及消防部门审查批准后，方可动火，动火期限为一天，凡属下列情况之一的属于一级动火作业：

1.1.1　禁火区域内。

1.1.2　油罐、油箱、油槽车和储存过可燃气体、易燃液体的容器以及连接在一起的辅助设备。

1.1.3　各种受压设备。

1.1.4　危险性较大的登高焊、割作业。

1.1.5　比较密封的室内、容器内，地下室等场所。

1.1.6　现场堆有大量可燃和易燃物质的场所。

1.2　二级动火作业由所在工地、车间的负责人填写动火申请表，编制安全技术措施方案，报本单位主管部门审查批准后，方可动火，动火期限为3天，凡属下列情况之一为二级动火作业：

1.2.1 在具有一定危险因素的非禁区域进行临时焊、割等用火作业。

1.2.2 小型油箱等容器。

1.2.3 登高焊、割等用火作业。

1.3 三级动火作业由所在班组填写动火申请表，经工地、车间负责人及主管人员审查批准后，方可动火，动火期限为7天。在非固定的、无明显危险因素的场所进行用火作业均属三级动火作业。

2. 临时动火审批表填写

2.1 填写单位：按实际动火单位填写。

2.2 动火部位：按实际动火部位填写。

2.3 动火时间：按实际动火时间填写。

2.4 动火级别：按实际动火级别填写。

临时动火审批表（表2-2-11）的审批按动火级别的要求填写审批意见。

临 时 动 火 审 批 表　　　　　　　表 2-2-11

填表单位：　　　　　　　　　　　　　　　　　　　年　月　日

动火部位	
动火时间	月　日　时　至　月　日　时
动火负责人	
动火级别	
安全防火措施	

项目部保卫负责人意见		项目经理意见	

企业保卫部门意见	

消防监督机关意见	

第三章 脚手架工程

脚手架是建筑施工中的登高设施之一，它在施工中担负着重要角色。本章系统地阐述了脚手架的施工方案、必备资料、安全交底、验收检查等内容。根据施工现场实际情况列举了安装、拆除交底的实例，以便于现场管理人员学习、查阅。

第一节 脚手架施工方案

1. 编制依据：

脚手架搭设前，应根据工程的特点和施工工艺，参照《建筑施工扣件式钢管脚手架安全技术规范》（JGJ 130—2001）来确定搭设方案。

2. 工程概况及施工条件：

其内容主要包括：工程的地理位置、名称、工程规模、结构形式、檐口高度、周边环境情况。

3. 脚手架设计计算：

脚手架一般搭设高度在 24m 以下，应有搭设方案，编制架体建筑主体拉结做法详图；搭设高度超过 24m 时，不允许使用木脚手架，使用钢管脚手架应采用双立杆及缩小间距等加强措施，并绘制搭设图纸及说明脚手架基础做法；搭设高度超过 50m 时，应有设计计算书，卸荷方法详图，并说明脚手架基础施工方法，如架体结构变更，必须经方案设计人员重新计算，出具有效的变更通知书。

4. 脚手架的材料的选择和要求：

主要包括：钢管、扣件、底座、附件的质量标准及几何尺寸要求。

5. 脚手架的荷载及用途：

具体说的砌筑用脚手架施工荷载 $3kN/m^2$ 计算，装修脚手架施工荷载 $2kN/m^2$ 计算或其他类别脚手架并标注荷载（kN/m^2）。

6. 脚手架的搭设方法：

6.1 脚手架的基础做法。

6.2 脚手架的基础排水措施。

6.3 脚手架的搭设顺序。

6.4 脚手架的构造要求。

7. 剪刀撑的搭设方法。

8. 小横杆的设置。

9. 脚手架的防护栏杆设置要求。

10. 脚手架体与建筑物之间封闭方法。

11. 脚手架的上下通道。

12. 脚手架的卸料平台。
13. 脚手架搭设时的安全技术措施。

第二节 常用脚手架的必备资料

1. 扣件式钢管脚手架

扣件式钢管脚手架由钢管和扣件组成。它的基本构造形式与木脚手架基本相同,有单排和双排两种,在立杆、大横杆、小横杆三杆的交叉点称为主节点。主节点处立杆和大横杆的连接扣件与大横杆与小横杆的连接扣件的间距应小于15cm。在脚手架使用期间,主节点处的大、小横杆,纵横向扫地杆及连墙件不能拆除。使用扣件式钢管脚手架时,需有下列资料:

1.1 指导施工现场的扣件式钢管脚手架搭设及拆除施工方案;

1.2 安全技术交底;

1.3 验收表;

1.4 新钢管、扣件、脚手板应有产品质量合格证和法定检测单位出具的检测报告;

1.5 旧钢管、扣件、脚手板使用前应按照规范要求进行质量检查,并应形成书面检查报告。

2. 门式钢管脚手架

门式钢管脚手架是以门架、交叉支撑、连接棒、挂扣式脚手板或水平架、锁臂等组成基本结构,再设置水平加固杆、剪刀撑、扫地杆、封口杆、托座与底座,并采用连墙件与建筑物主体结构相连的一种标准化钢管脚手架。使用门式钢管脚手架时,需有下列资料:

2.1 指导施工现场的门式钢管脚手架搭设及拆除施工方案;

2.2 安全技术交底;

2.3 验收表;

2.4 出厂合格证明书及产品标志、产品使用书。

3. 附着式升降脚手架

附着式升降脚手架(整体提升架或爬架)为高层建筑施工的外脚手架。附着式升降脚手架的使用具有比较大的危险性,它不单纯是一种单项施工技术,而且是形成定型化的、反复使用的工具或载人设备,必须对生产和使用附着式升降脚手架的厂家和施工企业实行认证制度,对生产或经营附着式升降脚手架产品的单位,要经建设部组织鉴定并核准发放的生产和使用证。使用附着式升降脚手架时,需有下列资料:

3.1 指导施工现场的附着式升降脚手架的搭设及拆除施工方案;

3.2 安全技术交底;

3.3 验收表;

3.4 附着式升降脚手架所需材料及成品应具备生产合格证、检验检测报告、产品使用说明书。

4. 挂脚手架

挂脚手架是采用型钢焊制成定型刚架,用挂钩等构件挂在建筑结构内埋设的钩环或预留洞中穿设的挂钩螺栓,随结构施工往上逐层提升。挂脚手架进场搭设前,应由施工项目负责人确定专人负责。按施工方案安全质量要求逐步检验，正式使用前，先按要求进行荷载试验，施工荷载为 $1kN/m^2$ 不能超载使用，对检验和试验应形成正式格式和内容要求的文字资料。使用挂脚手架时，需有下列资料：

4.1 指导施工现场的挂脚手架安装及拆除施工方案，方案中应包含外架构造要求及平面布置图；

4.2 安全技术交底；

4.3 验收表；

4.4 挂脚手架所需材料及成品的质量合格证及检验检测报告。

4.5 荷载试验报告。

5. 吊篮脚手架

吊篮脚手架因省工省料，安装简单，使用方便，在装饰装修工程中运用颇为广泛。然而，由于吊篮脚手架存在着结构不合理，安装不规范，缺少防倾斜、防坠落安全装置等通病，再加上安全管理不到位，致使吊篮和操作人员坠落的事故屡有发生。吊篮脚手架组装前，工程技术人员应根据工程需要进行设计计算，编制吊篮脚手架的组装方案，制订安全技术措施，并认真交底。使用吊篮脚手架，需有下列资料：

5.1 指导施工现场的吊篮脚手架安装及拆除施工方案；

5.2 安全技术交底；

5.3 验收表；

5.4 产品合格证（包括配套件的合格证），安装、使用和维修保养说明书（说明书中应有详细的安装方法和要求、安装图、电气原理图和接线图、液压系统图、易损件和轴承列表等）。

第三节 脚手架搭设安全技术交底

各种脚手架搭设前，项目部技术负责人依据方案要求向作业班组进行书面安全技术交底，并履行签字手续，安全技术交底的内容：脚手架施工方案、安全技术操作规程、安全防护措施等。以扣件式钢管脚手架、门式钢管脚手架、附着式钢管脚手架搭设安全技术交底为例，示例如表2-3-1、表2-3-2、表2-3-3。

扣件式钢管脚手架搭设安全技术交底（示例）　　　　表 2-3-1

工 程 名 称		施 工 单 位	
分项工程名称		施 工 部 位	

交底内容：

1. 操作人员必须系安全带，戴安全帽。搭设过程中，由班长统一指挥。
2. 搭设前对钢管、扣件、脚手板等进行检查验收，不合格产品不得使用。经检验合格的构配件应按品种、规格分类，堆放整齐、平稳，堆放场地不得有积水。
3. 应清除搭设场地杂物，平整搭设场地，并使排水畅通。
4. 脚手架基础设置，应按施工方案的要求放线定位，底座、垫板均应准确地放在定位线上。
5. 当脚手架基础下有设备基础、管沟时，在脚手架使用过程中不应开挖，否则必须采取加固措施。
6. 脚手架底座面标高宜高于自然地坪 50mm

续表

工程名称		施工单位	
分项工程名称		施工部位	

7. 脚手架搭设时一次搭设高度不应超过相邻连墙件以下两步。

8. 每搭完一步脚手架后,要校正步距、纵距、横距及立杆的垂直度。

9. 底座安放应符合下列规定:

(1) 底座、垫板均应准确地放在定位线上;

(2) 垫板宜采用长度不少于 2 跨、厚度不小于 50mm 的木垫板,也可采用槽钢。

10. 立杆搭设应符合下列规定:

(1) 严禁将外径 48mm 与 51mm 的钢管混合使用;

(2) 相邻立杆的对接扣件不得在同一高度内,错开距离不应小于 500mm;

(3) 开始搭设立杆时,应每隔 6 跨设置一根抛撑,直至连墙件安装稳定后,方可根据情况拆除;

(4) 当搭至有连墙件的构造点时,在搭设完该处的立杆、纵向水平杆、横向水平杆后,应立即设置连墙件;

(5) 顶层立杆搭接长度与立杆顶端应高出女儿墙上皮 1m 或高出檐口上皮 1.5m。

11. 纵向水平杆搭设应符合下列规定:

(1) 纵向水平杆宜设置在立杆内侧,其长度不宜小于 3 跨;纵向水平杆接长宜采用对接扣件连接,也可采用搭接;

(2) 在封闭型脚手架的同一步中,纵向水平杆应四周交圈,用直角扣件与内外角部立杆固定。

12. 横向水平杆搭设应符合下列规定:

(1) 主节点处必须设置一根横向水平杆,用直角扣件扣接且严禁拆除,主节点处两个直角扣件的中心距不应大于 150mm;

(2) 双排脚手架横向水平杆的靠墙一端至墙装饰面的距离不宜大于 100mm;

(3) 单排脚手架的横向水平杆不应设置在下列部位:

①设计上不允许留脚手眼的部位;

②过梁上与过梁两端成 60°的三角形范围内及过梁净跨度 1/2 的高度范围内;

③宽度小于 1m 的窗间墙;

④梁或梁垫下及其两侧各 500mm 的范围内;

⑤砖砌体的门窗洞口两侧 200mm 和转角处 450mm 的范围内;其他砌体的门窗洞口两侧 300mm 和转角处 600mm 的范围内;

⑥独立或附墙砖柱。

当脚手架施工操作层高出连墙件两步时,应采取临时稳定措施,直到上一层连墙件搭设完后方可根据情况拆除。

13. 剪刀撑、横向斜撑搭设应随立杆、纵向和横向水平杆等同步搭设,各底层斜杆下端均必须支承在垫块或垫板上。

14. 扣件安装应符合下列规定:

(1) 扣件规格必须与钢管外径(ϕ48 或 ϕ51)相同,不得混用;

(2) 螺栓拧紧扭力矩不应小于 40N·m,且不应大于 65N·m;

(3) 在主节点处固定横向水平杆、纵向水平杆、剪刀撑、横向斜撑等用的直角扣件、旋转扣件的中心点的相互距离不应大于 150mm;

(4) 对接扣件开口应朝上或朝内;

(5) 各杆件端头伸出扣件盖板边缘的长度不应小于 100mm。

15. 作业层、斜道的栏杆和挡脚板的搭设应符合下列规定:

(1) 栏杆和挡脚板均应搭设在外立杆的内侧;

(2) 上栏杆上皮高度应为 1.2m;

(3) 挡脚板高度不应小于 180mm;

(4) 中栏杆应居中设置

续表

工 程 名 称		施工单位	
分项工程名称		施工部位	

16. 脚手板的铺设应符合下列规定：

（1）脚手板应铺满、铺稳，离开墙面120～150mm；

（2）采用对接或搭接时均应符合规定，脚手板应用直径3.2mm的镀锌铅丝固定在支承杆件上；

（3）在拐角、斜道平台口处的脚手板，应与横向水平杆可靠连接防止滑动；

（4）自顶层作业层的脚手板往下计，宜每隔12m满铺一层脚手板。

17. 密目网、平网绑扎要严密，密目网绑扎铅丝不大于14号。

18. 脚手架搭设人员应遵守下列规定：

（1）脚手架搭设人员必须经过安全技术培训并通过考核，持证上岗。架子工学徒工必须办理学习证，在技工带领、指导下操作；高处作业人员，不得由患有高血压、心脏病、贫血、癫痫病、恐高症、眩晕等禁忌症患者担任；非架子工不得单独进行作业；

（2）风力六级以上（含六级）、高温、大雨、大雪、大雾等恶劣天气，应停止露天高处作业。风、雨、雪后应对架子进行全面检查，发现倾斜、下沉、脱扣、崩扣等现象必须进行处理，经验收合格后方可使用；

（3）班组接受任务后，必须组织全体人员认真领会脚手架专项施工组织设计和技术措施交底，研讨搭设方法，明确分工，由一名技术好、有经验的人员负责搭设技术指导和监护；

（4）脚手架搭设作业必须3人以上配合操作，必须按照程序支搭脚手架，严禁擅自拆卸任何固定扣件、杆件及连墙件；

（5）作业中严格执行施工方案和技术交底，分工明确，听从指挥，协调配合；

（6）作业场地应平整、坚实，无杂物；夜间作业时，作业场所必须有足够的照明；

（7）严禁赤脚、穿拖鞋、穿硬底鞋作业；严禁在架子上打闹、休息，严禁酒后作业；正确使用安全防护用品，必须系安全带，着装灵便，穿防滑鞋；作业时精力集中，团结合作，互相呼应，统一指挥，不得走"过档"和跳跃架子

补充内容：

交底部门		交底人		接受交底人		交底日期	

门式钢管脚手架搭设安全技术交底（示例）

表 2-3-2

工 程 名 称		施工单位	
分项工程名称		施工部位	

交底内容：

1. 脚手架搭设前，工程技术负责人应按本规程和施工组织设计要求向搭设和使用人员做技术和安全作业要求的交底。
2. 对门架、配件、加固件应按规定要求进行检查验收；严禁使用不合格的门架、配件。
3. 对脚手架的搭设场地应进行清理、平整，并做好排水。
4. 基础上应先弹出门架立杆位置线，垫板、底座安放位置应准确。
5. 搭设门架及配件应符合下列规定：
   (1) 交叉支撑、水平架、脚手板、连接棒和锁臂应符合规范要求；
   (2) 不配套的门架与配件不得混合使用于同一脚手架；
   (3) 门架安装应自一端向另一端延伸，并逐层改变搭设方向，不得相对进行；搭完一步架后，应要求检查并调整其水平度与垂直度；
   (4) 交叉支撑、水平架或脚手板应紧随门架的安装及时设置；
   (5) 连接门架与配件的锁臂、搭钩必须处于锁住状态；
   (6) 水平架或脚手板应在同一步内连续设置，脚手板应满铺；
   (7) 底层钢管应加设扣件扣紧在门架的立杆上，钢梯的两侧均应设置扶手，每段梯可跨越两步或三步门架再行转折；
   (8) 栏板（杆）、挡脚板应设置在脚手架操作层外侧、门架立杆的内侧。
6. 连墙件的搭设必须随脚手架搭设同步进行，严禁滞后设置或搭设完毕后补做。
7. 当脚手架操作层高出相邻连墙件两步以上时，应采用确保脚手架稳定的临时拉接措施，直到连墙件搭设完毕后方可拆除。
8. 门架的跨距和间距应根据实际荷载经设计确定，间距不大于 1.2m。
9. 连墙件垂直于墙面，不得向上倾斜，连墙件埋入墙身的部分必须锚固可靠。
10. 扣件螺栓拧紧扭力矩宜为 50～60N·m，并不得小于 40N·m。
11. 脚手架搭设人员应遵守下列规定：
    (1) 脚手架搭设人员必须经过安全技术培训并通过考核，持证上岗；架子工学徒工必须办理学习证，在技工带领、指导下操作；高处作业人员，不得由患有高血压、心脏病、贫血、癫痫病、恐高症、眩晕等禁忌症患者担任；非架子工不得单独进行作业；
    (2) 风力六级以上（含六级）、高温、大雨、大雪、大雾等恶劣天气，应停止露天高处作业。风、雨、雪后应对架子进行全面检查，发现倾斜、下沉、脱扣、崩扣等现象必须进行处理，经验收合格后方可使用；
    (3) 班组接受任务后，必须组织全体人员认真领会脚手架专项施工组织设计和技术措施交底，研讨搭设方法，明确分工，由一名技术好、有经验的人员负责搭设技术指导和监护；
    (4) 脚手架搭设作业必须 3 人以上配合操作，必须按照程序支搭脚手架；严禁擅自拆卸任何固定扣件、杆件及连墙件；
    (5) 作业中严格执行施工方案和技术交底，分工明确，听从指挥，协调配合；
    (6) 作业场地应平整、坚实，无杂物；夜间作业时，作业场所必须有足够的照明；
    (7) 严禁赤脚、穿拖鞋、穿硬底鞋作业；严禁在架子上打闹、休息，严禁酒后作业；正确使用安全防护用品，必须系安全带，着装灵便，穿防滑鞋；作业时精力集中，团结合作，互相呼应，统一指挥，不得走"过档"和跳跃架子

补充内容：

交底部门		交底人		接受交底人		交底日期	

附着升降脚手架安装搭设安全技术交底（示例）

表 2-3-3

工程名称		施工单位	
分项工程名称		施工部位	

交底内容

1. 脚手管外观表面质量平直光滑，没有裂纹、分层、压痕、硬弯等缺陷，并应进行防锈处理；立杆最大弯曲变形应小于 $L/500$，横杆最大弯曲变形应小于 $L/150$；端面平整，切斜偏差应小于 1.70mm；实际壁厚不得小于标准公称壁厚的 90%。
2. 焊接件焊缝应饱满，焊缝高度符合设计要求，没有夹渣、气孔、未焊透、裂纹等缺陷。
3. 螺纹连接件应无滑丝、严重变形、严重锈蚀。
4. 附着升降脚手架安装搭设前，应核验工程结构施工时设置的预留螺栓孔或预埋件的平面位置、标高和预留螺栓孔的孔径、垂直度等，还应核实预留螺栓孔或预埋件处混凝土的强度等级。预留螺栓孔或预埋件的中心位置偏差应小于 15mm，预留螺栓孔孔径最大值与螺栓直径的差值应小于 5mm，预留孔应垂直于结构外表面。不能满足要求时应采取合理可行的补救措施。
5. 附着升降脚手架安装搭设前，应设置可靠的安装平台来承受安装时的竖向荷载。
6. 安装过程中应严格控制水平支承结构与竖向主框架的安装偏差，水平支承结构相邻两机位处的高差应小于 20mm；相邻两榀竖向主框架的水平高差应小于 20mm；竖向主框架的垂直偏差应小于 3‰；若有竖向导轨，则导轨垂直偏差应小于 2‰。
7. 螺母的预紧力矩应控制在 40～50N·m 范围内。
8. 架体搭设的整体垂直偏差应小于 4‰，底部任意两点间的水平高度差不大于 50mm。
9. 采用整体升降时，必须由班长统一指挥，必须配备通信工具，保障通信畅通。
10. 遇六级以上大风或大雨、浓雾等恶劣天气时禁止作业

补充内容：

交底部门		交底人		接受交底人		交底日期	

第四节 脚手架的验收和检查

任何种类的脚手架都应按搭设顺序分段、分排或再搭设竣工后进行验收。验收由工程施工项目部负责召集技术、安全和搭设班组共同进行,其内容:

1. 脚手架应在下列阶段进行验收

1.1 基础完工后及脚手架搭设前;

1.2 作业层上施加荷载前;

1.3 每搭设完 10～13m 高度后;

1.4 达到设计高度后;

1.5 遇有六级大风与大雨后,寒冷地区开冻后;

1.6 停用超过一个月。

2. 进行脚手架检查、验收时应根据下列技术文件分段、分排或搭设竣工后进行

2.1 施工组织设计及变更文件;

2.2 技术交底文件。

3. 脚手架使用中应定期检查的项目

3.1 杆件的设置和连接,连墙件、支撑、门洞桁架等的构造是否符合要求;

3.2 地基是否积水,底座是否松动,立杆是否悬空;

3.3 扣件螺栓是否松动;

3.4 高度在 24m 以上的脚手架,其立杆的沉降与垂直度的偏差是否符合《建筑施工安全检查标准》(JGJ 59—99) 的规定;

3.5 安全防护措施是否符合要求;

3.6 是否超载。

4. 脚手架搭设的技术要求、允许偏差与检验方法

脚手架其立杆的沉降与垂直度的偏差是否满足要求,各种类型的脚手架搭设的技术要求、允许偏差与检查,可参照表 2-3-4。

脚手架搭设的技术要求、允许偏差与检查方法 表 2-3-4

项次	项 目		技术要求	允许偏差 Δ(mm)	示意图	检查方法与工具
1	地基基础	表 面	坚实平整	……		观 察
		排 水	不积水			
		垫 板	不晃动		……	
		底 座	不滑动			
			不沉降	−10		

续表

项次	项目		技术要求	允许偏差 Δ (mm)	示意图	检查方法与工具
2	立杆垂直度	最后验收垂直度 20~80m	……	±100		用经纬仪或吊线和卷尺
		下列脚手架允许水平偏差（mm）				
		搭设中检查偏差的高度(m)		总高度		
				50m	40m	20m	
		$H=2$		±7	±7	±7	检查方法与工具同上
		$H=10$		±20	±25	±50	
		$H=20$		±40	±50	±100	
		$H=30$		±60	±75		
		$H=40$		±80	±100		
		$H=50$		±100			
		中间档次用插入法				
3	间距	步距	……	±20	……	钢板尺
		纵距		±50		
		横距		±20		
4	纵向水平杆高差	一根杆的两端	……	±20		水平仪或水平尺
		同跨内两根纵向水平杆高差	……	±10		
5	双排脚手架横向水平杆外伸长度偏差		外伸100mm	−50	……	钢板尺
6	扣件安装	主节点处各扣件中心点相互距离	$a≤150$mm	……		钢板尺
		同步立杆上两个相隔对接扣件的高差	$a≥150$mm	……		钢卷尺
		立杆上的对接扣件至主节点的距离	$a≤h/3$			
		纵向水平杆上的对接扣件至主节点的距离	$a≤l_a/3$			
		扣件螺栓拧紧扭力矩	40~65N·m	……		扭力扳手
7	剪刀撑斜杆与地面的倾角		45°~60°	……	……	角尺
8	脚手板外伸长度	对接	$a=130$~150mm $l≤300$mm	……		卷尺
		搭接	$a≥100$mm $l≥200$mm	……		卷尺

5. 扣件抽样检查及质量判定标准

安装后的扣件螺栓拧紧扭力矩应采用扭力扳手检查，抽样方法应按随机分布原则进行。抽样检查数目与质量判定标准，应按表2-3-5中规定确定。不合格的必须重新拧紧，直至合格为止。

扣件拧紧抽样检查数目及质量判定标准 表 2-3-5

项次	检查项目	安装扣件数量（个）	抽检数量（个）	允许的不合格数
1	连接立杆与纵（横）向水平杆或剪刀撑的扣件；接长立杆、纵向水平杆或剪刀撑的扣件	50～90 91～150 151～280 281～500 501～1200 1201～3200	5 8 13 20 32 50	0 1 1 2 3 5
2	连接横向水平杆向纵向水平杆的扣件（非主节点处）	50～90 91～150 151～280 281～500 501～1200 1201～3200	5 8 13 20 32 50	1 2 3 5 7 10

6. 脚手架的验收

脚手架的种类很多，验收时，项目技术负责人（专业技术负责人），组织工长、安全员、作业班组长依据方案和规范、规定要求进行验收。验收应根据不同类型的脚手架分别验收，悬挑式脚手架、落地式脚手架应分层、分段验收，挂脚手架每使用一次，吊篮每升降一次，必须进行验收。

6.1 落地式脚手架验收表格（表2-3-6）的填写

落地式脚手架验收表 表 2-3-6

工程名称		架体方式	
验收部位		搭设方式	
序号	验收项目	验收内容	验收结果
1	基础	基础是否平整夯实，地基承载力是否符合设计要求	
		钢脚手架立杆底部铺通长脚手板，安装标准底座	
		木脚手架埋入地下深度不小于0.5m	
		有排水措施	
2	材质	钢管脚手架应用外径48mm或51mm，壁厚3～4mm的焊接管，符合使用质量	
		扣件无脆裂、变形、滑丝，拧紧扭力矩为40～50N·m	
		底座：铸铁底座符合国家规定；焊接底座外径尺寸为150mm×150mm，厚度不低于8mm	
		木脚手架有效部分小头直径不小于70mm，大横杆、小横杆有效部分小头直径不小于80mm	
		绑扎材料为8号镀锌铅丝	
		木脚手板厚度应不小于50mm，宽度不小于200mm，无腐朽、扭曲、斜纹、破裂，两端用铁丝箍绕	

续表

序号	验收项目	验收内容	验收结果
3	连墙件	高度在7m以下的,每隔7根立杆设一抛撑,与地面夹角60°	
		高度在7m以上的,每隔4m,水平7m设一个拉结点并均匀分布	
		木脚手架拉结杆伸过墙体,里外加圆木,用铅丝绑扎牢固	
		高度24m以上的双排脚手架必须采用刚性连墙件与建筑物可靠连接,24m以下的可采用拉筋与顶撑配合使用的附墙连接方式,严禁使用仅有拉筋的柔性连墙件;连墙的布置应符合相关要求	
		框架结构工程,拉结点必须用钢管、扣件围箍在混凝土柱上;剪力墙结构等,在墙体上设预埋件,拉结杆与预埋件刚性连接	
4	杆间间距	脚手架搭设宽度为0.9~1.5m(25m以上不大于1.2m)	
		结构用脚手架,立杆间距、大横杆步距不大于1.5m,操作层小横杆间距为1.0m;装修及防护用脚手架,立杆间距、大横杆步距不大于1.8m,操作层小横杆间距木杆为1.0m,钢管为1.5m	
5	剪刀撑	高度24m以下单双排外脚手架,均必须在外侧立面的两端各设置一道剪刀撑与地面夹角45°~60°,并由底至顶连续设置,中间各道剪刀撑之间的净距不应大于15m	
		高度24m以上的双排脚手架应在外侧立面整个长度和高度上连续设置剪刀撑	
		每道剪刀撑跨越立杆的根数,根据斜杆与地面的倾角不同,最多为5~7根,且每道剪刀撑宽度不应小于4跨,且不应小于6m	
		剪刀撑斜杆搭接长度不应小于1m,不少于两个旋转扣件、端部扣件盖板的边缘至杆端距离不应小于100mm;双杆可对接,对接头错开2m以上,木架杆搭设长度不少于1.5m,绑扎不少于三道	
		木脚手架剪刀撑每组连接三根立杆,纵向连续设置时,最高连接5根立杆,最下一对斜杆要落地	
6	外防护	栏杆和挡脚板应搭设在外立杆内侧,上栏杆上皮高度应为1.2m;挡脚板高度不应小于180mm;中栏杆应居中设置	
		脚手板对接平铺时,接头处必须设两根横向水平杆,脚手板外伸长应取130~150mm,两块脚手板外伸长度的和不应大于300mm;脚手板搭接铺设时,接头必须支在横向水平杆上,搭接长度应大于200mm,其伸出横向水平杆的长度不应小于100mm	
		作业层端部脚手板探头长度应取150mm,其板长两端均应与支承杆可靠固定	
		架体外立杆内侧用密目网封严,首层设兜网,每隔10m再设置一道兜网	
7	架体	架体必须坚固、稳定,不变形、不倾斜、不摇晃;立杆垂直度偏差符合相关要求,必须用连墙件与建筑物可靠连接,连墙件布置间距宜符合规定要求,立杆接长除顶层顶部可采用搭接外,其余各步接头必须采用对接扣件连接,并符合相关要求	
		立杆顶端宜高出女儿墙上皮1m,高出檐口上皮1.5m	
		纵向水平杆宜设置在立杆内侧,长度不宜小于3跨,接长时宜采用对接扣件连接,也可采用搭接,对接、搭接应符合规定要求	
		主节点处必须设置一根横向水平杆,用直角扣件扣接且严禁拆除,主节点处两个直角扣件的中心距不应大于150mm,在双排脚手架中,靠墙一端的外伸长度不应大于0.4L,且不应大于500mm	
		安装后的扣件螺栓扭力矩应采用扭力扳手检查,力矩大小、检查数目必须符合要求,不合格的必须拧紧,直至合格为止	

续表

序号	验收项目	验收内容	验收结果
8	斜道	斜道宜附着外脚手架或建筑物设置,运料斜道宽度不宜小于1.5m,坡度宜采用1∶6;人行斜道宽度不宜小于1m,坡度宜采用1∶3	
		斜道拐弯处应设置宽度不小于斜道的平台,斜道两侧及平台外围均应设置高度为1.2m的栏杆及高度不应小于180mm的挡脚板	
		斜道的立杆、横杆间距、连墙件、剪刀撑和横向斜杆应符合相关要求	

验收意见:	项目负责人	
	技术负责人	
	安装负责人	
年 月 日	安 全 员	

6.1.1 工程名称:按设计图注的名称填写。

6.1.2 架体的方式:按施工需要搭设的形式(结构用脚手架、装修用脚手架、防护用脚手架)。

6.1.3 验收部位:填写搭设脚手架需验收的部位,应逐层或逐段验收。

6.1.4 搭设方式:填实际搭设方式。

6.1.5 验收内容

6.1.5.1 基础

(1) 观察基础是否平整夯实,查看"地质勘察报告"受力层的数值。

(2) 检查脚手架立杆底部是否铺垫脚手板和金属底座,验收填写数值及定性结论。

(3) 尺量检查立杆埋入的深度,验收填写实测值。

(4) 排水措施:检查基础区域内是否设置明(暗)排水沟(管道),是否能及时排水,有无积水现象,验收填写定性结论。

6.1.5.2 材质

(1) 钢脚手架杆件应进行观察、尺量,查验出厂合格证及试验报告(复印件),验收结果填写数值及定性结论。

(2) 对使用的扣件进行观察,检查有无脆裂、变形、滑丝现象,检测拧紧力矩,验收结果填写数值和定性结论。

(3) 检查铸铁底座是否有出厂合格证书,对焊接底座进行尺量,检查底座外径尺寸及厚度,验收结果填写实测值和定性结论。

(4) 对木脚手架杆件的规格尺量检查,验收结果填写实测值和定性结论。

(5) 观察绑扎材料是否符合要求。

(6) 尺量检查脚手板厚度、宽度,检查是否有禁用报废材料,验收填写实测数值,做出结论。

6.1.5.3 连墙件

(1) 高度7m以下的脚手架,对设置的抛撑进行观察、尺量检查,验收结果填写实测值,做出结论。

(2) 高度 7m 以上的脚手架,对设置的拉结点,观察尺量,验收结果填写数值及定性结论。

(3) 钢脚手架拉结杆手动检查牢固性,验收结果填写定性结论。

(4) 木脚手架拉结杆手动检查牢固性,验收结果填写定性结论。

(5) 对于框架结构工程的拉结点重点检查拉结杆是否用钢管,拉结点是否设在主要结构部位,采用预埋件的是否采用刚性连接,验收结果填写定性结论。

6.1.5.4 杆件间距

各种脚手架应按搭设方案要求实测实量,验收结果填写实测值。

6.1.5.5 剪刀撑

(1) 观察检查 24m 以下的脚手架两端中间是否按标准设置剪刀撑,超过 24m 以上的双排脚手架是否连续设置,剪刀撑是否落地,与地面夹角是否符合要求,验收结果填写定性结论。

(2) 观察检查脚手架剪刀撑连接的根数,增加扣件接点的个数,尺量斜杆端部与立杆接点距离,验收填写实测值及定性结论。

(3) 观察检查木脚手架剪刀撑的设置状况,验收结果填写定性结论。

(4) 对脚手架剪刀撑检查搭接长度、扣件个数进行观察、尺量检查,验收结果填写实测值定性结论。

6.1.5.6 外防护

(1) 尺量检查防护栏杆、挡脚板,填写实测数值做出结论。

(2) 尺量检查脚手板厚度、宽度,观察检查是否有禁用材料,填写实测数值做出结论。

(3) 手动检查脚手板的稳定、尺量板探头长短、拐弯处是否交叉铺设,验收结果填写实测值及定性结论。

(4) 观察手动检查密目网的绑扎是否严密,首层网、层间网的设置距离,验收结果填写数值定性结论。

6.1.5.7 架体

(1) 根据架体的高度,测量立杆垂直度、大横杆的水平度,观察手动检查坚固、稳定、变形、倾斜、摇晃等情况,验收结果填写实测值定性结论。

(2) 检查钢脚手架立杆是否对接,交接部位是否使用扣件,验收结果填写定性结论。

(3) 检查木脚手架立杆、大横杆搭接长度、绑扎道数、绑扎固定,验收结果填写定性结论。

(4) 观察检查交叉处小横杆的设置,单排脚手架伸入墙内的长度,验收结果填写数值定性结论。

(5) 根据屋面结构尺量检查,验收结果填写实测值。

6.1.5.8 斜道

(1) 尺量检查运料、人行通道的宽度、坡度,验收结果填写数值定性结论。

(2) 尺量、观察检查通道的立杆、横杆间距,基础做法及剪刀撑,验收结果填写数值。

(3) 检查平台是否设两道护身栏杆及挂密目网,验收结果填写定性结论。

6.1.6 验收

验收意见填写定性结论。

6.1.7 验收人员

6.1.7.1 项目负责人：项目经理。

6.1.7.2 技术负责人：项目部主管工程师。

6.1.7.3 安装负责人：架子工班长。

6.1.7.4 安全员：项目专职安全员。

6.2 悬挑式脚手架验收表（表2-3-7）填写

悬挑式脚手架验收表 表2-3-7

工程名称		搭设高度		搭设日期	
序号	验收项目	验收内容			验收结果
1	施工方案	有专项安全施工组织设计、设计计算书并经上级审批，针对性强，能指导施工			
		有专项安全技术交底			
		搭设单位及人员具有相应的资质			
2	悬挑梁与架体稳定	悬挑梁或悬挑架应为型钢或定型桁架，安装时必须按设计要求进行；悬挑架不得采用扣件连接			
		多层悬挑梁可采用悬挑梁或悬挑架，每段搭设高度应不大于24m			
		悬挑梁按立杆间距1.5m布置，间距大于1.5m的，应在挑梁上加横梁，并符合设计要求			
		悬挑梁安装数量、位置、间距、方式应符合设计要求，与建筑物连接稳固可靠			
		立杆底部应支托在悬挑梁上并有固定措施			
		架体连墙件的布置应按二步三跨设置，其位置应靠近主节点，与构筑物结构刚性拉结牢固			
3	材 质	型钢应符合钢结构设计规范要求，有产品合格证或质量保证书			
		采用外径48mm或51mm，壁厚为3～3.5mm的3号普通钢管，有产品合格证或质量保证书，严重锈蚀、压扁、弯曲、裂纹、打孔的钢管不得使用			
		扣件应采用可锻铸铁制作的扣件，无裂纹、变形、滑丝，拧紧扭力矩宜为50～60N·m，并不得小于40N·m，且不得大于65N·m			
		脚手板厚度应大于50mm，宽度应大于200mm，两端用钢丝箍牢，有腐朽的不得使用			
		钢脚手板有裂纹、开焊、硬弯的不得使用			
		竹脚手板应是质地坚实、无腐烂、虫蛀、断裂的毛竹片制作的竹榴，松脆、破损散边的竹榴不得使用			

6.2.1 工程名称：按设计图注名称。

6.2.2 搭设高度：填写实际搭设高度。

6.2.3 搭设日期：填写实际日期。

6.2.4 验收内容

6.2.4.1 施工方案

（1）施工方案是否有设计计算书，是否经企业总工程师、施工现场总监审批签字。

（2）安全技术交底内容齐全有针对性。

（3）搭设单位及人员有无资质及岗位资格证。

6.2.4.2 悬挑梁与架体稳定

（1）观察每段搭设高度，悬挑梁是否采用型钢或定型桁架连接。

（2）尺量悬挑梁立杆间距大于 1.5m 的是否加设横梁。

（3）尺量、观察；手动检查拉结点设置数量，间距牢固程度，验收结果填写实测数值，并做出定性结论。

（4）尺量、观察架体连墙件的步跨设置间距，各主节点的牢固程度，验收结果填写定性结论。

6.2.4.3 材质

（1）对杆件、型钢及构配件外观进行检查并查看材质合格证，验收结果填写做出定性结论。

（2）用扭力扳手测量扣件安装后的拧紧力矩，验收结果填写实测值。

（3）对脚手板进行尺量、观察，检查有无禁用材料，验收结果填写实测值结论。

6.2.4.4 脚手板与防护栏杆

（1）观察检查密目网是否横向设置在外立杆内侧，网间与大横杆固定点数、严密程度，绑扎材料是否符合要求，验收结果填写实际检查情况。

（2）观察检查脚手板的铺设形式是否正确、牢固严密，尺量检查板端伸出长度，验收结果填写实测值并做出结论。

（3）观察尺量检查操作层外侧防护栏杆及挡脚板的设置情况，验收结果填写实测值。

6.2.4.5 剪刀撑

观察检查脚手架的搭接长度、扣件数量、落地端头位置，与地面夹角度数，验收结果填写实测值。

6.2.4.6 卸料平台

（1）检查卸料平台是否有设计计算，检查结果填写出定性结论。

（2）查看卸料平台有无限定荷载标牌，查看卸料平台的支撑系统，验收结果填写定性结论。

6.2.5 验收

验收意见：填写存在的问题和定性结论。

6.2.6 验收人员

6.2.6.1 项目负责人：项目经理。

6.2.6.2 技术负责人：项目部主管工程师。

6.2.6.3 搭设负责人：作业班组组长。

6.2.6.4 施工员：项目施工队长。

6.2.6.5 安全员：工地专职安全员。

6.3 挂脚手架验收表（表 2-3-8）填写

挂脚手架验收表　　　　　　　　　　　　　　　　表 2-3-8

序号	项目	验收内容	验收结果
1	材料	脚手架材质符合设计要求，无杆件变形、开焊现象	
		杆件、部件应刷防锈漆	
2	组装	架体制作与组装符合设计要求	
		悬挂点部件制作及埋设符合设计要求，间距不大于2m	
3	脚手板	脚手板材质符合设计要求	
		脚手板铺满铺牢，不得有探头板	
4	防护	架体外侧用密目式安全网封闭严密，底部设兜网	
		操作层外侧设置1.2m高防护栏杆和18cm高踏脚板	

验收意见：	项目负责人	
	安装负责人	
年　月　日	安　全　员	

6.3.1 工程名称：按设计图注名称。

6.3.2 验收内容

6.3.2.1 材质

（1）查验挂架所用材料的材质合格证，检查有关尺寸，观察检查杆件有无变形、开焊现象，验收结果填写实测值和定性结论。

（2）观察检查杆件部位是否进行防锈蚀处理（有无防锈漆），验收结果填写定性结论。

6.3.2.2 组装

（1）实测实量检查架体制作与组装情况，验收结果填写应对照设计方案的要求做出定性结论。

（2）观察、检查悬挂点部件制作与埋设情况，尺量检查悬挂点间距尺寸，验收结果填写实测值并对照设计方案的要求做出定性结论。

6.3.2.3 脚手板

（1）对脚手板进行尺量，观察检查有无禁用材料，验收结果填写实测值结论。

（2）观察、手动检查脚手架是否铺满、铺严、铺稳及用铅丝固定，是否有探头板存在，验收结果填写定性结论。

6.3.2.4 防护设施

（1）手动观察、检查脚手架的外侧密目网封闭情况，底部兜网设置是否严密，绑扎固定是否合格，验收结果填写实际检查情况。

（2）观察尺量检查操作层外侧防护栏杆及挡脚板的设置情况，验收结果填写实测值。

验收意见：填写存在的问题和定性结论。

6.3.3 验收人员

6.3.3.1 项目负责人：项目经理。

6.3.3.2 安装负责人：作业班组组长。

6.3.3.3 安全员：工地专职安全员。

6.4 吊篮脚手架验收表（表2-3-9）填写

吊篮脚手架验收表　　　　　　　　　　　　　　　　　　　表2-3-9

工程名称			安装日期	
序号	项目	验收内容		验收结果
1	施工方案及设计计算书	有专项安全施工组织设计及设计计算书并经上报审批，针对性强，能指导施工		
		有专项安全技术交底		
		搭架单位及人员具有相应的资质		
2	架体组装	挑梁锚固或配重设置及挑梁间距、尺寸、材质应符合设计及说明书要求；电动（手动）葫芦具有产品合格证		
		吊篮组装符合设计要求，定型产品应有产品合格证		
3	安全装置	吊篮必须装有安全锁且灵敏可靠，并在吊篮悬挂处增设一根安全钢丝绳		
		两片吊篮同时升降时必须设置同步升降装置并灵敏可靠		
		吊钩应有保险装置并完好		
		吊篮钢丝规格应满足设计要求，保养良好，绳卡不少于3个；钢丝绳不得接长使用		
		吊点间距，数量应符合要求		
		提升钢丝绳必须与地面保持垂直，不得斜拉		
		吊篮上应设超载保护装置和防倾斜装置并灵敏可靠		
4	脚手板	脚手板采用钢、木材料制作，每块质量应不大于30kg		
		木脚手板厚度应大于50mm，宽度应大于200mm；有腐朽、扭曲、裂纹、破裂的不得使用		
		钢脚手板应铺满、铺稳，有固定措施，不得有探头板		
5	吊篮防护	吊篮外侧用密目式安全网封严		
		作业层外侧设置1.2m和0.6m双道防护栏杆及18cm高的挡脚板，靠建筑物的里侧设置0.8m高的防护栏杆		
		多层作业，顶部应设防护顶板，顶板与作业层脚手架距离应不小于2m		
6	架件稳定	吊篮在建筑物滑动时，应设导轮装置		
		吊篮距建筑物间隙应不大于200mm		
		作业时，吊篮应与建筑物拉牢		
7	荷载	吊篮施工荷载应不超过额定荷载并均匀分布，不得过于集中堆放，防止超载		
		吊篮上应设置醒目的限载标志牌		
8	试运转	经荷载试验，操纵装置、制动装置以及安全锁等装置应灵敏可靠，运转无异常，各零部件完好连接紧固		
验收意见：			项目负责人	
			技术负责人	
			安装负责人	
			施工员	
		年　月　日	安全员	

6.4.1 工程名称：按设计图注名称。

6.4.2 搭设日期：填写实际日期。

6.4.3 验收内容

6.4.3.1 施工方案

（1）检查施工方案是否进行了设计计算并经有关审批，检查结果填写定性结论。

（2）检查是否有专项安全技术交底，检查结果填写定性结论。

（3）检查搭设单位及人员是否具有相应的资质，检查结果填写定性结论。

6.4.3.2 架体组装

（1）观察、尺量挑梁锚固或配重设置的间距尺寸、材质是否符合设计及说明书的要求，验收结果填写实际检查测量值。

（2）检查吊篮组装是否符合要求，定型产品应有产品合格证，验收结果填写定性结论。

6.4.3.3 安全装置

（1）手动检查吊篮安全锁是否灵敏，安全绳的悬挂是否按标准设置，验收结果填写定性结论。

（2）观察、尺量吊篮钢丝绳的保养状况、绳卡数量、间距是否符合标准要求，验收结果填写实测值。

（3）观察、尺量吊点钢丝绳间距、垂直度，验收结果填写实测数值。

（4）手动检查超载保护和防倾斜装置的灵敏度，实测结果填写动作与不动作。

6.4.3.4 脚手板

（1）对脚手板进行尺量，观察有无禁用材料，验收结果填写实测结论。

（2）观察脚手板的铺设形式是否牢固、严密，验收结果填写实测结论。

6.4.3.5 吊篮防护

（1）观察检查吊篮外侧密目网的绑绳、绑扣，填写出定性结论。

（2）尺量检查防护栏杆的设置、挡脚板的设置，填写实测值，并对照标准做出定性结论。

6.4.3.6 架体稳定

观察、尺量吊篮距该在建工程主体间距、固定点的设置，填写实测值并做出定性结论。

6.4.3.7 荷载

观察吊篮内人员、材料的位置，是否造成吊篮荷载分布不均匀或超载，填写出定性结论。

6.4.3.8 试运转

测试观察各种装置、绳、配件紧固完成，填写出定性结论。

6.4.4 验收

验收意见：填写存在的问题和定性结论

6.4.5 验收人员

6.4.5.1 项目负责人：项目经理。

6.4.5.2 技术负责人：项目部主管工程师。

6.4.5.3 安装负责人：作业班组组长。
6.4.5.4 安全员：工地专职安全员。
6.4.5.5 施工员：项目施工队长。
6.5 附着式升降脚手架验收表（表2-3-10）填写

附着式升降脚手架（整体提升架或爬架）验收表　　　　表2-3-10

工程名称			搭设高度	
架体名称			搭设日期	
序号	项目	验收内容		验收结果
1	使用条件	应是建设部或省级建设行政主管部门组织鉴定并发放生产和使用的产品		
		有专项安全施工组织设计并经上级审批，针对性强，能指导施工		
		有各工种安全技术操作规程		
		有专项安全技术交底		
		搭架单位及人员具有相应资质		
		架体高度不应大于5倍楼层高		
2	设计计算	有设计计算书并经上级审批		
		设计荷载按承重架3.0kN/m²，装修架2.0kN/m²，升降状态0.5kN/m²取值		
		压杆长细比应小于150，拉杆长细比应小于300，有完整的制作安装图		
3	架体构造	架体宽度应不大于1.2m；架体支承跨度：直线布置应不大于8m，折线（曲线）布置应不大于5.4m。架体全高与支承跨度的乘积应不大于110m²；立杆间距应符合规定要求，步距不大于1.8m		
		采用定型的主框架，相邻两主框架之间是定型的支撑框架，主框架与支撑框架的连接须通过焊接或螺栓连接		
		架处侧应设置连续剪刀撑，其跨度应不大于6m，其水平夹角为45°～60°		
		架体悬臂高度不得大于架体高度的2/5和6m		
4	附着支撑	采用普通穿墙螺栓将附着支撑结构与每个楼层锚固且双螺母固定，露出螺栓不少于3扣，垫板应大于80mm×80mm×80mm		
		钢挑架焊接符合要求，钢挑架与预埋件连接严密		
		钢挑架上的螺栓与墙体连接应牢固并符合规定要求		
5	升降装置	升降装置应符合设计要求，吊具、索具的安全系数应大于6倍		
		升降时每个架体竖向主框架应有2个以上的附着支撑装置		
		具有同步升降装置且保证运行有效		

续表

序号	项目	验 收 内 容	验收结果
6	防坠落、导向及防倾斜装置	防坠落装置在每一竖向主框架提升设备处必须设置一个,且灵敏可靠	
		垂直导向和防止左右、前后倾斜的防倾装置应齐全可靠;倾斜装置位于同一竖向平面的防倾装置不得少于两处,且最上和最下一个防倾覆支承点之间的最小间距不得小于架高的1/3	
7	电气安全	电气安装应符合《施工现场临时用电安全技术规范》(JGJ 46—2005)	
		控制箱应设置漏电保护装置	
		按规定设置防雷接地装置	
8	脚手板与防护栏杆	脚手板材质和铺设应符合要求	
		架体底层脚手板必须铺设严密且用安全网兜底	
		脚手架外侧应用密目式安全网封严	
		作业层外侧设置高1.2m和0.6m的双道防护栏杆及18cm高的挡脚板	

验收意见:	项目负责人	
	技术负责人	
	安装负责人	
	施 工 员	
年 月 日	安 全 员	

6.5.1 工程名称:按设计图注的名称填写。

6.5.2 架体名称:附着式升降脚手架。

6.5.3 搭设高度:按分段、分排搭设竣工后的高度。

6.5.4 搭设日期：填写实际搭设时间。
6.5.5 验收内容
6.5.5.1 使用条件
（1）检查资料有无部级或省级建设有关部门对产品的鉴定，填写出定性结论。
（2）检查资料方案中有无审批，填写出定性结论。
（3）检查资料中操作规程，搭设单位及人员相应资质，专项安全交底，填写出定性结论。
6.5.5.2 设计计算
检查资料方案中是否按标准进行计算并绘制详图，填写出定性结论。
6.5.5.3 架体构造
（1）观察、尺量架体宽度、高度、立杆间距、横杆步距是否满足标准要求，填写实测值。
（2）检查主框架、支撑框架是否采用焊接或螺栓连接，填写出定性结论。
（3）观察、尺量脚手架剪刀撑是否符合标准要求，验收结果填写实测数值和定性结论。
6.5.5.4 附着支撑
（1）观察附着支撑与楼层锚固螺栓数量，尺量垫板是否符合标准填写实测量数值。
（2）观察钢架的焊口、螺栓、预埋件是否符合标准要求，填写定性结论。
6.5.5.5 升降装置
（1）尺量检查吊具、索具的尺寸是否符合安全标准系数填写实测数值，并做出定性结论。
（2）观察附着支撑装置、升降装置是否符合标准，检查结果填写定性结论。
6.5.5.6 防坠落系统及防倾斜装置
观察防倾装置是否齐全，测量支撑点之间间距是否符合标准要求，检查结果填写出定性结论。
6.5.5.7 电气安全
检查各配电线路、电箱、电器防雷、接地是否符合标准要求，检查结果填写出定性结论。
6.5.5.8 脚手板与防护栏杆
尺量检查脚手板厚度、宽度，防护栏杆设置间距；观察是否有禁用材料，密目网是否封闭，检查结果填写出定性结论。
6.5.6 验收
验收意见：填写存在的问题和定性结论
6.5.7 验收人员
6.5.7.1 项目负责人：项目经理。
6.5.7.2 技术负责人：部主管工程师。
6.5.7.3 安装负责人：作业班组组长。
6.5.7.4 施工员：项目施工队长。
6.5.7.5 安全员：工地专职安全员。

第五节 脚手架的拆除方案

1. 编制依据：

脚手架的拆除应根据工程的特点和施工工艺，参照《建筑施工扣件式钢管脚手架安全技术规范》(JGJ 130—2001)、《建筑施工高处作业安全技术规范》(JGJ 80—91)来确定拆除方案。

2. 工程概况及施工条件：

内容主要包括：工程的地理位置、名称、工程规模、结构形式、檐口高度、周边环境情况。

3. 脚手架拆除方法，步骤顺序。

4. 脚手架拆除安全措施。

第六节 脚手架拆除的安全技术交底

脚手架在经过长期使用后个别部件的材质易老化，所以在拆除时应有项目工程技术负责人写出书面交底，向施工班组进行安全技术交底后方可进行。拆除班组进入现场后，先检修再拆除，应做到：

1. 脚手架拆除区域周边应设置防护栏杆及警示标志，严禁非作业人员入内，并设专人指挥监督。

2. 除顺序应先外后内，后搭的杆件先拆，先搭的杆件后拆，拆除一排（步），清除一排，不得上下同时进行。

以扣件式钢管脚手架、门式钢管脚手架、附着式钢管脚手架拆除安全技术交底为例，示例如表 2-3-11、表 2-3-12、表 2-3-13。

扣件式钢管脚手架拆除安全技术交底（示例） 表 2-3-11

工程名称		施工单位	
分项工程名称		施工部位	

交底内容：

1. 拆除前全面检查脚手架的扣件连接、连墙杆、支撑体等是否符合构造要求。
2. 应根据检查结果补充完善施工组织设计中的拆除顺序和措施，经主管部门批准后方可实施。
3. 应清除脚手架上杂物及地面障碍物。
4. 拆除作业必须由上而下逐层进行，严禁上下同时作业。
5. 连墙件必须随脚手架逐层拆除，严禁先将连墙件整层或数层拆除后再拆脚手架；分段拆除高差不应大于两步，如高差大于两步，应增设连墙件加固。
6. 当脚手架拆至下部最后一根长立杆的高度（约6.5m），应先在适当位置搭设临时抛撑加固后，再拆除连墙件。
7. 当脚手架采取分段、分立面拆除时，对不拆除的脚手架两端，应先设置连墙件和横向斜撑加固。
8. 各构配件严禁抛掷于地面。
9. 拆除未完收工时，要使未拆除部分仍保留临边防护措施、横向的稳固措施，不留散边、散头等。
10. 拆除作业操作人员必须系安全带、戴安全帽，搭设过程中，由班长统一指挥

续表

工 程 名 称		施工单位	
分项工程名称		施工部位	

11. 脚手架拆除人员应遵守下列规定：

(1) 脚手架拆除人员必须经过安全技术培训并通过考核，持证上岗；架子工学徒工必须办理学习证，在技工带领、指导下操作；高处作业人员，不得由患有高血压、心脏病、贫血、癫痫病、恐高症、眩晕等禁忌症患者担任；非架子工不得单独进行作业；

(2) 班组接受任务后，必须组织全体人员认真领会脚手架专项施工组织设计和技术措施交底，研讨拆除方法，明确分工，由一名技术好、有经验的人员负责拆除技术指导和监护；

(3) 脚手架拆除作业必须由 3 人以上配合操作，必须按照程序拆除脚手架，严禁擅自拆卸任何固定扣件、杆件及连墙件；

(4) 作业中严格执行施工方案和技术交底，分工明确，听从指挥，协调配合；

(5) 作业场地应平整、坚实，无杂物；夜间作业时，作业场所必须有足够的照明；

(6) 严禁赤脚、穿拖鞋、穿硬底鞋作业；严禁在架子上打闹、休息；严禁酒后作业；正确使用安全防护用品，必须系安全带，着装灵便，穿防滑鞋；作业时精力集中，团结合作，互相呼应，统一指挥，不得走"过档"和跳跃架子。

12. 脚手架的拆除程序与搭设程序相反，先搭的后拆，后搭的先拆，应由上而下按层、按步拆除，先拆护身栏、脚手板和排木，再依次拆剪刀撑的上部绑扣和接杆；拆除全部剪刀撑、斜撑杆以前，必须绑好临时斜支撑；严禁用推、拉方法拆除脚手架。

13. 拆除时应划定作业区，设置围栏和警戒标志，并设专人监护

补充内容：							
交底部门		交底人		接受交底人		交底日期	

门式钢管脚手架拆除安全技术交底（示例）

表 2-3-12

工 程 名 称		施工单位	
分项工程名称		施工部位	

交底内容：
1. 脚手架经单位工程负责人检查验证并确认不再需要时，方可拆除。
2. 拆除脚手架前，应消除脚手架上的材料、工具和杂物。
3. 拆除脚手架时，应设置警戒区和警戒标志，并由专职人员负责警戒。
4. 脚手架的拆除在统一指挥下，按后装先拆、先装后拆的顺序及下列安全作业的要求进行：
(1) 脚手架的拆除应从一端走向另一端、自上而下逐层进行；
(2) 同一层的构配件和加固件应按先上后下、先外后里的顺序进行，最后拆除连墙件；
(3) 在拆除过程中，脚手架的自由悬臂高度不得超过两步，当必须超过两步时，应加设临时拉接；
(4) 连墙杆、通长水平杆和剪刀撑等，必须在脚手架拆卸到相关的门架时方可拆除；
(5) 工人必须站在临时设置的脚手板上进行拆卸作业，并按规定使用安全防护用品；
(6) 拆除工作中，严禁使用榔头等硬物击打、撬挖，拆下的连接棒应放入袋内，锁臂应先传递至地面并放室内堆存；
(7) 拆卸连接部件时，应先将锁座上的锁板与卡钩上的锁片旋转至开启位置，然后开始拆除，不得硬拉，严禁敲击；
(8) 拆下的门架、钢管与配件，应成捆用机械吊运或由井架传送至地面，防止碰撞，严禁抛掷

补充内容：

交底部门		交底人		接受交底人		交底日期	

附着升降脚手架拆除安全技术交底（示例）

表 2-3-13

工 程 名 称		施 工 单 位	
分项工程名称		施 工 部 位	

交底内容：

1. 脚手架的拆除工作必须按施工组织设计中有关拆除的规定执行；拆除工作宜在低空进行。
2. 脚手架的拆除工作应有安全可靠的防止人员与物料坠落措施。
3. 拆下的材料做到随拆随运，分类堆放，严禁抛掷。
4. 脚手架搭设人员应遵守下列规定：

（1）脚手架搭设人员必须经过安全技术培训并通过考核，持证上岗；架子工学徒工必须办理学习证，在技工带领、指导下操作；高处作业人员，不得由患有高血压、心脏病、贫血、癫痫病、恐高症、眩晕等禁忌症患者担任；非架子工不得单独进行作业；

（2）风力六级以上（含六级）、高温、大雨、大雪、大雾等恶劣天气，应停止露天高处作业，风、雨、雪后应对架子进行全面检查，发现倾斜、下沉、脱扣、崩扣等现象必须进行处理，经验收合格后方可使用；

（3）班组接受任务后，必须组织全体人员认真领会脚手架专项施工组织设计和技术措施交底，研讨搭设方法，明确分工，由一名技术好、有经验的人员负责搭设技术指导和监护；

（4）脚手架拆除作业必须3人以上配合操作，必须按照程序拆除脚手架，严禁擅自拆卸任何固定扣件、杆件及连墙件；

（5）作业中严格执行施工方案和技术交底，分工明确，听从指挥，协调配合；

（6）作业场地应平整、坚实，无杂物；夜间作业时，作业场所必须有足够的照明；

（7）严禁赤脚、穿拖鞋、穿硬底鞋作业；严禁在架子上打闹、休息；严禁酒后作业；正确使用安全防护用品，必须系安全带，着装灵便，穿防滑鞋；作业时精力集中，团结合作，互相呼应，统一指挥，不得走"过档"和跳跃架子。

5. 拆除时应划定作业区，设置围栏和警戒标志，并设专人监护

补充内容：

交底部门		交底人		接受交底人		交底日期	

第四章 模 板 工 程

模板是混凝土构件成型的基础条件,模板工程不但直接决定着钢筋混凝土结构的质量,同时还直接影响着浇筑作业施工的安全。本章系统地阐述了施工方案编写、技术交底、验收等内容,根据工程实际情况,列举了部分安全技术交底实例,以便于施工管理人员学习、查阅。

第一节 模板工程施工方案

1. 编制依据

应符合《混凝土结构工程施工质量验收规范》(GB 50204—94)、《建筑施工扣件式钢管脚手架安全技术规范》 (JGJ 130—2001)、《钢结构工程施工质量验收规范》(GB 50205—2001)、《木结构工程施工质量验收规范》(GB 50206—2002)的规定。

2. 工程概况

工程概况主要应包括:工程的名称、地理位置、工程规模、结构形式、檐口高度。

3. 施工准备

3.1 支撑材料的选择及进场工作。

3.2 模板支设前,各种预埋、预留及钢筋隐蔽验收工作。

4. 模板支撑设计计算

4.1 荷载标准值计算。

4.2 荷载组合效应计算。

4.3 支架立杆计算。

5. 施工方法

5.1 基础模板的施工安装。

5.2 柱模板的施工安装。

5.3 梁模板的施工安装。

5.4 板模板的施工安装。

5.5 墙模板的施工安装。

5.6 楼梯模板的施工安装。

6. 施工详图

主要包括:梁模示意图、墙模示意图、柱模示意图、板模示意图、交杆接长示意图。

7. 安全技术措施

7.1 混凝土的浇捣方法及作业人员的安全措施。

7.2 安装梁、墙、柱、板模时的安全措施。

7.3 临边、洞口支模应搭设脚手架,应设置防护栏杆,铺设脚手板。

7.4 施工前防护用品的佩戴交底措施。

7.5 高处、复杂结构模板作业的安全措施。

第二节 模板安装安全技术交底

工程施工前,由工程项目技术负责人组织编制,由项目负责人组织项目部技术、安全、有关人员,根据工程概况、施工方法、安全技术措施等情况向作业班组人员进行书面交底,并履行签字手续。模板工程施工安全技术交底根据施工工艺、做法不同可分为:

(1) 模板安装与拆除施工安全技术交底;

(2) 大模板安装与拆除施工安全技术交底;

(3) 定型组合钢模板安装与拆除施工安全技术交底;

(4) 滑动模板安装与拆除施工安全技术交底;

(5) 木模板安装与拆除施工安全技术交底;

(6) 爬模安装与拆除施工安全技术交底。

现以模板安装安全技术交底为例,示例如表 2-4-1。

模板安装安全技术交底(示例) 表 2-4-1

工 程 名 称		施工单位	
分项工程名称		施工部位	

交底内容:

1. 进入施工现场的操作人员必须戴好安全帽,扣好帽带;操作人员严禁穿硬底鞋及有跟鞋作业。

2. 高处和临边洞口作业应设防护栏,张挂安全网,如无可靠防护措施,必须佩戴安全带,扣好带扣;高空、复杂结构模板的安装与拆除,事先应有切实的安全措施。

3. 工作前应先检查使用的工具是否牢固,扳手等工具必须用绳链系挂在身上,钉子必须放在工具袋内,以免掉落伤人;工作时要思想集中,防止钉子扎脚和空中滑落。

4. 安装模板时操作人员应有可靠的落脚点,并应站在安全地点进行操作,避免上下在同一垂直面工作;操作人员要主动避让吊物,增强自我保护和相互保护的安全意识。

5. 支模应按规定的作业程序进行,模板未固定前不得进行下一道工序,严禁在连接件和支撑件上攀登上下。

6. 支模作业超过 2m 时,操作人员不得站在支撑上,应设置平台并绑扎固定,不得用钢模板。

7. 支模过程中,如需中途停歇,应将支撑、搭头、柱头板等钉牢;拆模间歇时,应将已活动的模板、牵杠、支撑等运走或妥善堆放,防止因踏空、扶空而坠落;模板上有预留洞者,应在安装后将洞口盖好,混凝土板上的预留洞,应在模板拆除后即将洞口盖好。

8. 竖向模板和支架的支承部分,基础必须坚实并加设垫板

9. 模板及其支架在安装过程中,必须设置防倾覆的临时固定设施。

10. 现浇多层房屋和构筑物,应采取分段支模的方法:

(1) 下层楼板应具有承受上层荷载能力或加设支架支撑;

(2) 上层支架的立柱应对准下层支架的立柱,并铺设垫板。

11. 当层间高度大于 5m 时,宜选用桁架支模或多层支架支模,当采用多层支架支模时,支架的横垫板应平整,支柱应垂直,上下层支柱应在同一竖向中心线上

续表

工 程 名 称		施工单位	
分项工程名称		施工部位	

12. 支设高度在3m以上的柱模板,四周应设斜撑,并应设立操作平台,低于3m的可用马凳操作。
13. 支撑、牵杠等不得搭在门窗框和脚手架上,通路中间的斜撑、拉杆等应设在1.2m高度上。
14. 两人抬运模板时要互相配合,协同工作;传递模板、工具应用索具系牢,采用垂直升降机械运输,不得乱抛,组合钢模板装拆时,上下有人接应;钢模板及配件应随装拆随运送,严禁从高处掷下;高空拆模时,应有专人指挥;地面应标出警戒区,用绳子和红白旗加以围栏,暂停人员过往。
15. 模板堆放时,堆物(钢模板等)不宜过多,高度不得超过1.5m。
16. 大模施工时,存放大模板必须要有防倾措施;封柱子模板时,不准从顶部往下套。
17. 高空作业要搭设脚手架或操作台,上、下要使用梯子,不许站立在墙上工作,不准站在大梁底模上行走。
18. 遇六级以上的大风时,应暂停室外的高空作业,雪雷雨后应先清扫施工现场,待地面略干不滑时再恢复工作

补充内容:

交底部门		交底人		接受交底人		交底日期	

第三节 模板工程验收

模板安装完成后,项目负责人应组织有关人员对其进行检查验收,验收合格方可浇筑混凝土。

1. 模板工程验收时,应提供下列技术资料:

1.1 模板工程的施工方案与设计计算书;

1.2 模板工程质量检查记录;

1.3 模板工程施工过程的问题及处理记录。

2. 模板工程验收必须严格按照国家现行施工验收规范的规定,根据模板工程验收表(表2-4-2)的内容逐项进行检查和验收,验收应有量化内容。

模板工程验收表　　　　　　　　　表2-4-2

工程名称		支模部位		支模日期	
序号	项目	验收内容			验收结果
1	施工方案	有专项安全施工组织设计并经上级审批,针对性强,能指导施工			
		有专项安全技术交底			
2	立柱材质	木立柱应选用质地坚韧、无腐朽、扭裂、劈裂且平直的材料			
		钢立柱应符合国家现行规范A3钢的标准			
3	支撑	现浇模板支撑系统应有设计计算,并符合设计要求			
		立柱底部应平整坚实,并加垫板或底座,木楔应钉牢			
		立柱底部不得采用砖或多层木板垫高			
		立柱的间距应符合设计要求			
		立柱高度超过2m应设两道水平拉接及剪刀撑			
		木立柱接长使用,接头不得超过两处,接头方法应符合要求			
		采用钢管支撑的构造应符合钢管脚手架规范及剪刀撑			
		满堂支撑四边与中间每隔4排立柱应由底到顶连续设置纵向剪刀撑			
		高于4m的满堂支撑两端与中间每隔4排立柱从顶层向下每隔2步设置一道水平剪刀撑			
		采用多层支模,上下层立柱要垂直,并在同一垂直线上			
		安装上层结构模板及其支撑,其下层结构必须具有承受上层荷载的能力,或下层架设有足够的支撑;上下层立柱应在同一竖向中心线上			
4	作业环境	高处作业应有可靠的立足点,高度超过3m应搭设操作平台			
		作业面孔洞、临边防护措施应严密			
		运输混凝土铺设走道垫板应稳定牢固,安全畅通			
验收意见: 　　　　　　　　　年　月　日				项目负责人	
				技术负责人	
				安装负责人	
				施工员	
				安全员	

3. 模板工程验收表填写

3.1 工程名称：按设计图注名称。

3.2 支模部位：按实际位置填写。

3.3 支模日期：按实际作业时间填写。

3.4 验收内容

3.4.1 施工方案

检查资料是否符合实际要求并经有关审批，检查结果填写定性结论。

3.4.2 立柱材质

（1）观察木立柱质地是否坚韧，检查有无腐朽、扭裂、劈裂，观察是否平直。验收结果填写定性结论。

（2）查验钢立柱的出厂合格证、材质单。验收填写合格证、材质编号。

3.4.3 支撑

（1）观察检查立柱底部垫板长度是否能承受两个支撑点。验收结果填写定性结论。

（2）尺量检查立柱步距是否符合设计书要求。验收结果填写数值和定性结论。

（3）尺量检查沿立柱高度方向的双向水平拉结杆的间距，观察拉结杆端部连接是否牢固，是否设有纵横向剪刀撑。验收结果填写数值和定性结论。

（4）观察检查支撑杆接头数量。验收结果填写接头数量。

（5）查验安装上层结构模板及其支撑时，下层结构混凝土的强度必须承受上层检载或是否架设了足够的支撑。观察检查上下层支撑柱是否在同一竖向中心线上。验收结果填写数值。

3.4.4 作业环境

（1）观察检查模板高处作业是否有可靠的立足点，高度超过 3m 作业时是否有操作平台或脚手架。验收结果填写定性结论。

（2）观察检查作业面孔洞、临边防护措施是否严密。验收结果填写定性结论。

（3）观察、手动检查运输混凝土铺设走道垫板是否稳定牢固、安全畅通。验收结果填写定性结论。

3.5 验收意见

根据上述验收结果，填写验收的最后评定意见，作出能否使用的定性结论。

3.6 验收人员

3.6.1 项目负责人：该项目的项目经理。

3.6.2 安装负责人：模板安装班组长。

3.6.3 安全员：项目专职安全员。

3.6.4 技术负责人：项目部技术负责人。

3.6.5 施工员：项目施工工长。

第四节　模板拆除申请及批准手续

模板拆除前应有批准手续，禁止随意拆除，防止发生事故。模板拆除必须经工程负责人批准和签字，应对照拆除的部位查阅混凝土强度报告试验单，确认达到拆模强度时方可实施拆除作业。承重结构应按照跨度确定其拆除模强度,预应力结构必须达到张拉强度,张拉灌浆完毕方可拆模。

模板工程拆模申请表(表 2-4-3)填写内容如下:

(1) 工程名称:按设计图注名称。
(2) 施工单位:该项目的施工单位。
(3) 模板类型:按实际模板类型填写。
(4) 拆模部位:申请拆模的部位。
(5) 申请拆模时间:年 月 日
(6) 混凝土浇筑时间:混凝土浇筑的实际时间。
(7) 混凝土设计强度等级:按图纸设计混凝土强度。
(8) 混凝土试块强度:同条件养护试块的试压强度。
(9) 拆模准备及防护措施:拆模前的准备工作和采取的安全防护措施。
(10) 检查结果审批意见:对准备工作和防护措施的检查,作出是否同意拆模的结论。
(11) 项目负责人:该项目的项目经理。
(12) 技术负责人:该项目的技术负责人。
(13) 拆模负责人:负责拆模的作业班组长。
(14) 安全员:该项目专职安全员。

模板工程拆模申请表 表 2-4-3

工程名称				
施工单位				
模板类型		拆除部位		
申请人		申请日期		年 月 日
申请项目	申请内容		依 据	
计划拆模日期	年 月 日			
混凝土浇筑日期	年 月 日			
混凝土试块送样日期	年 月 日			
混凝土强度报告日期	年 月 日			
混凝土强度等级				
混凝土试验单编号				
拆模时现场同条件试块强度				
申请批准意见	申请意见		批准意见	
	年 月 日		年 月 日	

底模拆除时的混凝土强度要求如表 2-4-4。

底模拆除时的混凝土强度要求　　　　　表 2-4-4

构件类型	构件跨度（m）	达到设计的混凝土立方体抗压强度标准值的百分率（%）
板	≤2	≥50
板	>2，≤8	≥75
板	>8	≥100
梁、拱、壳	≤8	≥75
梁、拱、壳	>8	≥100
悬臂构件	—	≥100

第五节　模板拆除安全技术交底

模板拆除必须经工程项目负责人批准和签字及对混凝土的强度报告试验单确认后方可拆除。工程施工前，由工程项目技术负责人组织编制，由项目负责人组织项目部技术、安全有关人员，根据工程概况、施工方法、安全技术措施等情况向作业班组人员进行书面交底（表 2-4-5），并履行签字手续。

模板拆除安全技术交底（示例）　　　　　表 2-4-5

工 程 名 称		施工单位	
分项工程名称		施工部位	
交底内容： 1. 侧模，在混凝土强度能保证其表面及棱角不因拆除模板而受损坏后，方可拆除。 2. 底模，应在同一部位同条件养护的混凝土试块强度达到要求时方可拆除。 3. 拆除高度在 5m 以上的模板时，应搭脚手架，并设防护栏杆，防止上下在同一垂直面操作。 4. 模板支撑拆除前，混凝土强度必须达到设计要求，并经申报批准后，才能进行；拆除模板一般用长撬棒，人员不许站在正在拆除的模板上；在拆除楼板模板时，要注意防止整块模板掉下，尤其是用定型模板做平台模板时，更要注意防止模板突然全部掉落伤人。 5. 高处、复杂结构模板的拆除，应有专人指挥和切实可靠的安全措施，并在下面标出作业区，严禁非操作人员进入作业区。 6. 拆模时必须设置警戒区域，并派人监护；拆模必须干净彻底，不留悬空模板；拆下的模板要及时清理，堆放整齐；高处拆下的模板及支撑应用垂直升降设备运至地面，不得乱抛乱扔。 7. 拆除的模板、拉杆、支撑等应及时运走，严防人员扶空、踏空，造成坠落。 8. 严禁操作人员站在正拆除模板下拆模，拆除间歇时，要把已活动的模板、拉杆、支撑固定牢固。 9. 工作前应正确佩戴安全帽，作业前检查工具是否牢固，扳手等工具必须系挂在身上。 10. 模板上有预留洞口应苫盖好，混凝土板上的预留洞口，在拆模板后随即苫盖好。 11. 传送模板时，应用工具或绳子绑扎牢固，不允许乱扔			
补充内容：			
交底部门	交底人	接受交底人	日 期

第五章 高处作业

按照建筑工程施工特点,《建筑施工高处作业安全技术规范》将高处作业划分为:临边、洞口、攀登、悬空、操作平台及交叉作业。本章系统地阐述了施工方案的编写、技术交底、验收等内容,并结合工程实际情况,列举了部分技术交底实例,以利于施工管理人员学习、查阅。

第一节 施工现场安全防护方案

1. 编制依据

主要依据:《建筑施工高处作业安全技术规范》(JGJ 80—91)、《建筑施工安全检查标准》(JGJ 59—99)、《安全帽》(GB 2811—89)、《安全带》(GB 6095—85)、《安全网》(GB 5725—1997)、《密目式安全立网》(GB 16909—97)等相关内容。

2. 工程概况

2.1 工程的名称、地理位置、工程规模、结构形式、檐口高度。

2.2 施工条件与环境:现场及周围环境情况,道路交通情况。

2.3 施工方法概述:施工组织与程序,现场生产设施情况。

3. 施工安全防范部署

3.1 工程安全管理网络图。

3.2 安全防护设施的验收程序,验收责任人。

3.3 季节性施工的安全防护措施。

4. 施工现场主要安全防范办法

4.1 安全帽、安全带的正确使用方法及要求。

4.2 安全网(密目式安全立网)的架设方法及设置要求。

4.3 "四口"的安全防护措施。

4.4 临边作业的安全防护措施。

4.5 交叉作业区段的防护方法。

4.6 场内高低压架空线路、通信电缆的安全防护方法。

4.7 塔吊作业区域内的安全防护方法。

4.8 安全行走路线、安全通道及防护方法。

5. 施工现场安全防护的主要管理措施。

5.1 现场安全防护设施的管理。

5.2 现场安全责任制的落实和管理方法。

6. 附图表

6.1 工程防护用品需用量计划表。

6.2 安全防护方案中的细部构造做法、详图。

第二节 施工现场安全防护技术交底

施工现场安全防护方案编制后,项目经理、技术负责人应根据方案的要求,向作业班组长进行书面安全技术交底,交底后履行签字手续,本人必须签字。

安全技术交底主要应包括以下内容:
(1) 施工现场安全防护方案。
(2) 作业中的安全防护措施。
(3) 特殊部位防护设施的做法与要求。

安全技术交底内容应有针对性,应把方案的主要内容和重点要求向班组进行详细交底,如表2-5-1。

施工现场安全防护技术交底(示例) 表2-5-1

工程名称		施工单位	
分项工程名称		施工部位	
交底内容: 1. 进入现场,必须戴好安全帽,扣好帽带,并正确使用个人劳动防护用具。 2. 悬空作业应有牢靠的立足处,并视具体情况,配置防护网、栏杆或其他安全设施。 3. 悬空作业所用的索具、脚手板、吊篮、吊笼、平台等设备,均需技术鉴定或检验后方可使用。 4. 从首层楼面起张设安全网,往上每隔10m设置一道,安全网必须完好无损。 5. 不得任意拆除电梯井道防护安全网;安装电梯搭设脚手架时,每搭到安全网高度时方可拆除。 6. 电梯井道的脚手架一律用钢管、扣件搭设,立杆与横杆均用直角扣件连接,扣件紧固力矩应达到40~65N·m。 7. 电梯井口必须设置定型化、工具化的防护门。 8. 电梯井道内的设施,必须由脚手架保养人员定期进行检查、保养,发现隐患及时消除。 9. 张设安全网及拆除井道内设施时,操作人员必须系好安全带,高挂低用,挂点必须安全可靠			
补充内容:			
交底部门	交底人	接受交底人	交底日期

第三节　施工现场安全防护设施验收

施工现场安全防护设施根据安全防护方案的设计要求搭设。搭设完毕，项目负责人应组织工长、技术员、安全员及有关班组长对防护设施进行逐项检查验收，验收合格并办理验收手续后，方可使用。验收可分层进行或分段进行。

1. 安全防护设施验收主要包括以下内容：
1.1 安全防护设施的性能与质量的合格验证
1.2 所有临边、洞口等防护措施的落实状况
1.3 防护设施所用配件、材料、工具的规格材质
1.4 防护设施的节点构造及与建筑物的固定情况
1.5 扣件和连接件的紧固程度

2. 安全防护设施的验收资料
2.1 安全防护设施验收表。验收时，应根据防护方案的要求，逐项检查验收内容，做出记录。
2.2 安全防护设施变更记录及签证。

安全防护设施必须按照施工现场安全防护方案的要求设置，不得任意变更，有特殊情况需要变更时，必须办理变更签证手续，由方案设计人和工程项目负责人签证后方可实施。

3. 施工现场安全防护设施验收表（表 2-5-2）的填写

四口与临边防护验收表　　　　　　　　　　表 2-5-2

工程名称			
施工单位			
验收部位	三　层	验收日期	年　月　日
检查项目	验　收　内　容		
楼梯口防护	楼梯段均安装了1.2m高由φ16钢筋焊接成的防护栏杆，符合规范要求		
电梯口防护	电梯井口安装了标准化、工具化的防护门，用胀管螺栓固定，牢固可靠，梯井内每隔10m设一道安全平网，防护严密		
预留洞口防护	小洞口均采用钢板作盖板固定措施防护；较大洞口采用混凝土板中钢筋构成防护网，上面满铺脚手板；1.5m以上洞口，张挂安全平网，四周设防护栏杆		
通道口防护	通道口搭设防护棚，宽3m，长度为4m（建筑物高度20m），棚顶用5cm木脚手板满铺		
楼层、阳台临边防护	采用工具化、定型化防护栏杆，高1.2m，刷红白相间（50cm）的油漆，作安全色		
验收结论 符合 JGJ 59—99 标准、有关规范规定及施工方案要求，验收合格		项目负责人	
		项目技术负责人	
		项目安全员	
		项目施工员	

3.1 工程名称：工程图纸设计名称。
3.2 验收部位：工程层次。
3.3 验收日期：按实际验收日期填写。
4. 验收内容
4.1 楼梯口防护：检查、尺量防护栏杆的数值，填写实际数值，做出定性结论。
4.2 电梯口防护：观察、尺量实际设置状况和数值，填写定性结论。
4.3 预留洞口防护：尺量检查各种防护措施是否牢固，填写定性结论。
4.4 通道口：尺量检查各通道口，脚手板的数值，填写定性结论。
4.5 楼层、阳台临边防护：检查，尺量各项防护措施，填写定性结论。
5. 验收结论：填写定性结论
6. 验收人员
6.1 项目负责人：项目经理。
6.2 项目技术负责人：项目技术负责人。
6.3 安全员：项目专职安全员。
6.4 施工员：项目施工员。

第四节　施工现场安全防护用品验收

建筑施工企业购置的安全防护用品，经验收后方可使用，产品应符合《安全帽》(GB 2811—89)、《安全带》(GB 6095—85)、《安全网》(GB 5725—1997)、《密目式安全立网》(GB 16909—1997)等有关规定，购置的安全防护用品应有：制造厂名称、商标、型号、制造年月、产品检验合格证及检测报告。

1. 安全网架设验收表（表 2-5-3）填写

安全网架设验收表　　　　　　　　表 2-5-3

工程名称			验收部位及日期	
序 号	验收项目	验 收 内 容		验收结果
1	安全网质量	安全网必须有出厂合格证，使用前进行冲击试验符合要求，有试验报告		
2	脚手架兜网	脚手架首层必须设置兜网，每隔10m再设一道		
3	电梯井、采光井、烟囱、水塔、螺旋楼梯	首层及每隔两层最多10m设置一道固定平网		
4	平面洞口	洞口短边长度超1.5m，架设固定平网		
5	系结点	系结点沿网边均匀分布，其距离不得大于75cm，系绳断裂张力不得低于7354.5N		
6	网内杂物	经常清理落物，保持网内无杂物		
验收意见：			项目负责人	
			架设负责人	
		年　月　日	安全员	

1.1 工程名称：填写设计图注名称。

1.2 验收部位及日期：按实际验收情况填写。

1.3 验收内容：

1.3.1 安全网质量：查验有无合格证和试验报告，验收结果填写定性结论。

1.3.2 脚手架兜网：观察、尺量检查有无首层兜网及按距离要求固定设置的层间网，相邻两层兜网距离，验收结果填写数值定性结论。

1.3.3 电梯井、采光井、烟囱、水塔、螺旋楼梯：观察、尺量检查有无首层平网及层间网，相邻两层平网的距离，验收结果填写数值定性结论。

1.3.4 平面洞口：对于洞口短边长度超过1.5m的平面洞口，尺量观察检查，验收结果填写数值定性结论。

1.3.5 系结点：观察、尺量检查系结点距离，查系绳断裂强力拉伸报告，验收结果填写数值和报告编号。

1.3.6 网内杂物：观察检查网内有无杂物，验收结果填写定性结论。

1.4 验收意见：填写定性结论。

1.5 验收人员

1.5.1 项目负责人：该工程项目经理。

1.5.2 架设负责人：负责安全网架设的班组长。

1.5.3 安全员：施工现场专职安全员。

2. 密目式安全网验收表（表2-5-4）填写

密目式安全网验收表　　　　　　　　　　　表2-5-4

工程名称			验收部位及日期	
序号	验收项目	验收内容		验收结果
1	密目网质量	每100cm目数不少于2000目		
		使用前做耐贯穿试验符合要求，有试验报告		
2	架设	密目网设置在脚手架立杆内侧，从底到顶横向设置		
3	绑扎	密目网每个环扣都必须用符合规定的纤维绳或12~14号铅丝绑扎在立杆或大横杆上，绑扎牢固，网间严密		
验收意见：			项目负责人	
			架设负责人	
		年　月　日	安　全　员	

2.1 工程名称：按设计图注名称。

2.2 验收部位：按搭设部位。

2.3 验收内容

2.3.1 密目网质量：查验有无合格证，查验耐贯穿测验报告，验收结果填写编号，定性结论。

2.3.2 架设：观察检查，密目网是否设置在脚手架立杆内侧，是否从底到顶连续横向设置，验收结果填写定性结论。

2.3.3 绑扎：观察手动检查，密目网环扣用的绑扎材料，是否符合要求，验收结果填写定性结论。

2.4 验收意见：根据验收结果，综合评定，表明是否可以使用，做出定性结论。

2.5 验收人员

2.5.1 项目负责人：该项目的项目经理。

2.5.2 架设负责人：负责架设的班组长。

2.5.3 安全员：施工现场专职安全员。

第六章 施 工 用 电

施工用电是指建筑施工单位在工程施工过程中,由于使用电动设备和照明等,进行的线路敷设和电气安装以及对电气设备及线路的使用、维护等工作。本章系统地阐述了临时用电施工组织设计的编写、技术交底、检查验收等内容。根据工程实际情况,列举了部分技术交底实例,以利于施工现场管理人员学习、查阅。

第一节 施工组织设计

1. 编制依据

可依据《施工现场临时用电安全技术规范》（JGJ 46—2005）、《安全电压》（GB 3805—83）、《漏电保护器安装和运行》（GB 13955—92）等标准和规范编制临时用电施工组织设计。

2. 工程概况

2.1 工程简介

2.1.1 工程的地理位置、性质或用途。

2.1.2 工程的规模、结构形式。

2.2 周边环境

2.2.1 基础施工管线（电缆、水、煤气管道）。

2.2.2 临近建筑和其他大型设施。

2.3 现场勘察

2.3.1 施工现场的外电线路的电压等级,导线距地高度与现场的交叉以及与在建筑工程的水平距离的情况。

2.3.2 施工现场地下管道,电缆及其他管线的位置。

2.3.3 供电电源及电压、变压器容量,供电方式。

2.3.4 在建物、临建、料场、机具、生活设施的位置。

3. 变电所设计

确定电源进线、变电所或配电室、配电装置、用电设备位置及线路走向。

4. 负荷计算

现场用电负荷的计算可采用需要系数法,由每一回路的末端逐级向电源侧计算,然后计算出现场总的计算负荷。

负荷计算作为供电变压器、发电机、配电装置、电器、导线截面选择的依据。选择要力求准确、合理、安全,既满足需要又不浪费。

4.1 先列出施工现场所有用电设备一览表。要注明用电设备名称、数量、额定功率,生活用电及现场照明用电等。

4.2 先计算工地总用电量,可以用下式计算:

4.2.1 计算负荷的确定

对于建筑供电系统通常采用需要系数法进行计算。需要系数就是用电设备组在最大负荷时需要的有功功率与其设备容量的比值。需要系数与用电设备的工作性质、设备效率和线路损耗等因素有关,它是一个综合系数,难以准确计算,实用中其值参照表 2-6-1。

需要系数实用表　　　　表 2-6-1

用电设备组名称		K_x	$\cos\varphi$	$\mathrm{tg}\varphi$
混凝土搅拌机及砂浆搅拌机	10 台以下	0.7	0.68	1.08
	10 台以上	0.6	0.65	1.17
破碎机、筛洗石机、泥浆泵空气压缩机、输送机	10 台以下	0.7	0.7	1.02
	10 台以上	0.65	0.65	1.17
提升机、起重机、掘土机	10 台以下	0.3	0.7	1.02
	10 台以上	0.2	0.65	1.17
电焊机	10 台以下	0.45	0.45	1.98
	10 台以上	0.35	0.4	2.29
照明	室内	0.8	1.0	—
	室外	1.0	1.0	—

4.2.2 负荷计算公式

(1) 各用电设备组的计算负荷

设备组的有功功率 (kW): $P_{js} = K_x \times \sum P_e$

设备组的无功功率 (kvar): $Q_{js} = P_{js} \times \mathrm{tg}\varphi$

设备组的视在功率 (kVA): $S_{js} = \sqrt{P_{js}^2 + Q_{js}^2}$

K_x——用电设备组的需用系数。

(2) 总的计算负荷

有功功率的总和 (kW): $P_{jz} = K_x \times K_{zm} \times \sum P_{js}$

无功功率的总和 (kvar): $Q_{jz} = P_{jz} \times \mathrm{tg}\varphi$

视在功率的总和 (kVA): $S_{jz} = \sqrt{P_{jz}^2 + Q_{jz}^2}$

K_x——各用电设备组的最大负荷不同期系数,取 0.9;

K_{zm}——施工单项负荷估算系数,取 1.25。

(3) 计算总电流

$$I_{jz} = \frac{S_{jz}}{\sqrt{3} \times U_e}$$

式中　I_{jz}——总计算电流 (A);

　　　U_e——电源额定电压,取 0.38kV。

5. 设计配电系统

5.1 设计配电线路,选择导线。

5.2 设计配电装置,选择电器。

5.3 设计接地装置。

5.4 绘制临时用电工程图纸。

5.4.1 电气工程总平面图。

5.4.2 配电装置布置图。

5.4.3 配电系统接线图。

5.4.4 接地装置设计图。

6. 设计防雷装置

6.1 施工现场内的起重机、井字架、龙门架等机械设备，以及钢脚架和正在施工的在建工程等的金属结构，当在相邻建筑物、构筑物等设施的防雷装置接闪器的保护范围以内时，应按规定安装防雷装置。

6.2 当最高机械设备上避雷针（接闪器）的保护范围能覆盖其他设备，且又最后退出现场，则其他设备可不设防雷装置。

6.3 机械设备或设施的防雷引下线可利用该设备或设施的金属结构体，但应保证电气连接。

6.4 机械设备上的避雷针长度应为 1~2m。

6.5 安装避雷针的机械设备，所有固定的动力控制、照明、信号及通信线路，宜采用钢管敷设，钢管与该机械设备的金属结构应做电气连接。

6.6 做防雷接地的电气设备，必须同时做重复接地，同一台电气设备的重复接地和防雷接地可使用同一接地体，但接地电阻应符合重复接地电阻值的要求。

7. 制定安全用电防护措施

7.1 针对施工现场作业条件编制安全用电措施和防火措施，保障临时用电工程的可靠运行及人身、设备的安全。主要有以下内容：

7.1.1 安全用电技术措施。

7.1.2 安全用电组织措施。

7.1.3 电气防火措施。

7.2 临时用电施工组织设计的动态管理

施工现场临时用电施工组织设计的编制是针对施工的作业条件和用电设备的容量、类型等进行设计的，而施工过程一般随基础、主体、装修等不同施工阶段，需要的设备数量、类型、容量及作业条件也在变化。因此，在整个施工周期内，随施工用电情况的变化，临时用电施工组织设计也应及时进行修改、补充防护措施。

第二节 安全技术交底

临电安全技术交底的主要项目：在建工程与临近高压线的距离与保护措施；架空线路的敷设；电缆线路的敷设；变配电设施与维护；配电箱的设置；开关电器及熔丝的选择；接地与防雷保护；现场照明；以季节特点为主的冬雨季电气安全技术措施。由于各类用电人员缺乏安全用电知识，触电事故时有发生，因此对各类用电人员使用电气设备的要求所负职责应做出明确的规定，由电气工程技术人员向施工作业电工进行技术交底，针对现场的实际情况来制定交底的内容，其主要包括：

（1）电工安全技术交底。

(2) 施工现场照明安全技术交底。
(3) 电缆线路敷设安全技术交底。
(4) 施工现场防雷安全技术交底。
(5) 配电箱、开关箱设置安全技术交底。
(6) 保护接地和保护接零安全技术交底。
(7) 各种机械用电安全技术交底。
(8) 特殊环境用电安全技术交底。

现以配电箱、开关箱设置安全技术交底为例，示例如表 2-6-2。

配电箱、开关箱设置安全技术交底 表 2-6-2

工程名称		施工单位	
分项工程名称		施工部位	

交底内容：
1. 配电箱、开关箱安装要牢固，便于两人同时操作和维修。
2. 固定配电箱、开关箱要设置在平坦的地面处，要设置在主体坠落半径以外处。
3. 配电箱、开关箱的进线口和出线口设置在箱体下方，电源线出入穿管设置。
4. 配电箱、开关箱的导线，排列整齐，导线端头用螺栓连接压牢。
5. 分配电箱与开关箱的距离不得超过 30m，开关箱与设备不得超过 3m。
6. 配电箱、开关箱内安装的刀闸、漏电保护器、接触器应动作灵活，触头无严重锈蚀现象。
7. 固定式配电箱、开关箱的下底与地面的垂直距离要大于 1.3m，并小于 1.5m；活动开关箱的下底与地面的垂直距离要大于 0.6m，并小于 1.5m。
8. 配电箱、开关箱内左右两侧，要设置保护接零、工作接零端子排

补充内容：

交底部门		交底人		接受交底人		交底日期	

第三节 施工临时用电验收

主要内容包括：临时用电工程检查验收表，电气设备的试验、检验报告单和调试记录等。其中接地电阻测试记录应包括电源变压器投入运行前其工作接地阻值和重复接地阻值，以及定期检测重复接地阻值测定记录。

施工现场临时用电使用验收表（表 2-6-3）填写

施工现场临时用电验收表　　　　　　　　　　表 2-6-3

工程名称			供电方式	
进线截面		用电容量	保护方式	

序号	验收项目	验 收 内 容	验收结果
1	施工方案	用电设备 5 台及以上或总容量 50kW 及以上应编制临时用电组织设计，必须履行编制、审核、审批程序	
		用电设备 5 台以下或总容量 50kW 以下应编制用电和电气防火措施并经上级审批	
		临时用电施工组织设计或安全用电技术措施针对性强，能指导施工	
		有专项安全技术交底	
2	外电防护	外电架空线路下方应无生活设施、作业棚、堆放材料、施工作业区	
		在建工程（含脚手架）的周边与外电架空线路的边线之间，必须保持安全操作距离	
		起重机的任何部位或被吊物边缘在最大偏斜时与架空线路边线保持安全距离	
		达不到最小安全操作距离时必须采取绝缘隔离防护措施，并挂警告标志牌	
3	配电线路	架空线、电杆、横担应符合规定要求；架空线路地面距离：施工现场应大于 4m，机动车道应大于 6m	
		钢管应架空线必须在专用电杆上，不得架设在树木、脚手架上	
		电缆埋地敷设方式、深度应符合规范要求；过路及地下 0.2m 至地上 2m 应穿管保护	
		电缆架空敷设时应用绝缘子固定，高度不应低于 2.5m；建筑物内电缆沿墙水平敷设高度不应低于 2m	
		按规定使用五芯电缆	
		PE 线的颜色应是绿/黄双色线，其截面应不小于工作零线的截面	
		室内配线应用绝缘子固定，距地面高度不应低于 2.5m，排列整齐，室内配线必须是绝缘导线	
4	保护方式	采用 TN-S 系统，重复接地点不少于 3 处，每个接地电阻值应不大于 10Ω，PE 线与 N 线分开不得混接	
		采用 TT 系统：每个接地电阻值应不大于 4Ω	
		高于建筑物的大型设备除做好重复接地外还必须按规定设置防雷接地装置，防雷接地电阻值应不大于 30Ω	

续表

序号	验收项目	验收内容	验收结果
5	配电箱	符合三级配电二级保护要求	
		配电箱内有总隔离开关及分路隔离开关,开关箱做到一机一闸一漏一箱,漏电保护器参数应符合规定要求	
		配电箱设置位置应符合规定要求,有足够两人同时工作空间或通道;箱内电器完好可靠,回路标示明显,采用端板接线,不得有外露带电体,进出线应从箱体的下底面出入,进入配电箱的电源线不得采用插销连接	
		固定式配电箱安装高度为 1.3~1.5m,移动式配电箱安装高度为0.6~1.5m	
		箱体符合规定要求,有门有锁,有防雨防尘措施	
6	现场照明	照明回路有单独的开关箱,配有漏电保护装置并符合要求	
		灯具金属外壳必须作保护接零;室外灯具安装高度不低于3m,室内灯具安装高度不低于2.4m,钠、铊、铟等金属卤化物灯具安装高度应不低于5m	
		照明器具、器材应无绝缘老化或破损	
		按规定使用安全电压	
7	变配电装置	配电室应符合规定要求,配电室的天棚距地面不应低于3m,配电屏.(盘)操作通道宽度应符合规定要求	
		门向外开并配锁,应有防雨、火、水、雷和小动物出入等措施,通风良好	
		发电机组应采用三相四线制中性点直接接地系统,并独立设置,接地电阻应符合要求;发电机组与外电线路有联锁控制,不得同时使用	

验收意见:	项目负责人	
	技术负责人	
	安装负责人	
	施工员	
年 月 日	安全员	
	机电管理员	
	电 工	

针对该施工现场临时用电组织设计,依照《施工现场临时用电安全技术规范》JGJ 46—2005 和《建筑施工安全检查标准实施细则》(JGJ 59—99)进行施工现场临时用电使用验收并填验收表。

(1) 工程名称:按设计图注名称。

(2) 供电方式:应填写 TN-S。

(3) 进线截面:应填写进线导线相线和零线的截面积。

(4) 用电容量:应填写施工现场用电高峰期时的用电总量。

(5) 设备保护方式:应填写"接零保护"。

(6) 验收内容:

1) 施工方案:检查资料,是否依据现场实际情况进行编制并进行有关审批。

2）外电防护：所列项目经查看、测量，检验结果填写定性结论。
3）配电线路：所列项目经查看、测量，检验结果填写定性结论。
4）保护方式：所列项目经查看、测量，检验结果填写定性结论。
5）配电箱：所列项目经查看、测量，检验结果填写定性结论。
6）现场照明：所列内容经查看、测量，检验结果填写定性结论。
7）变配电装置：所列项目经查看、测量，检验结果填写定性结论。
（7）验收意见：根据所列项目的检验结果，作出定性结论。
（8）验收人员
1）项目负责人：该项目项目经理。
2）安装负责人：安装电工负责人。
3）安全员：该项目安全员。
4）技术负责人：项目技术负责人。
5）施工员：施工工长。
6）机电管理员：设备管理员。
7）电工：现场电工操作人员。

第四节　接地电阻测试记录

临电规范规定的各类接地电阻值：
（1）电力变压器工作接地电阻值不大于 4Ω。
（2）单台容量不超过 100kVA 的变压器或发电机的工作接地工作电阻值不得大于 10Ω。
（3）土壤电阻率不超过 $1000\Omega \cdot m$ 的地区，工作接地电阻值可以提高到 30Ω，此时应设置操作的维修电气设备的绝缘台。
（4）保护零线每一重复接地装置的接地电阻值应不大于 10Ω。
（5）施工现场内所有防雷装置的冲击接地电阻值不得大于 30Ω。

接地电阻测试记录表如表 2-6-4。

接地电阻测试记录表　　　　　　　　　　　表 2-6-4

工程名称					测试仪器名称			
测试仪器型号				测试人			监测人	
接地类别及要求	接地类型及标准阻值	编号	接地位置或设备名称	实测阻值（Ω）	季节系数	测试结果	测试日期	备注
	工作接地 ≤4Ω	1						
		2						
	重复接地 ≤10Ω	1						
		2						
		3						
		4						
		5						
		6						

续表

工程名称					测试仪器名称		
测试仪器型号				测试人		监测人	
接地类别及要求	接地类型及标准阻值	编号	接地位置或设备名称	实测阻值（Ω）	季节系数	测试结果	测试日期	备 注
	防雷接地 ≤30Ω	1						
		2						
		3						
		4						
	保护接地 ≤4Ω	1						
		2						
		3						
		4						
		5						

注：1. 测试结果＝实测阻值×季节系数；

2. 接地电阻应定期（至少每季度一次）进行测试；

3. 测试人为电工，监测人可以是施工员、安全员等施工管理人员。

第五节 漏电保护器检测记录

（1）对施工现场所有配电箱内的漏电保护器逐个登记，建立漏电保护器检测记录（表2-6-5）。

（2）原则上漏电保护器每两周测试一次，故障掉闸或雨后或特殊情况，临时增加检测次数并记录。

（3）必须同时检测漏电保护器的漏电动作电流和动作时间。

（4）漏电保护器检测仪必须按规定时间进行检定。

漏电保护器检测记录　　　　　　　表2-6-5

工程名称		保护设备名称				额定功率	
保护器型号		额定电流		额定漏电		生产厂家	
维护电工姓名		电工证号码					
检测日期	A相对地		B相对地		C相对地		检测结论	检测人
	动作电流	动作时间	动作电流	动作时间	动作电流	动作时间		
月　日								
月　日								
月　日								
月　日								
月　日								
月　日								
月　日								

第六节 电工日常检查维修记录

(1)《现场临时用电巡视维修工作记录》由电气技术员负责建立和审查，可指定电工代管，当临时用电工程拆除后统一归档。

(2) 巡视过程中发现的问题及隐患要进行记录，针对这些问题制定相应的维修措施，并对维修过程进行记录，限定维修完成时间。

(3) 维修完成后，必须经有关人员验收；分析问题（隐患）产生的原因，制定预防措施，防止事故再次发生。有关人员签字齐全。

电工日常检查维修记录表如表 2-6-6 示例。

电工日常检查维修记录表（示例） 表 2-6-6

巡视发现问题、隐患记录	维 修 记 录	验 证 日 期
对钢筋加工厂及施工现场降水用开关箱进行全面巡视检查，发现现场降水用开关箱至水泵的电源线均未采取保护措施而且较乱	维修措施： 为防止碰坏电缆，由开关箱到水泵的电源线明露部分穿塑料管进行保护，排放整齐、顺直美观 维修责任人：××× 维修时间： 月 日	月 日
验收意见： 已按要求整改 年 月 日		
问题、隐患预防措施（改进措施）： 对临时供电电工进行安全培训，提高其临时供电安全意识，确保临时供电线路规范架设，防止发生事故		
巡视维修人	验收人	记录人

第七章 土石方工程

本章系统地阐述了土石方工程施工方案的编写、技术交底、检查验收等内容,根据工程实际情况,列举了部分技术交底实例,以利于施工现场管理人员学习、查阅。

第一节 基础设施支护方案

1. 编制依据

为了在建筑基坑支护设计与施工中做到技术先进、经济合理,确保边坡稳定,基坑周围建筑物、道路及地下设施的安全,依据《建筑基坑支护技术规程》(JGJ 120—99)、《建筑施工高处作业安全技术规范》(JGJ 80—91)编制基础设施支护方案。

2. 工程概况

2.1 工程简介

2.1.1 工程的地理位置、性质或用途。

2.1.2 工程的规模、结构形式、檐口高度。

2.2 周边环境

2.2.1 基础施工管线(电缆、水、煤气管道)。

2.2.2 临近建筑和其他大型设施。

2.3 地质情况

2.3.1 土质条件。

2.3.2 地下水位标高。

3. 施工准备

勘察现场、环境和地质情况;设置测量控制网,包括轴线和水准点;施工所需临时设施,按要求设置就绪;根据工程情况对机械设备、挖掘机、推土机、装载车辆和司机证件等进行验收。

4. 土方开挖顺序和方法

4.1 选择机械设备,规定挖土顺序,防止超挖,规定人工开挖和修坡的标高和边界。

4.2 非机械作业规定人员禁止进入区域。

4.3 挖土时如遇古墓、洞穴、暗沟等采取的处理和汇报方法。

4.4 基坑挖至设计标高后,应通知有关部门验槽后方可施工。

5. 基坑支护设计计算及施工详图

5.1 基坑深度不足 2m 时按规范要求放坡,若与相邻建筑物、管线、道路距离较近或地质情况较差时应支护。

5.2 基坑深度超过 2m 小于 5m,坡壁土质为粉质黏土、粉土,湿度为稍湿状态,周围没有其他荷载时,可根据规范放坡;雨期坡壁土质不良或周围有附加荷载时,应支护。

5.3 基坑深度超过 5m 时，无论沿边坡土质情况和周边荷载如何，必须进行支护，并有详细的基坑支护计算，报请专家组到施工现场组织考察论证，考察结果要有书面定性结论并有专家签字。

5.4 施工详图根据现场实测情况绘制。

6. 基坑支护结构选型

基坑支护结构应根据承载能力或土体情况和地下结构施工后不影响周边环境，来确定支护方法。

6.1 地质条件良好，土质均匀且地下水位低于基坑或管沟面标高时，应符合表 2-7-1。

深度在 5m 内的基坑（槽）管沟边坡的最陡坡度（不加支撑）　　表 2-7-1

土 的 类 别	边坡坡度（高：宽）		
	坡顶无荷载	坡顶有静荷载	坡顶有动荷载
中密砂土	1∶1.00	1∶1.25	1∶1.50
中密碎石类土	1∶0.75	1∶1.00	1∶1.25
硬塑的黏质粉土	1∶0.67	1∶0.75	1∶1.00
中密碎石类土（充填物为黏性土）	1∶0.50	1∶0.67	1∶0.75
硬塑的粉质黏土、黏土	1∶0.33	1∶0.50	1∶0.67
老黄土	1∶0.10	1∶0.25	1∶0.33
软土（经井点降水后）	1∶1.00	—	—

注：静荷载包括堆土或堆料等，动荷载包括机械挖土或汽车运输作业等；静荷载和动荷载距基坑边缘的距离应不小于 1.2m，堆土或材料的堆放高度应不超过 1.5m。

6.2 土质构造均匀，土质条件良好，地下水位低于沟槽底面标高时，边坡可作直立壁且不加支护。参照表 2-7-2。

不加支撑挖方深度　　表 2-7-2

土 的 类 别	最 大 深 度
密实中密砂土和碎石类土（充填物为砂土）	1.00
硬塑、可塑的黏质粉土及粉质黏土	1.25
硬塑、可塑的黏土和碎石类土（充填物为黏性土）	1.50
坚硬的黏土	2.00

7. 基坑支护变形监测方法

监控方案应包括：监控的目的、监控项目、监控报警值、检测方法及精度要求、监测点的布置、检测周期、工序管理和记录制度以及信息反馈系统等。

8. 安全技术措施

8.1 雨期施工采取防止坍塌措施。

8.2 开挖过程中如发现滑坡迹象时采取的临时支撑措施和处理措施。

8.3 深基坑施工，设置梯子或坡道的要求。

8.4 人工挖土时操作间距，抛土方向。

8.5 机械挖土时的间距和注意事项。

第二节　基坑工程安全技术交底

工程施工前，由工程项目技术负责人组织编制，由项目负责人组织项目部技术、安全、有关人员，根据工程概况、施工方法、安全技术措施等情况向作业班组人员进行书面交底。

基坑工程安全技术交底根据施工工艺、做法不同可分为：

(1) 挖土工程安全技术交底；
(2) 回填土工程安全技术交底；
(3) 基坑支护施工安全技术交底；
(4) 强夯地基施工安全技术交底；
(5) 挤密桩施工安全技术交底；
(6) 深层搅拌桩施工安全技术交底；
(7) 钢筋混凝土预制桩施工安全技术交底；
(8) 深井施工安全技术交底；
(9) 地下连续墙施工安全技术交底；
(10) 井点降水施工安全技术交底；
(11) 回灌技术施工安全技术交底；
(12) 人工挖孔灌注桩施工安全技术交底；
(13) 锚杆静压桩施工安全技术交底。

现以基坑支护施工安全技术交底为例，示例如表 2-7-3。

基坑工程安全技术交底（示例）　　　　　　　表 2-7-3

工程名称		施工单位	
分项工程名称		施工部位	

交底内容：
1. 施工现场应划定作业区，设置防护栏及安全标志，非作业人员不得入内。
2. 作业人员进入施工现场必须戴好安全帽。
3. 施工机械进入施工现场前，要事先检查好道路，临时用电设施做好加固和防护措施。
4. 基坑开挖时各班长要随时注意边坡的稳定情况，如发现裂纹或局部塌落等现象及时向工长和安全员报告。
5. 先开挖后支护的沟槽、基坑，支护必须紧跟挖土工序，土壁裸露时间不宜超过 4h；先支护后开挖的沟槽、基坑，必须根据施工设计要求，确定开挖时间。
6. 施工场地应平整、坚实、无障碍物，能满足施工机具的作业要求。
7. 开挖基坑作业当接近地下水位时，要先完成标高最低处的挖方，以便于在该处集中排水。
8. 配合机械作业的清底、平地、修坡等人员，应在机械回转半径以外作业。
9. 作业中如发现暗物时，应立即向项目经理报告，停止作业。
10. 多台铲运机械作业时，前后间距不得小于 10m，左右间距不得小于 2m。
11. 在现场建（构）筑物附近进行桩工作业前，必须掌握其结构和基础情况，确认安全；机械作业影响建（构）筑物结构安全时，必须先对建（构）筑物采取安全技术措施，经验收确认合格，形成文件后，方可进行机械作业。
12. 沟槽、基坑支护施工前，主管施工技术人员应熟悉支护结构、施工设计图纸和地下管线等设施状况，掌握支护方法、设计要求和地下设施的位置、埋深等现状

续表

工程名称		施工单位	
分项工程名称		施工部位	

13. 上下沟槽、基坑应设安全梯或土坡道、斜道，其间距不宜大于 50m，严禁攀登支护结构。

14. 土壁深度超过 6m，不宜使用悬臂桩支护。

15. 编制施工组织设计时，应根据工程地质、水文地质、开挖深度、地面载荷、施工设备和沟槽、基坑周边环境等状况，对支护结构进行施工设计，其强度、刚度和稳定性应满足邻近建（构）筑物和施工安全的要求，并制定相应的安全技术措施。

16. 施工过程中，严禁利用支护结构支撑作业平台、挂装起重设备等。

17. 拆除支护结构应设专人指挥，作业中应与土方回填密切配合，并设专人负责安全监护。

18. 支护结构施工完成后，应进行检查、验收，确认质量符合设计要求并形成文件后，方可进入沟槽、基坑内作业。

19. 大雨、大雪、大雾、沙尘暴和风力六级以上（含六级）的恶劣天气，必须停止露天打桩和起重作业。

20. 施工过程中，对支护结构应经常检查，发现异常应及时处理

补充内容：

交底部门		交底人		接受交底人		交底日期	

第三节 基坑支护变形检测

1. 基坑支护变形监测

1.1 "基坑支护变形监测记录"的具体内容。

基坑开挖前应做系统的监测方案,监测应包括监测项目、监测方法、精度要求、监测点的布置、观测周期、观测记录以及信息反馈等。

1.2 基坑工程监测应以专门仪器监测为主,以现场目测为辅。

1.3 支护设施产生局部变形,应及时采取措施进行处理。

2. 基坑开挖监控

2.1 监测点的布置应满足监控要求,从基坑边缘以外 1~2 倍开挖深度范围内的需要保护的物体均应作为监控对象。

2.2 基坑工程监测项目

基坑工程监测项目表如表 2-7-4 所示。

基坑工程监测项目表　　　　　表 2-7-4

监测项目 \ 基坑侧壁安全等级	一级	二级	三级
支护结构水平位移	应测	应测	应测
周围建筑物、地下管线变形	应测	应测	宜测
地下水位	应测	应测	宜测
桩、墙、内力	应测	宜测	可测
锚杆拉力	应测	宜测	可测
支撑轴力	应测	宜测	可测
立柱变形	应测	宜测	可测
土体分层竖向位移	应测	宜测	可测
支护结构界面上侧向压力	宜测	可测	可测

基坑侧壁安全等级说明：

一级：支护结构破坏、土体失稳或过大变形对基坑周边环境及地下结构施工影响很严重；

二级：支护结构破坏、土体失稳或过大变形对基坑周边环境及地下结构施工影响一般；

三级：支护结构破坏、土体失稳或过大变形对基坑周边环境及地下结构施工影响不严重。

2.3 位移观测基准点数量不应小于两个,且应设在影响范围以外。

2.4 监测项目在基坑开挖前应测得初始值,且不应少于两次。

2.5 基坑监测项目的监控报警值应根据监测对象的有关规范及支护结构设计要求确定。

2.6 各项监测的时间间隔可根据施工进程确定,当变形超过有关标准或监测结果变形较大时，应增加观测次数；当有事故征兆时，应连续监测。

2.7 基坑开挖监测进程中，应根据设计要求提交阶段性监测结果报告。工程结束时应提交完整的监测报告，报告内容应包括：

2.7.1 工程概况；

2.7.2 监测项目和各测点的平面和立面布置图；

2.7.3 采用仪器设备和监测方法；

2.7.4 监测数据处理方法和监测结果过程曲线；

2.7.5 监测结果评价。

3. "基坑周边环境沉降观测记录"的具体内容，表格样式如表 2-7-5。

基坑周边环境沉降观测记录表　　　　　表 2-7-5

单位工程名称：　　　　　　　　　　　　　　　　施工单位：

观察点编号	第 次 年 月 日			第 次 年 月 日			第 次 年 月 日			第 次 年 月 日		
	标高(m)	沉降量（mm）		标高(m)	沉降量（mm）		标高(m)	沉降量（mm）		标高(m)	沉降量（mm）	
		本次	累计		本次	累计		本次	累计		本次	累计
工程部位												
观测者												
监测者												

填表单位：　　　　　　　　　　负责人：　　　　　　　　　　制表：

第四节　基坑支护验收

基坑的支护结构在整个施工期间，为了保证有足够的强度和刚度，支护作业完成后，工程项目部负责人组织有关人员要进行验收，基坑支护验收表（表 2-7-6）填写内容主要包括：

(1) 工程名称：按设计图纸填写。

(2) 支护方式：填写实际边坡支护方法。

(3) 验收内容：

1) 施工方案

检查基坑支护方案是否与现场实际相符。方案是否经有关人员审批，检查结果填写定性结论。

2) 临边防护

观察尺量临边各项防护措施。填写实际数值，做出结论。

3) 坑壁支护

检查，坑槽护壁方法，结合方案，填写出定性结论。

基坑支护验收表 表 2-7-6

工程名称			支护方式	
序号	验收项目	验收内容		验收结果
1	施工方案	有支护方案并经上级审批，针对性强，能指导施工，有专项安全技术交底		
2	陷边防护	坑槽开挖深度不足2m，按规定放坡；超过2m时，应有临边防护设施		
3	坑壁支护	坑槽开挖设置安全边坡应符合规范或设计要求；特殊支护做法符合设计要求		
4	排水措施	基础施工应设置有效排水措施；坑外降水，有防止临边建筑危险沉降措施		
5	坑边荷载	积土、料具堆放距坑边距离应不小于规定要求；机械设备施工距坑边距离不符合规定要求时应有加固措施		
6	上下通道	人员上下应设专用通道并有防滑措施		
7	作业环境	基坑内作业人员必须有安全可靠立足点；垂直作业，必须有切实可行的隔离防护措施；光线不足时应设置足够的照明		
8	基坑支护	有对支护变形和对毗邻建筑物及重要管线、道路的的监测沉降观测方案和措施		
验收意见： 年 月 日			项目负责人	
			技术负责人	
			施 工 员	
			安 全 员	

4）排水措施

观察检查，基础处是否设置了排水坑池，排水是否有效，检查结果，填写定性结论。

5）坑边荷载

检查尺量基坑（槽），边沿存放的设备、材料及土方是否符合安全距离，检查结果填写定性结论。

6）上下通道

检查上下通道是否按要求设置，检查结果填写定性结论。

7）作业环境

检查照明用电设施，作业环境是否符合安全要求，检查结果填写定性结论。

8）基坑支护监测

检查各项基坑监测方法，检查结果填写定性结论。

(4) 验收意见：

检查验收结果填写定性结论。

(5) 验收人员：

1）项目负责人：项目经理。

2）技术负责人：项目技术负责人。

3）安全员：项目专职安全员。

4）施工员：施工工长。

第八章 起重吊装

在建筑安装工程施工生产中，广泛采用各种起重机械以完成各项起重装卸和搬运任务。它不仅能够提高劳动生产率，而且大大减轻了劳动强度，改善了劳动条件。但由于起重吊装作业是属于危险作业，作业环境复杂，技术难度大，如果管理不善或操作失误，可能造成吊车脱轨翻倒、悬臂折断、钢丝绳拉断和重物坠落等恶性事故。本章系统地阐述了施工方案编写、技术交底、检查验收等内容，根据工程实际情况，列举了部分安全技术交底实例，以利于施工管理人员学习、查阅。

第一节 起重吊装作业方案

1. 编制依据

主要依据《汽车起重机和轮胎起重机安全规程》（JB 8716—1998）、《起重机械超载保护装置安全技术规范》（GB 12602—90）、《起重机械危险部位与标志》（GB 15052—94）、《起重吊运指挥信号》（GB 5082—85）和《建筑安装工人安全技术操作规程》。

2. 工程概况

2.1 工程的地理位置、性质和用途。

2.2 工程的规模、结构形式、檐口高度。

3. 作业环境

施工作业的位置首先应满足吊装作业的需要，同时它的位置又不影响搅拌站、料场以及水、电、管线、临时建筑物、外电线路以及其他相关设备设施等的安全要求。

4. 起重机械选用

考虑起重机的起重能力、现场道路安全及经济效益等各方面因素，结合吊装物件重量、几何尺寸、安装高度，选择起重机。

5. 吊装程序、方法和要求

5.1 施工准备。

5.2 吊装程序。

5.3 施工方法和要求。

6. 安全技术措施

6.1 吊装前的安全技术交底。

6.2 起重设备的检查及发现问题的解决方法。

6.3 施工作业人员劳动保护用品的使用。

6.4 特殊工种人员的上岗条件。

第二节 起重吊装安全技术交底

起重吊装前,由工程项目负责人、技术负责人、安全员向施工作业人员进行文字交底要履行签字手续,如表2-8-1。

起重吊装安全技术交底(示例)　　　　表2-8-1

工 程 名 称		施工单位	
分项工程名称		施工部位	

交底内容:

(一)起重吊装施工安全要求

1. 起重工应健康,两眼视力均不得低于1.0,无色盲、听力障碍、高血压、心脏病、癫痫、眩晕、突发性昏厥及其他影响起重吊装作业的疾病与生理缺陷。

2. 起重工必须经过安全技术培训,持证上岗;严禁酒后作业。

3. 作业前必须检查作业环境、吊索具、防护用品;吊装区域无闲散人员,障碍已排除;吊索具无缺陷,捆绑正确牢固,被吊物与其他物件无连接;确认安全后方可作业。

4. 轮式或履带式起重机作业时必须确定吊装区域,并设警戒标志,必要时派人监护。

5. 大雨、大雪、大雾及风力六级以上(含六级)等恶劣天气,必须停止露天起重吊装作业;严禁在带电的高压线下作业。

6. 在高压线一侧作业时,必须保持下表所列的最小安全距离。

起重机与架空输电导线的最小安全距离

电压(kV) 安全距离(m)	<1	1~15	20~40	60~110	220
沿垂直方向	1.5	3.0	4.0	5.0	6.0
沿水平方向	1.0	1.5	2.0	4.0	6.0

7. 在下列情况下严禁进行吊装作业:

(1)被吊物质量超过机械性能允许范围;

(2)信号不清;

(3)吊装物下方有人;

(4)吊装物上站人;

(5)立式构件、大模板不用卡环;

(6)斜拉斜牵物;

(7)散物捆扎不牢;

(8)零碎物无容器;

(9)吊装物质量不明;

(10)吊索具不符合规定;

(11)作业现场光线阴暗

续表

工程名称		施工单位	
分项工程名称		施工部位	

8. 作业时必须按照技术交底进行操作，听从统一指挥。

9. 使用起重机作业时，必须正确选择吊点位置，合理穿挂索具，经试吊无误后方可起吊；除指挥及挂钩人员外，严禁其他人员进入吊装作业区。

10. 使用两台吊车抬吊大型构件时，吊车性能应一致，单机荷载应合理分配，且不得超过额定荷载的80%；作业时必须统一指挥，动作一致。

11. 需自制吊运物料容器（土斗、混凝土斗、砂浆斗等）时，必须按下列要求进行：

(1) 荷载（包括自重）不得超过5000kg；

(2) 必须由专业技术人员设计，报项目经理部总工程师批准；

(3) 焊制时，须选派技术水平高的焊工施焊，由质量管理人员跟踪检查，确保制作质量；

(4) 制作完成后，须经项目经理部总工程师组织验收，并试吊，确认合格；

(5) 验收时必须将设计图纸和计算书交项目经理部主管部门存档，并由主管部门纳入管理范畴，定期检查、维护，遇有损坏及时修理，保持完好；

(6) 使用前必须由作业人员进行检查，确认焊缝不开裂、吊环不歪斜、开裂，容器完好。

（二）基本安全操作

1. 穿绳：确定吊物重心，选好挂绳位置；穿绳应用铁钩，不得将手臂伸到吊物下面。吊运棱角坚硬或易滑的吊物，必须加衬垫、有套索。

2. 挂绳：应按顺序挂绳，吊绳不得相互挤压、交叉、扭压、绞拧；一般吊物可用兜挂法，必须保持吊物平衡；对于易滚、易滑或超长货物，宜采用索绳方法，使用卡环锁紧吊绳。

3. 试吊：吊绳套挂牢固，起重机缓慢起升，将吊绳绷紧稍停，起升不得过高；试吊中，信号工、挂钩工、司机必须协调配合；如发现吊物重心偏移或与其他物件粘连等情况时，必须立即停止起吊，采取措施并确认安全后方可起吊。

4. 摘绳：落绳、停稳、支稳后方可放松吊绳；对易滚、易滑、易散的吊物，摘绳要用安全钩；挂钩工不得站在吊物上面；如遇不易人工摘绳时，应选用其他机具辅助，严禁攀登吊物及绳索。

5. 抽绳：吊钩应与吊物重心保持垂直，缓慢起绳，不得斜拉、强拉，不得旋转吊臂抽绳；如遇吊绳被压，应立即停止抽绳，可采取提头试吊方法抽绳；吊运易损、易滚、易倒的吊物不得使用起重机抽绳。

6. 吊挂作业应符合下列要求：

(1) 兜绳吊挂应保持吊点位置准确、兜绳不偏移、吊物平衡；

(2) 锁绳吊挂应便于摘绳操作；

(3) 卡具吊挂时应避免卡具在吊装中被碰撞；

(4) 扁担吊挂时，吊点应对称于吊物重心。

7. 捆绑作业应符合下列要求：

捆绑必须牢固；吊运集装箱等箱式吊物装车时，应使用捆绑工具将箱体与车连接牢固，并加垫防滑；管材、构件等必须用紧线器紧固。

8. 新起重工具、吊具应按说明书检验，经试吊无误后方可正式使用。

9. 长期不用的起重、吊挂机具，必须进行检测、试吊，确认安全后方可使用。

10. 钢丝绳、套索等的安全系数不得小于8～10。

（三）三角架吊装

1. 作业前必须按技术交底要求选用机具、吊具、绳索及配套材料。

2. 作业前应将作业场地整平、压实，三角架底部应支垫牢固。

3. 三角架顶端绑扎绳以上伸出长度不得小于60mm，捆绑点以下三杆长度应相等并用钢丝绳连接牢固，底部三脚距离相等，且为架高的1/3～2/3；相邻两杆用排木连接，排木间距不得大于1.5m。

4. 吊装作业时必须设专人指挥；试吊时应检查各部件，确认安全后方可正式操作。

5. 移动三角架时必须设专人指挥，由三人以上操作。

续表

工 程 名 称		施工单位	
分项工程名称		施工部位	

(四) 构件及设备的吊装

1. 作业前应检查被吊物、场地、作业空间等,确认安全后方可作业。
2. 作业时应缓起、缓转、缓移,并用控制绳保持吊物平稳。
3. 移动构件、设备时,构件、设备必须连接牢固,保持稳定;道路应坚实平整,作业人员必须听从统一指挥,协调一致;使用卷扬机移动构件或设备时,必须用慢速卷扬机。
4. 码放构件的场地应坚实平整;码放后应支撑牢固、稳定。
5. 吊装大型构件使用千斤顶调整就位时,严禁两端千斤顶同时起落;一端使用两个千斤顶时,起落速度应一致。
6. 超长型构件运输中,悬出部分不得大于总长的 1/4,并应采取防倾覆措施。
7. 暂停作业时,必须把构件、设备支撑稳定,连接牢固后方可离开现场。

(五) 吊索具

1. 作业时必须根据吊物的重量、体积、形状等选用合适的吊索具。
2. 严禁在吊钩上补焊、打孔;吊钩表面必须保持光滑,不得有裂纹;严禁使用危险断面磨损程度达到原尺寸的 10%、钩口开口度尺寸比原尺寸增大 15%、扭转变形超过 10%、危险断面或颈部产生塑性变形的吊钩;板钩衬套磨损达原尺寸的 50% 时,应报废衬套;板钩心轴磨损达原尺寸的 5% 时,应报废心轴。
3. 编插钢丝绳索具宜用 6mm×37mm 的钢丝绳;编插段的长度不得小于钢丝绳直径的 20 倍,且不得小于 300mm;编插钢丝绳的强度应按原钢丝绳强度的 70% 计算。
4. 吊索的水平夹角应大于 45°。
5. 使用卡环时,严禁卡环侧向受力,起吊前必须检查封闭销是否拧紧,不得使用有裂纹、变形的卡环;严禁用焊补方法修复卡环。
6. 凡有下列情况之一的钢丝绳不得继续使用。
(1) 断股或使用时断丝速度增大;
(2) 在一个节距内的断丝数量超过总丝数的 10%;
(3) 出现拧扭死结、死弯、压扁、股松明显、波浪形、钢丝外飞、绳芯挤出以及断股等现象;
(4) 钢丝绳直径减少 7%~10%;
(5) 钢丝绳表面钢丝磨损或腐蚀程度,达到表面钢丝直径的 40% 以上,或钢丝绳被腐蚀后,表面麻痕清晰可见,整根钢丝绳明显变硬。
7. 新购置的吊索具前应检查其合格证,并试吊,确认安全

补充内容:

交底部门		交底人		接受交底人		交底日期	

第九章 塔式起重机

塔式起重机（也称塔吊）因具有起重壁与塔身互成垂直的外型，故可把它安装在靠近在施工工程的周围。有效的工作幅度，优于其他类型的起重机。塔吊的工作高度可达到100～160m，特别适用于高房和超高房建筑施工，再加上操作方便，变幅简单，在建筑施工中得到了广泛的应用。本章系统地阐述了施工方案编写、技术交底、检查验收等内容，根据工程实际情况，列举了部分安全技术交底实例，以利于施工现场管理人员学习、查阅。

第一节 塔式起重机安装方案

1. 编制依据

主要依据：《建筑安装工人安全技术操作规程》、《塔式起重机安全规程》（GB 5144—94）、《起重机械安全规程》（GB 6067—85）。

2. 工程概况

工程的名称、地理位置、性质和用途、工程的规模、结构形式、檐口高度。

3. 作业环境

4. 作业人员组成及安装机具准备

4.1 负责塔机安装队伍有关资质证明，人员资格证，工种、指挥、职责分工。

4.2 各种安装设备，机具的型号、规格、数量。

5. 塔机地基承载力计算

塔吊的路基和轨道的铺设，必须严格按照说明书规定进行。

一般情况路基土体承载能力：

中型塔（3～15t）0.12～0.16MPa；重型塔（15t以上）大于0.2MPa。计算可按混凝土基础的抗倾覆稳定性验算和地面压应力验算。

6. 安装程序、方法及要求

6.1 安装底座或轨道台车。

6.2 安装过渡节。

6.3 安装爬升套架。

6.4 安装塔帽及回转部分。

6.5 安装平衡臂及部分平衡重。

6.6 安装起重臂。

6.7 安装剩余平衡重。

6.8 穿绕起升钢丝绳。

6.9 接线。

7. 运行调试

检查各处液压系统是否正常，连接件安装齐全、正确后进行调试运转，确定各机构工作正常，调试各安全装置，进行最后的安装自检并做好各项检查记录。

8. 安全技术措施。

8.1 安装人员防护用品的使用。

8.2 塔机安装前各受力构件的检查。

8.3 安装过程中的气候影响及措施。

8.4 塔机安装时的防护措施。

9. 应急预案。

第二节 塔式起重机安装安全技术交底

在实施作业前，依据安装方案由专业技术人员向全体作业人员进行文字交底，作业负责人和安全员与被交底人要履行签字手续。

（1）塔式起重机安全操作规程交底

（2）塔式起重机基础施工安全技术交底

（3）塔式起重机附着加固安全技术交底

（4）塔式起重机安装技术交底

塔式起重机安装安全技术交底如表 2-9-1 示例。

塔式起重机安装安全技术交底（示例） 表 2-9-1

工程名称		施工单位	
分项工程名称		施工部位	

交底内容：
1. 塔式起重机安装作业必须由取得建设行政主管部门颁发的拆装资质证书的专业队负责，并必须由经过专业培训并取得操作证的专业人员进行操作和维修，并应有技术和安全人员在场监护。
2. 作业前，应按照出厂有关规定，编制拆装作业方法、技术质量要求和安全技术措施，经企业技术负责人审批后，作为拆装作业技术方案，并向全体作业人员交底。
3. 检查路基和轨道铺设或混凝土基础应符合技术要求。
4. 对塔机各机构、各部位、结构焊缝、重要部位螺栓、销轴、卷扬机构和钢丝绳、吊钩、吊具以及电气设备、线路等进行检查，使隐患排除于安装作业之前。
5. 对自升式塔机顶升液压系统的液压缸和油管、顶升套架结构、导向轮、顶升撑脚（爬爪）等进行检查，及时处理存在的问题
6. 对作业人员所使用的工具、安全带、安全帽等进行检查。
7. 检查作业中配备的起重机、运输汽车等辅助机械应状况良好，技术性能应保证作业的需要。
8. 安装作业现场电源电压、运输道路、作业场地等应具备作业条件。
9. 安装作业应在白天进行；当遇大风、浓雾和雨雪等恶劣天气时，应停止作业。
10. 指挥人员应熟悉安装作业方案，遵守安装工艺和操作规程，使用明确的指挥信号进行指挥。所有参与安装作业人员，都应听从指挥，如发现指挥信号不清或有错误时，应停止作业，待联系清楚后再进行。
11. 采用高强度螺栓连接的结构，应使用原厂制造的连接螺栓，自制螺栓应有技术质量合格的试验证明，否则不得使用。
12. 在安装作业过程中，当遇天气剧变、突然停电、机械故障等意外情况，短时间不能继续作业时，必须使已安装的部位达到稳定状态并固定牢靠，经检查确认无隐患后，方可停止作业。

续表

工程名称		施工单位	
分项工程名称		施工部位	

13. 安装塔机时，必须将大车行走缓冲止挡器和限位开关碰块安装牢固可靠，并应将各部位的栏杆、平台、扶杆、护圈等安全防护装置装齐。

14. 塔机安装过程中，必须分阶段进行技术检验；整机安装完毕后，应进行整机技术检验和调整，各机构动作应正确、平稳、无异响，制动可靠，各安全装置应灵敏有效；在无载荷情况下，塔身和基础平面的垂直度允许偏差为 4/1000，经分阶段及整机检验合格后，应填写检验记录，经技术负责人审查签证后，方可交付使用

补充内容：

交底部门		交底人		接受交底人		交底日期	

第三节 基础混凝土试验报告

塔吊的混凝土基础，必须严格按照其产品说明书规定进行制作。塔吊根据设计要求设置混凝土基础时，该基础必须能承受工作状态和非工作状态下的最大荷载并应满足起重机抗倾翻稳定性的要求。塔机安装前应具备混凝土强度试验报告。

第四节 塔式起重机安装验收

塔式起重机的安装检验、验收工作，是对安装作业的考评，也是对整机的技术性能进行基本鉴定，同时也是塔式起重机施工作业安全运行的保证。塔式起重机安装调试完毕后，由工程项目部组织安装单位会同施工企业安全主管部门或设备主管部门对塔机进行检验、验收，逐项填写"塔式起重机安装验收表"（表 2-9-2）。填写要求如下：

塔式起重机安装验收表

表 2-9-2

工程名称		塔机型号		设备编号	
生产厂家		出厂日期		设计安装	
安装单位		资质证书		验收高度	

序号	验收项目	验 收 内 容	验收结果
1	施工方案	有专项安全施工组织设计并经上级审批，针对性强，能指导施工	
		有专项安全技术交底	
		安装单位及人员具有相应的资质	
2	塔吊路基与轨道	路基土体承载能力必须符合本塔机说明书要求	
		碎石基础应整平捣实	
		轨枕之间应填满碎石	
		钢轨接头间隙应不大于 4mm，接头错开应大于 1.5m 以上	
		两轨顶高度差应不大于 2mm	
		拉杆间距应不大于 6m	
		轨距偏差应不大于 1/1000，且不超过 ±3mm	
		钢轨顶面纵横向倾斜度应不大于 1/1000	
		行走限位开关碰块距钢轨终端应大于 2m	
		止挡器距钢轨终端应大于 1m，高度应大于轮径 1/2	
		有良好的排水措施	
3	固定式塔吊的基础	基础设计和处理必须符合本机说明书要求	
		基础设计有土体承载力资料和计算，并经上级审批	
		基础完工后有履行验收手续	
		有良好排水措施	
4	塔吊结构	结构无开焊、裂纹及永久性变形	
		架体各节点螺栓应紧固	
		开口销应完全撬开	
		压重、配重应按说明书要求设置	
		上人爬梯护圈及休息平台设置应符合要求	
		塔身与基础平面的垂直度偏差应不大于 4/1000	
5	绳轮传动系统	钢丝绳规格应符合要求，无断丝和磨损已达到报废标准的	
		钢丝绳固定编插缠绕应符合规定要求	
		各部位滑轮应转动灵活，无破损，轮槽磨损未达到报废标准	
		各机构运行平稳，无异常，润滑良好	
		各制动器装置应灵敏可靠	
6	电气系统	控制、操纵装置动作应灵敏可靠	
		仪表、报警装置应齐全完好	
		电气各安全保护装置应灵敏可靠	
		司机室及通道应有良好的照明	
		电气系统对塔吊绝缘电阻值应不小于 0.5MΩ	
		塔机接地、接零应符合规定要求，接地电阻值小于 4Ω	

续表

序号	验收项目	验收内容	验收结果
6	电气系统	避雷装置是否符合规定要求	
		高于30m的塔机应在塔顶及臂架头部装设防撞信号灯	
		塔机的任何部位与架空线路应保持安全距离	
7	安全装置	力矩限制器应灵敏可靠,并有试验报告	
		行走、回转、变幅、超高限位装置应灵敏可靠	
		卷扬机卷筒应按规定设置保险装置	
		夹轨钳应符合规定要求	
		吊钩应有保险装置并完好	
8	附墙装置	附墙装置应符合说明书要求	
		塔身与附墙装置连接牢固可靠	
		最高附着点以上塔身悬臂高度应符合规定要求	
9	试运转	经空载、额定荷载试验,各驱动装置、制动装置、限位装置及保险装置运行无异常且灵敏可靠,并有检验报告	
10	多塔作业	多台塔吊在同一现场作业,应有可靠的防碰撞措施	
11	操作	司机、指挥持证上岗,指挥信号符合要求	

验收意见:		项目负责人	
		技术负责人	
		安装负责人	
		机 管 员	
		安 全 员	
	年 月 日	塔吊司机	

塔式起重机安装验收表填写

(1) 工程名称:按设计图注名称。
(2) 塔机型号:规格。
(3) 设备编号:设备出厂编号。
(4) 生产厂家:全称。
(5) 出厂日期。
(6) 设计安装高度。
(7) 安装单位:全称。
(8) 资质证书编号:等级和证号。
(9) 验收高度。
(10) 验收内容:
1) 施工方案:
①查看是否有专项安全施工组织设计并经上级审批,是否具有针对性,是否能指导施工。验收结果填写定性结论。
②查是否有专项安全技术交底。验收结果填写定性结论。
③查看安装单位及相关人员是否具有相应资质。验收结果填写定性结论。
2) 塔吊路基与轨道:

①查路基允许承载能力，查看地质报告。验收结果填写数据。
②查看是否设排水沟。验收结果填写定性结论。
③查验场地平整，基础水平情况。验收结果填写定性结论。
④查混凝土强度，看试块试验报告。验收结果填写数值。
⑤抽查碎石粒度。验收结果填写数值。
⑥测量路基碎石厚度。验收结果填写数值。
⑦测量枕木间距。验收结果填写数值。
⑧测量钢轨接头间隙，接头错开距离。验收结果填写数值。
⑨测量钢轨接头高差。验收结果填写数值。
⑩测量拉杆间距。验收结果填写数值。
⑪测量轨距误差。验收结果填写数值。
⑫测量钢轨顶面纵横向倾斜度。验收结果填写数值。
⑬测量行走限位撞杆距轨止挡距离。验收结果填写数值。
⑭测量钢轨止挡距钢轨端长度和高度。验收结果填写数值。

3）固定式塔吊的基础：
①查基础设计和处理必须符合说明书要求。验收结果填写定性结论。
②查基础设计是否有土体承载力资料和计算，并经上级审批。验收结果填写定性结论。
③查基础完工后是否履行验收手续。验收结果填写定性结论。
④查看是否设排水沟。验收结果填写定性结论。

4）塔吊结构：
①抽查螺栓拧紧力矩。验收结果填写定性结论。
②查看开口销是否撬开。填全部撬开或某位置未撬开验收结果填写定性结论。
③查看部件、附件是否齐全，位置是否正确。验收结果填写性结论。
④查看结构是否有变形、开焊、疲劳裂纹，填有（具体位置）或无。验收结果填写定性论。
⑤查验压重、配重。验收结果填写定性结论。
⑥查看上人抓梯护圈及休息平台设置情况。验收结果填写定性结论。
⑦测量塔吊与输电线路距离，看防护措施情况。验收结果填写定性结论。
⑧测量塔身与基础平面的垂直度偏差，应不大于4/1000。验收结果填写数值（分东西及南北方向）。

5）绳轮传动系统：
①测量钢丝绳规格、验断丝和磨损。验收结果填写数值和定性结论。
②查看钢丝绳固定、编插、缠绕情况。验收结果填写定性结论。
③查看各部滑轮转动和破损情况，测量轮槽磨损。验收结果填定数值结论。
④查验各机构转动及润滑情况。验收结果填写定性结论。
⑤试验制动器调整是否灵活可靠。验收结果填写定性结论。

6）电气系统：
①试验控制、操纵装置动作。验收结果填定性结论。

②试验仪表、照明、报警系统。验收结果填定性结论。
③查验电气各安全保护装置。验收结果填定性结论。
④测量电气系统对塔吊绝缘电阻。验收结果填写结论和数值。
⑤查看塔机接地、接零,测量接地电阻。验收结果填写结论和数值。
⑥依据标准查验避雷装置是否符合规定要求。验收结果填写定性结论。
⑦查司机室及通道是否有良好的照明。验收结果填写定性结论。
⑧查高于30m的塔机是否在塔顶及臂架头部装设障碍灯。验收结果填写定性结论。

7）安全装置

①试验力矩限制器是否灵敏可靠。验收结果填写定性结论。
②试验行走、回转、变幅、超高限位器。验收结果填写定性结论。
③试验卷筒保险。验收结果填写定性结论。
④查验夹轨钳。验收结果填写定性结论。
⑤查看吊钩。验收结果填写定性结论。

8）附墙装置

①查验锚固框架安装位置：验收结果填写定性结论；
②查验塔身与附墙装置是否固定牢靠：验收结果填写定性结论；
③查看框架、扶杆、预埋铁耳板等各处螺栓、销轴：验收结果填写定性结论；
④查验最高附着点以上塔身悬臂高度：验收结果填写定性结论。

9）试运转

进行空载、额定荷载试验，看各驱动装置、制动装置、限位装置及保险装置运行是否正常且灵敏可靠，看是否有检验报告。验收结果填写定性结论。

10）多塔作业

查多塔作业现场，是否有可靠的防碰撞措施。验收结果填写定性结论。

11）操作

查看司机、指挥持证上岗情况，指挥信号。填写证号和定性结论。

12）验收结论

由参与验收的主管部门对整体验收结果做出客观评定，并加盖公章。

13）验收人员

①项目负责人：工程施工项目经理。
②技术负责人：工程技术负责人。
③安装负责人：塔吊安装单位负责人。
④机管员：设备管理人员。
⑤安全员：工程项目部专职安全员及塔员安装单位安全员。
⑥塔吊司机：塔吊操作人员。

第五节　办理有关使用备案手续

（1）建筑起重机械设备产权单位的营业执照原件及复印件1份。
（2）由建设行政主管部门颁发给建筑起重机械设备安装单位的《起重设备安装工程专

业承包企业资质证书》原件及复印件1份。

（3）《建筑起重机械设备使用登记表》一式4份，如表2-9-3示例。

建筑起重机械设备使用登记表　　　　　表2-9-3

登记编号：_____

使用单位：　　　　　联系人：　　　电话：　　　　　　年　月　日

设备所属单位				设备名称		
规格型号		设备编号	出厂日期	设备高度（m）	首次安装	
					最终使用	
工程名称				项目经理		
安装单位				现场安装负责人		
安装单位资质等级		安装单位资质证号		安装起止时间		
检验检测单位				检验检测单位资格证书编号		
检验检测负责人				检验日期		
安装及设备操作人员	姓　名					
	工　种					
	上岗证号					
安装单位意见	技术负责人：　安装单位（章） 年　月　日			技术负责人：使用单位（章） 年　月　日		
使用单位意见						
市建设局意见	负责人：　　　　　　　（章） 年　月　日					

填表说明：

1. 此表由使用单位填报，一式4份（设备产权单位、安装单位、使用单位、登记单位各1份）；

2. 登记时需携带下列资料：安装单位和使用单位核验记录及其他安装技术资料，检验单位报告原件和复印件1份，施工现场建筑起重机械特种作业人员证书原件及复印件1份。

（4）《建筑起重机械设备安装使用核验表》1份（表2-9-4）和由检验检测单位出具的起重机械设备检验检测报告（注明可以进行工程使用）原件及复印件1份。

（5）《建筑起重机械设备使用备案表》一式4份，如表2-9-5示例。

（6）有建设行政主管部门颁发给施工现场安装及使用起重机作业人员的《建筑起重机设备作业人员上岗证书》原件及复印件1份。

（7）起重机械设备的安装技术材料（包括安装方案、工程安全技术交底资料）及应急救援预案。

建筑起重机械设备安装使用核验表

表 2-9-4

年 月 日

使用单位		设备型号	
安装单位		安装地点	

序号	核 验 项 目	检 测 情 况	结 论
1	基础处理情况		
2	力矩限制器		
3	安全限位装置		
4	安全保险装置		
5	受力构件有无变形、裂纹及严重锈蚀		
6	焊缝有无变形和裂纹		
7	螺栓连接情况		
8	附墙锚固情况		
9	动力机构润滑情况		
10	钢丝绳及滑轮磨损情况		
11	安全用电状况		
12	液压系统及关键支撑件情况		
13	进出料口防护情况		
14	制动机构情况		
15	塔身垂直度		
16	电气系统		
17	起重量限制器		
18	多塔作业防护措施		
19	距高压线安全距离		
20	作业覆盖区域的防护措施		
21			
22			

安装单位核验意见（公章）	使用单位核验意见（公章）
核验人签字： 年 月 日	核验人签字： 年 月 日
技术负责人签字： 年 月 日	技术负责人签字： 年 月 日

建筑起重机械设备使用备案表　　　　　　　　　　　　　表 2-9-5

登记编号：_____

备案编号：_____

使用单位：　　　　联系人：　　　电话：　　　　　　　　年 月 日

设备所属单位				设备名称		
规格型号		设备编号	出厂日期	设备高度(m)	首次安装	
					最终使用	
工程名称				项目经理		
安装单位				现场安装负责人		
安装单位资质等级		安装单位资质证号			安装起止时间	
检验检测单位			检验检测单位资格证书编号			
检验检测负责人				检验日期		
安装及设备操作人员	姓　名					
	工　种					
	上岗证号					
安装单位意见	技术负责人：　　安装单位（章） 　　　　　　　　　　　年 月 日			使用单位意见	技术负责人：使用单位（章） 　　　　　　　　　　　年 月 日	
市建设局意见	负责人：　　　　　　　　（章） 　　　　　　　　　　　　　　　　　　　年 月 日					

填表说明：

1. 此表由使用单位填报，一式 4 份（设备产权单位、安装单位、使用单位、登记单位各 1 份）；
2. 登记时需携带下列资料：安装单位和使用单位核试验记录及其他安装技术资料，检验单位报告原件和复印件 1 份，施工现场建筑起重机械特种作业人员证书原件及复印件 1 份。

第六节　塔式起重机拆除方案

（1）编制依据：

依据《建筑施工安全检查标准》实施细则，《塔式起重机安全技术规程》和《建筑拆除工人安全技术操作规程》、《塔式起重机安全规程》（GB 5144—94）、《塔式起重机操作使用规程》（JG/T 100—1999），编制塔机拆除施工方案。

（2）工程概况：

工程的名称、地理位置、性质和用途、工程的规模、结构形式、檐口高度。

（3）拆除作业人员组成。

（4）拆除前准备工作。

（5）拆除过程中的注意事项及安全防护措施。

（6）塔机拆除程序方法及要求。

(7) 应急预案：
1) 应急组织。
2) 应急响应。
3) 具体的安全事故及紧急状态的应急准备与响应措施。

第七节　塔式起重机拆除安全技术交底

起重机的拆装必须由取得建设行政主管部门颁发的拆装资质证书的专业队进行，并应有技术和安全人员在场监督。在实施作业前，依据拆除方案由专业技术人员向全体作业人员进行文字交底，作业负责人和安全员与被交底人要履行签字手续。塔式起重机拆除安全技术交底如表 2-9-6 示例。

塔式起重机拆除安全技术交底（示例）　　　　　　　　　　表 2-9-6

工程名称		施工单位	
分项工程名称		施工部位	

交底内容：

1. 塔式起重机拆除作业必须由取得建设行政主管部门颁发的拆装资质证书的专业队负责，并必须由经过专业培训，取得操作证的专业人员进行操作和维修，并应有技术和安全人员在场监护。
2. 作业前，应按照出厂有关规定，编制拆装作业方法、技师质量要求和安全技术措施，经企业技术负责人审批后，作为拆装作业技术方案，并向全体作业人员交底。
3. 对塔机各机构、各部位、结构焊缝、重要部位螺栓、销轴、卷扬机构和钢丝绳、吊钩、吊具以及电气设备、线路等进行检查，使隐患排除于拆除作业之前。
4. 对自升式塔机顶升液压系统的液压缸和油管、顶升套架结构、导向轮、顶升撑脚（爬爪）等进行检查，及时处理存在的问题。
5. 对作业人员所使用的工具、安全带、安全帽等进行检查。
6. 检查作业中配备的起重机、运输汽车等辅助机械应状况良好，技术性能应保证作业的需要。
7. 拆除作业现场电源电压、运输道路、作业场地等应具备作业条件。
8. 拆除作业应在白天进行，当遇大风、浓雾和雨雪等恶劣天气时，应停止作业。
9. 指挥人员应熟悉拆除作业方案，遵守拆除工艺和操作规程，使用明确的指挥信号进行指挥；所有参与拆除作业人员，都应听从指挥，如发现指挥信号不清或有错误时，应停止作业，待联系清楚后再进行。
10. 在拆除作业过程中，当遇天气剧变、突然停电、机械故障等意外情况，短时间不能继续作业时，必须使已安装的部位达到稳定状态并固定牢靠，经检查确认无隐患后，方可停止作业。
11. 在拆除因损坏或其他原因而不能用下沉方法拆卸的起重机时，必须按照技术部门批准的安全拆卸方案进行。
12. 拆除人员在进入工作现场时，应穿戴安全保护用品，高处作业时应系好安全带，熟悉并认真执行拆除工艺和操作规程，当发现异常情况或疑难问题时，应及时向技术负责人反映，不得自行其是，以防止处理不当而造成事故。
13. 在拆除上回转、小车变幅和起重臂时，应根据出厂说明书的拆除要求进行，并应保持起重机的平衡

补充内容：

交底部门		交底人		接受交底人		交底日期	

第十章 施工升降机

建筑施工升降机又称附壁式升降机,是一种垂直井架(立柱)导轨式外用笼式电梯。本章系统地阐述了施工方案的编写、技术交底、验收等内容,根据工程实际情况,列举了部分技术交底实例,以便于施工现场管理人员学习、查阅。

第一节 施工升降机安装方案

1. 编制依据
主要依据《施工升降机安全规则》(GB 10055—96)、《施工电梯使用说明书》。

2. 工程概况
工程的地理位置、性质或用途,工程的规模,结构形式,檐口高度。

3. 作业环境
作业现场情况。

4. 人员组成及职责
4.1 安装队伍必须具备相应安拆资质,人员具备资格证,并熟悉掌握图纸、安装程序及检查要点。
4.2 参与本项工作的人员有明确分工,各有职责,要设专人指挥,确定指挥联络信号。

5. 安装机具
主要是安装过程时所需机具型号、规格和数量,并符合要求。

6. 安装程序方法和要求
6.1 外用电梯立柱的纵向中心至建筑物的距离,应按照说明书并视现场的施工条件确定。一般地基承载力应不小于150MPa,浇筑强度不低于C20的混凝土基础。
6.2 立柱的安装与调整。
6.3 吊笼的安装。
6.4 导轨架的安装。
6.5 C型电缆导向装置的安装。
6.6 导轨附着架的安装。
6.7 安装的检查。
6.8 安全技术措施。

第二节 安装安全技术交底

在实施作业前,依据安装方案由专业技术人员向全体作业人员进行文字交底(表2-10-1),作业负责人和安全员与被交底人要履行签字手续。

施工升降机安装安全技术交底（示例）　　　　　　表 2-10-1

工程名称		施工单位	
分项工程名称		施工部位	

交底内容：

1. 施工升降机安装作业必须由取得建设行政主管部门颁发的拆装资质证书的专业队负责，并必须由经过专业培训，取得操作证的专业人员进行操作和维修。

2. 地基应浇制混凝土基础，其承载能力应大于 150kPa，地基上表面平整度允许偏差为 10mm，并应有排水设施。

3. 应保证升降机的整体稳定性，升降机导轨架的纵向中心线至建筑物外墙面的距离宜选用较小的安装尺寸。

4. 导轨架安装时，应用经纬仪对升降机在两个方向进行测量，其垂直度允许偏差为其高度的 0.5/1000。

5. 导轨架顶端自由高度、导轨架与建筑物距离、导轨架的两附墙架连接点间距离和最低附着点高度均不得超过出厂规定。

6. 升降机的专用开关箱应设在底架附近便于操作的位置，馈电容量应满足升降机直接启动的要求，箱内必须设短路、过载、相序、断相及零位保护等装置。

7. 升降机梯笼 2.5m 范围内应设置稳固的防护栏杆，各楼层平台通道应平整牢固，出入口应设防护栏杆和防护门；全行程四周不得有危害运行的障碍物。

8. 升降机安装在建筑物内部井道中间时，应在全行程范围井壁四周搭设封闭屏障；装设在阴暗处或夜班作业的升降机，应在全行程上装设足够的照明和明亮的楼层编号标志灯。

9. 升降机安装后，应经企业技术负责人会同有关部门对基础和附墙架以及升降机架设安装的质量、精度等进行全面检查，并应按规定程序进行技术试验（包括坠落试验），经试验合格签证后，方可投入运行。

10. 升降机的防坠安全器，在使用中不得任意拆检调整，需要拆检调整时或每用满 1 年后，均应由生产厂或指定的认可单位进行调整、检修或鉴定。

11. 新安装或转移工地重新安装以及经过大修后的升降机，在投入使用前，必须经过坠落试验。升降机在使用中每隔 3 个月，应进行一次坠落试验；试验程序应按说明书规定进行，当试验中梯笼坠落超过 1.2m 制动距离时，应查明原因，并应调整防坠安全器，切实保证不超过 1.2m 制动距离；试验后以及正常操作中每发生一次防坠动作，均必须对防坠安全器进行复位。

12. 如果有人在导轨架或附墙架上工作时，绝对不允许开动升降机。

13. 安装作业时操纵升降机必须将操纵盒拿到吊笼顶部，不允许在吊笼内操作。

14. 雷雨天、雪天或风速超过 13m/s 的恶劣天气不能进行安装作业

补充内容：

交底部门		交 底 人		接受交底人		交底日期	

第三节 安 装 验 收

施工升降机安装调试完毕后,必须通过检查和验收,方准使用。在验收过程中发现不合格项目时,应及时填写"施工升降机验收整改表"(表2-10-2),其填表要求与塔式起重机相同。验收工作由工程项目负责人组织安装队,并会同企业内安全主管部门或设备主管部门进行。

施工升降机安装验收表　　　　　表2-10-2

工程名称		电梯型号		设备编号	
生产厂家		出厂日期		设计安装高度	
安装单位		资质证书编号		验收高度	
序号	验收项目	验收内容			验收结果
1	施工方案	有专项安全施工组织设计并经上级审批,针对性强,能指导施工			
		有专项安全技术交底			
		安装单位及人员具有相应的资质			
2	基础	基础设计和处理必须符合本机说明书要求			
		基础设计有土体承载力资料和计算,并经上级审批			
		基础完工后有履行验收手续			
		有良好排水措施			
3	架体结构与安装	结构无开焊、裂纹及永久性变形			
		架体各节点螺栓应紧固			
		附墙装置及附着应符合方案和说明书要求			
		架体垂直度应符合说明书的规定			
4	安全装置	制动装置、上下极限位器,限速器和笼门联锁装置应齐全并灵敏可靠			
		限速器应有试验报告			
5	安全防护	地面吊笼出入口应设防护棚,采用5cm厚木板或两层竹榀架设			
		每层卸料平台宽度应大于80cm,设有常闭型定型化的安全门			
		每层卸料平台两侧设高1.2m和0.6m的双道防护栏杆及18cm高挡脚板,并挂设密目式安全网			
6	荷载	有超载控制措施			
7	电气	有专用开关箱,开关箱内装设隔离开关及漏电保护装置			
		重复接地符合要求,并按要求做避雷装置			
8	操作	司机持证上岗,驾驶室内设有安全操作规程牌,联络信号清楚准确			
9	试运转	经空载、额定荷载试验,各驱动装置、制动装置以及限位开关运行无异常且灵敏可靠,并有检验报告			
验收意见: 　　　　　年　月　日				项目负责人	
				技术负责人	
				安装负责人	
				机管员	
				安全员	
				司机	

施工升降机安装验收表填写内容如下：
（1）工程名称：按设计图注名称。
（2）施工升降机型号：规格。
（3）设备编号：设备出厂编号。
（4）生产厂家：全称。
（5）出厂日期。
（6）设计安装高度：搭设总高度。
（7）安装单位：全称。
（8）资质证书编号：等级和证号。
（9）验收高度：实际搭设段高度。
（10）验收内容：
1）施工方案：
①查是否有专项安全施工组织设计并经上级审批。验收结果填写定性结论。
②查是否有专项安全技术交底。验收结果填写定性结论。
③查安装单位及相关人员是否具有相应资质。验收结果填写定性结论。
2）基础：
①查看基础设计和处理是否符合说明书要求。验收结果填写定性结论。
②查看基础平整夯实程度，测量浇筑混凝土厚度，查验试块强度报告单。验收结果填写数值。
③查看排水情况。验收结果填写定性结论。
3）架体结构与安装：
①查结构是否有开焊、裂纹及永久性变形等情况出现。验收结果填写定性结论。
②查架体各节点螺栓紧固情况是否符合要求。验收结果填写定性结论。
③查架体垂直度是否符合说明书规定要求。填验收结果填写数值。
4）安全装置：
①检验制动装置上、下极限限位器、限速器和门联锁。验收结果填写定性结论。
②查限速器是否有试验报告。验收结果填写定性结论。
5）安全防护：
①查看地面吊笼出入口防护棚。验收结果填写定性结论。
②测量卸料平台宽度，查看防护门。验收结果填写数值和定性结论。
③查卸料平台防护栏杆是否符合要求。验收结果填写定性结论。
6）荷载：
试验超载控制，查看有无超载控制措施，有无"无配重不得载人"标志。验收结果填写定性结论。
7）电气：
①查是否设有专用开关箱，开关箱设置是否符合要求。验收结果填写定性结论。
②查重复接地及避雷装置是否符合要求。验收结果填写定性结论。
8）操作：
查看司机持证上岗情况，查验驾驶室内是否设有安全操作规程牌，联络信号是否清楚准确。验收结果填写证号和定性结论。
9) 试运转：
空载额定荷载。试验验收结果填写定性结论。
10) 验收意见：
由参与验收的主管部门对整体验收结果做出评定并盖章签字。
11) 验收人员：
①项目负责人：工程施工项目经理。
②技术负责人：工程技术负责人。
③安装负责人：设备安装单位负责人。
④机　　管　　员：设备管理人员。
⑤安　　全　　员：工程项目部专职安全员及设备安装单位安全员。
⑥司　　　　机：设备操作人员。

第四节　施工升降机拆除方案

(1) 编制依据：
主要依据《施工升降机安全规则》(GB 10055—96)、《施工升降机使用说明书》。
(2) 工程概况：
工程的名称、地理位置、性质和用途、工程的规模、结构形式、檐口高度。
(3) 作业环境。
(4) 拆除队伍必须由取得有关部门核发的资格证书的人员组成。
(5) 拆除平衡重、附壁杆、立杆标准节的要求。
(6) 安全技术措施。

第五节　施工升降机拆除安全技术交底

在实施作业前，依据拆除方案由专业技术人员向全体作业人员进行文字交底（表2-10-3示例），作业负责人和安全员与被交底人要履行签字手续。

施工升降机拆除安全技术交底

表 2-10-3

工程名称		施工单位	
分项工程名称		施工部位	

交底内容：

1. 施工升降机拆除作业必须由取得建设行政主管部门颁发的拆装资质证书的专业队负责，并必须由经过专业培训，取得操作证的专业人员进行操作和维修。
2. 进行拆除作业前要对升降机整机性能进行全面检查，确认一切正常后方可进行作业。
3. 升降机梯笼 2.5m 范围内应设置稳固的防护栏杆，各楼层平台通道应平整牢固，出入口应设防护栏杆和防护门，全行程四周不得有危害运行的障碍物。
4. 升降机安装在建筑物内部井道中间时，应在全行程范围井壁四周搭设封闭屏障；装设在阴暗处或夜班作业的升降机，应在全行程上装设足够的照明和明亮的楼层编号标志灯。
5. 如果有人在导轨架或附墙架上工作时，绝对不允许开动升降机。
6. 拆除作业时操纵升降机必须将操纵盒拿到吊笼顶部，不允许在吊笼内操作。
7. 雷雨天、雪天或风速超过 13m/s 的恶劣天气不能进行拆除作业

补充内容：

交底部门		交 底 人		接受交底人		交底日期	

第十一章 施 工 机 具

本章系统地阐述了建筑工程施工机具施工方案的编写、技术交底、检查验收等内容，根据工程实际情况，列举了部分安全技术交底，以利于施工现场管理人员学习、查阅。

第一节 施工机具安全技术交底

1. 平刨

平刨用来专门加工木料表面的机具，在实施作业前，由工程项目负责人、技术负责人、安全员向木工作业人员进行文字交底要履行签字手续，如表2-11-1。

平刨安全技术交底（示例）　　　　　　　　　　　表2-11-1

工程名称		施工单位	
分项工程名称		施工部位	
交底内容： 1. 平刨必须使用漏电保护器，实行一机一闸一箱制，木工机械不得使用倒顺开关。 2. 平刨必须安设安全防护装置，确保安全装置齐全、灵敏可靠、有效。 3. 操作人员必须经过培训合格后，持证上岗；严格遵守安全操作规程，工作中不得任意离开工作岗位。 4. 平刨安装调整、找平后，应用地脚螺栓牢固固定在基础上，基础应符合说明书的要求。 5. 平刨在使用前，应做好设备的清洁、紧固、调整、润滑等工作，确保工作台平整、光洁、牢固，工作时无明显振动。 6. 平刨必须使用圆柱形刀轴，禁止使用方轴，刨刀刃口伸出量不能超过外径1.1mm。 7. 刨削过程中如感到木料振动太大，送料推力较重时，说明刨刀刃口已经磨损必须停机更换新磨锋利的刨刀。 8. 开动机械刀刃转动后，检查其旋转方向是否正确，进行空载运行正常后，再进行刨削工作。 9. 在正常工作中，每次刨削木料深度不得超出说明书规定要求，坚决杜绝违章指挥、违章作业。手压平刨必须有安全装置，吃刀深度一般调为1~2mm。 10. 操作时左手压住木料，右手均匀推进，刨料时大面当作标准面，然后再刨小面。 11. 操作时衣袖要扎紧，不准戴手套。 12. 长度小于400mm或薄且窄的小料不得手压刨。 13. 在工作中，如发现故障或刨刀用钝时，应立即停机，并切断电源后，方可进行检查，修理工作。 14. 下班时，应及时清除生产场地的木屑、刨花，保持设备清洁，做好防火工作			
补充内容：			
交底部门	交底人	接受交底人	交底日期

2. 圆盘锯

圆盘锯是应用很广的木工机械，它是由床身、工作台和锯轴组成。在实施作业前，由工程项目负责人、技术负责人、安全员向木工作业人员进行文字交底要履行签字手续，如表 2-11-2。

圆盘锯安全技术交底（示例） 表 2-11-2

工程名称		施工单位	
分项工程名称		施工部位	

交底内容：
1. 持证人员应熟知安全操作知识，作业进行前进行安全教育。
2. 进入现场戴合格安全帽，系好下额带，锁好带扣。
3. 操作人员遵守施工现场的劳动纪律，着装整齐，不得光背穿拖鞋，施工现场禁止吸烟、追逐打闹和酒后作业。
4. 圆盘锯应安装在密封的木工房内并装设防爆灯具，严禁装设高温灯具（如碘钨灯）等，并配备灭火器。
5. 班前检查电锯转动部分的防护，分料器，电锯上方的安全挡板、电器控制元件等灵敏可靠。
6. 检查锯片必须平整，锯齿要尖锐，锯片上方必须装设保险挡板和滴水装置，锯片安装在轴上，应保持对正中心（轴心）。
7. 作业时不得使用连续缺两个齿的锯片，如有裂纹，其长度不得超过 2cm，裂缝末端须冲一个止缝孔。
8. 锯齿必须在同一圆周上，被锯木料厚度，以使锯齿能露出木料 1~2cm 为限；启动后，须待转速正常后方可进行锯料，锯料时不得将木料左右晃动或高抬，锯料长度不应小于锯片直径的 1.5~2 倍；木料锯到接近端头时，应用推棍送料，不得用手推送。
9. 操作人员尽可能避免站在与锯片同一直线上操作，手臂不得跨越锯片工作；如锯线走偏，应逐渐纠正，不得猛扳，以免损坏锯片。
10. 锯片运转时间过长温度过高时，应用水冷却，直径 60cm 以上的锯片，在操作中应喷水冷却。
11. 作业完毕后将碎木料、木屑清理干净并拉闸断电，配电箱上锁，木工房同时也上锁。
12 圆盘锯必须专用，不得一机多用。
13. 圆盘锯使用电源必须一机一箱一闸一漏，严格禁止一箱或一闸多用。
14. 作业人员严禁戴手套操作、长发外露。
15. 圆盘锯严禁使用倒顺开关。
16. 修理机具时必须先拉闸断电，并设警示牌，设专人看护

补充内容：

交底部门		交 底 人		接受交底人		交底日期	

3. 手持电动工具

手持电动工具主要分为三类：

3.1 Ⅰ类电动旋转式手持电动工具：在防止触电的保护方面不仅依靠基本绝缘，而且还包含一个附加的预防措施。

3.2 Ⅱ类电动冲击式手持电动工具：在防止触电的保护方面不仅依靠基本绝缘，而且还提供双重绝缘和设有保护接地或依赖安装条件的安全措施。

3.3 Ⅲ类电动冲击式手持电动工具：在防止触电的保护方面依靠由安全特低电压供电和在工具内部不会产生高电压的设备。

在实施作业前，由工程项目负责人、技术负责人、安全员向施工作业人员进行文字交底要履行签字手续，如表 2-11-3。

手持式电动工具用电安全技术交底（示例）

表 2-11-3

工程名称		施工单位	
分项工程名称		施工部位	

交底内容：

1. 一般场所应选用Ⅱ类手持式电动工具，并应装设额定动作电流不大于15mA，额定漏电动作时间小于0.1s的漏电保护器。
若采用Ⅰ类手持式电动工具，还必须作保护接零。
2. 露天、潮湿场所或在金属构架上操作时，必须选用Ⅱ类手持式电动工具，并装设防溅型漏电保护器。严禁使用Ⅰ类手持式电动工具。
3. 狭窄场所（锅炉、金属容器、地沟、管道内等），宜选用带隔离变压器的Ⅲ类手持式电动工具；若选用Ⅱ类手持式电动工具，必须装设防溅型漏电保护器；把隔离变压器或漏电保护器装在狭窄场所外面，工作时并应有专人监护。
4. 手持电动工具的负荷线必须采用耐气候型的橡皮护套铜芯软电缆，并不得有接头。
5. 手持式电动工具的外壳、手柄、负荷线、插头、开关等必须完好无损，使用前必须作空载检查，运转正常方可使用。
6. 使用刃具的机具，应保持刃磨锋利，完好无损，安装正确，牢固可靠。
7. 使用砂轮的机具，其转速一般在10000r/min以上，因此，对砂轮的质量和安装有严格要求；使用前应检查砂轮与接盘间的软垫并安装稳固，螺帽不得过紧，凡受潮、变形、裂纹、破碎、磕边缺口或接触过油、碱类的砂轮均不得使用，并不得将受潮的砂轮片自行烘干使用。
8. 手持电动工具转速高，振动大，作业时与人体直接接触，所以在潮湿地区或在金属构架、压力容器、管道等导电良好的场所作业时，必须使用双重绝缘或加强绝缘的电动工具。
9. 采用工程塑料为机壳的非金属壳体的电动机、电器，在存放和使用时应防止受压、受潮，并不得接触汽油等溶剂。
10. 作业前的检查应符合下列要求：
为保证手持电动工具的正常使用，在手持电动工具作业前必须按照以下要求进行检查：
（1）外壳、手柄不出现裂缝、破损；
（2）电缆软线及插头等完好无损，开关动作正常，保护接零连接正确牢固可靠；
（3）各部防护罩齐全牢固，电气保护装置可靠。
11. 机具启动后，应空载运转，应检查并确认机具联动灵活无阻；作业时，加力应平稳，不得用力过猛。
12. 严禁超载使用；为防止机具故障达到延长使用寿命的目的，作业中应注意音响及温升，发现异常应立即停机检查；在作业时间过长，机具温升超过60℃时，应停机，自然冷却后再行作业。
13. 作业中，不得用手触摸刃具、模具和砂轮，发现其有磨钝、破损情况时，应立即停机修整或更换，然后再继续进行作业。
14. 手持电动工具依靠操作人员的手来控制，如果在运转过程中撒手，机具失去控制，会破坏工件、损坏机具，甚至造成伤害人身，所以机具转动时，不得撒手不管。
15. 使用冲击电钻或电锤时，应符合下列要求：
（1）作业时应掌握电钻或电锤手柄，打孔时先将钻头抵在工作表面，然后开动，用力适度，避免晃动；转速若急剧下降，应减少用力，防止电机过载；
（2）钻孔时，应注意避开混凝土中的钢筋；
（3）电钻和电锤为40％断续工作制，不得长时间连续使用；
（4）作业孔径在25mm以上时，应有稳定的作业平台，周围设护栏。
16. 使用瓷片切割机时应符合下列要求：
（1）作业时应防止杂物、泥尘混入电动机内，并应随时观察机壳温度，当机壳温度过高及产生炭刷火花时，应立即停机检查处理；
（2）切割过程中用力应均匀适当，推进刀片时不得用力过猛。当发生刀片卡死时，应立即停机，慢慢退出刀片。应在重新对正后方可再切割。
17. 使用角向磨光机时应符合下列要求：
（1）砂轮应选用增强纤维树脂型，其安全线速度不得小于80m/s；配用的电缆与插头应具有加强绝缘性能，并不得任意更换。
（2）磨削作业时，应使砂轮与工件面保持15°～30°角的倾斜位置；切削作业时，砂轮不得倾斜，并不得横向摆动。
18. 使用电剪时应符合下列要求：
（1）作业前应先根据钢板厚度调节刀刃间隙量；
（2）作业时不得用力过猛，当遇刀轴往复次数急剧下降时，应立即减少推力。
19. 为了防止射钉枪射钉误发射而造成人身伤害事故，使用射钉枪时应符合下列要求：
（1）严禁用手掌推压枪管和将枪口对准人；
（2）击发时，应将射钉枪垂直压紧在工作面上，当两次扣动扳机，子弹均不击发时，应保持原射击位置数秒钟后，再退出射钉弹；
（3）在更换零件或断开射钉枪之前，射枪内均不得装有射钉弹。
20. 使用拉铆枪时应符合下列要求：
（1）被铆接物体上的铆钉孔应与铆钉滑配合，并不得过盈量太大，避免影响铆接质量；
（2）铆接过程中，当铆钉轴未拉断时，可反复扣动扳机，直到拉断为止，不得强行扭断或撬断，以免造成机件损伤；
（3）为避免失去调节精度、影响操作，作业中，接铆头子或柄帽若有松动，应立即拧紧

补充内容：						
交底部门		交底人		接受交底人		交底日期

4. 钢筋加工机械

钢筋加工机械主要包括：电动除锈机、机械调直机、钢筋切断机、钢筋弯曲机、钢筋冷加工机械、对焊机等。在实施作业前，由工程项目负责人、技术负责人、安全员向施工作业人员进行文字交底要履行签字手续，如表2-11-4。

钢筋加工机械安全技术交底（示例） 表2-11-4

工程名称		施工单位	
分项工程名称		施工部位	

交底内容：
1. 切断机
(1) 操作前必须检查切断机刀口，确定安装正确，刀片无裂纹，刀架螺栓紧固，防护罩牢靠，然后扳动皮带轮检查齿轮间隙，调整刀刃间隙，空运转正常后再进行操作。
(2) 使用切断机作业时应摆直、紧握钢筋，应在活动切刀向后退时送料入刀口，并在固定切刀一侧压住钢筋；严禁在切刀向前运动时送料，严禁两人同时在切刀两侧握住钢筋俯身送料。
(3) 钢筋切断应在调直后进行，多根钢筋一次切断时总截面积应在规定的范围内。
(4) 切长料时应设置送料工作台，并设专人扶稳钢筋，操作时动作应一致；手握端的钢筋长度不得短于40cm，手与切口间距不得小于15cm；切断小于40cm长的钢筋时，应用钢导管或钳子夹牢钢筋；严禁直接用手送料。
(5) 作业中严禁用手清除铁屑、断头等杂物，机械运转中严禁进行检修、加油、更换部件。
(6) 发现机械运转异常、刀片歪斜等，应立即停机检修；在钢筋摆动范围内和刀口附近，非操作人员不得停留。
2. 除锈机
(1) 除锈前先检查钢刷的固定螺栓有无松动，传动部分润滑和封闭式防护罩及排尘设备等完好情况。
(2) 使用除锈机作业时，应戴防尘口罩、护目镜和手套。
(3) 除锈应在钢筋调直后进行，带钩钢筋不得上除锈机；操作时将钢筋放平，手握紧，侧身送料，操作者应站在钢丝刷或喷沙器侧面，严禁在除锈机正面站人。
(4) 整根长钢筋除锈时应两人配合操作，互相呼应。
3. 调直机
(1) 调直机安装必须平稳，料架料槽应平直，对准导向筒、调直筒和下刀切孔的中心线；电机必须接零保护。
(2) 使用调直机作业时，机械上不得堆放物料、工具等，避免振动落入机体；送钢筋时，手与轧辊应保持安全距离，机器运转中不得调整轧辊；严禁戴手套作业。
(3) 调直机械周围不得有无关人员，严禁跨越牵引钢丝绳和正在调直的钢筋，钢筋调直到末端时，作业人员必须与钢筋保持安全距离；料盘中钢筋将要用完时，应采取措施防止端头弹出。
(4) 调直短于2m或直径大于9mm的钢筋时，必须低速运行。
(5) 喂料前应将不直的钢筋头切去，导向筒前应装一根1m长的铜管，钢筋必须先通过铜管再送入调直机前端的导孔内，当钢筋穿入后，手与压棍必须保持安全距离。
(6) 圆盘钢筋放入放圈架上要平稳，乱丝或钢筋脱架时，必须停机处理；已经调直的钢筋，必须按规格、根数分成小捆，散乱钢筋应随时清理堆放整齐。
4. 弯曲机
(1) 工作台和弯曲工作盘台应保持水平，操作前应检查芯轴、成型轴、挡铁轴、可变挡架有无裂纹或损坏，防护罩牢固可靠，经空运转确认合格后，方可作业。
(2) 弯曲机严禁使用倒顺开关。
(3) 使用弯曲机作业当弯曲折点较多或钢筋较长时，应设置工作架，设专人指挥，操作人员应与辅助人员协同配合，互相呼应；弯曲未经拉伸或有锈皮的钢筋时，必须戴好目镜和口罩。
(4) 弯曲钢筋时，严禁超过该机对钢筋直径、根数及机械转速的规定。
(5) 严禁在弯曲钢筋的作业半径和机身不设固定销的一侧站人；弯曲好的钢筋应堆放整齐，弯钩不得朝上。
(6) 弯曲机运转中严禁更换芯轴、成型轴和变换角度及调速，严禁在运转中加油或清扫，清理工作必须在机械停稳后进行。
5. 钢筋冷拉机
(1) 根据钢筋的直径选择卷扬机；卷扬机出绳应封闭式导向轮和被拉钢筋方向成直角；卷扬机的位置必须使操作人员能看见全部冷拉场地，距冷拉中线不少于5m。
(2) 冷拉场地两端地锚以外应设置警戒区，装设防护挡板及警告标志，严禁非生产人员在冷拉两端停留、跨越或触动冷拉钢筋；操作人员作业时必须离开冷拉钢筋2m以外。
(3) 用配重控制的设备必须与滑轮匹配，并有指示起落的记号或设专人指挥，配重框提起的高度应限制在离地面300mm以内，配重架四周设栏杆及警告标志。
(4) 作业前应检查冷拉夹具夹齿是否完好，滑轮、拖拉小跑车应润滑灵活，拉钩、地锚及防护装置齐全牢靠，确认后方可操作。
(5) 每班冷拉完毕，必须将钢筋整理平直，不得相互乱压和单头挑出，未拉盘筋的引头应盘住，机具拉力部分均应放松。
(6) 导向滑轮不得使用开口滑轮，维修或停机，必须切断电源，锁好箱门。
(7) 冷拉速度不宜过快，在基本拉直时应稍停，检查夹具是否牢固可靠，严格按安全技术交底要求控制伸长值、应力；运行中出现滑脱、绞断等情况时，应立即停机

补充内容：

交底部门		交底人		接受交底人		交底日期	

5. 电焊机

在焊接施工中，普遍采用的有接触对焊、手工电弧焊和接触电焊三种焊接方法。在实施作业前，由工程项目负责人、技术负责人、安全员向施工作业人员进行文字交底（表2-11-5）要履行签字手续。

电焊机安全操作规程技术交底（示例）　　　　　　　　　　　　　表2-11-5

工程名称		施工单位	
分项工程名称		施工部位	

交底内容：

一、基本要求

1. 作业人员必须是经过专业培训和考试合格，取得特种作业操作证持证上岗。
2. 作业人员必须经过入场安全教育，考核合格后才能上岗作业。
3. 必须一人作业，一人监护，作业人员穿绝缘鞋，停电验电后再作业。
4. 进入施工现场必须戴好合格的安全帽，系紧下颚带，锁好带扣，高处作业必须系好合格的安全带，系牢固，高挂低用。
5. 进入施工现场禁止吸烟，禁止酒后作业，禁止追逐打闹，禁止操作与自己无关的机械设备，严格遵守各项安全操作规程和劳动纪律。
6. 进入作业地点时，先检查、熟悉作业环境；若发现不安全因素、隐患，必须及时向有关部门汇报，并立即处理，确认安全后再进行施工作业，对施工过程中发现危及人身安全的隐患，应立即停止作业，及时要求有关部门处理解决；现场所有安全防护设施和安全标志等，严禁私自移动和拆除，如需暂时移动和拆除的须报经有关负责人审批后，在确保作业人员及其他人员安全的前提下才能拆移，并在工作完毕（包括中途休息）后立即复原。

二、安装使用要求

1. 电焊机安装前应：
（1）先检查外观是否完好，各转动部件是否正常，各连接部位是否牢固；
（2）摇测一次线圈对二次线圈的绝缘电阻值不小于300MΩ；
（3）摇测一次线圈对金属外壳的绝缘电阻值不小于300MΩ；
（4）摇测二次线圈对金属外壳的绝缘电阻值不小于300MΩ；
（5）检查电流调节开关是否完好、灵活可靠。
2. 电焊机安装在专用防雨、防砸棚栏内，控制箱内安装防触电装置，控制箱安装在防护栏一端预留位置；电焊机的控制箱必须是独立的，容量符合焊接要求，控制装置应能可靠地切断设备最大额定电流。
3. 电焊机一次侧电源线选用YC-3×10橡套电缆长度小于5m，控制保护零线端子板、焊机金属外壳与保护零线可靠连接，注意一次二次线不可接错，输入电压必须符合电焊机的铭牌规定。
4. 电焊机一二次侧防护罩全齐，电源线压接牢固并抱扎好无明露带电体，把线与焊机采用铜质接线端子，焊把线长度不大于30m，并且双线到位，导线完好无破损。
5. 焊机使用、摆放在防雨、干燥和通风良好，远离易燃易爆物品，便于操作的位置。
6. 搬运时必须切断电源，将电焊机电源线从控制开关下口拆除后再搬运。
7. 搬运过程中注意，人身及设备安全，防止碰撞，达到使用地点检查确认完好，严禁使用小推车作电焊机安装平台。
8. 作业完毕拉闸、断电、锁箱

补充内容：					
交底部门		交底人		接受交底人		交底日期	

6. 搅拌机

砖石工程的砂浆设备，多使用砂浆搅拌机或混凝土搅拌机。按其安装方式又可分为固定式和移动式两种。在实施作业前，由工程项目负责人、技术负责人、安全员向施工作业人员进行文字交底（表 2-11-6），要履行签字手续。

混凝土搅拌机安全操作规程技术交底（示例）　　　　　表 2-11-6

工程名称		施工单位	
分项工程名称		施工部位	

交底内容：

1. 混凝土搅拌机应安装在平整坚实的地方，并支垫平稳，操作台应垫塑胶板或干燥木板。
2. 启动前应检查机械、安全防护装置和滚筒，确认设备安全、滚筒内无工具、杂物。
3. 进料过程中，严禁将头或手伸入料斗与机架之间察看或探摸。
4. 料斗升起时严禁在其下方作业；清理料坑前必须采取措施将料斗固定牢靠。
5. 运转过程中不得将手或工具伸入搅拌机内。
6. 作业时操作人员应精神集中，不得随意离岗；混凝土搅拌机发生故障时，应立即切断电源。
7. 操作人员进入搅拌滚筒维修和清洗前，必须切断电源，卸下熔断器锁好电源箱，并设专人监护。
8. 作业后应将料斗落至料斗坑，料斗升起时必须将料斗固定。
9. 固定式搅拌机应安装在牢固的台座上：当长期固定时，应埋置地脚螺栓；在短期使用时，应在机座上铺设木枕并找平放稳。
10. 固定式搅拌机的操纵台，应使操作人员能看到各部工作情况，电动搅拌机的操纵台应垫上橡胶或干燥木板。
11. 移动式搅拌机的停放位置应选择平整坚实的场地，周围应有良好的排水沟渠，就位后，应放下支腿将机架顶起达到水平位置，使轮胎离地；当使用期较长时，应将轮胎卸下妥善保管，轮轴端部用油布包扎好，并用枕木将机架垫起支牢。
12. 对需设置上料斗地坑的搅拌机，其坑口周围应垫高夯实，应防止地面水流入坑内；上料轨道架的底端支承面应夯实或铺砖，轨道架的后面应采用木料加以支承，应防止作业时轨道变形。
13. 料斗放到最低位置时，在料斗与地面之间，应加一层缓冲垫木。
14. 作业前重点检查项目应符合下列要求：
    (1) 电源电压升降幅度不超过额定值的 5%；
    (2) 电动机和电器元件的接线牢固，保护接零或接地电阻符合规定；
    (3) 各传动机构、工作装置、制动器等均紧固可靠，开式齿轮、皮带轮等均有防护罩；
    (4) 齿轮箱的油质、油量符合规定。
15. 作业前，应先启动搅拌机空载运转，应确认搅拌筒或叶片旋转方向与筒体上箭头所示方向一致，对反转出料的搅拌机，应使搅拌筒正、反转运转数分钟，并应无冲击抖动现象和异常噪声。
16. 作业前，应进行料斗提升试验，应观察并确认离合器、制动器灵活可靠。
17. 应检查并校正供水系统的指示水量与实际水量的一致性；当误差超过 2%时，应检查管路的漏水点，或应校正节流阀。
18. 应检查集料规格并应与搅拌机性能相符，超出许可范围的不得使用

补充内容：

交底部门		交底人		接受交底人		交底日期	

7. 气瓶

各种气瓶标准色：氧气（天蓝色瓶，黑字）、乙炔瓶（白色瓶，红字）、氢气瓶（绿色瓶，红字）液体石油气瓶（银灰色瓶，红字）。在实施作业前，由工程项目负责人、技术负责人、安全员向施工作业人员进行文字交底（表2-11-7）要履行签字手续。

气焊与气割安全操作规程技术交底（示例）　　　　　　　表2-11-7

工程名称		施工单位	
分项工程名称		施工部位	
交底内容： 一、基本要求 1. 作业人员必须是经过电、气焊专业培训和考试合格，取得特种作业操作证的电气焊工并持证上岗（在有效期内）。 2. 作业人员必须经过入场安全教育，考核合格后才能上岗作业。 3. 气焊（割）作业人员要穿灵便的耐火工作服，要求上衣不准扎在裤子里，裤脚不准塞在鞋（靴）里，手套套在袖口外，戴护目镜。 4. 进入施工现场必须戴好合格的安全帽，系紧下颚带，锁好带扣，高处作业必须系好合格的防火安全带，系挂牢靠，高挂低用。 5. 进入施工现场禁止吸烟，禁止酒后作业，禁止追逐打闹，禁止串岗，禁止操作与自己无关的机械设备，严格遵守各项安全操作规程和劳动纪律。 6. 进入作业地点时，先检查、熟悉作业环境；若发现不安全因素、隐患，必须及时向有关部门汇报，并立即处理，确认安全后再进行施工作业；对施工过程中发现危及人身安全的隐患，应立即停止作业，及时要求有关部门处理解决；现场所有安全防护设施和安全标志等，严禁私自移动和拆除，如需暂时移动和拆除的须报经有关负责人审批后，在确保作业人员及其他人员安全的前提下才能拆移，并在工作完毕（包括中途休息）后立即复原。 二、氧气瓶乙炔瓶安全使用要求 1. 氧气瓶与其他易燃气瓶、油脂、易燃易爆品分别存放，氧气瓶库应与高温、明火保持10m以上距离。 2. 储存高压氧气瓶时应拧紧瓶帽，放置整齐，留有通道，并固定。 3. 气瓶应设有防振圈和安全帽，搬运和使用时严禁撞击，运输时应立放并固定；严禁用自行车、叉车或起重设备调运高压气瓶。 4. 氧气阀不得粘有油脂、灰土，不得用带油脂的工具、手套或工作服接触氧气瓶。 5. 氧气瓶禁止在强烈日光下暴晒，夏天露天作业应搭设防晒罩、棚。 6. 氧气瓶与焊炬、割炬及其他明火的距离应大于10m，与乙炔瓶的距离不小于5m。 7. 现场乙炔瓶存量不得超过5瓶，5瓶以上应放在储存间单独存放，储存间与明火的距离不小于15m，并应通风良好，设有降温设施，消防设施和通道，避免阳光直射。 8. 储存乙炔瓶时，乙炔瓶应直立，并必须采取防止倾斜的措施，严禁与氯气、氧气瓶及其他易燃易爆物同间储存。 9. 储存间必须设专人管理，应在醒目的地方设安全标志。 10. 应用专用小车运送乙炔瓶，装卸时动作应轻，不得抛滑、滚碰，严禁剧烈振动和撞击，汽车运输时乙炔瓶应妥善固定。 11. 乙炔瓶使用时必须直立放置，与热源的距离不得小于10m，乙炔表面不得超过40℃等。 三、作业时的安全要求 1. 高处作业时，氧气瓶、乙炔瓶不得放在作业区域下方，应与作业点正下方保持10m以上的距离。 2. 作业前办理用火审批手续，清除作业区及下方易燃物，配备专人进行监视看火，配备灭火器材，停止作业时应切断气源，确认无着火危险后方可离开。焊（割）炬使用完后，不得放在可燃物上。 3. 禁止将橡胶软管背在背上工作。 4. 作业后应将氧气、乙炔瓶的减压器卸下拧上气瓶安全帽。 5. 禁止在乙炔瓶上放置物件、工具或缠绕悬挂皮管及割焊炬。 6. 在未采取特殊的安全措施并未经过审批的情况下严禁焊、割装有易燃、易爆物的容器及受力构件。 7. 气焊（割）作业时，不能使用泄漏、磨损及老化的软管及接头。 8. 发现减压阀软管、流量计冻结时，禁止用火烤，更不允许用氧气去吹乙炔管道。 9. 橡皮管要专用，乙炔管和氧气管分别为红色和蓝色，不能对调使用。 10. 使用焊、割炬前，必须检查射吸情况，射吸不正常时，必须修理正常后方可使用。 11. 焊（割）炬点火前应检查各连接处和气阀的严密性，不得漏气，整个系统不得漏气、堵塞，软管不得泄漏、磨损和老化，发现问题修好后再用。 12. 禁止在氧气阀门和乙炔阀门同时开启时使用手或其他物体堵住焊（割）嘴。 13. 焊（割）嘴不得过分受热，温度过高时应放入水中冷却；焊（割）炬及气体通路不得沾有油脂。			
补充内容：			
交底部门	交底人	接受交底人	交底日期

8. 机动翻斗车

机动翻斗车是施工现场用作水平运输的一种施工工具。在实施作业前，由工程项目负责人、技术负责人、安全员向施工作业人员进行文字交底（表 2-11-8）要履行签字手续。

机动翻斗车安全技术交底（示例）　　　　　　　　　　表 2-11-8

工程名称		施工单位	
分项工程名称		施工部位	

交底内容：

1. 司机应遵守交通规则和有关规定，严禁无证或酒后驾驶。
2. 车辆发动前应将变速杆放在零控位置并拉紧手刹车。
3. 车辆发动后，应先检查各种仪表、方向机构、制动装置、灯光等，确认灵敏可靠后方可鸣笛起车。
4. 车辆倒车时，要有专人指挥。
5. 在雨、雪、雾天气作业时，车的最高时速不得超过 25km/h，转弯时要防止车辆横滑。
6. 驾驶员如要离开驾驶室时，应将车开至安全地段，方能离开。
7. 行驶前，应检查锁紧装置并将料斗锁牢，不得在行驶时掉斗。
8. 行驶时应从一挡起步，不得用离合器处于半结合状态来控制车速。
9. 上坡时，当路面不良或坡度较大时，应提前换入低挡行驶；下坡时严禁空挡滑行；转弯时应先减速；急转弯时应先换低挡。
10. 翻斗车制动时，应逐渐踩下制动踏板，并应避免紧急制动。
11. 通过泥泞地段或雨后湿地时，应低速缓行，应避免突然换挡、制动或急剧加速，且不得靠近路边或沟旁行驶，并应防侧滑。
12. 翻斗车排成纵队行驶时，前后车之间应保持 8m 的间距，在下雨或冰雪的路面上，应加大间距。
13. 在坑沟边缘卸料时，应设置安全挡块，车辆接近坑边时，应减速行驶，不得剧烈冲撞挡块。
14. 停车时，应选择适合地点，不得在坡道上停车；冬季应采取防止车轮与地面冻结的措施。
15. 严禁料斗内载人，料斗不得在卸料状态下行驶或进行平地作业。
16. 内燃机运转或料斗内载荷时，严禁在车底下进行任何作业。
17. 操作人员离机时，应将内燃机熄火，并挂挡、拉紧手制动器。
18. 作业后，应对车辆进行清洗，清除砂土及混凝土等粘结在料斗和车架上脏物。

补充内容：

交底部门		交底人		接受交底人		交底日期	

9. 桩工机械

桩工机械是施工现场用于桩基础作业的施工机具。在实施作业前，由工程项目负责人、技术负责人、安全员向施工作业人员进行文字交底要履行签字手续。桩工机械操作安全技术交底如表 2-11-9。

桩工机械操作安全技术交底（示例）　　　　　　　表 2-11-9

工程名称		施工单位	
分项工程名称		施工部位	

交底内容：

1. 打桩机所配置的电动机、内燃机、卷扬机、液压装置等的使用应按照相应装置的安全技术交底要求操作。
2. 打桩机类型应根据桩的类型、桩长、桩径、地质条件、施工工艺等综合考虑选择。打桩作业前，应由施工技术人员向机组人员进行安全技术交底。
3. 施工现场应按地基承载力不小于 83kPa 的要求进行整平压实；在基坑和围堰内打桩，应配置足够的排水设备。
4. 打桩机作业区内应无高压线路；作业区应有明显标志或围栏，非工作人员不得进入；桩锤在施打过程中，操作人员必须在距离桩锤中心 5m 以外监视。
5. 机组人员作登高检查或维修时，必须系安全带；工具和其他物件应放在工具包内，高空人员不得向下随意抛物。
6. 水上打桩时，应选择排水量比桩重量大 4 倍以上的作业船或牢固排架，打桩机与船体或排架应可靠固定，并采取有效的锚固措施，当打桩船或排架的偏斜度超过 3°时，应停止作业。
7. 安装时，应将桩锤运到立柱正前方 2m 以内，并不得斜吊；吊桩时，应在桩上拴好拉绳不得与桩锤或机架碰撞。
8. 严禁吊桩、吊锤、回转或行走等动作同时进行；打桩机在吊有桩和锤的情况下，操作人员不得离开岗位。
9. 插桩后，应及时校正桩的垂直度；桩入土 3m 以上时，严禁用打桩机行走或回转动作来纠正桩的倾斜度。
10. 拔送桩时，不得超过打桩机起重能力；起拔载荷应符合以下规定：
    （1）打桩机为电动卷扬机时，起拔载荷不得超过电动机满载电流；
    （2）打桩机卷扬机以内燃机为动力，拔桩时发现内燃机明显降速，应立即停止起拔；
    （3）每米送桩深度的起拔载荷可按 40kN 计算。
11. 卷扬钢丝绳应经常润滑，不得干摩擦。钢丝绳的使用及报废参见起重吊装机械安全交底相关规定；作业中，当停机时间较长时，应将桩锤落下垫好；检修时不得悬吊桩锤。
12. 遇有雷雨、大雾及六级及以上大风等恶劣气候时，应停止一切作业；当风力超过七级或有风暴警报时，应将打桩机顺风向停置，并应增加缆风绳，或将桩立柱放倒地面上；立柱长度在 27m 及以上时，应提前放倒。
13. 作业后，应将打桩机停放在坚实平整的地面上，将桩锤落下垫实，并切断动力电源

补充内容：

交底部门		交底人		接受交底人		交底日期	

10. 潜水泵

潜水泵是指将泵直接放入水中使用的水泵。在实施作业前，由工程项目负责人、技术负责人、安全员向施工作业人员进行文字交底要履行签字手续。潜水泵安全操作规程技术交底如表 2-11-10 所示。

潜水泵安全操作规程技术交底（示例） 表 2-11-10

工程名称		施工单位	
分项工程名称		施工部位	
交底内容： 1. 泵应放在坚固的篮筐里放入水中，或将泵的四周设立坚固的防护围网。泵应直立于水中，水深不得小于 0.5m，不得在含泥沙的水中使用。 2. 泵放入水中或提出水面时，应先切断电源，严禁拉拽电缆或出水管。 3. 泵应装设接零保护或漏电保护装置，工作时周围 30m 以内水面不得有人、畜进入。 4. 启动前应检查： （1）水管应结扎牢固； （2）放气、放水、注油管等螺塞均应旋紧； （3）叶轮和进水节应无杂物； （4）电缆绝缘良好。 5. 接通电源后，应先试运转，检查旋转方向应正确，在水外运转时间不得超过 5min。 6. 经常注意水位变化，叶轮中心至水面距离应在 0.5～3m 间，泵体不得陷入污泥或露出水面；电缆不可与井壁、池壁相擦。 7. 新泵或新换密封圈，在使用 50h 后，应旋开放水封口塞，检查水、油的泄漏量，如超过 5mL 应进行 196kPa 气压试验，查出原因，予以排除；以后每月检查一次，若泄漏量不超过 25mL，则可继续使用；检查后应换上规定的润滑油。 8. 经过修理的油浸式潜水泵，应先经 196kPa 气压试验，检查各部无泄漏现象，然后将润滑油加入上、下壳体内			
补充内容：			
交底部门	交底人	接受交底人	交底日期

第二节 施工机具安装验收

依据《建筑施工安全检查标准》（JGJ 59—99）中对常用施工机具：平刨、圆盘锯、钢筋机械、电焊机、搅拌机、打桩机械等的规定，安装后必须经过验收，由工程项目负责人、技术负责人、安全员、施工作业班组长等组织验收并履行盖章签字。

主要设备的安装验收依据省安监总站的验收表格进行。

1. 工程名称

按设计图注名称。

2. 验收内容

2.1 平刨

2.1.1 察看安装场地、排水、防护棚和操作规程。验收结果填写定性结论。

2.1.2 察看传动防护及护手安全装置是否齐全可靠。验收结果填写定性结论。
2.1.3 察看电机外壳是否做保护接零。验收结果填写定性结论。
2.1.4 察验开关箱、漏电保护器。验收结果填写定性结论。
2.1.5 测量开关控制距离。验收结果填数值。
2.1.6 查验作业场地是否配有符合要求的消防器材。验收结果填写定性结论。
2.1.7 验收意见：综合检验结果做出评定结论。
2.1.8 验收人员
(1) 项目负责人：工程项目经理。
(2) 技术负责人：项目技术负责人。
(3) 安装负责人：进行安装作业的责任人。
(4) 机 管 员：项目机械设备专职管理人员。
(5) 安 全 员：施工现场专职安全员。
(6) 机械操作工：直接操作人或使用的班组负责人。

平刨验收表如表 2-11-11 示例。

平刨验收表　　　　　　　　　　　　　表 2-11-11

工程名称				机械名称	
设备型号		设备编号		安装日期	
序号	验 收 内 容				验 收 结 果
1	安装场地混凝土硬化，机身安装稳固，设有可靠的防护棚，有安全操作规程牌，有良好排水措施				
2	传动部位防护罩、护手安全装置齐全可靠				
3	设备金属外壳应做保护接零并连接牢固，符合要求				
4	有专用开关箱并符合要求，漏电保护器匹配合理、灵敏可靠				
5	平刨距开关箱距离应不大于 3m				
6	严禁使用平刨和圆盘踞合用一电机的多功能木工机具				
7	作业场所应配有符合防火要求消防器材				
验收意见： 年 月 日				项目负责人	
				技术负责人	
				安装负责人	
				机 管 员	
				安 全 员	
				机械操作工	

2.2 圆盘锯

2.2.1 察看安装场地、防护棚、排水、操作规程。验收结果填写定性结论。
2.2.2 察看安全防护装置。验收结果填写定性结论。
2.2.3 察看电机保护接零。验收结果填写定性结论。
2.2.4 察验开关箱及漏电保护器。验收结果填写定性结论。
2.2.5 测量开关控制距离。验收结果填数值。
2.2.6 查验作业场地是否配有符合要求的消防器材。验收结果填写定性结论。
2.2.7 验收意见：综合检验结果做出评定结论。
2.2.8 验收人员

(1) 项目负责人：工程项目经理。
(2) 技术负责人：项目技术负责人。
(3) 安装负责人：进行安装作业的责任人。
(4) 机 管 员：项目机械设备专职管理人员。
(5) 安 全 员：施工现场专职安全员。
(6) 机械操作工：直接操作人或使用的班组负责人。

圆盘锯验收表如 2-11-12 所示。

圆盘锯验收表 表 2-11-12

工程名称			机械名称	
设备型号		设备编号	安装日期	
序号	验 收 内 容			验 收 结 果
1	安装场地混凝土硬化，机身安装稳固，设有可靠的防护棚，有安全操作规程牌，有良好排水措施			
2	锯盘护罩、分料器、防护挡板及传动部位防护罩齐全可靠			
3	设备金属外壳应做保护接零并连接牢固，符合要求			
4	有专用开关箱并符合要求，漏电保护器匹配合理、灵敏可靠			
5	开关箱距圆盘锯距离应不大于3m			
6	作业场所应配有符合防火要求消防器材			
验收意见：			项目负责人	
			技术负责人	
			安装负责人	
			机 管 员	
			安 全 员	
		年 月 日	机械操作工	

2.3 钢筋机械

2.3.1 察看安装场地、排水、防护棚、操作规程。验收结果填写定性结论。

2.3.2 察看传动部位防护。验收结果填写定性结论。

2.3.3 察看冷拉作业和对焊作业、区域隔离及警示标志。验收结果填写定性结论。

2.3.4 察验冷拉地锚、绳连接、滑轮、拉杆信号及夹具。验收结果填写定性结论。

2.3.5 察看电机保护接零。验收结果填写定性结论。

2.3.6 察开关箱、测漏电保护器。验收结果填写定性结论

2.3.7 测量开关控制距离。验收结果填数值。

2.3.8 验收意见：综合检验结果做出评定结论。

2.3.9 验收人员

(1) 项目负责人：工程项目经理。

(2) 技术负责人：项目技术负责人。

(3) 安装负责人：进行安装作业的责任人。

(4) 机　管　员：项目机械设备专职管理人员。

(5) 安　全　员：施工现场专职安全员。

(6) 机械操作工：直接操作人或使用的班组负责人。

钢筋机械安装验收表如表 2-11-13 所示。

钢筋机械安装验收表　　　　　　　　　表 2-11-13

工程名称				机械名称	
设备型号		设备编号		安装日期	
序号	验　收　内　容				验 收 结 果
1	安装场地混凝土硬化，机身安装稳固，设有可靠的防护棚，有安全操作规程牌，有良好排水措施				
2	传动部位防护罩齐全可靠				
3	钢筋冷拉作业及对焊作业区应有防护隔离措施，并悬挂警示牌				
4	冷拉机地锚、钢丝绳连接点牢固，夹具完好可靠，信号明确				
5	设备金属外壳应做保护接零并连接牢固，符合要求				
6	有专用开关箱并符合要求，漏电保护器匹配合理、灵敏可靠				
7	开关箱距设备距离应不大于3m				
验收意见： 年　月　日				项目负责人	
				技术负责人	
				安装负责人	
				机　管　员	
				安　全　员	
				机械操作工	

2.4 电焊机

2.4.1 察验防雨措施、安全操作规程。验收结果填写定性结论。

2.4.2 察看保护接零，端子防护。验收结果填写定性结论。

2.4.3 察开关箱，测漏电保护器及二次触电保护器的灵敏度。验收结果填写定性结论。

2.4.4 察看电焊机开关、焊把及把线。验收结果填写定性结论。

2.4.5 察看施焊场所及环境是否符合要求。验收结果填写定性结论。

2.4.6 测量电焊机一次线长度。验收结果填写数值。

2.4.7 查验操作人员上岗证。填证号及结论。

2.4.8 验收意见：综合检验结果做出评定结论。

2.4.9 验收人员

（1）项目负责人：工程项目经理。

（2）技术负责人：项目技术负责人。

（3）安装负责人：进行安装作业的责任人。

（4）机　管　员：项目机械设备专职管理人员。

（5）安　全　员：施工现场专职安全员。

（6）机械操作工：直接操作人或使用的班组负责人。

电焊机验收表如表 2-11-14 所示。

电焊机验收表　　　　　　　　　　　表 2-11-14

工程名称				机械名称	
设备型号		设备编号		安装日期	
序号	验 收 内 容				验 收 结 果
1	电焊机有防雨措施，有安全操作规程牌				
2	电焊机有可靠的保护零线，接线处应有防护罩				
3	焊把及电焊线绝缘应良好，电焊线通过道路时，应架高或穿管埋设				
4	电焊机一次侧电源线长度应不大于 5m，二次线长度应不大于 30m				
5	有专用开关箱并符合要求，漏电保护器匹配合理、灵敏可靠，设置二次空载降压保护器或二次触电保护器				
6	操作人员持证上岗，正确穿戴防护用品				
7	施焊场所 10m 范围内应无堆放易燃易爆物品				
8	施焊场所应配有符合要求的消防器材				
验收意见： 　　　　　　　　　　年　月　日				项目负责人	
				技术负责人	
				安装负责人	
				机　管　员	
				安　全　员	
				机械操作工	

2.5 搅拌机

2.5.1 察看防护棚及操作规程。验收结果填写定性结论。
2.5.2 察看安装场地及排水设施。验收结果填写定性结论。
2.5.3 试验离合器、制动器。验收结果填写定性结论。
2.5.4 察看传动防护及料斗挂钩。验收结果填写定性结论。
2.5.5 察看钢丝绳润滑及固定情况。验收结果填写定性结论。
2.5.6 查验作业平台、操作箱安装。验收结果填写定性结论。
2.5.7 查验开关箱安装、隔离开关。验收结果填写定性结论。
2.5.8 察看操作箱、电机保护接零。验收结果填写定性结论。
2.5.9 验收意见：综合检验结果做出评定结论。
2.5.10 验收人员

(1) 项目负责人：工程项目经理。
(2) 技术负责人：项目技术负责人。
(3) 安装负责人：进行安装作业的责任人。
(4) 机 管 员：项目机械设备专职管理人员。
(5) 安 全 员：施工现场专职安全员。
(6) 机械操作工：直接操作人或使用的班组负责人。

搅拌机验收表如表 2-11-15。

搅拌机验收表 表 2-11-15

工程名称				机械名称	
设备型号		设备编号		安装日期	
序号	验 收 内 容			验 收 结 果	
1	安装场地混凝土硬化，机身安装稳固，设有可靠的防护棚，有安全操作规程牌，有良好的排水措施				
2	离合器、制动器灵敏可靠，各部位润化良好，运行平稳无异常				
3	传动部位防护罩、料斗保险钩齐全可靠				
4	钢丝绳完好并润滑良好，端部固定符合要求				
5	设备金属外壳应做保护接零并连接牢固，符合要求				
6	有专用开关箱并符合要求，漏电保护器匹配合理、灵敏可靠；功率大于 5.5kW 应采用自动开关或降压启动装置控制				
7	作业平台稳固，操作箱箱体完好，按钮开关灵敏可靠				
8	操作人员持证上岗				
验收意见：				项目负责人	
				技术负责人	
				安装负责人	
				机管员	
		年 月 日		安全员	
				机械操作工	

2.6 机动翻斗车

2.6.1 察看准用证,填证号。
2.6.2 试验各传动部分运转及漏油情况,看机容机貌,验收结果填写定性结论。
2.6.3 试验制动、转向及各灯光,验收结果填写定性结论。
2.6.4 察看有无安全操作规程,验收结果填写定性结论。
2.6.5 察看维修保养制度,验收结果填写定性结论。
2.6.6 察看司机持证,填写证号及结论。
2.6.7 验收意见:综合检验结果做出评定结论。
2.6.8 验收人员

(1) 项目负责人:工程项目经理。
(2) 安　全　员:施工现场专职安全员。
(3) 操　作　人:本机司机。

机动翻斗车验收表如表 2-11-16。

机动翻斗车验收表　　　　　　　表 2-11-16

工程名称		
序号	验 收 内 容	验 收 结 果
1	有安全监督管理部门颁发的准用证	
2	各传动部位运转正常,无漏油现象,机容机貌整洁	
3	制动、转向灵敏可靠,照明灯、转向灯齐全有效	
4	有安全操作规程	
5	有完善的维修保养制度,严禁带病运转	
6	司机持证上岗,严禁无证驾驶	
验收意见: 年 月 日	项目负责人 安 全 员 操 作 人	

2.7 打桩机械

2.7.1 察看打桩作业方案、操作规程，验收结果填写定性结论。

2.7.2 察看试验超高限位，验收结果填写定性结论。

2.7.3 测量地基承载力，核对地质报告，验收结果填写定性结论。

2.7.4 查验各部分螺栓、润滑、传动装置，验收结果填写定性结论。

2.7.5 查验电气装置，验收结果填写定性结论。

2.7.6 查验开关箱及漏电保护器，验收结果填写定性结论。

2.7.7 察看电缆规格及保护接零，验收结果填写定性结论。

2.7.8 察看准用证，填证号。

2.7.9 验收意见：综合检验结果做出评定结论。

2.7.10 验收人员

(1) 项目负责人：工程项目经理。

(2) 技术负责人：项目技术负责人。

(3) 安装负责人：进行安装作业的责任人。

(4) 机 管 员：项目机械设备专职管理人员。

(5) 安 全 员：施工现场专职安全员。

(6) 机械操作工：本机专职操作工。

打桩机验收表如表 2-11-17 所示。

打桩机验收表　　　　　　　　　　　表 2-11-17

工程名称				机械名称	
设备型号		设备编号		安装日期	
序号	验　收　内　容				验 收 结 果
1	有专项安全施工组织设计并经上级审批，针对性强，能指导施工				
2	有专项安全技术交底，有安全操作规程牌				
3	打桩机行走路线地基承载力符合说明书要求				
4	各安全保护装置齐全、灵敏可靠				
5	打桩机各部位螺栓紧固，各部件齐全完好，润滑良好，运行平稳无异响				
6	电气装置齐全可靠				
7	电缆规格符合要求，有可靠的保护接零				
8	有专用开关箱并符合要求，漏电保护器匹配合理、灵敏可靠				
9	操作人员持证上岗				
验收意见：				项目负责人	
				技术负责人	
				安装负责人	
				机管员	
				安全员	
		年　月　日		机械操作工	

第三节 维修保养记录

机具设备的保养指日常保养和定期保养，对机具设备进行清洁、紧固、润滑、调整、防腐、修缮个别易损零件，使机具保护良好状态的一系列工作，是减少机械磨损、延长使用寿命、提高机械完好率、保证安全生产的主要措施之一。

施工机具维修保养记录（表 2-11-18）应写明机械名称、型号规格、统一编号、技术状况、保养维修状况、操作人员。

机械设备维修记录　　　　　　　表 2-11-18

送修单位			送修日期		
设备名称		规格型号		统一编号	
修理项目及要求					
修理记录					修理负责人签字： 年　月　日
送修单位验收					验收人签字： 年　月　日

第十二章 物料提升机

物料提升机主要应用于建筑施工与维修工作的垂直运输机械，也属施工升降机的一种类型。本章系统地阐述了建筑工程物料提升机施工方案的编写、技术交底、检查验收，根据工程实际情况，列举了部分安全技术交底，以便于施工现场管理人员学习、查阅。

第一节 安装施工方案

1. 编制依据

主要依据《建筑施工机扣件式钢管脚手架安全技术规范》（JCJ 130—2001）、《建筑施工高处作业安全技术规范》（JGJ 80—91）、《龙门架及井架物料提升机安全技术规范》（JGJ 88—92）、《建筑卷扬机安全规程》（GB 13329—91）等规范。

2. 工程概况及作业条件

2.1 工程简介

2.1.1 工程的地理位置、性质或用途。

2.1.2 工程的规模，结构形式，檐口高度。

2.2 周边环境

2.2.1 基础施工管线（电缆、水、煤气管道）。

2.2.2 临近建筑和其他大型设施。

3. 龙门架平面布置图。

附上龙门架平面布置图。

4. 龙门架的构造和选材

参照产品说明书。

5. 龙门架荷载计算书

参照产品说明书。

6. 龙门架的安装方法

6.1 龙门架体基础做法

6.2 地锚及缆风绳的安装做法

6.3 固定龙门架用的井字架搭设方法

6.3.1 基础做法。

6.3.2 立杆间距，垂直度。

6.3.3 横杆间距，平整度。

6.3.4 剪刀撑的具体做法。

6.3.5 龙门架与井字架的连接方法。

6.3.6 架体的封闭。

6.4 限位保险装置

6.5 架体与建筑物结构拉结

6.6 楼层卸料平台的防护

6.7 吊盘的防护

6.7.1 吊盘。

6.7.2 动载断绳保护装置。

6.7.3 安全停靠装置。

6.8 传动系统的具体做法

6.9 联络信号

6.10 卷扬机防护棚

7. 龙门架的避雷装置

龙门架要有避雷装置、防雷装置的避雷针、引下线；接地体连接应符合规范要求，其接地电阻不大于 10Ω。

8. 安全技术措施

8.1 物料提升机组装后进入空载、动载和超载试验。

8.2 安装前架子工、电工、焊工必须持证上岗。

8.3 安装过程中作业区域采取的警戒措施。

8.4 作业人员在安装时的防护用品佩戴。

第二节 安装安全技术交底

由工程技术人员向施工作业班组进行技术交底，针对现场的实际情况来制定交底的内容，其主要包括：

(1) 施工作业人员防护用品的佩戴。

(2) 龙门架的安装顺序的交底。

(3) 扣件式钢管井架的搭设交底。

(4) 安装作业时的防护措施的交底。

具体见表 2-12-1。

物料提升机搭设安全技术交底（示例）　　表 2-12-1

工程名称		施工单位	
分项工程名称		施工部位	

交底内容：
1. 安装前应有经过审批的技术方案，所有作业人员必须经过培训合格，取得上岗证书，并接受进场安全教育。
2. 所有作业人员必须佩戴安全帽，系安全带，由班长统一指挥。
3. 作业现场设置警戒区域，严禁无关人员进入，并设专人监护。
4. 基础地基承载力及基础制作要符合设计要求。基础应有排水措施。
5. 架体安装的垂直度要满足 3/1000 的要求，架体连接要牢固，导轨接点截面错位不大于 1.5m，吊篮导靴与导轨的安装间隙要控制在 5～10mm 以内，架体上不得挂设增加风荷载的物件。
6. 附墙架、缆风绳及地锚的设置要符合要求。
7. 进料口防护棚必须独立搭设，严禁利用架体作支撑搭设，顶部为能防止穿透的双层防护棚，宽度不小于架体宽度，低架长度大于 3m，高架长度大于 5m；进料口应挂设警示和限载重量标志。
8. 进、卸料口防护门应定型化、工具化，防护门不得往架内开启，并能在吊篮运行时防止人体任何部位进入井架内，防护门必须为常闭门，采用联锁装置控制。
9. 要搭设符合要求的卸料平台。
10. 吊篮必须装设安全门，吊篮颜色要与架体颜色区别，并醒目；高架架体内底部应设计缓冲装置。
11. 物料提升机的各种安全限位装置要齐全、灵敏可靠。
12. 卷扬机、钢丝绳、滑轮等的设置要符合要求。
13. 当操作人员露天作业时，要搭设坚固的操作棚，操作棚的设置要符合要求。
14. 物料提升机要设置可靠的通讯装置。
15. 物料提升机若在相邻建筑物、构筑物的防雷保护范围以外，20m 高度以上物料提升机应安装防雷装置。
安装完毕，必须经过验收备案后方可投入使用

补充内容：

交底部门		交底人		接受交底人		交底日期	

第三节　物料提升机安装验收

物料提升机（龙门架、井字架）安装后，必须经过正式验收，办理验收手续，合格后方可使用。

验收时，首先由项目负责人组织有关人员（工长、专职安全员、安装班组长、操作人员）进行验收，验收合格由现场负责人签字，再报经主管部门检查验收，合格后方可投入使用。

验收时，针对物料提升机安装方案，依据《龙门架及井字架物料提升机安全技术规范》（JGJ 88—92）和《建筑施工安全检查评分标准》（JGJ 59—99）的要求进行检查验收，并将检查验收结果填入验收表表 2-12-2，做出是否可以使用的定性结论，验收表必须有量化验收内容。

物料提升机安装验收表的填写内容如下：

（1）工程名称：按设计图注名称。
（2）生产厂家：提升机的生产厂家名称。
（3）设计安装高度：该提升机的安装总高度。
（4）安装单位：负责安装该提升机的作业队伍。
（5）架体型号：产品型号、规格。
（6）设备编号：施工现场设备排列编号。
（7）出厂日期：产品出厂年月。
（8）资质证书编号：安装队伍资质证书编号。
（9）验收高度：实际搭设高度。
（10）验收内容：

1）施工方案：

①查验架体制作设计计算书，核对制作是否符合要求，验收结果填写"有""无"计算书和是否符合要求。

②查验安装方案，安全技术交底和签证，验收结果填写"有""无"方案、交底和是否符合要求。

③查验有无准用证，验收结果填写"有""无"或证件编号。

2）基础：

①查验承载力试验报告，验收结果填写数值。

②查验混凝土试压报告，尺量混凝土厚度，观察检查有无地脚螺栓，验收结果填写查验的数值和是否埋设地脚螺栓。

③尺量基础表面水平偏差数值，观察有无排水设施，验收结果填写实测偏差值和"有""无"排水设施。

3）底座：

实测水平高差值和螺栓扭紧力矩，验收结果填写数值。

4）架体：

①观察测试架体稳定，立柱垂直偏差，接头是否相互错开，验收结果填写测试数值和定性结论。

②尺量检查接头错位尺寸，验收结果填写数值。

③尺量检查导轨与导靴的间隙，验收结果填写数值。

④观察检查外侧有无立网防护，开口处是否有加固措施。验收结果填写"有""无"。

5）缆风绳：

①查验架体高度，缆风绳组数。验收结果填写数值。

②查验缆风绳材质，测缆风绳直径。验收结果填写数值。

③查验缆风绳与架体地锚连接情况，绳卡个数与地面夹角。验收结果填写"是""否"

牢固和数值。

6) 附墙装置：

查验附墙架与架体和建筑物是否刚性连接，附墙架的材质是否与架体材质相同，附墙架与脚手架是否连接，绑扎材料是否使用铅丝。验收结果填写是否符合要求。

7) 吊篮：

①观察测试吊盘停靠装置是否定型化，灵敏可靠。验收结果填写定性结论。

②观察吊盘前后是否设置了防护门吊盘两侧是否有防护网。验收结果填写定性结论。

③测试断绳保护是否灵活有效，吊盘底板是否牢固完好。验收结果填写定性结论。

④核对架体高度，观察是否使用吊笼。验收结果填写定性结论。

8) 卷扬机：

①观察、检查卷扬机棚、场地、查验桩锚测试资料。验收结果填写是否符合要求。

②测试安全防护装置，尺量井架第一个导向轮距是否少于卷筒宽度的15倍，观察钢丝绳排列情况。验收结果填写数值定性结论。

③观察、检查吊盘落地时留在绳筒上的钢丝绳圈数，绳头扎紧情况。验收结果填写数值及定性结论。

④查验卷扬机接零情况和操作证。验收结果填写证件号和定性结论。

9) 钢丝绳：

①观察钢丝绳外观，是否拖地，过路有无保护，绳卡使用是否符合规范要求。验收结果填写定性结论。

②查提升钢丝绳是否有拉长使用现象。验收结果填写定性结论。

10) 限位保险装置：

①测试超高限位是否灵敏可靠。验收结果填写定性结论。

②查验卷筒上有无钢丝绳防滑脱装置。验收结果填写定性结论。

③查验高架提升机有无下限位器，缓冲器和超载限制器是否灵敏可靠。验收结果填写定性结论。

11) 操作：

查联络信号是否准确、合理。验收结果填写定性结论。

12) 电气：

①查是否有专用开关箱，开关箱设置是否符合要求。验收结果填写定性结论。

②查用电设备是否按规定作保护接零。验收结果填写定性结论。

③查接地及避雷装置是否符合要求。验收结果填写定性结论。

13) 进料口：

观察进料口有无防护棚，尺量防护棚长度、宽度、距地高度，查验进料口有无防护门；观察顶板铺设情况。验收结果填写数值及定性结论数值。

14) 卸料平台：

①尺量检查卸料平台宽度；观察检查有无防护门（栏），验收结果填写数值定性结论。

②尺量检查平台两侧护栏高度；观察检查外侧是否使用立网封闭，验收结果填写数值及定性结论。

③观察平台板是否横铺、满铺，手动检查是否稳固，验收结果填写定性结论。

物料提升机（龙门架、井字架）安装验收表

表 2-12-2

工程名称		井字架型号		设备编号	
生产厂家		出厂日期		设计安装高度	
安装单位		资质证书编号		验收高度	

序号	验收项目	验收内容	验收结果
1	施工方案	有专项安全施工组织设计并经上级审批，针对性强，能指导施工	
		有专项安全技术交底	
		安装单位及人员具有相应的资质	
2	基础	基础土层压实后的承载力应不小于80kPa	
		浇筑C20混凝土，厚度应大于300mm，埋设地脚螺栓	
		基础表面水平偏差应不大于10mm，有良好排水措施	
3	底座	安装水平高差应小于10mm，与地脚螺栓连接牢固	
4	架体	架体整体稳定，垂直度偏差不大于高度的1.5‰～3‰	
		导轨接点截面错位应不大于1.5mm	
		吊篮导靴与导轨的间隙应控制在5～10mm之内	
		外侧用立网防护，内吊篮式井架架体开口处应有加固措施	
5	缆风绳	架体高度在20m以下时，缆风绳应不小于1组；高度在20～30m时不少于2组	
		缆风绳应选用多股钢丝绳，直径不得小于9.3m	
		缆风绳与架体、地锚牢固连接，绳卡每处不得少于3个，缆风绳与地面夹角为45°～60°；缆风绳不得拴在树木、电杆或堆放构件上	
6	附墙装置	附墙架与架体及建筑物之间，应采用刚性连接，不得连接在脚手架上，严禁使用铁丝绑扎；附墙架的材质应与架体的材质相同	
7	吊篮	有灵敏可靠的安全停靠装置	
		设置前后安全门，吊盘两侧设有防护网	
		断绳保险装置应灵敏可靠	
		高架提升机应使用吊笼	
		吊篮与架体的涂色应有明显区别	
8	卷扬机	场地混凝土硬化，有操作棚，视线良好，地锚牢固	
		安全防护装置齐全，刹车灵敏可靠，联轴器不松动	
		与井架第一只导向轮距离应不小于绳筒宽度的15倍，钢丝绳排列整齐	
		吊篮处于最低位置时，卷筒上的钢丝绳应不少于3圈	
		专人操作，持证上岗，操作棚内设有安全操作规程牌	
9	钢丝绳	不得使用锈蚀、缺油或达到报废标准的钢丝绳，不得拖地，过路有保护，绳卡设置符合规定要求	
		提升钢丝绳不得接长使用	
10	限位保险装置	有超高限位装置并灵敏可靠，吊篮的越程应大于3m	
		卷扬机卷筒上应有防止钢丝绳滑脱的保险装置	
		高架提升机应设有下极限限位器、缓冲器和超载限制器，限位器、超载限制器应灵敏可靠	
11	操作	联络信号准确、合理	
12	电气	有专用开关箱，开关箱内装设隔离开关和漏电保护装置	
		用电设备应按规定做保护接零	
		重复接地符合要求，按规定设置避雷装置	
13	进料口	进料口应设防护棚，其宽度应大于提升架最外部尺寸；长度：低架应大于3m，高架应大于5m；采用5cm厚木板或两层竹榀架设	
14	卸料平台	每层卸料平台宽度大于80cm，设有常闭型定型化的防护门	
		平台两侧设高1.2m和0.6m的双道防护栏杆及18m高的挡脚板，并挂以密目式安全网	
		平台脚手板应铺平绑牢	

验收意见：		项目负责人	
		技术负责人	
		安装负责人	
		机管员	
	年 月 日	安全员	
		机械操作工	

15) 联络信号：

检查有无上下联络信号，信号是否准确合理。验收结果填写定性结论，验收意见要根据验收结果进行综合评定，填写定性结论。

(11) 验收结论：

验收的主管部门对整体验收结果做出评定并盖章。

(12) 验收人员：

1) 项目负责人：工程施工项目经理。
2) 技术负责人：工程技术负责人。
3) 安装负责人：安装单位负责人。
4) 机　管　员：设备管理人员。
5) 安　全　员：工程项目部专职安全员及安装单位安全员。
6) 机械操作工：设备操作人员。

第四节　日常检查检测记录

日常检查由作业司机在班前进行，在确认提升机正常时，方可投入作业，检查内容包括：

(1) 地锚与缆风绳的连接有无移动。
(2) 空载提升吊篮做 1 次上下运行，验证是否正常，碰撞限位器是否灵敏可靠。
(3) 在额定荷载下，将吊篮提升到离地面 1～2m 高度停机，检查制动器的可靠性和架体的稳定性。
(4) 安全停靠装置和断绳，保护装置的可靠性。
(5) 吊篮运行通道内无障碍物。
(6) 作业司机的视线或通讯装置的使用效果是否清晰良好。

第五节　物料提升机拆除方案

1. 编制依据：

主要依据《建筑施工机扣件式钢管脚手架安全技术规范》(JCJ 130—2001)、《建筑施工高处作业安全技术规范》(JGJ 80—91)、《龙门架及井架物料提升机安全技术规范》(J9J 88—92)、《建筑卷扬机安全规程》(GB 13329—91) 等规范。

2. 工程概况作业条件：

2.1 　工程简介：

2.1.1 　工程的地理位置，性质或用途。

2.1.2 　工程的规模，结构形式，檐口高度。

2.2 　周边环境：

2.2.1 　基础施工管线（电缆、水、煤气管道）。

2.2.1 　临近建筑和其他大型设施。

3. 确定指挥人员，划分危险作业区域。

4. 勘查现场地埋架设线路,外脚手架,地面设施等物,地锚缆风绳连墙杆,以及被拆架体各节点附件,电气装置情况,龙门架及架体的稳定情况。

5. 拆除步骤和顺序。

6. 拆除作业中安全注意事项。

第六节 物料提升机拆除安全技术交底

项目经理、技术负责人应根据方案的要求,向作业班组长进行书面安全技术交底(表2-12-3),交底后履行签字手续,本人必须签字。

物料提升机拆除安全技术交底　　　　表 2-12-3

工程名称		施工单位	
分项工程名称		施工部位	
交底内容： 1. 拆除前应有经过审批的技术方案,所有作业人员必须经过培训合格,取得上岗证书,并接受进场安全教育。 2. 所有作业人员必须佩戴安全帽,系安全带,由班长统一指挥。 3. 拆除前要对物料提升机整机性能进行全面检查,确认完全没有问题后方可进行作业。 4. 作业时要按程序自上而下逐步进行,连墙架的拆除不应大于两步。 5. 拆除管件、扣件时严禁抛掷到地面,应有接力传递。 6. 要设置警戒区域,严禁无关人员进入,并设专人监护。 7. 拆除卷扬机,必须先切断电源,经检查无误后才能进行拆除作业。 8. 拆除缆风绳或连墙件前,应先设置临时缆风绳或支撑,确保架体自由高度不大于两个标准节。 9. 拆除龙门架天梁前,应先分别对两立柱采取稳固措施			
补充内容：			
交底部门	交底人	接受交底人	交底日期

附录一

环境、职业安全健康保证计划（示例）

1. 工程概况
1.1 工程概况

××××××热轧薄板工程，是×集团与×有限公司强强联合、互惠互利、共同投资的项目，并委托××××××公司代为管理和施工的工程。本工程质量要求创部优工程、施工工期14个月。安全生产、文明施工，高质量、高效率完成工程任务，是施工生产的重要环节。××××××热轧薄板工程厂址，位于×市×公司厂内，窄带车间的南面。我单位主要承担该工程所有各项工程的施工工作。

该工程开工日期：2005年7月15日；竣工日期2006年8月27日。

1.2 工程难点分析

1.2.1 工期紧、气候变化异常、地域地质属沙土混合且含沙量较大的风化岩，土方开挖较深、可能造成施工中部分基础容易出现塌方；

1.2.2 因施工场地占地面狭窄且较集中，给安全管理带来一定的难度，在使用挖掘机、自卸汽车时，容易发生机械伤害、道路交通事故。

1.3 工程重点部位

1.3.1 甲方指定弃土场地及临时用电安全管理；

1.3.2 自卸汽车在厂区内行驶的安全管理；

1.3.3 深基坑边坡防护的安全管理；

1.3.4 挖掘机挖土作业时机械伤害的发生；

1.3.5 基坑排水用电的安全管理；

1.3.6 现场危险源点的监控与管理；

1.3.7 主轧跨柱基础坑安全维护的安全管理。

2. 环境、安全健康保护证计划引用的安全标准文件、使用范围及有效期
2.1 引用文件

2.1.1 《建筑施工安全检查标准》（JGJ 59—99）

2.1.2 《本公司安全生产管理办法》

2.1.3 《中华人民共和国消防法》

2.1.4 《中华人民共和国劳动法》

2.1.5 《中华人民共和国环境保护法》

2.1.6 《建筑机械使用安全技术规程》（JGJ 33—2001）

2.1.7 《建筑施工安全检查标准》（JGJ 59—99）

2.1.8 《建筑施工高处作业安全技术规范》（JGJ 80—91）

2.1.9 《漏电保护器的安装和运行》（GB 13955—92）

2.1.10 《建筑施工场界噪声限值》（GB 12523—90）

2.1.11 《施工现在临时用电安全技术规范》
2.1.12 《建设工程安全生产管理条例》
2.2 环境、职业安全健康保证计划的使用范围
2.2.1 本环境、职业安全健康管理保证计划仅适用于××××××公司××××××项目部承建的××××××热轧薄板各项工程施工现场的安全管理与控制;
2.2.2 本环境、职业安全、健康管理保证计划管理和控制的对象为本项目部施工人员、机械、设施、设备、作业环境及员工健康等。
2.3 环境、职业安全健康与管理保证计划的实施
2.3.1 本环境、职业安全健康保证计划的有效期从 2005 年 7 月 15 日起至 2006 年 8 月 27 日工程结束止;
2.3.2 环境、职业安全健康保证计划因设计变更、施工方法、程序的变化,需作修改时,应在施工前,将修改内容上报上级主管部门审核备案;
2.3.3 本环境、职业安全健康保证计划由上级主管部门负责人批准后下发,即成为有效版本,不得随意复印、分发。

3. 环境、职业安全健康保证体系的要求

结合本工程的施工特点和按照项目部的安全管理要求,建立起本项目部的环境、职业安全健康保证体系,并形成适用与项目部内部的环境、职业安全健康管理保证体系相关三层次。依照本环境、职业安全健康管理保证计划,结合本工程特点选用相关项目管理人员,确定管理职责、义务,以确保本环境、职业安全健康保证计划内容的科学性、可行性。

3.1 管理目标

本环境、职业安全健康管理保证计划管理目标:

3.1.1 施工现场控制人身轻伤事故和杜绝重大未遂事故,班组控制未遂事故,不发生轻伤事故;

3.1.2 死亡事故为"零"、重伤事故为"零"、重大施工机械设备损坏事故为"零"、重大火灾事故为"零"、负主要责任的交通事故为"零",职业病发生率为"零";

3.1.3 "五废"(废水、废气、噪声、扬尘、固体废弃物)排放达标。

3.2 环境、职业安全健康管理组织

项目经理部建立环境、职业安全健康管理委员会,项目经理为环境、职业安全健康管理委员会主任(安全第一责任人)。

环境、职业安全健康管理委员会:

主　任:

副主任:

成　员:

3.3 环境、职业安全健康管理委员会部分人员职责与权限

3.3.1 项目经理

3.3.1.1 代表公司实施工程项目管理,贯彻落实党和国家的方针、政策、法律、法规、规范、标准,执行公司各项管理制度;

3.3.1.2 主持项目经理部工作,是公司综合管理体系在本项目的管理者,根据公司

授权的范围、时间和内容，对施工项目自施工准备至竣工实施全面、全过程管理；

3.3.1.3 经公司授权组建项目经理部，组织制定项目管理规划；

3.3.1.4 根据公司工程项目管理规定，制定工程项目部工程、技术、质量、安全、进度、成本、材料、设备，现场管理等各项管理制度；

3.3.1.5 根据《项目管理目标责任书》中规定的各项指标，进行目标分解，落实责任，并组织对项目管理人员的目标责任进行检查、考核、奖罚；

3.3.1.6 接受建设单位、公司职能部门的指导、监督、检查和考核；

3.3.1.7 是工程项目质量和安全生产第一责任人，负责策划工程项目质量和环境、职业安全健康管理体系，组织持续、有效运行；

3.3.1.8 对进入现场的生产要素进行优化调配和动态管理；

3.3.1.9 正确处理项目经理部与国家、公司及职工之间的利益分配，正确协调好与业主、监理单位的业务关系，保持良好的信息交流关系；

3.3.1.10 根据公司授权、协调和处理与施工项目管理有关的内、外部事项，负责协调与公司管理层、作业层的工作关系，解决项目施工中出现的问题；

3.3.1.11 进行现场标准化管理和文明施工管理，发现和处理突发事件，定期于每月25日前反馈《项目经理安全责任反馈表》；

3.3.1.12 参与工程竣工验收、准备结算资料、接受审计；

3.3.1.13 协助公司进行项目的检查、鉴定和评奖申报；

3.3.1.14 负责组织、收集工程中标通知书、承包合同、开工报告批复文件、质量评定报告、安全评定证明、工程结算收入单、图纸等工程配套资料、送有关部门存档；

3.3.1.15 负责项目保修工作，妥善保管项目经理部资产，编写工程项目总结，提出建议；

3.3.1.16 完成公司领导交办的其他相关业务。

3.3.2 项目安全负责人

3.3.2.1 执行公司综合管理体系有关程序文件，落实环境、职业安全健康目标、指标及管理措施；

3.3.2.2 具体负责施工现场的安全、保卫、防火工作，定期组织安全检查；

3.3.2.3 具体负责工程管理、文明施工、标准化管理工作，检查安全技术措施，环境、职业安全健康保证计划执行情况；

3.3.2.4 协助项目经理部推广新技术、新工艺、新材料，解决施工中出现的重大安全问题；

3.3.2.5 负责工程"三通一平"等施工准备和临时设施管理工作；

3.3.2.6 负责开展施工安全教育，落实劳动保护责任，参与编制安全技术措施，开展安全大检查，对安全事故进行调查，分析提出处理意见；

3.3.2.7 负责协调施工现场废弃物的妥善处理；

3.3.2.8 定期与25日前上报《项目安全负责人安全反馈表》；

3.3.2.9 完成领导交办的其他工作。

3.3.3 项目总工

3.3.3.1 具体负责建立工程项目质量和环境、职业安全健康管理体系，并组织持续、有效运行；

3.3.3.2 负责工程技术管理，审批质量计划、施工组织设计、组织技术交底、图纸会审，负责新技术、新工艺、新材料的推广应用，负责技术准备，解决重大技术问题；

3.3.3.3 组织相关技术人员编制专业施工方案，并按照程序要求及时审批，检查实施情况；

3.3.3.4 负责工程质量管理，主持质量会议，组织质量检查，负责质量事故调查、分析、处理，对不合格项进行数据统计、分析、纠正、评价，将有关资料报送公司有关部门存档；

3.3.3.5 定期上报《施工阶段月、季、年工程质量情况》、《工程质量信息反馈表》；

3.3.3.6 组织工程竣工验收工作，准备结算资料，收集工程中标通知书、承包合同、开工报告批复文件、质量评定报告、安全评定证明、工程结算收入单、图纸等档案资料，报公司有关部门存档；

3.3.3.7 负责指导建立各种台账等基础管理工作；

3.3.3.8 完成领导交办的其他工作。

3.3.4 项目副经理

3.3.4.1 协助项目经理重点负责形象进度、现场调度、安全施工、标准化、文明施工工作；

3.3.4.2 负责施工现场"三通一平"施工准备工作和施工管理；

3.3.4.3 负责协调相关技术人员编制重大施工方案、安全技术措施，并组织实施；

3.3.4.4 根据业主的工程网络计划，组织重点工序，关键工序的施工；

3.3.4.5 定期组织召开周、月工程例会，落实工程进度计划；

3.3.4.6 定期组织对施工现场作业人员进行现场作业安全知识教育；

3.3.4.7 具体负责对现场施工生产要素进行优化配置和动态管理；

3.3.4.8 负责工程项目施工管理、安全生产工作，发现和处理突发事件，协助上级进行调查处理；

3.3.4.9 完成领导交办的其他工作。

3.3.5 质量负责人

3.3.5.1 负责施工现场质量、技术管理控制工作，组织项目经理部进行质量大检查；

3.3.5.2 分解质量目标，编制项目质量计划、质量检验计划，对产品实现及其过程进行监视、测量和督促、检查、落实；

3.3.5.3 对工程隐检、预检情况进行记录；

3.3.5.4 负责工程中不合格品分析、纠正、验证并上报结果；

3.3.5.5 协调工序交接工作，参加工程交工验收；

3.3.5.6 指导关键工序作业，发现问题及时处理上报；

3.3.5.7 参与质量事故的调查、分析、提出处理意见，拟定纠正预防措施；

3.3.5.8 完成领导交办的其他工作。

3.3.6 物资供应负责人

3.3.6.1 负责项目经理部物资管理工作，执行公司物资采购和综合管理体系有关规定；

3.3.6.2 负责制定项目物资使用计划，落实比质、比价招标采购办法，负责物资采购、运输、分配、供应等管理工作；

3.3.6.3 落实《物资采购控制程序》，采购合格材料；

3.3.6.4 按规定堆放、标识进出场材料；

3.3.6.5 指导业务人员按定额发料，专料专用，监督作业人员合理使用材料，建立节奖超罚制度；

3.3.6.6 负责材料核对、分析、结算工作，建立健全各种台账，动态管理材料进耗，上报核算材料亏盈报表；

3.3.6.7 完成领导交办的其他工作。

3.3.7 技术负责人

3.3.7.1 负责技术管理工作，执行工程技术标准、施工规范和技术规定；

3.3.7.2 参加技术交底，负责协助总工程师与设计单位联系，解决施工中的技术问题；

3.3.7.3 检查、落实施工现场临时设施，平面布置情况；

3.3.7.4 负责协调各专业工序交接及配合作业工作；

3.3.7.5 参加设计图纸会审工作；

3.3.7.6 对工程施工中发现的质量问题及时与质量部门沟通，组织制定改进措施，并监督落实；

3.3.7.7 负责整理有关技术资料；

3.3.7.8 具体参与新技术、新工艺、新材料在施工中的推广应用；

3.3.7.9 完成领导交办的其他工作。

3.3.8 项目财务负责人

3.3.8.1 负责财务、成本和资金回收工作，根据公司下达的财务收支计划，制定项目财务收支计划；

3.3.8.2 建立项目成本管理制度与其他专业部门共同制定目标成本、指标，指导项目部的成本工作；

3.3.8.3 组织项目成本综合分析，定期向公司报送成本分析报告；

3.3.8.4 负责项目会计核算，编报会计报表，提供会计信息；

3.3.8.5 定期集中办公，转账工作，编报《月工程价款结算表》、《单位工程成本表》等；

3.3.8.6 负责按单位工程进行项目成本统计汇总工作，实行项目成本集中审查、转账、控制；

3.3.8.7 完成领导交办的其他工作。

3.3.9 工程、安全部负责人

3.3.9.1 执行公司综合管理体系有关程序文件，落实环境、职业安全健康目标、指标及管理措施；

3.3.9.2 具体负责施工现场的安全、保卫、防火工作，定期组织安全检查；

3.3.9.3 具体负责工程管理、文明施工、标准化管理工作，检查安全技术措施，环境、职业安全健康保证计划执行情况；

3.3.9.4 协助项目经理部推广新技术、新工艺、新材料，解决施工中出现的重大安全问题；

3.3.9.5 负责工程"三通一平"等施工准备和临设施管理工作；

3.3.9.6 负责开展施工安全教育，落实劳动保护责任，参与编制安全技术措施，开展安全大检查，对安全事故进行调查、分析，提出处理意见；

3.3.9.7 负责协调施工现场废弃物的妥善处理；

3.3.9.8 定期与25日前上报《项目安全负责人安全反馈表》；

3.3.9.9 完成领导交办的其他工作。

3.3.10 经济预算负责人

3.3.10.1 负责项目经济管理工作，组织制定项目经理部各项经济管理制度，并组织实施；

3.3.10.2 负责施工合同管理；

3.3.10.3 负责测算所承揽工程的经济技术指标；

3.3.10.4 根据施工组织设计、方案等编制施工生产计划，测算安全、技术措施费用，并按照程序及时上报审批；

3.3.10.5 上报项目部编制的施工图预算、补充预算；

3.3.10.6 组织月工作量报审，工程进度款报批工作；

3.3.10.7 组织经济活动分析例会，对存在问题，分析原因，提出改进措施；

3.3.10.8 组织项目经理部按施工程序编制单位工程施工预算成本表；

3.3.10.9 负责工程竣工资料的整理工作，并报公司计划财务部备案；

3.3.10.10 完成领导交办的其他工作。

3.3.11 综合管理部负责人

3.3.11.1 负责项目经理部党政领导会议的会务组织工作；

3.3.11.2 负责内、外部信息收集、交流工作，负责综合管理体系文件资料、记录的管理工作；

3.3.11.3 以生产经营为中心，组织开展各种形式的劳动竞赛活动；

3.3.11.4 负责现场的宣传工作；

3.3.11.5 督办项目经理部下达指令的落实情况，并向领导反馈；

3.3.11.6 负责女职工保护工作；

3.3.11.7 负责项目经理部后勤工作，对办公区、生活区的废弃物进行有效控制；

3.3.11.8 负责协调项目经理部车辆使用和安全管理工作；

3.3.11.9 完成领导交办的其他业务工作。

3.3.12 资料员

3.3.12.1 负责各种技术资料的整理、登记、保管，存档等工作；

3.3.12.2 负责图纸、文件、资料的用印管理；

3.3.12.3 完成领导交办的其他工作。

3.4 资源

3.4.1 配备经培训教育的管理和操作人员上岗作业

3.4.2 设置用电和消防设施

3.4.3 配备施工机械安全装置

4. 环境、职业安全健康保证体系

4.1 环境、职业安全健康保证体系以本公司安全管理手册等引用文件为依据,并着重按本项目部的实际情况进行实施

4.2 环境、职业安全健康保证体系的策划

4.2.1 根据本工程的规模、结构、环境等实际情况,编制出相适应的环境、职业安全健康管理保证计划指导项目部安全管理

4.2.2 各种安全活动按规定进行记录

4.2.3 环境、职业安全健康保证措施

4.2.3.1 临时用电安全设计

4.2.3.2 施工机械的使用

4.2.3.3 防火安全

4.2.3.4 文明施工

5. 施工现场的安全控制

工程项目经理部对施工过程中可能影响安全生产的因素进行控制,确保施工按安全生产的规章制度、操作规程和顺序要求进行。开工前做好以下工作:

5.1 落实好施工机械设备、安全设施、设备及防护用品的进场计划

5.2 落实现场施工人员,并对施工人员安全教育

5.3 施工现场内的特种作业人员必须持证上岗,由项目部安全负责人进行确认

5.4 对安全设施、设备、防护用品的检查验收

本工程施工场地有限,安全防护工作十分重要。对模板、脚手架交叉安装作业、混凝土浇筑作业、制作现场中小型施工机具的安全防护必须做到防护明确、技术合理、安全可靠;

实施要点:

5.4.1 按照安全防护的技术措施执行;

5.4.2 防护职责落实到人,具体由各施工负责人负责操作,施工安全责任人予以确认。

5.5 施工临时用电

5.5.1 安全用电技术措施

5.5.1.1 施工现场临时用电管理人员持证上岗;

5.5.1.2 临时用电线路采取架空或埋地;

5.5.1.3 施工现场供电线路、电器设备的安装、维修保养及拆除工作,必须由专业人员进行;

5.5.1.4 施工现场的用电设备、大型机具、移动机具及照明的线路采用"三相五线制"由专业人员进行维修和管理,并经常进行检查、保养。

5.5.2 接地、漏电保护

在配电箱处作保护接地,采取"一机、一闸、一漏、一箱"三级配电二级保护。

5.5.3 高压电区隔离

在高压电区派专人负责看管,并对混凝土运输车司机进行安全教育,防止由于行驶过程中与高压线之间产生高压电弧。

5.5.4 实施要点

施工现场临时用电按照工程项目编制的《临时用电施工组织设计》进行设置,在由技术、安全负责人以及相关部门验收合格后方可使用。

5.5.4.1 特殊情况下需要带电作业时,必须配备安全用具,采取可靠的安全隔离措施,并由专业人员进行监护;

5.5.4.2 电工作业时,必须双人上岗。

5.6 施工机械

本工程施工机械(具)共有:挖掘机9台、自卸汽车20辆、装载机2台、推土机3台、压路机1台、油罐车1辆、水泵26台、蛙式打夯机8台等,必须加强对施工现场机械(具)设备的管理,并按照负责操作人员的名字,作到定机、定人、定岗。

5.6.1 实施要点

5.6.1.1 项目部必须指定专人作为机械管理人员,负责机械使用前的验收工作,平时做好检查机械情况;

5.6.1.2 大、中型机械设备的操作人员必须持有效证件上岗;

5.6.1.3 按规定搭设机械防护棚;

5.6.1.4 所有机械设备必须接地或接零,随机开关灵敏可靠;

5.6.1.5 督促机械操作人员做好定期检查、保养及维修工作,并做好记录;

5.6.1.6 安全装置必须齐全、灵敏可靠。

5.6.2 控制点

5.6.2.1 机械设备的防护装置必须齐全有效;

5.6.2.2 所有设备必须做到定机、定人、定岗位。

(检查人: 负责人:)

5.7 防火安全

保障施工现场的防火安全,是安全生产不可缺少的一部分。

实施要点:

5.7.1 项目部应定期按照防火制度对重点部位进行检查,发现隐患必须立即清除;

5.7.2 施工现场必须配备足够的消防器材,由专人负责维护、管理,并定期更新,保证完好。

(检查人:)

5.8 冬期施工

本工程工期为14个月,冬季处于施工高峰期,11月15日进入冬期施工,风沙较大。因此,抓好冬期施工中的安全生产十分必要的。

5.8.1 实施要点

5.8.1.1 临近冬季前后检查施工现场的临时设施,如临时线路、施工场地作业地理环境等,发现危险要及时修理、加固;

5.8.1.2 预先做好施工现场区域的道路维修、加固工作。

5.8.2 控制点

5.8.2.1 冬季做好防风、防寒工作；
5.8.2.2 做好冬季食品卫生工作。
5.9 文明施工

施工现场的文明施工对于树立公司形象、增加企业的知名度尤为重要，项目部门前应树立明显标志牌、宣传牌。

5.9.1 实施要点

将文明施工内容及要求纳入施工组织设计当中，制定文明施工要求，并由项目经理按照文明施工方案组织实施，具体由安全负责人协调项目党工委、综合管理部贯彻落实。

5.9.2 控制点

5.9.2.1 严防粉尘污染，车辆在厂区道路行驶时要控制车速，采取必要的洒水防护措施，防止扬尘；
5.9.2.2 施工现场、生活区产生的废弃物必须集中进行定期清理、清运；
5.9.2.3 项目部、施工现场要有明显标识。

（检查人：　　　　　负责人：　　　　　）

5.10 旋流沉淀池安全维护的安全管理

5.10.1 高空坠落物的预防

5.10.1.1 考虑旋流沉淀池基坑比较深、工期长，开挖施工前，将旋流沉淀池基坑周边孤石、杂物清理走，并设置禁区，在禁区范围内禁止与施工无关的人员设备活动、禁止堆放材料；
5.10.1.2 基坑开挖后，应和土建单位沟通，在基坑边设置围栏并挂安全网；
5.10.1.3 在边坡施工时，注意尽量不要扰动边坡上的原土，并将已经扰动的原土或孤石取走；
5.10.1.4 当停止施工时，要将设备停在旋流沉淀池外，离基坑比较远的地方；爆破用的空压机放置要选择远离基坑的安全位置。

5.10.2 施工现场用电的安全措施

5.10.2.1 因工期较长，考虑夜间照明用电和排水施工用电，电缆的选择要合理，以防止因负荷大造成停电和着火事件；
5.10.2.2 电缆要埋地，并设置标示牌；
5.10.2.3 根据施工环境的特点，建立相应的运行管理制度和维护检修制度，并对开关设备、临时线路等建立专人管理的制度；
5.10.2.4 定期进行用电设备和用电安全检查，发现问题及时解决，尤其做好雨季前和雨季中的安全检查；
5.10.2.5 用电设备严格实行"三相五线制""采用一机一闸、一漏一箱"，三级配电二级保护。

5.10.3 爆破施工的安全措施

5.10.3.1 飞石防护：用土袋子压炮，严格控制装药量和一次起爆量；
5.10.3.2 装药采取防水措施，电雷管逐个进行检测，合格后方可使用，防止出现拒爆现象；
5.10.3.3 爆破人员要听从指挥，严格按爆破安全操作规程操作；

5.10.3.4 爆破警戒：设置50m警戒线，爆破时间在车间出入口及周边设置警戒，断绝交通；

5.10.3.5 爆破时间：选在人员较少时，定于中午12：00～13：00时，下午17：00～18：00，对各有关单位下达通知；

5.10.3.6 爆破物品管理：爆破物品专人运输、专人保管，只支领当日用量，当日用不完送回药库；

5.10.3.7 在库房或爆破施工现场，严禁吸烟或打电话；

5.10.3.8 工人要穿工作服，严禁穿化纤等能产生静电的衣服。

5.10.4 综合安全措施

5.10.4.1 基坑周边悬挂安全标识；

5.10.4.2 夜间施工应有足够的照明，在深坑、陡坡等危险地段应增设红灯标志，以防发生意外；

5.10.4.3 旋流沉淀池坡道要做好雨天防滑措施。

6. 职业安全健康的控制管理

工程项目部对施工过程中影响职工健康的因素进行控制，确保在生产过程中严格遵守国家各部门制定的有关职工健康及卫生防疫的相关法规、条例。

6.1 开工前做好准备

6.1.1 确定施工现场类型特点，进行职业保护及防御控制策划；

6.1.2 落实职业病、防御控制方案所需物资。

6.2 实施要点

6.2.1 项目部严格执行本公司职工健康控制标准，设立专人负责，并经项目经理确认

6.2.2 做好特殊作业人员的防护用品的发放

6.2.3 对接触粉尘及噪声的作业人员的管理和监督：

6.2.3.1 接触粉、尘和噪声的作业人员必须做好自身防护；

6.2.3.2 接触粉尘、锯末和噪声的作业人员必须进行防护知识的宣传和教育。

6.2.4 卫生防疫的管理和监督

6.2.4.1 施工现场的生活场所和施工现场必须搞好环境卫生，及时清理垃圾；

6.2.4.2 冬期施工必须做好防风、防寒工作，职工食堂保持良好的通风、保持清洁，配备消毒设施或制定消毒措施；

6.2.4.3 经常对职工进行健康知识的教育和宣传，养成良好的卫生习惯、生活习惯；

6.2.4.4 项目部购进消毒液，定期对生活区，特别是职工宿舍和食堂进行消毒；

6.2.4.5 职工食堂餐具定期进行消毒。

7. 环境的控制管理

依据国家环境保护法令、法规和标准的要求，结合项目部的实际情况，确保在施工生产过程中所执行的规章制度、操作规程和生产顺序符合环保要求。

7.1 开工前做好准备

7.1.1 根据施工现场的特点，进行环境保护措施的制定；

7.1.2 落实环境保护策划所需物资。

7.2 环境保护措施

7.2.1 施工现场设有相关知识,树立宣传牌;

7.2.2 现场周边醒目处应设置工程标牌;

7.2.3 办公、生活等临时建筑要稳固、安全、清洁,并与施工作业区隔离,宿舍内用电线路按设计搭设;

7.2.4 施工场地及临时便道应硬化,要求道路平坦、通畅,并设置相应的安全防护措施和安全标志。

7.3 "五废"的排放的控制

7.3.1 污水的处理和排放

施工场所产生的废水和产生的其他污水必须分别处理后,经集中沉淀后进行喷洒路面,其中沉淀产生的废弃物进行深埋或进行垃圾清运。

7.3.2 粉尘的控制

7.3.2.1 施工现场生活、办公区严禁焚烧有毒、有害及有异味物质;

7.3.2.2 施工现场未做到硬地化的部位,要定期压实和洒水、平整,防止扬尘。

7.3.3 固体废弃物的控制

7.3.3.1 设置明显的废弃物存放容器或采取防渗的存放点分类存放;

7.3.3.2 对有毒、有害气体要确定"三化"原则,即"减少化、资源化、无害化";

7.3.3.3 宣传和制定废弃物存放制度,并确保得以实施。

7.3.4 噪声排放的控制

在施工现场使用的机械设备要加强保养、维修、减少噪声的排放,噪声排放严重的机械设备,要采取隔离防护措施。

7.3.5 废气排放的控制

对作业场所使用的设备和场内机动车辆所排放的废气要定期检查,排放废气严重超标的设备和机动车辆要及时维修、更新。

8. 检查、检验及标识

8.1 在施工过程中,对于暴露出来的设施、设备的不安全状态、"三违"行为、文明施工和环境保护工作中存在的缺陷情况,组织定期和不定期的检查和复查,以保证符合安全文明的要求,做好记录。

实施要点:

8.1.1 按照已建立的安全保证体系及安全生产责任制和管理岗位职责要求,以 JGJ 59—99《建筑施工安全检查标准》、"两条例一决定"为依据,定期对现场进行检查;

8.1.2 对防护用品要按照安全保证计划的规定的要求进行检查,杜绝不合格的安全用品进场;

8.1.3 对所有施工机械的安全设施要按照安全保证计划的规定以及施工组织设计的要求,进行检查验收后挂牌使用;

8.1.4 施工用电按照临时施工用电规范要求和临时用电施工方案进行检查验收;

8.1.5 对工地防火按照安全技术措施的规定进行检查验收,对文明施工要求按照安全保证计划规定的要求进行检查验收。

8.2 控制点

8.2.1 对特殊工种持证上岗检查,严禁无证或持无效证件上岗;

8.2.2 对职工遵章守纪情况进行检查,严肃处理违章人员;

8.2.3 项目部定期进行安全检查,如发现隐患,定人、定时间、定措施进行整改;

8.2.4 对施工现场安全、环保和健康的教育和培训等情况进行监督和检查,评估项目内部安全管理状况的实效性;

8.2.5 对施工过程中所选用的有利于环保和健康的新工艺、新设施及施工中能源消耗的情况进行监督和检查。

9. 事故隐患控制

9.1 安全负责人是安全生产的执法人员,有权制止"三违"行为,任何人不得干涉;

9.2 当工程与安全发生冲突时,要满足安全需要;

9.3 及时发现、及时处理施工过程中存在的事故隐患,确保不合格设备不使用、不合格过程不通过、不安全行为不放过;

9.4 存在的事故隐患及时整改以达到规定要求,对违章人员进行教育和处罚,并组织复查,及时反馈到上级检查部门;

9.5 现场的施工工艺和操作规程及操作顺序与安全和环境保护相违背的时候,安全人员有权停止其作业。

10. 纠正和预防措施

10.1 纠正措施

10.1.1 由项目部安全负责人在查明原因的前提下,提出纠正、防范措施的建议;

10.1.2 根据建议,由项目部有关人员制订纠正措施,并进行审核批准;

10.1.3 安全负责人监督纠正措施的落实,记录纠正措施实施的过程。

10.2 预防措施的宣传教育

10.2.1 环境、职业安全健康管理保证体系的健全和正常运作是预防的根本;

10.2.2 推广全面、全过程、全员的标准化管理,教育职工增强自我保护意识,执行安全技术规范、环保技术规范、健康标准和日常的监督、检查、指导;

10.2.3 针对性的安全交底、环保交底及教育是预防事故和防范环境污染、保证职工健康的必要手段。

11. 教育和培训

11.1 做好进场员工的环境、职业安全健康的教育,并贯穿施工的全过程,教育的重点是:自我保护意识、安全知识、环保知识、职业健康的防护知识和技能;

11.2 在事故的多发期及上级主管部门下达命令时,进行针对性的教育;

11.3 采取多样化的培训教育方式。

12. 环境、职业安全健康记录

12.1 项目部安全负责人组织相关人员建立证明安全、健康与环境保证体系有效运行的安全记录、环境记录、职业健康记录,包括相关的台账、反馈表、原始记录;

12.2 安全记录、环境记录、职业健康记录由安全负责人进行收集、整理,并进行标识、编目和立卷;

12.3 安全记录、环境记录、职业健康记录应完整、及时,并延续到工程竣工。

13. 考核与奖罚

13.1 项目经理部根据《安全生产管理手册》中的考核与奖罚要求、项目部环境、职业安全健康管理保证计划规定的考核要求,每季度对安全、健康与环保检查的考核、评定;

13.2 项目部安全负责人,在抽查和日常检查中,凡有违反本体系要求的,下发隐患整改通知书,情节严重的停工整顿并给以相应的经济处罚。

14. 内部安全体系审核

14.1 项目经理负责组织项目部有关人员,对本项目部在安全、健康与环境保护计划运行一个阶段后进行可行性评审;

14.2 本计划经审批后报公司有关部门进行审核,以确定本安全、健康与环境保证计划的有效性、实效性;

14.3 经过审核合格后,项目部对本安全、健康与环境保证计划进行总结,对存在的问题拟订纠正和预防措施,在以后的施工中改进,并进一步完善安全、健康与环境保证计划。

附录二

天津某气象电算楼基坑开挖与降水工程方案设计

工程概况

天津某气象电算楼位于塘沽区营口道与浙江路交口处,气象台承担国家八五计划气象研究一个重要课题项目。该建筑物主楼地上为 10~15 层,地下为一层人防地下室,建筑物前后左右呈阶梯形,配楼二层,与主楼相接,在立面上高低错落,起伏较大。该建筑场地原有五层办公楼,且中部带有 3.0m 深地下室,东侧为盐厂新建四层办公楼,距拟建物边线净距为 12.8m,北侧花园地下为人防工程及四层办公楼,西侧为浙江路,南侧为老年活动中心及营口道,由于场地施工条件复杂,因此应对基坑开挖和降水及其对相邻建筑物的影响等问题进行重点分析和评价。建筑物位置见图 1。

地基土工程地质条件

场地地基表层为厚度不等的人工填土层（I）,其下土层分布（II~X）及其主要工程性质见表 1。勘察期间测得场地地下水位埋深 0.77~1.03m。

物理力学性质及原位测试指标统计　　　　　　表 1

岩性及编号	平均厚度(m)	ω(%)	γ(kN/m³)	e	I_L	E_s(MPa)	$N_{63.5}$(击)	P_s(MPa)	抗剪强度			
									φ_{cu}(度)	C_{cu}(kPa)	φ_u(度)	C_u(kPa)
黏土（II）	1.6	39.8	18.0	1.14	0.87	3.08	2	0.76	13	20	9	12
粉质黏土（III$_1$）	1.2	31.2	18.6	0.9	1.02	4.66		1.35	18	11	8	10
淤泥质粉质黏土（III$_2$）	2.0	39.0	18.1	1.10	1.45	2.98	1.5	0.94	10	15	6	10
粉质黏土（III$_3$）	1.8	31.1	18.8	0.89	1.25	5.28	6	1.87	19	12	15	11
淤泥（III$_4$）	1.4	55.9	16.6	1.59	1.45	1.79	1	0.82	6	10	5	4
淤泥质黏土（III$_5$）	6.5	43.1	17.7	1.20	1.21	2.41	1	1.17	10	13	7	11
粉质黏土（III$_6$）	2.0	25.5	19.6	0.74	0.96	8.70	9	2.29	23	15		
粉土（III$_7$）	1.5	24.3	19.8	0.69	0.59	15.4	16	5.35	23	6		
粉质黏土（IV）	2.2	24.3	19.6	0.69	0.79	6.10	8	1.64	22	18		
粉质黏土（V）	1.1	20.9	20.5	0.59	0.75	7.79	10	1.99	23	21		
粉土、粉砂（VI）	0.9	22.6	20.0	0.65	0.76	19.50	31	17.08	23	8		
粉质黏土（VII）	5.8	24.7	19.8	0.70	0.75	7.09	8	3.84	22	20		
黏土（VIII）	3.2	34.2	18.7	0.95	0.78	5.80	7	3.32	18	29		
粉质黏土（IX）	7.6	23.2	20.0	0.67	0.67	7.91			22	20		
细砂（X）	>15.2	19.5	19.9	0.62		24.4			35	4		

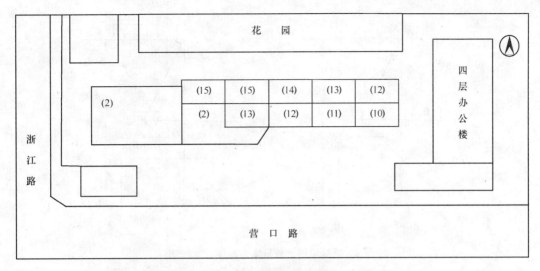

图 1 建筑物总平面布置图

基坑开挖与支护

1. 边坡稳定性分析

场地埋深 16.0m 以上，土层的天然重度厚度加权平均值 γ 为 17.8kN/m³，直快抗剪强度指标厚度加权平均值 C 为 9.9kPa，φ 为 9°。应用泰勒图解法计算垂直开挖的稳定坡高为 2.14m，远小于实际开挖深度 5.0m。根据场地周围的施工环境，主楼南侧比较开阔，可采用天然放坡，经计算并结合施工经验其放坡角度应小于 30°；北侧、东侧和西侧因临近地下管道、旧建筑物和采用浅基础的配楼等，不存在天然放坡条件，须采取支护措施。

2. 基坑支护方案

基坑支护设计为单锚护坡桩，护坡桩的类型建议采用钢筋混凝土预制桩，桩顶用连续梁相连接，锚杆设在地面下 1.0m 处。

3. 单锚护坡桩入土深度计算

（1）基坑北侧、西侧护坡桩入土深度

埋深 16.0m 以上土层略去黏聚力，则相应的等效内摩擦角 φ 取为 14.0°，采用朗肯土压力理论计算护坡桩入土深度，基坑北、西侧的计算简图如图 2（a）所示。

主动及被动土压力系数分别为：

$$K_a = \text{tg}^2(45° - \varphi/2) = 0.61 \tag{1}$$
$$K_p = \text{tg}^2(45° + \varphi/2) = 1.638$$

基坑开挖面处主动土压力强度值为：

$$P_B = \gamma K_a h = 54.29 (\text{kN/m}^2) \tag{2}$$

土压力强度等于零的 O 点距基坑开挖面的距离为：

$$y = \frac{P_B}{\gamma(K_p - K_a)} = 2.987(\text{m}) \tag{3}$$

按简支梁计算等支梁作用 y 深度处的反力 P_0 和锚杆拉力 P_a。对 O 点取矩，有 $\sum M = 0$。则可求出所需锚杆拉力 $P_a = 113.1$ (kN)

取安全系数为 1.35，则设计锚杆拉力 R 为：

$$R = 1.35 P_a = 152.7(\text{kN}) \tag{4}$$

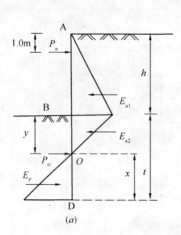 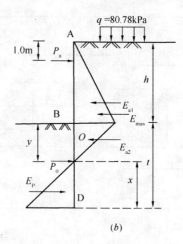

图 2 基坑单锚护坡桩入土深度计算简图
(a) 北侧 西侧；(b) 东侧

由 $\sum F=0$，得 $P_0=63.6$ (kN/m)

根据 P_0 和墙前被动土压力对桩底端 D 点力矩相等，得 $x=4.567$m，则：

$$t = y + x = 7.35 \text{(m)} \tag{5}$$

取安全系数为1.15，则基坑开挖面距桩端的设计深度为：

$$t_0 = 1.15t = 8.66 \text{(m)} \tag{6}$$

则基坑北、西侧单锚护坡桩设计长度为：$L = h + t_0 = 13.66$ (m)，可取 $L = 14.0$ (m)。

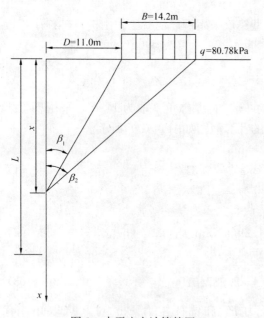 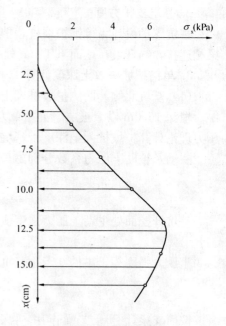

图 3 水平应力计算简图　　　　图 4 水平应力分布

（2）基坑东侧护坡桩入土深度

基坑东侧距盐场新建四层办公楼很近，对护坡桩的影响必须予以考虑。如图3所示，

办公楼的基底压力 q 为 80.78kPa，地基内任意点水平应力为：

$$\sigma_x = \frac{q}{\pi}(2\varepsilon - \sin2\varepsilon \cdot \cos2\varphi) \tag{7}$$

式中：
$$2\varepsilon = \beta_2 - \beta_1, \quad 2\varphi = \beta_2 + \beta_1$$

在护坡桩距地表深度 x 处

$$\beta_1 = \text{tg}^{-1}(11.0/x), \quad \beta_2 = \text{tg}^{-1}(23.5/x) \tag{8}$$

上述各式联立，即可求出该处的水平应力，计算结果如图 4 所示。

若现有四层办公楼作用在护坡桩上的水平应力之和为 $E_a\sigma_x$，则考虑四层办公楼附加荷载影响，基坑东侧护坡桩入土深度计算简图如图 2(b) 所示，计算得基坑东侧单锚护坡桩入土深度 L 为 16.0m。

4. 护坡桩稳定验算

如图 5 所示，假定在重量 W 为 rhR 的坑壁土作用下，其下的软土地基沿圆柱面 BC 发生破坏和产生滑动，失去稳定的地基土沿圆柱面中心轴 O 转动，其转动力矩 M_d 为 $WR/2$，稳定力矩 M_r 为 $R \cdot \Sigma C \cdot L + R\Sigma W\cos\beta\text{tg}\varphi$。要保证不发生地基隆起破坏，则要求抗隆起安全系数

$$K = M_r/M_d > 1.50。$$

对于基坑北侧、西侧，桩长 $L=14.0$m，入土深度 9.0m，取滑移面底部切点位于埋深 15.0m 处粉质黏土的顶板，$R=10.0$m，则：

$M_r = R\Sigma W\cos\beta\text{tg}\varphi + R\Sigma CL = 6782.2\text{kN} \cdot \text{m}$

$$M_d = \frac{1}{2}rhR^2 = 4450\text{kN} \cdot \text{m}$$

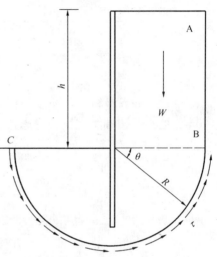

图 5 地基隆起计算简图

$$K = M_r/M_d = 1.52 \tag{9}$$

类似与北、西侧计算，基坑东侧滑移面底部切点位于桩端点处，计算其抗隆起安全系数为 2.78，均大于 1.5，说明护坡桩是稳定的，不会发生基坑底部隆起破坏的危险。

基坑降水设计

基坑降水计算模式如图 6 所示。基坑宽 $B=17.0$m，长 $A=41.0$m，深 $H_1=5.0$m，轴线水位降低到坑底 $\Delta h=1.0$m 处，原地下水位平均埋深 0.9m。

采用 $D=0.6$m 的大口径井抽水，滤管长度 $l=1.0$m，井点距坑壁 1.0m。K 厚度加权平均值为 0.266m/d。

1. 井管埋设深度 H 的计算

井管距基坑轴线的水平距离为：

$$L = \frac{1}{2}B + \left(1 + \frac{1}{2}D\right) = 9.8\text{m}$$

井管埋设深度 H 为：

$$H \geqslant H_1 + \Delta h + iL + l = 8.0\text{m} \tag{10}$$

取地下水降落坡度 $i=1/10$。

根据场地一般埋深 10.5m 以下土层为不透水的淤泥质黏土，而 10.5m 以上多为带状

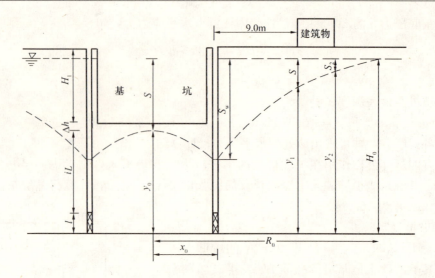

图 6 基坑降水计算模式

结构、夹 4~5cm 厚粉土、粉砂的淤泥质土及中厚层的粉质黏土，故井点埋深可取 H 为 11.0m，抽水井按抽水完整井考虑，含水层厚度 H_0 取 10.1m。

2. 抽水井数确定

井点所围成的面积 F 为 $19 \times 43 = 817 m^2$，则假想大口井半径为：

$$X_0 = \sqrt{F/\pi} = 16.1 m \tag{11}$$

抽水影响半径根据吉哈尔特公式确定为：

$$R = 10S\sqrt{K} = 26.3 m \tag{12}$$

则 $R_0 = R + X_0 = 42.4 m$

所需抽水井组的总流量为：

$$Q = 1.366k \frac{2(H_0 - S) \cdot S}{\lg(R_0/x_0)} = 69.2 m^3/d \tag{13}$$

选取各井降深 $S_w = 7.0 m$，当井数 $n = 12$ 时，每口井的流量为：

$$q = \frac{1.366K(2H_0 - S_w) \cdot S_w}{\lg[R\delta/(n \cdot \gamma w x_\delta^{-1})]} = 5.89 m^3/d \tag{14}$$

设计抽水总流量：

$$Q' = nq = 70.7 \tag{15}$$

因此 $Q' > Q = 69.2 m^3/d$，$n = 12$ 时已满足设计要求，施工中由于可能出现死井情况，井点数较计算值要增加 15%，实需井点数为 $n' = 1.15n = 14$。

3. 井点布置

为了均匀的布置井点，在东西方向取 $b = 8.6 m$，南北方向取 $b = 9.5 m$，布置方案如图 7 所示。

4. 抽水流量及降水深度检验

按上述实际矩形布置井点，计算抽水系统的实际总量为 $68.3 m^3/d$，平均每口井实际

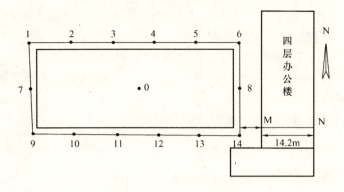

图 7 井点布置示意图

流量为 4.87m³/d；计算基坑轴线中心点 0 处水位实际降深为 5.094m，与 $S=5.1$m 相近，说明井点布置合理，满足降水要求。

基坑开挖与降水对周围环境的影响评价

1. 基坑开挖对环境的影响

在土压力作用下，护坡桩会发生一定的水平位移，由此引起的地面沉陷往往对周围建筑物造成不同程度的破坏。

(1) 基坑东侧护坡桩水平位移估算

采用的护坡桩为 40cm×40cm 钢筋混凝土预制桩，弹性模量 E 为 3.0×10^4MPa，相应的抗弯刚度 B_d 为 5.43×10^9MPa；埋深 16.0m 范围内土层厚度加权平均压缩模量 E_s 为 3.562MPa、泊松比为 0.42，换算成相应的变形模量 E_0 为 13.953MPa，则特征值：

$$\beta = \sqrt[4]{E_0/4B_d} = 2.83\times10^{-3}\text{cm}^{-1} \tag{16}$$

基坑护坡桩受力如图 2(b) 所示，采用文克尔地基模型条件下的弹性地基梁方法计算护坡桩的水平位移。计算得到的护坡桩弯矩如图 8 所示，水平位移如图 9 所示。护坡桩水平位移零值点 0 位于地表下 8.13m 深处，护坡桩桩顶 A 水平位移量为 3.8cm，护坡桩最

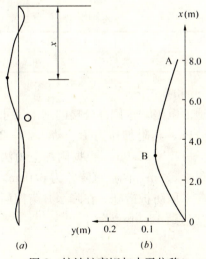

图 8 护坡桩弯矩与水平位移
(a) 变矩；(b) 水平位移

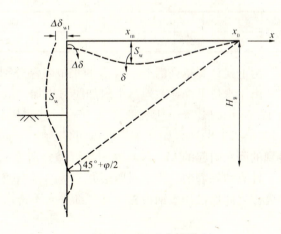

图 9 地面沉陷估算模式

大水平位移为8.35cm（发生在地表下4.96m处的B点）。以O点为坐标原点，竖直向上为y轴方向，则护坡桩的水平位移可表示为：

$$S_p(x) = -0.0044x^2 + 0.0402x \tag{17}$$

式中 $S_p(x)$为x处护坡桩水平位移量（m），x为计算点的坐标（m）。

（2）地面沉陷估算

地面沉陷估算式如图9所示。地面沉陷范围为：

$$x_0 = H_g \cdot \text{tg}(45° + \frac{\varphi}{2}) = 6.94\text{m} \tag{18}$$

假定基坑边缘地面沉陷与护坡桩顶位移相等，则：

$$\Delta\delta = \Delta S_{w1} = 3.8\text{cm} \tag{19}$$

因护坡桩水平位移面积近似等于地面沉陷面积，则：

$$S_w = \int_0^{8.13} (-0.0044x^2 + 0.0402x)dx = 0.541\text{m}^2 \tag{20}$$

由此可计算出现地面最大沉陷值为15.3cm，最大沉陷距基坑边缘3.08m。以上计算表明，护坡桩水平位移引起的地面沉陷范围未达到现有四层办公楼的基础边线，故对其没有影响。在施工中应注意的是：基坑开挖出的土方应及时运走，避免因基坑边缘大量堆土增加地面沉陷范围，从而对东侧办公楼产生不利影响。

2. 基坑降水对环境的影响

根据吉哈尔特公式确定的降水影响半径为26.3m，东侧四层办公楼正处于影响范围内，水位下降将引起办公楼的附加沉降，为此选取办公楼基础内外两边缘点M、N进行沉降估算，如图7所示。

抽水系统对M、N点有影响的井点及其距离如表2所示，抽水引起的水位降深可按下式计算：

$$S = H_0 - \sqrt{H_0^2 - \frac{Q}{1.366K}[\lg R_0 - \frac{1}{n}\lg(x_1 x_2 \cdots x_n)]} \tag{21}$$

对M、N有影响的井点及距离　　　　表2

M点	井号	5	6	8	12	13	14	Q (m³/d)	N点	井点	8	14	Q (m³/d)
	x (m)	25.9	21.0	13.1	26.2	17.6	9.0	29.2		x (m)	25.0	23.2	9.74

由上式计算得到的M、N点的水位降深分别为1.65m和0.33m。

由于水位下降导致地基土附加应力增加，从而引起地面沉陷。东侧办公楼的基础尺寸为42.64m×14.2m，基础埋深1.05m，基底压力80.78kPa，其附加压力$P_{oz}=80.78-2\times10.5=59.8$kPa，则压缩层厚度可定为$Z_n = \omega B(cP_{oz}+1) = 12.9$m。根据附加应力法得到的降水引起的M、N点的附加沉降分别为7.83cm和1.83cm，两点沉降差为6.0cm。

计算结果表明，降水对四层办公楼的影响较大，故应采取防护措施。在降水井与四层办公楼之间加设挡水钢板桩，其底部进入不透水层，深度达到12.0m为宜。

附录三

×××工程脚手架施工方案

第一章 方案说明部分

第一节 工程概况

本工程位于某市区，龙泽路东侧，朝阳道北侧，主楼结构形式为剪力墙结构，建筑面积：1、3号为7383m², 2号为5391m²，地下一层，地面12层，总檐高35.7m。沿街商场结构形式为框架结构，建筑面积4175m²，地上两层，总高度7.5m。准备在基础施工完毕后搭设外脚手架。

第二节 使 用 材 料

1. 钢管宜采用力学性能适中的Q235A（3号）钢，其力学性能应符合国家现行标准《碳素结构钢》（GB 700—88）中Q235A钢的规定。每批钢材进场时，应有材质检验合格证。

2. 钢管选用外径48mm，壁厚3.5mm的焊接钢管。立杆、大横杆和斜杆的最大长度为6.0m，小横杆长度1.8m。

3. 根据《可铸铁分类及技术条件》（GB 978—67）的规定，扣件采用机械性能不低于KTH330—08的可锻铸铁制造。铸件不得有裂纹、气孔，不宜有缩松、砂眼、浇冒口残余披缝，毛刺、氧化皮等应清除干净。

4. 扣件与钢管的贴合面必须严格整形，应保证与铜管扣紧时接触良好，当扣件夹紧钢管时，开口处的最小距离应不小于5mm。

5. 扣件活动部位应能灵活转动，旋转扣件的两旋转面间隙应小于1mm。

6. 扣件表面应进行防锈处理。

7. 脚手板应采用松木制作，厚度不小于50mm，宽度大于等于200mm，长度为4～6m，其材质应符合国家现行标准《木结构设计规范》（GB 50005—2003）中对Ⅱ级木材的规定，不得有开裂、腐朽。脚手板的两端应采用直径为4mm的镀锌钢丝各设两道箍。

8. 钢管及扣件报费标准：铜管弯曲、压扁、有裂纹或严重锈蚀；扣件有脆裂、变形，滑扣应报废和禁止使用。

9. 外架钢管采用暗红色，栏杆采用红白相间色，扣件刷暗红色防锈漆。

第三节 搭设工艺流程、搭设图

1. 架子搭设工艺流程

在牢固的地基弹线、立杆定位→摆放扫地杆→竖立杆并与扫地杆扣紧→装扫地小横杆，并与立杆和扫地杆扣紧→装第一步大横杆并与各立杆扣紧→安第一步小横杆→安第二步大横杆→安第二步小横杆→加设临时斜撑杆，上端与第二步大横杆扣紧（装设与柱连接杆后拆除）→安第三、四步大横杆和小横杆→安装二层与柱拉杆→接立杆→加设剪力撑→

铺设脚手板，绑扎防护及挡脚板、立挂安全网。

2. 架体与建筑物的拉结（刚性拉结）

利用大模板浇筑混凝土时的对拉螺栓的预留孔用直径 28mm 的螺栓制作定形的墙体固定件，通过固定件与脚手架用脚手管进行刚性拉结（具体做法见图 10）。

3. 安全网

（1）挂设要求：安全网应挂设严密，用塑料篾绑扎牢固，不得漏跟绑扎，两网连接处应绑在同一杆件上。安全网要挂设在棚架内侧。

（2）脚手架与施工层之间要按验收标准设置封闭平网，防止杂物下跌。

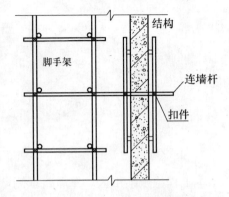

图 10　脚手架体与建筑物的刚性拉结

4. 安全挡板

通道口及靠近建筑物的露天作业场地要搭设安全挡板，通道口挡板需向两侧各伸出 1m，向外伸出 3m。

5. 搭设图

略。

第四节　搭设技术措施

1. 外架搭设

（1）立杆垂直度偏差不得大于架高的 1/200。

（2）立杆接头除在顶层可采用搭接外，其余各接头必须采取对接扣件，对接应符合下要求：

立杆上的对接扣件应交错布置，两相邻立杆接头不应设在同步同跨内，两相邻立杆接头，高度方向错开的距离不应小于 250mm，各接头中心距主节点的距离不应大于步距的 1/3，同一步内不允许有两个接头。

（3）立杆顶端应高出建筑物屋顶 1.5m。

（4）脚手架底部必须设置纵、横向扫地杆，纵向扫地杆应用直角扣件固定在距垫铁块表面不大于 200mm 处的立杆上，横向扫地杆应用直角扣件固定在紧靠纵向扫地杆下方的立杆上。

（5）大横杆设于小横杆之下，在立杆内侧，采用直角扣件与立杆扣紧，大横杆长度不宜小于 3 跨，并不小于 6m。

（6）大横杆对接扣件连接、对接应符合以下要求：对接接头应交错布置，不应设在同步、同跨内，相邻接头水平距离不应小于 500mm，并应避免设在纵向水平跨的跨中。

（7）架子四周大横杆的纵向水平高差不超过 500mm，同一排大横杆的水平偏差不得大于 1/300。

（8）小横杆两端应采用直角扣件固定在立杆上。

（9）每一主节点（即立杆、大横杆交会处）处必须设置一小横杆，并采用直角扣件扣紧在大横杆上，该杆轴线偏离主节点的距离不应大于 150mm，靠墙一侧的外伸长度不应大于

250mm，外架立面外伸长度以 100mm 为宜。操作层上非主节点处的横向水平杆宜根据支承脚手板的需要等间距设置，最大间距不应大于立杆间距的 1/2，施工层小横杆间距为 1m。

（10）脚手板一般应设置在三根以上小横杆上，当脚手板长度小于 2m 时，可采用两根小横杆，并应将脚手板两端与其可靠固定，以防倾翻。脚手板平铺，应铺满铺稳，靠墙一侧离墙面距离不应大于 150mm，拐角要交圈，不得有探头板。

（11）搭设中每隔一层外架要及时与结构进行牢固拉结，以保证搭设过程中的安全，要随搭随校正杆件的垂直度和水平偏差，适度拧紧扣件。

（12）拉杆必须从第一层用连墙件与主体结构连接，拉杆与脚手架连接的一端可稍微下斜，不容许向上翘起。保证垂直 4m、水平 6m 拉结。

（13）脚手架的外立面应随立杆、大横杆、小横杆等同步沿脚手架高度连续搭设剪刀撑，底部斜杆下端应落地支撑在垫板上，由底至顶连续设置。

（14）剪刀撑的接头采用搭接，搭接处至少应有两个扣件固定，搭接长度 600~1000mm。

（15）剪刀撑应用旋转扣件固定在与之相交的小横杆的伸出端或立杆上，旋转扣件中心线距主节点的距离不应大于 150mm。

（16）用于大横杆对接的扣件开口，应朝架子内侧，螺栓向上，避免开口朝上，以防雨水进入，导致扣件锈蚀、锈腐后强度减弱，直角扣件不得朝上。

（17）外架施工层应满铺脚手板，脚手架外侧设防护栏杆一道和挡脚板一道，栏杆上皮高 1.2m，挡脚板高不应小于 180mm。栏杆上立挂安全网，网的下口与建筑物挂搭封严（即形成兜网）或立网底部压在作业面脚手板下，再在操作层脚手板下另设一道固定安全网。

（18）剪刀撑在脚手架外侧交叉成十字形的双杆互相交叉并与地面成 45°~60°夹角，作用是把脚手架连成整体，增加脚手架的整体稳定。

2. 过门洞的处理

过门洞，双排脚手架可挑空 1~2 根立杆，即在第一步大横杆处断开，悬空的立杆处用斜杆撑顶，逐根连接三步以上的大横杆，以使荷载分布在两侧立杆上，斜杆下端与地面的夹角要成 60°左右，凡斜杆与立杆、大横杆相交处均应扣接。

第五节　地基处理

1. 地基做 80mm 厚 C10 混凝土地坪，以保证地基不变形。
2. 立杆支承在 20cm×20cm×0.8cm 的钢板上。
3. 场地平整，并且做好排水沟，架体基础部位不得积水。

第二章　计算书及技术交底部分

第一节　计算书及构造要求

- 本计算根据《建筑施工扣件式钢管脚手架安全技术规范》。(JGJ 130—2001)。
- 施工中不允许超过设计荷载。

●小横杆、大横杆和立杆是传递垂直荷载的主要构件,而剪力撑、斜撑和连墙件主要保证脚手架整体刚度和稳定性的,并且加强抵抗垂直和水平作用的能力;连墙件则承受全部的风荷载,扣件则是架子组成整体的连接件和传力件。

●搭设要求:

梯间外墙线搭设38.5m双排钢管脚手架;

其余部分搭设37m双排钢管脚手架。

●采用本方案取最大搭设高度38.5m进行验算。

●采用$\phi 48 \times 3.5$mm双排钢管脚手架搭设(外排双立管,28m以上为单立管,内排为单立管),立杆横距$b=1.2$m,纵杆纵距$l=1.2$m,内立杆距墙0.3m。脚手架步距$h=1.5$m,脚手板从地面2.0m开始每1.8m设一道(满铺),共20层,脚手架与建筑物主体结构连接点的位置,其竖向间距$H_1=3h=3\times 1.2=3.6$m,水平间距$L_1=3L=3\times 1.5=4.5$m。根据规定,均布荷载$Q_k=2.0$kN/m²。

计算书如下:

落地式扣件钢管脚手架计算书

钢管脚手架的计算参照《建筑施工扣件式钢管脚手架安全技术规范》(JGJ 130—2001)。

计算的脚手架为双排脚手架,搭设高度为38.5m,立杆采用单立管。

搭设尺寸为:立杆的纵距1.50m,立杆的横距1.00m,大横杆的步距1.50m。

采用的钢管类型为$\phi 48\times 3.5$,连墙件采用3步3跨,竖向间距3.60m,水平间距4.50m。施工均布荷载为2.0kN/m²,同时施工2层,脚手板共铺设20层。

1. 大横杆的计算

大横杆按照三跨连续梁进行强度和挠度计算,大横杆在小横杆的上面。

按照大横杆上面的脚手板和活荷载作为均布荷载计算大横杆的最大弯矩和变形。

1.1 均布荷载值计算

大横杆的自重标准值$P_1=0.038$kN/m

脚手板的荷载标准值$P_2=0.350\times 1.000/3=0.117$kN/m

活荷载标准值$Q=2.000\times 1.000/3=0.667$kN/m

静荷载的计算值$q_1=1.2\times 0.038+1.2\times 0.117=0.186$kN/m

活荷载的计算值$q_2=1.4\times 0.667=0.933$kN/m

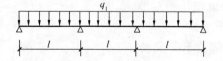 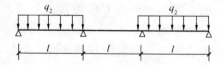

图11 大横杆计算荷载组合简图(跨中最大弯矩和跨中最大挠度)

1.2 强度计算

最大弯矩考虑为三跨连续梁均布荷载作用下的弯矩

跨中最大弯矩计算公式如下:

$$M_{1\max}=0.08q_1l^2+0.1q_2l^2$$

跨中最大弯矩为

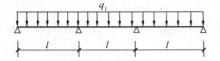 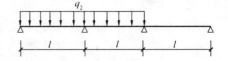

图 12　大横杆计算荷载组合简图（支座最大变矩）

$$M_1 = (0.08 \times 0.186 + 0.10 \times 0.933) \times 1.500^2 = 0.243 \text{kN} \cdot \text{m}$$

支座最大弯矩计算公式如下：

$$M_{2\max} = -0.10 q_1 l^2 - 0.117 q_2 l^2$$

支座最大弯矩为

$$M_2 = -(0.10 \times 0.186 + 0.117 \times 0.933) \times 1.500^2 = -0.288 \text{kN} \cdot \text{m}$$

我们选择支座弯矩和跨中弯矩的最大值进行强度验算：

$$\sigma = 0.288 \times 10^6 / 5080.0 = 56.608 \text{N/mm}^2$$

大横杆的计算强度小于 205.0N/mm^2，满足要求！

1.3　挠度计算

最大挠度考虑为三跨连续梁均布荷载作用下的挠度

计算公式如下：

$$V_{\max} = 0.677 \frac{q_1 l^4}{100 EI} + 0.990 \frac{q_2 l^4}{100 EI}$$

静荷载标准值 $q_1 = 0.038 + 0.117 = 0.155 \text{kN/m}$

活荷载标准值 $q_2 = 0.667 \text{kN/m}$

三跨连续梁均步荷载作用下的最大挠度

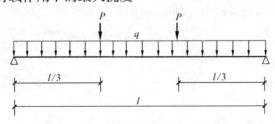

图 13　小横杆计算简图

$$V = (0.677 \times 0.155 + 0.990 \times 0.667) \times 1500.0^4 / (100 \times 2.06 \times 10^5 \times 121900.0) = 1.542 \text{mm}$$ 大横杆的最大挠度小于 1500.0/150 与 10mm，满足要求！

2. 小横杆的计算

小横杆按照简支梁进行强度和挠度计算，计算简图如图 13 所示，大横杆在小横杆的上面。

用大横杆支座的最大反力计算值，在最不利荷载布置下计算小横杆的最大弯矩和变形。

2.1　荷载值计算

大横杆的自重标准值 $P_1 = 0.038 \times 1.500 = 0.058 \text{kN}$

脚手板的荷载标准值 $P_2 = 0.350 \times 1.000 \times 1.500 / 3 = 0.175 \text{kN}$

活荷载标准值 $Q = 2.000 \times 1.000 \times 1.500 / 3 = 1.000 \text{kN}$

荷载的计算值 $P = 1.2 \times 0.058 + 1.2 \times 0.175 + 1.4 \times 1.000 = 1.679 \text{kN}$

2.2 强度计算

最大弯矩考虑为小横杆自重均布荷载与荷载的计算值最不利分配的弯矩和均布荷载最大弯矩计算公式如下：

$$M_{qmax} = ql^2/8$$

集中荷载最大弯矩计算公式如下：

$$M_{Pmax} = \frac{Pl}{3}$$

$$M = (1.2 \times 0.038) \times 1.000^2/8 + 1.679 \times 1.000/3 = 0.565 \text{kN} \cdot \text{m}$$

$$\sigma = 0.565 \times 10^6/5080.0 = 111.312 \text{N/mm}^2$$

小横杆的计算强度小于 205.0N/mm²，满足要求！

2.3 挠度计算

最大挠度考虑为小横杆自重均布荷载与荷载的计算值，最不利分配的挠度和均布荷载最大挠度计算公式如下：

$$V_{qmax} = \frac{5ql^4}{384EI}$$

集中荷载最大挠度计算公式如下：

$$V_{Pmax} = \frac{Pl(3l^2 - 4l^2/9)}{72EI}$$

小横杆自重均布荷载引起的最大挠度

$$V_1 = 5.0 \times 0.038 \times 1000.00^4/(384 \times 2.060 \times 10^5 \times 121900.000) = 0.02 \text{mm}$$

集中荷载标准值 $P = 0.058 + 0.175 + 1.000 = 1.233 \text{kN}$

集中荷载标准值最不利分配引起的最大挠度

$$V_2 = 1232.600 \times 1000.0 \times (3 \times 1000.0^2 - 4 \times 1000.0^2/9)/(72 \times 2.06 \times 10^5 \times 121900.0) = 1.742 \text{mm}$$

最大挠度和

$$V = V_1 + V_2 = 1.762 \text{mm}$$

小横杆的最大挠度小于 1000.0/150 与 10mm，满足要求！

3. 扣件抗滑力的计算

纵向或横向水平杆与立杆连接时，扣件的抗滑承载力按照下式计算（规范5.2.5）：

$$R \leqslant R_c$$

式中 R_c——扣件抗滑承载力设计值，取 8.0kN；

R——纵向或横向水平杆传给立杆的竖向作用力设计值。

荷载值计算：

横杆的自重标准值　　$P_1 = 0.038 \times 1.000 = 0.038 \text{kN}$

脚手板的荷载标准值　$P_2 = 0.350 \times 1.000 \times 1.500/2 = 0.262 \text{kN}$

活荷载标准值　　　　$Q = 2.000 \times 1.000 \times 1.500/2 = 1.500 \text{kN}$

荷载的计算值　　　　$R = 1.2 \times 0.038 + 1.2 \times 0.262 + 1.4 \times 1.500 = 2.461 \text{kN}$

单扣件抗滑承载力的设计计算满足要求！

当直角扣件的拧紧力矩达 40~65N·m 时，试验表明：单扣件在 12kN 的荷载下会滑

动,其抗滑承载力可取 8.0kN;

双扣件在 20kN 的荷载下会滑动,其抗滑承载力可取 12.0kN。

4. 脚手架荷载标准值:

作用于脚手架的荷载包括静荷载、活荷载和风荷载。

静荷载标准值包括以下内容:

(1) 每米立杆承受的结构自重标准值(kN/m);(本例为 0.1611)

$$N_{G_1}=0.161\times38.500=6.202\text{kN}$$

(2) 脚手板的自重标准值(kN/m²);(本例采用木脚手板,标准值为 0.35)

$$N_{G_2}=0.350\times20\times1.500\times(1.000+0.300)/2=6.825\text{kN}$$

(3) 栏杆与挡脚手板自重标准值(kN/m);(本例采用栏杆、木脚手板挡板,标准值为 0.14)

$$N_{G_3}=0.140\times1.500\times20/2=2.100\text{kN}$$

(4) 吊挂的安全设施荷载,包括安全网(kN/m²);(本例为 0.005)

$$N_{G_4}=0.005\times1.500\times38.500=0.289\text{kN}$$

经计算得到,静荷载标准值 $NG=N_{G_1}+N_{G_2}+N_{G_3}+N_{G_4}=15.416\text{kN}$。

活荷载为施工荷载标准值产生的轴向力总和,内、外立杆按一纵距内施主荷载总和的 1/2 取值。

经计算得到,活荷载标准值 $N_Q=2.000\times2\times1.500\times1.000/2=3.000\text{kN}$

风荷载标准值应按照以下公式计算

$$W_k = 0.7 U_z \cdot U_s \cdot W_o$$

式中 W_o——基本风压(kN/m²),按照《建筑结构荷载规范》(GB 50009—2001)的规定采用:$W_o=0.750\text{kN/m}^2$;

U_z——风荷载高度变化系数,按照《建筑结构荷载规范》(GB 50009—2001)的规定采用:$U_z=1.250$;

U_s——风荷载体型系数:$U_s=0.800$。

经计算得到,风荷载标准值 $W_k=0.7\times0.750\times1.250\times0.800=0.525\text{kN/m}^2$

风荷载设计值产生的立杆段弯矩 M_W 计算公式

$$M_W = 0.85\times1.4 W_k l_a h^2/10$$

式中 W_k——风荷载基本风压值(kN/m²);

l_a——立杆的纵距(m);

h——立杆的步距(m)。

5. 立杆的稳定性计算

不考虑风荷载时,立杆的稳定性计算公式

$$\sigma = \frac{N}{\varphi A} \leqslant [f]$$

式中 N——立杆的轴心压力设计值,$N=22.70\text{kN}$;

φ——轴心受压立杆的稳定系数,由长细比 $10/i$ 的结果查表得到 0.31;

i——计算立杆的截面回转半径,$i=1.58\text{cm}$;

l_0——计算长度(m),由公式 $l_0=kuh$ 确定,$l_0=2.36\text{m}$;

k——计算长度附加系数，取 1.155；
　　　u——计算长度系数，由脚手架的高度确定，$u=1.70$；
　　　A——立杆净截面积，$A=4.89\text{cm}^2$；
　　　W——立杆净截面模量（抵抗矩），$W=5.08\text{cm}^3$；
　　　σ——钢管立杆受压强度计算值（N/mm²）；经计算得到 $\sigma=148.78\text{N/mm}^2$；
　　　$[f]$——钢管立杆抗压强度设计值，$[f]=205.00\text{N/mm}^2$。

不考虑风荷载时，立杆的稳定性计算 $\sigma<[f]$，满足要求！

考虑风荷载时立杆的稳定性计算公式：

$$\sigma = \frac{N}{\varphi A} + \frac{M_w}{W} \leqslant [f]$$

式中　N——立杆的轴心压力设计值，$N=22.07\text{kN}$；
　　　φ——轴心受压立杆的稳定系数，由长细比 l_0/i 的结果查表得到 0.31；
　　　i——计算立杆的截面回转半径，$i=1.58\text{cm}$；
　　　l_0——计算长度（m），由公式 $l_0=kuh$ 确定，$l_0=2.36\text{m}$；
　　　k——计算长度附加系数，取 1.155；
　　　u——计算长度系数，由脚手架的高度确定；$u=1.70$；
　　　A——立杆净截面积，$A=4.89\text{cm}^2$；
　　　W——立杆净截面模量（抵抗矩），$W=5.08\text{cm}^3$；
　　　M_w——计算立杆段由风荷载设计值产生的弯矩，$M_w=0.135\text{kN}\cdot\text{m}$；
　　　σ——钢管立杆受压强度计算值（N/mm²）；经计算得到 $\sigma=171.22$；
　　　$[f]$——钢管立杆抗压强度设计值，$[f]=205.00\text{N/mm}^2$。

考虑风荷载时，立杆的稳定性计算 $\sigma<[f]$，满足要求！

6. 最大搭设高度的计算

不考虑风荷载时，采用单立管的敞开式、全封闭和半封闭的脚手架可搭设高度按照下式：

$$H_S = \frac{\varphi A \sigma - (1.2 N_{G2K} + 1.4 N_{QK})}{1.2 g_k}$$

式中　N_{G2K}——构配件自重标准值产生的轴向力，$N_{G2K}=9.214\text{kN}$；
　　　N_Q——活荷载标准值，$N_Q=3.000\text{kN}$；
　　　g_k——每米立杆承受的结构自重标准值，$g_k=0.161\text{kN/m}$。

经计算得到，不考虑风荷载时，按照稳定性计算的搭设高度 $H_S=82.867\text{m}$。

脚手架搭设高度 H_S 等于或大于 26m，按照下式调整且不超过 50m：

$$[H] = \frac{H_S}{1+0.001 H_S}$$

经计算得到，不考虑风荷载时，脚手架搭设高度限值 $[H]=50.000\text{m}$。

考虑风荷载时，采用单立管的敞开式、全封闭和半封闭的脚手架可搭设高度按照下式计算：

$$H_S = \frac{\varphi A \sigma - [1.2 N_{G2K} + 0.85 \times 1.4 (N_{QK} + \varphi A \times M_{WK}/W)]}{1.2 g_k}$$

式中　N_{G2k}——构配件自重标准值产生的轴向力，$N_{G2K}=9.214\text{kN}$；

N_Q——活荷载标准值,$N_Q=3.000$kN;

g_k——每1m立杆承受的结构自重标准值,$g_k=0.161$kN/m;

M_{wk}——计算立杆段由风荷载标准值产生的弯矩,$M_{wk}=0.113$kN·m。

经计算得到,考虑风荷载时,按照稳定性计算的搭设高度 $H_S=65.162$m。

脚手架搭设高度 H_S 等于或大于26m,按照下式调整但不超过50m:

$$[H] = \frac{H_S}{1+0.001H_S}$$

经计算得到,考虑风荷载时,脚手架搭设高度限值 $[H]=50.000$m。

7. 连墙件的计算

连墙件的轴向力计算值应按照下式计算:

$$N_1 = N_{1w} + N_o$$

式中 N_{1w}——风荷载产生的连墙件轴向力设计值(kN),应按照下式计算:

$$N_{1w} = 1.4 \times w_k \times A_w$$

W_k——风荷载基本风压值,$W_k=0.525$kN/m²;

A_w——每个连墙件的覆盖面积内脚手架外侧的迎风面积,$A_w=3.60\times4.50=16.200$m²;

N_0——连墙件约束脚手架平面外变形所产生的轴向力(kN),$N_0=5.000$kN。

经计算得到 $N_{1w}=11.907$kN,连墙件轴向力计算值 $N_1=16.907$kN。

连墙件轴向力设计值 $N_f = \varphi A[f]$

其中 φ——轴心受压立杆的稳定系数,由长细比 $L/i=30.00/1.58$ 的结果查表得到 $\varphi=0.95$。

$A=4.89$cm²;$[f]=205.00$N/mm²

经过计算得到 $N_f=95.411$kN

$N_f>N_1$,连墙件的设计计算满足要求!

连墙件采用扣件与墙体连接(图14)。

经过计算得到 $N_1=16.907$kN 大于扣件的抗滑力8.0kN,不满足要求!

采取两步三跨设置连墙杆件 $N_1=7.98$kN 小于扣件的抗滑力8.0kN,满足要求!

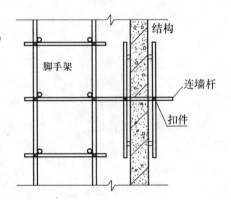

图14 连墙件扣件连接示意图

8. 立杆的地基承载力计算

立杆基础底面的平均压力应满足下式的要求

$$P \leqslant f_g$$

式中 p——立杆基础底面的平均压力,(N/mm²),$p=N/A$,$p=90.80$N/mm²;

N——上部结构传至基础顶面的轴向力设计值(kN),$N=22.70$kN;

A——基础底面面积(m²),$A=0.25$m²

f_g——地基承载力设计值(N/mm²),$f_g=170.00$N/mm²

地基承载力设计值应按下式计算:

$$f_g = k_c \times f_{gk}$$

式中 k_c——脚手架地基承载力调整系数，$k_c=1.00$；
  f_{gk}——地基承载力标准值 N/mm²，$f_{gk}=170.00\text{N/mm}^2$

地基承载力的计算满足要求！

第二节 架体搭设安全技术交底

1. 架体搭设安全技术交底

(1) 凡是高血压、心脏病、癫痫病、晕高或视力不够等不适合做高处作业的人员，均不得从事架子作业。配备架子工的徒工，在培训以前必须经过医务部门体检合格，操作时必须有技工带领、指导，由低到高，逐步增加，不得任意单独上架子操作。要经常进行安全技术教育。凡从事架子工种的人员，必须定期（每年）进行体检。

(2) 脚手架支搭以前，必须制定施工方案和进行安全技术交底。对于高大异形的架体并应报请上级部门批准，向所有参加作业人员进行书面交底。

(3) 操作小组接受任务后，必须根据任务特点和交底要求进行认真讨论，确定支搭方法，明确分工。在开始操作前，组长和安全员应对施工环境及所需防护用具做一次检查，消除隐患后方可开始操作。

(4) 架子工在高处作业时，必须佩带安全带。所用的杆子应栓 2m 长的杆子绳。安全带必须与已绑好的立、横杆挂牢，不得挂在铅丝扣或其他不牢固的地方，不得"走过挡"（即在一根顺水杆上不扶任何支点行走），也不得跳跃架子。在架子上操作应精力集中，禁止打闹和玩笑，休息时应下架子。严禁酒后作业。

(5) 遇有恶劣气候（如风力五级以上，高温、雨天气等）影响安全施主时应停止高处作业。

(6) 大横杆应在立杆里边，第一步大横杆，必须检查立杆是否垂直，搭设至四步时必须搭设临时小横杆和临时十字盖。搭设大横杆时，必须 2～3 人配合操作，由中间一人接杆、放平，按顺序搭设。

(7) 递杆、拉杆时，上下左右操作人员应密切配合，协调一致。拉杆人员应注意不碰撞上方人员和已搭设好的架体，下方递杆人员应在上方人员接住杆子后方可松手，并躲离其垂直操作距离 3m 以外。使用人力吊料，大绳必须坚固，严禁在垂直下方 3m 以内拉大绳吊料。使用机械吊运，应设天地轮，天地轮必须加固，应遵守机械吊装安全操作规程，吊运杉板、钢管等物应绑扎牢固，接料平台外侧不准站人，接料人员应等起重机械停车后再接料、解绑绳。

(8) 未搭完的一切脚手架，非架子工一律不准上架。架子搭完后由施工人会同架子组长以及使用工种、技术、安全等有关人员共同进行验收，认为合格，办理交接验收手续后方可使用。使用中的架体必须保持完整，禁止随意拆、改脚手架或挪用脚手板；必须拆改时，应经施工负责人批准，由架子工负责操作。

(9) 所有的架子，经过大风、大雨后，要进行检查，如发现倾斜下沉及松扣、崩扣，要及时修理。

2. 架子拆除安全技术交底

(1) 外架拆除前，工长要向拆架施工人员进行书面安全交底工作，交底有接受人签字。

(2) 拆除前,班组要学习安全技术操作规程,班组必须对拆架人员进行安全交底,交底要有记录,交底内容要有针对性,拆架子的注意事项必须讲清楚。

(3) 拆架前在地上用警示绳先拉好围栏,没有监护人,没有安全员工长在场,外架才准拆除。

(4) 架子拆除程序应由上而下,按层按步拆除。先清理架上杂物,如脚手板上的混凝土、砂浆块、U形卡、活动杆子及材料;按拆架原则先拆后搭的架体,剪刀撑、拉杆不准一次性全部拆除,要求杆拆到哪一层,剪刀撑、拉杆拆到哪一层。

(5) 拆除工艺流程:拆护栏→拆脚手板→拆小横杆→拆大横杆→拆剪刀撑→拆立杆→拉杆传递至地面→清除扣件→按规格堆码。

(6) 拆杆和放杆时必须由2~3人协同操作,拆大横杆时,应由站在中间的人将杆顺下传递,下方人员接到杆拿稳拿牢后,上方人员才准松手,严禁往下乱扔脚手料具。

(7) 拆架人员必须系安全带,拆除过程中,应指派一个责任心强、技术水平高的工人担任指挥,负责拆除作业的全部安全工作。

(8) 拆架时有管线阻碍不得任意割移,同时要注意扣件崩扣,避免踩在滑动的杆件上操作。

(9) 拆架时螺丝扣必须从钢管上拆除,不准螺丝扣在被拆下的钢管上。

(10) 拆架人员应配备工具套,手上拿钢管时,不准同时拿扳手,工具用后必须放在工具套内。

(11) 拆架休息时不准坐在架子上或不安全的地方,严禁在拆架时嘻戏打闹。

(12) 拆架人员要穿戴好个人劳保用品,不准穿胶底易滑鞋上架作业,衣服要轻便。

(13) 拆除中途不得换人,如更换人员必须重新进行安全技术交底。

(14) 拆下来的脚手杆要随拆、随清、随运,分类、分堆、分规格码放整齐,要有防水措施,以防雨后生锈,扣件要分型号装箱保管。

(15) 拆下来的钢管要定期重新外刷一道防锈漆,刷一道调合漆。弯管要调直,扣件要上油润滑。

(16) 严禁架子工在夜间进行架子搭拆工作。未尽事宜工长在安全技术交底中做详细的交底,施工中存在问题的地方应及时与技术部门联系,以便及时纠正。

第三章 脚手架验收、使用及管理部分

1. 架体的验收、使用及管理

(1) 把好验收关。搭设过程中的架体,每搭设一个施工层高度必须由项目技术负责人组织技术、安全与搭设班组、工长进行检查,符合要求后方可上人使用。架子未经检查、验收,除架子工外,严禁其他人员攀登。验收合格的架子任何人不得擅自拆改,需局部拆改时,要经设计负责人同意,由架子工操作。

(2) 工程的施工负责人,必须按架子方案的要求,拟定书面操作要求,向班组进行安全技术交底,班组必须严格按操作要求和安全技术交底施工。

(3) 基础、卸荷措施和架体分段完成后,应分层由制定架子方案及安全、技术、施

工、使用等有关人员，按项目进行验收，并填写验收单，合格后方可继续搭设使用。

（4）架体使用按荷载 $3kN/m^2$ 考虑，因此架子上不准堆放成批材料，零星材料可适当堆放。

（5）外架在建筑物首层开始拉设兜网和立网，以后每隔4步架子拉设一道兜网，施工层脚手板和施工层临边必须设兜网和立网，以保证高处作业人员的安全。

（6）架子搭好后要派专人管理，未经安全科同意，不得改动，不得任意解掉架体与柱连接的拉杆和扣件。

（7）架体上不准有任何活动材料，如扣件、活动钢管、钢筋，一旦发现应及时清除。

（8）雨后要检查架体的下沉情况，发现地基沉降或立杆悬空要马上用木板将立杆楔紧。

（9）在六级以上大风、大雾和大雨天气下不得进行脚手架作业，雨后上架前要有防滑措施。

（10）外架实行外挂立网全封闭，外挂安全网要与架子拉平，网边系牢，两网接头严密。

（11）作业层上的施工荷载应符合设计要求，不得超载，不得将模板、泵送混凝土输送管等支撑固定在脚手架上，严禁任意悬挂起重设备。

2. 人员素质要求

（1）高处作业人员必须年满18岁，两眼视力均不低于1.0，无色盲，无听觉障碍，无高血压、心脏病、癫痫、眩晕和突发性昏厥等疾病，无妨碍登高架设作业的其他疾病和生理缺陷。

（2）责任心强，工作认真负责，熟悉本作业的安全技术操作规程。严禁酒后作业和作业中玩笑戏闹。

（3）明确使用个人防护用品和采取安全防护措施。进入施工现场，必须戴好安全帽，在无可靠防护2m以上处作业必须系好安全带，工具要放在工具套内。

（4）操作工必须经过培训教育，考试、体检合格，持证上岗，任何人不得安排未经培训的无证人员上岗作业。

（5）作业人员应定期进行体检（每年体检一次）。

（6）作业所用材料要堆放平稳，高处作业地面环境要整洁，不能杂乱无章，乱摆乱放，所用工具要全部清点回收，防止遗留在作业现场掉落伤人。

3. 劳保用品（三宝）要求

（1）安全帽

1）安全帽必须使用建设部认证的厂家供货，无合格证的安全帽禁止使用。工程使用的安全帽一律由分公司统一提供，各分包外联单位不准私购安全帽。

2）安全帽必须具有抗冲击、抗侧压力、绝缘、耐穿刺等性能，使用中必须正确佩戴。

（2）安全带

1）采购安全带必须要有劳动保护研究所认可合格的产品。

2）安全带使用2年后，根据使用情况，必须通过抽验合格方可使用。

3）安全带应高挂低用，注意防止摆动碰撞，不准将绳打结使用，也不准将钩直接挂在安全绳上使用，应挂在连接环上用，要选择在牢固构件上悬挂。

4) 安全带上的各种部件不得任意拆掉，更新绳时要注意加绳套。

(3) 安全网

1) 安全网的技术要求必须符合《安全网》(GB 5725—85) 规定，方准进场使用。工程使用的安全网必须由公司认定的厂家供货。大孔安全网用做平网和兜网，其规格为绿色密目安全网 1.5m×6m，用作内挂立网。内挂绿色密目安全网使用有国家认证的生产厂家供货，安全网进场要做防火试验。

2) 安全网在存放使用中，不得受有机化学物质污染或与其他可能引起磨损的物品相混，当发现污染应进行冲洗，洗后自然干燥，使用中要防止电焊火花掉在网上。

3) 安全网拆除后要洗净捆好，放在通风、遮光、隔热的地方，禁止使用钩子搬运。